TECHNOLOGIE DER TEXTILFASERN

HERAUSGEGEBEN VON

DR. R. O. HERZOG

PROFESSOR, DIREKTOR DES KAISER-WILHELM-INSTITUTS FÜR FASERSTOFFCHEMIE
BERLIN-DAHLEM

IV. BAND, 2. TEIL

A) BAUMWOLLSPINNEREI

a) MASCHINEN FÜR DIE GEWINNUNG UND DAS VERSPINNEN DER BAUMWOLLE

VON

HUGO GLAFEY

AF834584

SPRINGER-VERLAG BERLIN HEIDELBERG GMBH

BAUMWOLLSPINNEREI

a) MASCHINEN FÜR DIE GEWINNUNG UND DAS VERSPINNEN DER BAUMWOLLE

VON

DIPL. ING. HUGO GLAFEY
GEH. REGIERUNGSRAT · A. O. PROFESSOR

MIT 340 TEXTABBILDUNGEN

SPRINGER-VERLAG BERLIN HEIDELBERG GMBH

ISBN 978-3-642-89040-6 ISBN 978-3-642-90896-5 (eBook)
DOI 10.1007/978-3-642-90896-5

ALLE RECHTE, INSBESONDERE DAS DER ÜBERSETZUNG
IN FREMDE SPRACHEN, VORBEHALTEN.

COPYRIGHT 1931 BY SPRINGER-VERLAG BERLIN HEIDELBERG

URSPRUNGLICH ERSCHIENEN BEI JULIUS SPRINGER IN BERLIN 1931
SOFTCOVER REPRINT OF THE HARDCOVER 1ST EDITION 1931

Vorwort.

Die Bearbeitung der Baumwollspinnerei ist von zwei Gesichtspunkten aus erfolgt. In dem ersten Beitrag „Maschinen für die Gewinnung und das Verspinnen der Baumwolle" ist der Gegenstand, dessen Grundzüge im Band II, 1 dargestellt worden sind, im Hinblick auf die bedeutsamen Fortschritte in erster Linie der Maschinenindustrie ausgebaut worden. Besonders wird der Fachmann diesen Gesichtspunkt berücksichtigt finden in den Kapiteln: Vorbereitung der Baumwolle für den eigentlichen Spinnprozeß (Putzerei); weitere Ausbildung des Ringspinners; Antrieb der Spinnmaschinen; Spindeln, ihre bauliche Einrichtung, Ölung und Antrieb; Hochverzug; Luftbefeuchtung, Garnbefeuchtung.

Die zweite Arbeit: „Praxis der Baumwollspinnerei" soll, dem Titel entsprechend, das für den Praktiker Wissenswerte enthalten. Vorschläge, die sich nicht bewährt haben, bleiben unerörtert. Alle Tabellen beruhen auf praktischer Erprobung. Es wurde ein Spinnplan aufgestellt, der dem Aufbau des Buches bei den Berechnungen zugrunde liegt. An Hand der erschöpfenden Maschinenberechnungen wird es jedem Spinnereileiter leicht möglich sein, seine entsprechenden Aufgaben zu lösen. Bei den Kämmaschinen wurden die älteren, allmählich aus den Betrieben verdrängten Systeme nicht behandelt. Obwohl in vielen Spinnereien der Selbstspinner immer mehr durch den Ringspinner ersetzt wird, hat der Verfasser doch den Selfaktor sehr eingehend besprochen, der — bei der jüngeren Generation unbeliebt — für die Herstellung bestimmter Garne unentbehrlich erscheint. Das Durchzugsverfahren wurde nur kurz erörtert, da es sich noch nicht überall eingebürgert hat. Im dritten Abschnitt wurde die Berechnung eines Assortiments ausgeführt, die für manchen Spinner von großem Interesse sein dürfte. Eine ganze Anzahl von Abbildungen[1] im Abschnitt über den Selfaktor ist mit Erlaubnis des Verfassers dem Buche: H. Brüggemann: „Nitscheln und Draht" entnommen worden. Auch an dieser Stelle sei der Dank für dieses Entgegenkommen ausgesprochen!

Beide Arbeiten ergänzen einander — wie es im Plane dieses Handbuches liegt —, indem sie die verschiedenartigen Bedürfnisse berücksichtigen, die des Praktikers wenigstens in solchem Umfange, daß er die täglich vorkommenden Fragen in klarer und ausgiebiger Weise beantwortet findet.

Herrn Geh. Hofrat Prof. Dr. A. Lüdicke, der bei diesem Bande den Herausgeber bei der Redaktionsarbeit unterstützt hat, sei auch an dieser Stelle der verbindlichste Dank ausgesprochen!

Berlin-Dahlem, Juli 1931.

Der Herausgeber.

[1] Sie sind durch einen Stern in der Unterschrift kenntlich gemacht.

Inhaltsverzeichnis.

I. Baumwollgewinnung.

Seite

a) Aussaat 1
b) Ernte 1
c) Entkörnen (Egrenieren) 3
d) Verarbeitung der Baumwollsaat 11
e) Verpacken der Baumwolle 12

II. Baumwollspinnerei.

a) Allgemeines 13
b) Belieferung der Spinnerei 14

A. Baumwoll-Feinspinnerei 19

a) Auflösen der Baumwollballen und Mischen des Fasergutes 19
1. Ballenbrecher 19
2. Mischkammern 21
b) Putzerei. (Öffnen und Reinigen der Baumwolle) 29
1. Kastenspeiser 29
2. Voröffner, Vorschläger (Porcupine) 30
3. Vertikal- oder Crighton-Öffner 34
4. Horizontal-oder Trommelöffner 39
5. Schlagmaschine 41
6. Werkstofförderung 49
c) Verspinnen der Baumwolle 49
α) Krempeln 49
1. Allgemeines 49
2. Kratzenbeschlag 56
Einstellen und Aufziehen der Kratzenbeschläge 57
Ausputzen (Ausstoßen) des Kratzenbeschlages 60
Schleifen des Kratzenbeschlages 65
β) Kämmen 66
1. Allgemeines 66
2. Bandwickelstrecke 67
3. Wickelstrecke, Kehrstrecke 68
4. Heilmannsche und Nasmith-Kämmaschine 69
5. Umfang der Kämmung 77
γ) Duplieren und Strecken 77
Antrieb der Strecken 82
δ) Vorspinnen 84
Oberwalzenbelastung am Streckwerk 89
ε) Feinspinnen 90
1. Wagenspinner 90
2. Flügelspinner 97
3. Ringspinner 97
4. Hülsen für Ringspinner 105
5. Raumbedarf und Abmessungen der normalen Ringspinner 106
Streckwerke für Hochverzug 107
Antrieb für Hochverzugsstreckwerke 127
Verbundstreckwerke 128

B. Baumwoll-Grobspinnerei 133

a) Vorbereitung 133
b) Krempeln 136
c) Spinnen 143

Seite

C. Baumwoll-Buntspinnerei 149

D. Baumwoll-Abfallspinnerei 149
a) Vorbereitung 149
b) Krempeln 153
c) Spinnen 155
d) Krempel-Spinnautomaten 155
e) Ausputzen, Schleifen und Abziehen des Kratzenbeschlages in der Baumwoll-Grob- und -Abfallspinnerei 159

E. Fachen und Zwirnen 161
a) Fachen 161
b) Zwirnen 167

F. Antrieb der Spinnmaschinen 177
a) Allgemeines 177
b) Antrieb der Flügelspinnmaschinen 178
c) Antrieb für den Wagenspinner (Selfaktor) 186
d) Antrieb des Ringspinners 189
e) Sicherung der Antriebsmotoren 197

G. Spindeln, Spindelantrieb, Drehzahlprüfer 198
a) Spindeln für den Wagenspinner (Selfaktor) 198
b) Spindeln für Flügelspinner 200
c) Spindeln für Ringspinner 202
d) Spindeln für Zwirnmaschinen 208
e) Ölen der Spindeln 208
f) Spindelantrieb 210
g) Spindeldrehzahlprüfer 218

H. Spinnspannungsmesser 220

J. Prüfung von Schlägerwickeln, Faserbändern und Vorgarnen auf Gleichmäßigkeit 220

K. Auswechseln der vollen Hülsen, Spulen oder Garnkörper auf den Spindeln und Wiederaufpressen leerer Hülsen oder Spulen auf diese 224

L. Weifen, Docken, Bündeln 228
a) Weifen 228
b) Docken 232
c) Bündeln 232

M. Luftbefeuchtung 233
a) Allgemeines über absolute sowie relative Luftfeuchtigkeit und Taupunkt . . . 233
b) Luftbefeuchtungsanlagen 235
c) Feuchtigkeitsmesser 240

N. Garnbefeuchtung 246

Sachverzeichnis 254

I. Baumwollgewinnung.

Unter Baumwolle versteht man die Samenhaare der Baumwollpflanzen, deren es eine große Zahl von Arten gibt. Sie bilden die Gattung Gossypium, die zur Familie der Malvengewächse oder Malvaceen gehört[1].

a) Aussaat.

Die Aussaat des Baumwollsamens erfolgt, wenn kein Frost mehr zu befürchten ist. Etwa einen Monat nach der Aussaat zeigen sich die ersten Knospen, einen Monat später öffnen sich die ersten Blüten, die bereits am dritten Tage abfallen, und nach etwa drei Monaten sind die Samenkapseln von etwa Walnußgröße voll entwickelt. Ihre Reifung beansprucht noch ungefähr ein bis zwei Monate. Aus den aufspringenden Kapseln, die meist fünffächerig sind, quillt die Faser als daunenartige Umhüllung der Samen hervor. Es vergehen von der Aussaat bis zur Reife somit etwa fünf Monate. Wie alle Malvaceen treibt auch die Baumwollpflanze monatelang Blüten, so daß Knospen, Blüten, unreife und reife Kapseln meist gleichzeitig an ein und derselben Pflanze vorhanden sind[1].

b) Ernte.

Die Welternte der Baumwolle erstreckt sich fast über das ganze Jahr, das Schwergewicht der Ernte fällt jedoch in unseren Herbst, in welchem fast alle wichtigen Baumwolle bauenden Länder mit ihr beschäftigt sind. Sie beginnt, sobald so viel Kapseln aufgesprungen sind, daß ein Arbeiter täglich etwa 50 Pfund sammeln kann. Das Sammeln geschieht, wie im Anfang der Baumwollkultur, noch mit der Hand durch „Pflücken", Herausnehmen der Fasern mit den noch an ihnen haftenden Samenkörnern aus den aufgesprungenen Kapseln. Die Ernte erfordert eine große Zahl von Arbeitskräften, insofern ist es von Vorteil, daß die Kapseln nicht zu gleicher Zeit reif werden, die Ernte sich also auf eine längere Zeit erstrecken kann. Im allgemeinen wird dreimal gepflückt, und zwar in Zwischenräumen von etwa einem Monat. Je nach der Reife und der Zahl der verfügbaren Arbeitskräfte gibt es auch zwei bis fünf Pflückperioden. Die den Kapseln entnommenen Fasern werden im allgemeinen in Säcke gesammelt, welche die Arbeiter umgehängt tragen oder nachschleppen. Das so gewonnene Fasergut, die Saat-Baumwolle, kommt entweder in das Lagerhaus des Farmers oder wird unmittelbar dorthin gebracht, wo die Trennung der Faser von dem Samen, das „Entkörnen" oder „Egrenieren", vorgenommen wird, in die Egrenieranstalt.

Nicht ausgereifte Kapseln und Kapseln, die sich nicht öffnen, pflückt man,

---

[1] Vgl. Technologie IV/1: Wittmack: Botanik und Kultur der Baumwolle.

läßt sie an der Sonne nachreifen, öffnet sie mit der Hand oder drischt sie. Die auf diese Weise gewonnenen Fasern haben jedoch nicht den Wert der ausgereiften.

Die Tagesmenge, welche eine Person unter normalen Verhältnissen pflücken kann, ist sehr verschieden, viele bleiben unter 100 Pfund, in günstigen Fällen werden jedoch auch 300 bis 400 Pfund erreicht. Als Durchschnittsertrag werden, wie erwähnt, für einen Erwachsenen 100 Pfund angenommen. Nach diesem Gewicht wird gewöhnlich der Pflücklohn berechnet.

Das Pflücken bildet nicht nur den langwierigsten, sondern auch den weitaus kostspieligsten Teil des Baumwollbaues überhaupt. Der erzielte Durchschnittspreis für 1 Pfund amerikanische Baumwolle betrug nach den Angaben des Censusbureau für die Jahre 1897 bis 1906 etwa 8⅔ Cent = 36 Pfennige, ein Drittel entfällt davon auf das Pflücken. Heute ist der Preis von einem Pfund Baumwolle wesentlich höher, es sind aber auch die Pflücklöhne bedeutend gestiegen.

Abb. 1. The American Cotton Picker (American Cotton-Picker-Corporation, St. Louis).

Die gewaltige Ausdehnung, welche die Baumwollkultur in den Vereinigten Staaten von Amerika genommen hat, hat die Schwierigkeiten, genügende und billige Menschenkräfte für das Pflücken zu gewinnen, fortdauernd erhöht. Es lag deshalb nahe, darnach zu streben, die Handarbeit durch Maschinenarbeit zu ersetzen. Im Jahre 1850 wurde das erste amerikanische Patent an Rembert & Trescott, Memphis, Tennessee, erteilt. Eine außerordentlich große Zahl von Erfindungen ist seitdem gemacht worden.

Nach A. Marcus[1] lassen sich heute zwei verschiedene Typen von Baumwollerntemaschinen unterscheiden, die „Baumwollpflücker“ und die „Baumwollschlitten“. Während die Baumwollpflücker die Handarbeit, das Herausnehmen der Saatbaumwolle aus den Kapseln, mit Hilfe sich drehender sowie vorwärts und rückwärts bewegender zylindrischer, auf der Oberfläche mit Bürsten, Häkchen oder dgl. besetzter Werkzeuge durch greiferartige Finger, durch Preßluft- oder Saugluftdüsen im Zusammenwirken mit in ihnen angeordneten zupfend wirkenden Walzenpaaren nachahmen, streifen die Baumwollschlitten die ganzen Kapseln von der Pflanze ab. Das Abstreifen stellt die einfachere Lösung dar, erfordert aber später eine Reinigung der abgestreiften Kapseln von Zweigen und Blättern und eine Trennung von Saatbaumwolle und Kapseln, um diese entkörnungsfähig zu machen. Die Baumwollschlitten werden besonders in Nordwest-Texas benutzt. Sie sind aber auch vor allem geeignet für die Ernte der durch Frost abgetöteten Kapseln (bollies) und der in der

[1] Marcus, A.: Tropenpflanzer, S. 273—284. Berlin 1930.

Türkei angebauten ,,Yerli" mit geschlossen bleibenden Kapseln, da bei ihnen zur Gewinnung der Saatbaumwolle ein Öffnen der Kapseln und Trennen von Saatbaumwolle und Kapseln in jedem Falle ausgeführt werden muß.

Das Pflückwerkzeug einer Baumwollpflückmaschine neuester Konstruktion der letztbezeichneten Art, bei der gleichzeitig eine Reinigung des Fasergutes stattfindet, zeigt Abb. 1. Sie ist unter der Bezeichnung The American Cotton-Picker von der American Cotton-Picker-Corporation, St. Louis, eingeführt worden.

Von den einfachen Schlitten, die meist auf den Farmen selbst hergestellt werden, lassen sich zwei Typen unterscheiden, der Fingertyp und der Schlitztyp. Der Fingertyp ist für niedrige Baumwollstauden geeignet; bei hohen Stauden, in denen der Schlitztyp das Beste leistet, verstopft er sich leicht.

Der Schlitztyp unterscheidet sich vom Fingertyp, bei dem das Abstreifen der Kapseln von der Pflanze durch auf einem Schlitten befestigte Finger erfolgt, dadurch, daß die Kapseln mit ihren Stielen in einen von vorn nach hinten durch die Mitte des Schlittens laufenden Schlitz eingeführt und so von der Pflanze abgesprengt werden. Sie fallen nach der Trennung von der Pflanze in einen Sammelkasten, werden dann gereinigt, geöffnet und dabei von der Saatbaumwolle befreit.

Neuerdings hat die General Cotton Harvester Co., Fort Worth, Texas, eine Maschine ,,Smith Conrad Combine" hergestellt, die abstreift, reinigt und entkapselt. Die Leistung dieser einreihigen Maschine soll der von 10 Pflückern entsprechen.

c) Entkörnen (Egrenieren).

Die durch die Ernte gewonnene Baumwolle, die Saatbaumwolle, muß, um sie für die Industrie verwendbar zu machen, entkörnt, das heißt, es müssen die Samen von den ihnen anhaftenden Samenhaaren getrennt werden. Das Entkörnen oder Egrenieren erfolgt durch Abreißen der Faser von dem Samen. Ursprünglich wurde diese Arbeit mit der Hand oder höchstens unter Verwendung ganz einfacher Werkzeuge, zum Beispiel einer mit dem Fuß auf einer ebenen Platte in rollende Bewegung versetzten eisernen Walze, ausgeführt. Diese zeitraubende und mit großen Kosten verbundene Arbeit war der Hauptgrund, weshalb sich die Baumwollkultur, obwohl die Nützlichkeit der Baumwollpflanze von allem Anfang an anerkannt war, nur langsam ausbreiten konnte, selbst in jenen Gegenden, die der Kultur der Pflanze außerordentlich günstig waren, wie in den Vereinigten Staaten von Amerika. Es machte sich deshalb bald das Bestreben geltend, mechanische Hilfsmittel zum Entkörnen einzuführen. Als erster Schritt in dieser Beziehung muß die erstmalig in Indien, dem Ursprungsherd des Baumwollbaues, zur Anwendung gebrachte ,,Churka" angesprochen werden, welche noch heute in Indien, China und Japan von den Eingeborenen des Hinterlandes verwendet wird und im wesentlichen aus zwei sich gegenläufig bewegenden Hartholzwalzen besteht, denen die Saatbaumwolle mit der Hand zugeführt wird. Diese grundlegende Erfindung hat im Laufe der Zeit verschiedene Änderungen erfahren, die sich in der Hauptsache auf die Ausbildung der Walzen und ihren Antrieb bezogen.

Zu ihr gesellte sich ein zweites Hilfsmittel für das Reinigen der gewonnenen Faser von Staub, Samenkapselresten usw. Es bestand in einem Bogen mit aufgespannter Saite. Sie wurde durch Anreißen in Schwingung versetzt und dann in die entkörnte Faser eingeführt. Diese kam hierdurch ebenfalls in Schwingung und dabei wurden die Bestandteile weggeschleudert.

Aber immer noch blieb die zeitraubende Arbeit des Entkörnens ein Hemmschuh für die rasche Ausbreitung der Baumwollkultur. Das Verdienst, die grundlegende Erfindung für eine Entkörnungsmaschine geschaffen zu haben, wird dem Amerikaner Ely Whitney zugeschrieben. Sie entstand im Jahre 1792 und wurde im Jahre 1794 durch ein amerikanisches Patent unter Schutz gestellt. Eine wesentliche Verbesserung erfuhr die Maschine von Whitney im Jahre 1796 durch den Amerikaner H. Ogden Holmes, Augusta, Georgia[1]. Er ersetzte die Stiftentrommel Whitneys durch eine Vielzahl von auf eine Vierkantwelle aufgesetzte, durch Paßstücke im richtigen Abstand gehaltene kreissägenartige Metallblätter, benutzte eine Bürste mit mehr als vier Armen für das Auslösen der Fasern und versah den Schüttrumpf mit einem Auslaß für die von den Fasern getrennten Samenkörner, den er so ausbildete, daß das Arbeitsgut in ihm durch die in den Rostspalten sich entlang bewegenden Verzahnungen der Metallblätter in rollende Bewegung versetzt wurde. In der Maschine von Holmes muß die Grundlage für die heute unter den Bezeichnungen: Saw-Gin, Säge-Egrenierungsmaschine oder Säge-Entkörnungsmaschine bekannte Vorrichtung zur Trennung der Fasern von dem Samen erblickt werden. Über ihre weitere Ausbildung und die Entwicklung der Entkörnungsanlagen in den Vereinigten Staaten von Nordamerika überhaupt enthält der vorgenannte Bericht erschöpfende Angaben, ebenso über die Art der Verpackung des entkörnten Fasergutes.

Während ursprünglich jede Plantage ihre eigene Entkörnungs- und Preßanlage hatte, ging man nach und nach dazu über, diese Anlagen zu selbständigen auszubilden und für ihren Betrieb die Dampfkraft einzuführen. Den nebeneinander aufgestellten Entkörnungsmaschinen fügte man ein gemeinsames Förderband zu, welches das von den einzelnen Maschinen gelieferte Fasergut aufnahm und der Preßstelle zuleitete. Um die Anbringung eines unter Saugwirkung stehenden, gelochten Sammelzylinders (Kondensors) für das entkörnte Fasergut an jeder Entkörnungsmaschine entbehrlich zu machen, brachte man für eine Mehrzahl von Entkörnungsmaschinen, gewöhnlich sechs, einen gemeinsamen Kondensor zur Anwendung, welchem das entkörnte Fasergut durch Flugkanäle zugeleitet wurde. Der Boden dieser Flugkanäle wurde ursprünglich durch laufende Bänder gebildet; als man aber erkannte, daß der von den Abstreifbürsten erzeugte Luftstrom zur Förderung des Fasergutes in den Kanälen ausreichte, beseitigte man die Förderbänder. Um bei der Beschickung der einzelnen Maschinen die Handarbeit nach Möglichkeit entbehrlich zu machen, ordnete man vor den Maschinen ein Lattentuch an, beschickte dieses zunächst an der Anlieferstelle für die Saatbaumwolle mit der Hand und speiste von ihm aus die einzelnen Maschinen ebenfalls mit der Hand. Später ersetzte man die Handbeschickung durch eine Saugleitung mit Saugkammer, in der die Abscheidung der Luft aus dem Fasergut ermöglicht wurde und aus der das letztere auf das Förderband gelangte. Schließlich führte man, um auch die Beschickung der Entkörnungsmaschinen durch Hand auszuschalten, die vollständig pneumatische Speisung ein. Bei ihr mündet das Rohr für das Ansaugen der Baumwolle oberhalb des Zuführtuches einer jeden Entkörnungsmaschine in einen als Speiserohr dienenden Fallschacht, der durch ein Filter mit einer Saugkammer in Verbindung gebracht ist. Sämtliche Saugkammern sind ebenfalls an eine gemeinsame Saugleitung angeschlossen und jede von ihnen kann auf das ihr zugehörige schachtartige Speiserohr zur Wirkung gebracht werden. Geschieht dies, so kommt die Saugluft auf das Zuleitungsrohr für die Saatbaumwolle zur Wirkung und das

[1] Gillespie, S. E.: Am. Soc. Mech. Eng. 1922.

Speiserohr füllt sich. Wird die Saugwirkung der Saugkammer abgestellt, so fällt die im Speiserohr angesammelte Baumwolle auf die Zuführvorrichtung der Entkörnungsmaschine. Die Zuführvorrichtung kommt im allgemeinen in zwei wesentlich voneinander abweichenden Ausführungsformen zur Anwendung. Nach der einen Bauart wird sie durch ein waagrecht umlaufendes, endloses Lattentuch gebildet, welches die ihm übergebene Saatbaumwolle einer Stiftentrommel zuführt, die das Fasergut dem Schüttrumpf der Maschine zuleitet. Bei der zweiten Ausführungsform gelangt die Saatbaumwolle zwischen zwei sich gegenläufig drehende, genutete Walzen, welche das Fasergut ihrerseits einer Stiftentrommel zuleiten, die auf etwa ein Drittel ihres Umfanges in einer Drahtnetzmulde läuft, welche den Abschluß einer Saugkammer bildet. Die Stifte der genannten Trommel zerteilen durch Zusammenarbeiten mit der Mulde die in der Saatbaumwolle enthaltenen Blatteile, Kapselteile usw. und die Saugkammer sorgt für Entfernung der zerkleinerten Fremdkörper, des Staubes usw. Die Saatbaumwolle wird somit den Entkörnungswerkzeugen annähernd rein dargeboten.

Die Baumwolle soll bei der Ernte rein gepflückt werden, das heißt frei von Samenkapselteilen, Blättern usw. sein. Das ist aber nicht immer erreichbar. Man unterscheidet deshalb im allgemeinen reine und unreine Saatbaumwolle. Für das Entkörnen der letztgenannten Art ist eine Entkörnungsmaschine in Vorschlag gebracht worden, bei welcher in einem dem gewöhnlichen Schüttrumpf zugeordneten Rumpf Sägen eine Vorreinigung vornehmen.

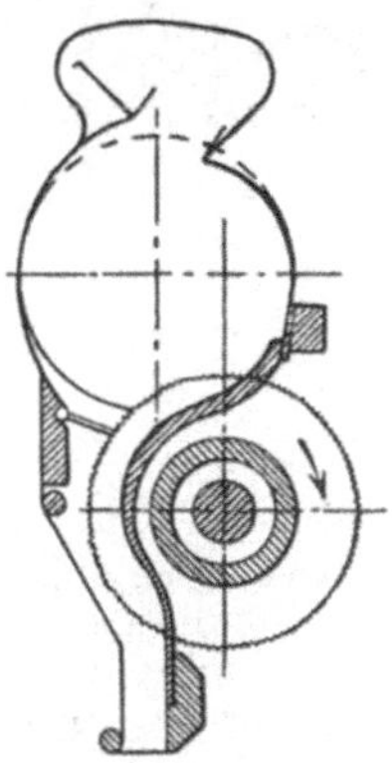
Abb. 2. Säge-Egreniermaschine (Saw-Gin).

Den Aufbau einer Saw-Gin für reine Saatbaumwolle zeigt Abb. 2. Bei ihr wird der Schüttrumpf nach unten im wesentlichen durch einen geschweiften Rost abgeschlossen, in dessen Spalten die Kreissägen laufen, im übrigen durch einen Rechen, dessen Finger von rückwärts zwischen die Sägeblätter fassen. Beim Umlauf der letzteren wird durch sie das Fasergut im Schüttrumpf in rollende Bewegung versetzt, so daß es infolge der Fliehkraftwirkung dauernd gegen die Rumpfwandung und somit auch gegen die Sägen gedrängt wird. Sie erfassen infolgedessen die Fasern und ziehen sie unter Absprengung der Samen durch die Rostspalten. Die Samen gleiten auf dem Rücken der Roststäbe nach abwärts und damit aus der Maschine. Das von den Sägezähnen erfaßte Fasergut wird aus den Sägen durch eine umlaufende Bürste entfernt. Durch Anheben oder Senken der zwischen den Sägen liegenden Rechenstäbe läßt sich die Eingrifftiefe der Sägen in den Fasergutwickel regeln. — Der Aufbau einer Säge-Entkörnungsmaschine für unreines Fasergut ergibt sich aus der amerikanischen Patentschrift 1424727.

Das Herauslösen der von den Sägezähnen mitgenommenen Fasern aus den Sägen durch sich drehende Bürsten hat man zunächst beibehalten, jedoch zwischen den Bürst- und Sägenzylinder eine von oben nach unten reichende, bis zur Eingriffsstelle der Bürste geführte Scheidewand angeordnet (Abb. 3), um den von der Bürste erzeugten Luftstrom gegen diese Eingriffsstelle zu führen und so die Wirkung der Bürste zu unterstützen, zugleich aber auch die oberhalb der genannten Eingriffsstelle liegenden Teile der Sägen vor der Einwirkung des Luftstromes zu schützen. Bei zunehmender Abnützung der Bürstenborsten kommen diese nicht mehr mit den Sägezähnen in Eingriff, und es fällt dann dem erzeugten Luftstrom die auslösende Wirkung allein zu. Auf Grund dieser Tatsache hat man die Bürsten beseitigt und sie durch Preßluftdüsen ersetzt. Sie werden gegenüber den Sägen so angeordnet, daß der Preßluftstrom auf sie entweder unmittelbar nach ihrem Austritt aus dem Rost (Abb. 4) oder vor ihrem Wiedereintritt in diesen zur Wirkung kommt (Abb. 5). In jedem Fall wird das ausgelöste Fasergut in einen Kanal getrieben, durch den es dem Kondensor zugeleitet wird. Die den Fasern noch anhaftenden Fremdkörper werden bei der erst gekennzeichneten Ausführungsform zwischen der Preßluftdüse und den Sägen nach unten aus der Maschine getrieben, bei der zweitgenannten Ausführungsform dagegen oberhalb der Düsen von den Sägen in eine Sammelkammer abgeschleudert, aus der sie durch eine Förderschnecke oder dgl. aus der Maschine gebracht werden, wie dies Abb. 5 erkennen läßt. Vgl. z. B. auch die Am. Patentschrift 1210646. Abb. 6 zeigt die in Abb. 5 schematisch wiedergegebene, nach dem Murray-Patent (The Murray Gin Co., Dallas, Texas, U.S.A.) arbeitende Säge-Egreniermaschine in derjenigen Ausführungsform, wie sie heute die weltbekannte Firma Platt Brothers & Co. Ltd., Oldham, liefert. Sie ist mit 80 Sägen von 12 Zoll Durchmesser ausgestattet und wird als Einzelmaschine oder auch in Batterieform (Abb. 7) gebaut.

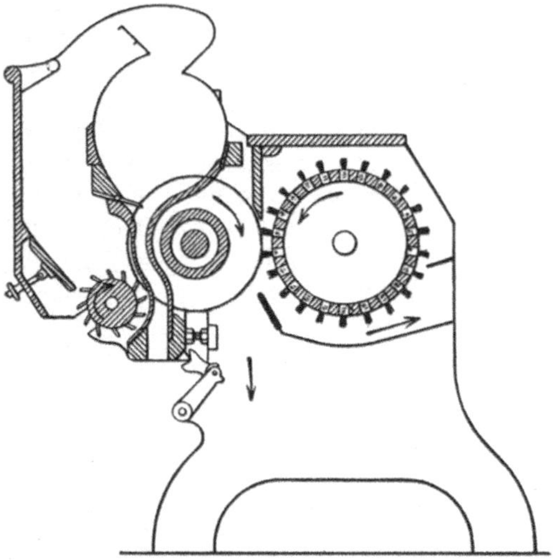

Abb. 3. Säge-Egreniermaschine mit Bürstenabführung für das entkörnte Fasergut.

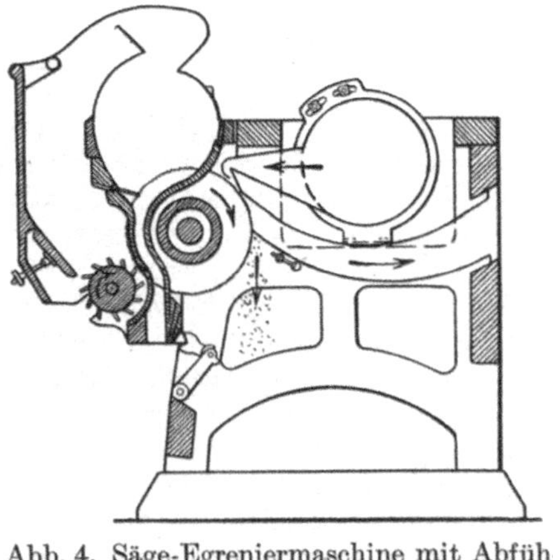

Abb. 4. Säge-Egreniermaschine mit Abführung des Fasergutes durch Preßluft.

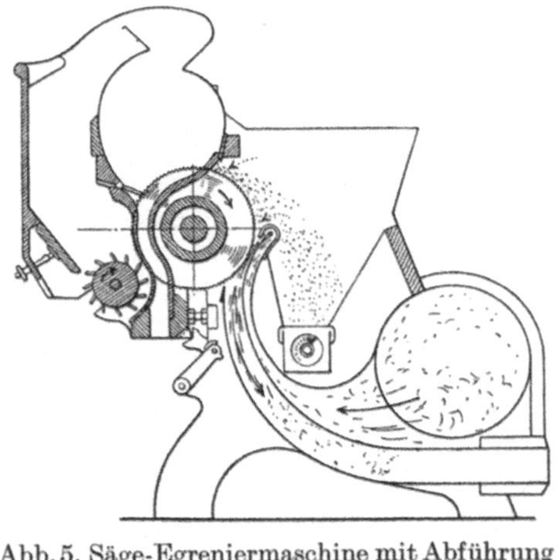

Abb. 5. Säge-Egreniermaschine mit Abführung des Fasergutes durch Preßluft.

Der Kondensor, welcher die durch das Entkörnen von den Samen gelösten Fasern sammelt, bestand ursprünglich lediglich aus einem in einem Gehäuse umlaufenden, saugend wirkenden Siebzylinder, gegen welchen die Fasern angeschleudert wurden. Später fügte man dem Zylinder eine mit ihm zusammenwirkende Druckwalze hinzu, durch welche die angeworfene Faser unter Ausscheidung der Luft verdichtet wurde, und schließlich traten an Stelle der einen Walze deren zwei, von denen die eine mit Streifen aus Kautschuk belegt wurde, und die beide das Fasergut auf dem Zylindermantel ebenfalls verdichten,

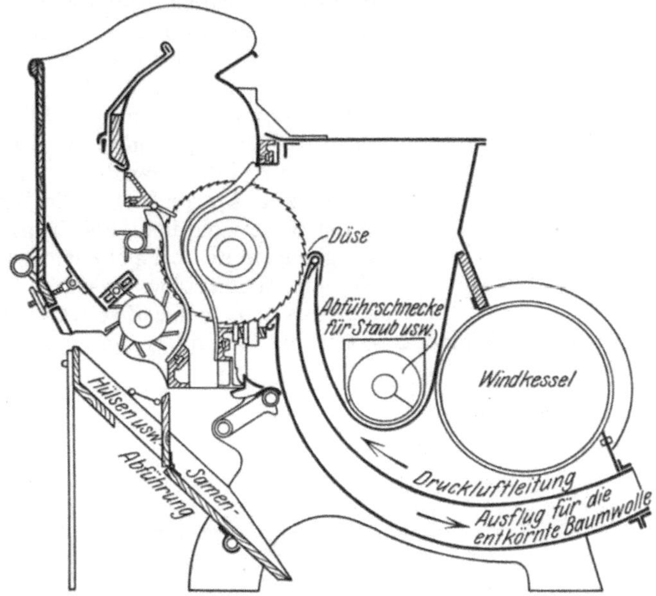

Abb. 6. Säge-Egreniermaschine mit Preßluftabführung des Fasergutes nach Patent Murray (Platt Brothers & Co. Ltd., Oldham).

gleichzeitig aber das vliesartige Gebilde auch von dem Zylinder ablösen und es der Preßstelle zuleiten. Das den Zylinder einschließende Gehäuse war ursprünglich zylindrisch gestaltet, heute umgibt es den Zylinder derart, daß sein

Abb. 7. Vier Säge-Egreniermaschinen mit je 80 Sägen und pneumatischer Fasergutförderung nach Patent Murray (Platt Brothers & Co. Ltd., Oldham).

Mantel den Zylinder spiralförmig einschließt, und zwar so, daß der Abstand zwischen Gehäuse- und Zylindermantel von der Faseranflugstelle nach der Ablaufstelle des Faservlieses abnimmt (Abb. 8).

Die Tatsache, daß die Sägen-Entkörnungsmaschine sich nicht zum Entkörnen einer langstapeligen, feinen, der schonenden Behandlung bedürfenden Baumwolle eignet, hat dazu geführt, neben der vorgenannten eine Maschine zu schaffen, welche Baumwolle der vorgekennzeichneten Art ohne Nachteil für die Faser entkörnt. Bei ihr kommt an Stelle der Sägen als die Faser fassendes Werkzeug eine mit gerauhtem oder gerilltem Leder bezogene Walze zur Anwendung. Die Maschine wird deshalb gewöhnlich als Walzen-Entkörnungsmaschine bezeichnet, ist unter dem Namen Macarthy-Maschine bekannt und wird als Ein- oder Zweiwalzenmaschine gebaut. Mit der belederten Walze arbeiten ein federnd gegen sie angestelltes orts-

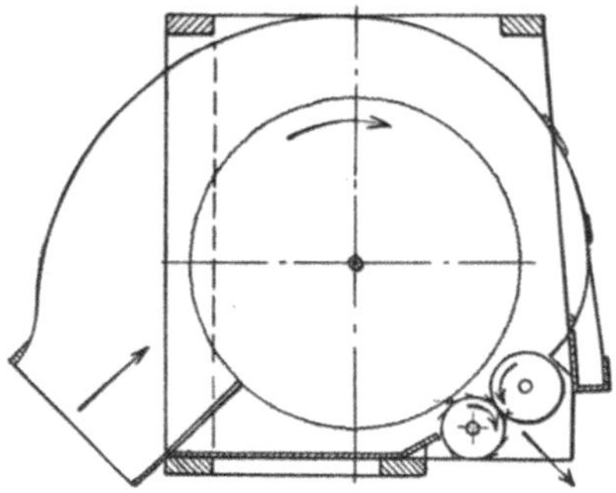

Abb. 8. Kondensor.

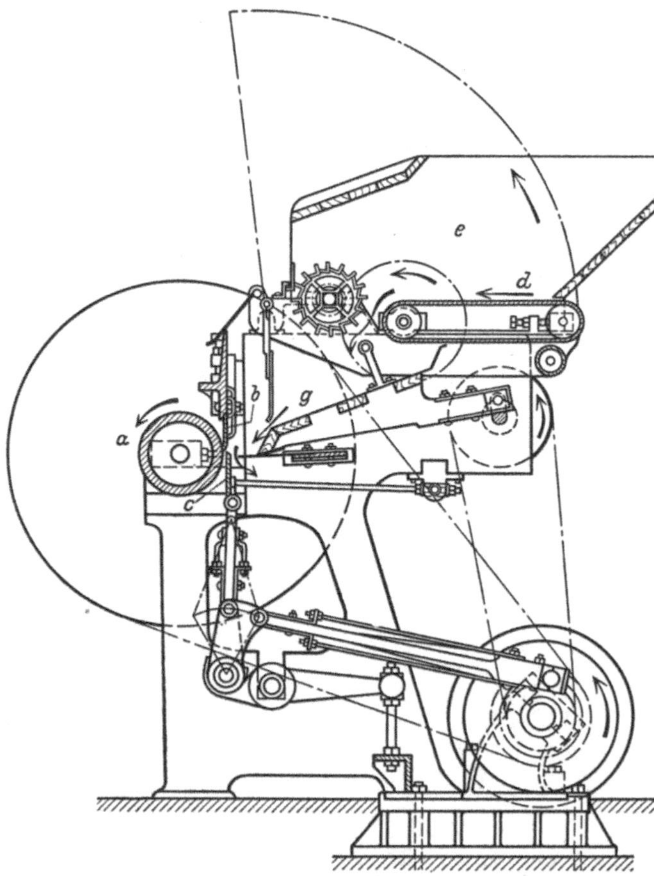

Abb. 9. Walzen-Egreniermaschine. D.R.P. 212109.

festes Obermesser und ein oder zwei Untermesser zusammen, welche sich gegen das Obermesser auf und ab bewegen.

Abb. 9 zeigt eine Einwalzen-Entkörnungsmaschine mit einem Untermesser. Die Saatbaumwolle wird auf einem endlosen, den Boden des Schüttrumpfes *e* bildenden Tisch *d* einem gegen die belederte Walze *a* geneigten Tisch in Gestalt eines Rostes zugeführt, auf dem sich ein Preßkolben *g* in radialer Richtung der Walze hin und her bewegt. Hierdurch wird die auf den rostartigen Tisch zugeführte Saatbaumwolle gegen die Walze getrieben. Diese erfaßt die Faser und zieht sie in den nachgiebigen Spalt zwischen Walzenmantel und feststehendem Messer *b*, während das sich gegen dieses bewegende Messer *c* die Samenkörner, welche der Faser nicht folgen können, absprengt. Beim Rückgang des Preßkolbens wird der Rost teilweise frei und hierdurch wird den abgesprengten Samenkörnern die Möglichkeit geboten, durch den Rost aus der Maschine zu fallen. Die entkörnte Faser wird am feststehenden Messer entlang nach oben aus der Maschine geführt. — Anstatt dem Preßkolben nur eine vor- und zurückgehende Bewegung zu geben, hat man vorgeschlagen, ihn auch noch seitlich in Richtung der Walzenachse hin und her zu bewegen und an der Druckfläche mit einem Zahnbesatz zu versehen. Hierdurch soll eine möglichst gleichmäßige Verteilung des Arbeitsgutes der Arbeitswalze gegenüber erreicht werden.

Bei den von der Firma Platt Brothers & Co. gebauten Maschinen mit zwei belederten Walzen sind zwei Messersätze vorgesehen, die wechselweise zur Wirkung kommen. Hierdurch ist ein leichter Arbeitsgang erreicht. Die Maschine kann mit großer Geschwindigkeit arbeiten und ist infolgedessen sehr leistungsfähig. Die Erbauerin gibt an, 40 lbs. entkörnte Baumwolle die Stunde.

Die leistungsfähigere Sägen-Entkörnungsmaschine hat ihre Ausbildung im wesentlichen in den Vereinigten Staaten von Amerika gefunden, in dem Lande, in welchem hauptsächlich diejenigen Baumwollsorten gewonnen werden, für deren Entkörnung sie sich eignet, das sind die Uplandsorten. Bei ihnen sitzen die kurzstapeligen, widerstandsfähigen Fasern fest auf den grünlichen, mit einer „Grundwolle" bedeckten Samenkörnern. Die Walzen-Entkörnungsmaschine dagegen, welche 1853 in Ägypten eingeführt wurde, ist im wesentlichen in England entwickelt worden. Sie findet Anwendung bei der Gewinnung der wertvollsten amerikanischen Fasern, der Sea-Island, der ägyptischen und der indischen Baumwolle. Sie haften lose an dem glatten, nackten, schwarzen Samenkorn, welches keine Grundwolle trägt.

Eine außerordentlich große Zahl von Patenten beweist, daß man seit Jahrzehnten unablässig bemüht geblieben ist, diese wichtigsten Hilfsmittel der Baumwollkultur der höchsten Ausbildung entgegenzuführen. Bis zum Jahre 1908 wurden die fraglichen Maschinen, die Säge-Entkörnungsmaschine oder Säge-Egreniermaschine oder Saw-Gin und die Walzen-Entkörnungsmaschine, Walzen-Egreniermaschine oder Roller-Gin ausschließlich von amerikanischen und englischen Firmen gebaut. Die Anregung, diesen Industriezweig auch in Deutschland einzuführen, gab die vom Deutschen Kolonial-Wirtschaftlichen Komitee ins Leben gerufene Baumwollkultur in den vormals deutschen Kolonien, insbesondere die auch vom Reichsamt des Inneren unterstützte Baumwollausstellung im genannten Jahre in Berlin. Auf ihr wurden den deutschen Ingenieuren und Fachleuten zum erstenmal amerikanische und englische Baumwollernte-Aufbereitungsmaschinen im Betrieb gezeigt. Auf einer zweiten Ausstellung im Jahre 1909 konnten bereits deutsche Maschinen im Wettbewerb mit ausländischen Maschinen vorgeführt werden. Abb. 10 zeigt im Schaubild eine Einwalzen-Entkörnungsmaschine der Sächsischen Textilmaschinenfabrik vorm. Rich. Hartmann A.-G., Chemnitz.

Die Sägen-Entkörnungsmaschinen werden von deutschen Firmen mit 40 Sägen von etwa 250 mm Durchmesser ausgeführt und liefern bei 400 Umdrehungen in der Minute etwa 1,2 bis 3 kg entkörnte Faser für 1 Säge und Stunde. M. Schanz gibt in seinen Arbeiten in den Beiheften zum Tropenpflanzer für amerikanische Maschinen 70 bis 80 Sägen von 10 bis 12 Zoll Durchmesser und 0,035 mm Stärke an und als Liefermenge 6 Pfund entkörnte Faser für 1 Säge und Stunde bei 500 Umdrehungen. Eine Maschine mit 70 Sägeblättern wird in Amerika als Standardmaschine bezeichnet. Für Walzen-Entkörnungsmaschinen geben deutsche Firmen an: Walzendurchmesser 150 mm, Walzenlänge etwa 1030 mm, Umdrehungszahl der Walze in der Minute 150, Leistung der Maschine bis 30 kg entkörnte Faser in 1 Stunde. Bei den in Ägypten ver-

Abb. 10. Walzen-Egreniermaschine (Rich. Hartmann A.-G., Chemnitz)[1].

wendeten Maschinen macht die Walze nach Schanz 142 bis 158 Umdrehungen in 1 Minute, die Schlagmesser führen 850 bis 950 Schläge aus und die Maschinen liefern 50 bis 60 kg entkörnte Faser in 1 Stunde.

Um die arbeitenden Werkzeuge der Entkörnungsmaschinen beim Entkörnen nach Möglichkeit zu schonen und ihre Leistungsfähigkeit zu erhöhen, hat man vorgeschlagen, die durch das Pflücken gewonnene Baumwolle (Saatbaumwolle) vor dem Entkörnen aufzulockern und dabei gleichzeitig von etwaigen Unreinigkeiten, Kapselteilen, Blatteilen, Sand, Staub usw. zu befreien. Diesem Zweck dienen die Saatbaumwollöffner. Bei der von der Sächsischen Textilmaschinenfabrik vorm. Rich. Hartmann A.-G., Chemnitz, gebauten Maschine wird die zu behandelnde Baumwolle von einem endlosen Zuführtisch durch zwei Förderwalzen

[1] Aus Raummangel werden die Firmennamen in den Abbildungsunterschriften nur verkürzt wiedergegeben.

Zur Einführung.

Die „Technologie der Textilfasern" ist so angelegt, daß die ersten drei Bände die naturwissenschaftlichen und die gemeinsamen technologischen Grundlagen, die weiteren die einzelnen Fasern zum Gegenstande haben.

Der erste Band wird die naturwissenschaftlichen Grundlagen, vor allem Physik und Chemie der Textilfasern, behandeln.

Der zweite Band enthält die mechanische Technologie, das Spinnen, Weben, Wirken, Stricken, Klöppeln, Flechten, die Herstellung von Bändern, Posamenten, Samt, Teppichen, die Stickmaschinen. Hierbei sind beim „Spinnen" und „Weben" nur die wesentlichen Grundlagen übersichtlich dargestellt, während die Ausbildung der Maschinen und Verfahren für den Spezialisten in den späteren Bänden, bei den einzelnen Fasern, eingehend erörtert wird. Dagegen bringen die weiteren oben angeführten Kapitel ausführliche Beschreibungen, so daß nur bei wichtigen Sonderfällen in den späteren Bänden kurze Wiederholungen zu finden sein werden.

Der dritte Band gibt eine moderne Darstellung der Farbstoffe und ihrer Eigenschaften, während die Färberei und überhaupt die chemische Veredelung keine allgemeine zusammenfassende Darstellung erfahren, sondern bei jeder Faser speziell besprochen sind.

Mit dem vierten Bande beginnt die Darstellung der Einzelfasern. Dieser Baumwollband — und analog sind die den anderen Faserstoffen gewidmeten aufgebaut — enthält: Botanik, mechanische und chemische Veredelung, Wirtschaft und Handel.

Der fünfte Band behandelt Flachs, Hanf und Seilerfasern, Jute;
der sechste Seide;
der siebente Kunstseide;
der achte Wolle.

Ergänzungsbände sollen vorläufig ausgeschaltete Sondergebiete und vertiefte Darstellungen allgemeinerer Natur enthalten, sowie methodische und analytische Monographien aufnehmen.

Durch die gewählte Anordnung sollte insbesondere auch ermöglicht werden, daß, unter tunlichster Vermeidung von Wiederholungen in größerem Umfange, der Einzelband oder Teilband, wenn auch ein organisches Glied des Ganzen, doch auch ein abgeschlossenes Einzelwerk darstellt. Dieser Gesichtspunkt erscheint wesentlich; denn bei der Vielseitigkeit der Materie waren nicht nur die Interessen der Textiltechniker und -industriellen, sondern auch die des Maschinenbauers, Chemikers und Physikochemikers, des Botanikers und Zoologen, sowie des Wirtschaftlers zu berücksichtigen und sind in der eingehenden, in vielen Fällen wenigstens in diesem Ausmaße oder in deutscher Sprache erstmaligen Darstellung auch in weitem Umfange berücksichtigt worden.

Das eigenartige Zusammenströmen der Wissenschaften, ihre Vereinigung durch die Empirie in das gemeinsame Bett der Textilindustrie ist wohl als charakteristisch erkannt, aber bisher nicht zu einem großen systematischen, allgemeingültigen Lehrgebäude aufgebaut worden. In diese Richtung vorwärts zu führen, systematisch durch bewußte wissenschaftliche Analyse die Empirie zu verdrängen, ist das letzte Ziel des umfangreichen Werkes, das nur durch die mühselige Arbeit und bereitwillige Einordnung der Mitarbeiter und durch die verständnis- und opfervolle Unterstützung des Verlages ermöglicht wurde.

Es sei gestattet, an dieser Stelle den wärmsten Dank an alle Firmen und anderen privaten und öffentlichen Stellen auszusprechen, die die Herstellung des Werkes durch Überlassung, oft durch Anfertigung neuer Zeichnungen und Bilder, durch besondere Mitteilungen und in sonstiger Weise unterstützt haben!

Der Herausgeber.

abgenommen und durch sie zwei mit starken Stiften besetzten, klopfend wirkenden Wellen zugeführt. Die Faser wird durch sie aufgelockert und von den Fremdkörpern befreit. Die schweren Bestandteile fallen durch unter den Schlagwellen befindliche Roste, die leichten Bestandteile werden durch einen über den genannten Wellen angeordneten Sauger entfernt.

Die beim Entkörnen gewonnenen Samenkörner bilden dem Gewicht nach den Hauptinhalt der Samenkapseln, denn sie stellen ⅔ bis ¾ davon dar. 100 Pfund Upland ergeben beim Entkörnen im Durchschnitt 35 Pfund Faser, 100 Pfund Sea-Island dagegen nur 25 Pfund. Ursprünglich wußte man mit den Samenkörnern nichts anzufangen, man warf sie auf Halden, ließ sie verfaulen oder beförderte sie, soweit möglich, in Salzbäche. Gelegentlich verwendete man den Samen auch als Viehfutter oder Düngemittel. Den wirklichen Nutzungswert der Samenkörner hat man nach Oppel erst im Laufe des 19. Jahrhunderts erkannt, und zwar ist es das Verdienst einer Londoner gemeinnützigen Gesellschaft, in ihren Schriften im Jahre 1783 erstmalig auf den Wert der Baumwollsaat nach zwei Richtungen hin aufmerksam gemacht zu haben, als Öllieferant und als Futterstoff. Erst ein halbes Jahrhundert später fand diese Erkenntnis Verwirklichung, und zwar in den Vereinigten Staaten von Nordamerika. Seitdem hat sich mit der Entwicklung der Baumwollkultur aus der Verarbeitung der Baumwollsaat eine gewaltige Industrie entwickelt.

d) Verarbeitung der Baumwollsaat.

Bei der Verarbeitung der Saat auf Öl ist zu berücksichtigen, ob es sich um die weiße oder wollige Saat handelt, bei der die Samenschalen mit kurzen Fasern dicht besetzt sind, oder um die schwarze Saat, die nur an der Spitze der Samenschalen ein feines Faserbüschel trägt. Um eine gute Ausbeute an Öl und aus den Preßrückständen ein einwandfreies Mehl zu erhalten, muß man bei der weißen, wolligen Saat die Schalen von den ölhaltigen Kernen entfernen, die schwarze Saat dagegen kann auch mit den Schalen gepreßt werden. Vor der Trennung der Schalen von den Kernen bei der weißen, wolligen Saat wird diese zunächst gut gereinigt. Dies geschieht auf Siebtrommeln und Schüttelsieben mit Windsichtung. Die Siebtrommeln scheiden Fremdkörper, wie Stengelteile, Kapselteile, Sand u. dgl. aus. Im Schüttelsieb werden Nägel, Steine, Glas und sonstige Fremdkörper ausgeschieden. Siebtrommel und Schüttelsieb kommen im Großbetrieb getrennt nacheinander zur Anwendung, im Kleinbetrieb sind beide zu einer Maschine miteinander vereinigt. Von der gereinigten Saat werden nunmehr die ihr noch anhaftenden kurzen Baumwollfasern — Linters — entfernt. Hierzu dienen die Linter-Gins oder Entwollmaschinen, die ähnlich den Säge-Gins gebaut sind und einmal oder auch mehrmals zur Anwendung kommen, wenn es die Saat verlangt.

In neuester Zeit hat man Säge-Entkörnungsmaschinen in Vorschlag gebracht, welche in einem Arbeitsgange die Saat zunächst von der Langfaserbaumwolle und dann von der Grundwolle befreien. Die amerikanische Patentschrift 1278649 gibt ein Beispiel hierfür. Die Maschine besitzt eine Walzenspeisevorrichtung, die gleichzeitig zur Vorreinigung der Saatbaumwolle dient; jeder Rollrumpf ist mit einer Vorkammer zur weiteren Reinigung versehen, und die Abscheidung der von den Samen getrennten Fasern aus den Sägen erfolgt durch Preßluftdüsen.

Sofern die Saat auch nach der Bearbeitung auf der Linter-Gin noch einen Faserflaum enthält, kommt sie zwecks Entfernung desselben auf eine Art Schälmaschine, auf der die Saat zwischen einem schnell umlaufenden Stein und einem diesen umschließenden, sich langsam gegenläufig bewegenden Mantel (Bütte) bearbeitet wird. Die Maschine ist für periodischen Betrieb eingerichtet, um die Arbeitsdauer der noch auf der Saat sitzenden Fasermenge anpassen zu können. Die so entwollte Saat wird nunmehr auf den als Huller oder Sheller benannten Schäler von den Schalen (Hulls oder Husks) befreit. Ihm folgt ein Doppelschüttler, auf welchem mittels hin und her bewegter Siebe die auf dem Schäler gelösten Schalen von den Kernen getrennt werden. Die den Schalen etwa noch anhaftenden Fleischteile werden auf einem Schalenschläger von den Schalen abgesondert und gelangen, sofern eine vollständige Absonderung der Fleischteile noch nicht erreicht ist, auf einen zweiten Doppelschüttler. Auf dem Vor- und Nachschäler wird die Saat zwischen geriffelten, ringförmigen Scheiben bearbeitet. Die gewonnenen ölhaltigen Kernteile mit der darin befindlichen Schalenkleie kommen ohne weitere Zerkleinerung entweder in selbsttätige Ölpressen, welche mit Wärmschnecke, Zuführschnecke und Preßschnecke ausgestattet sind, aber keine Preßtücher besitzen, oder auf selbsttätige hydraulische Ölpressen. Das letztere geschieht, wenn Wert auf hohe Ölausbeute und Gewinnung der Rückstände in Kuchenform gelegt wird. Die Verwendung der hydraulischen Ölpressen erfordert eine vorherige Vermahlung der geschälten Kerne auf Walzenstühlen, Erwärmung der Masse in Pfannen und das Formen von Kuchen auf der Kuchenformmaschine, welche das Arbeitsgut zwischen zwei Haarmatten in Kuchenform so weit vorpreßt, daß es mit den Matten bequem in die eigentliche Presse eingebracht werden kann. Das auf die eine oder andere Weise gewonnene Öl wird durch Klären und Filtrieren gereinigt, raffiniert und dann auf Nährmittel (Brat-, Back-, Speiseöl, Kunstbutter, Kunstspeck usw.) oder technische Mittel (Brennöle, Kerzen, Seifen usw.) verarbeitet. Die Preßrückstände werden gemahlen und finden Verwendung als Viehfutter oder Düngemittel. Die von den Kernen gelösten Schalen dienen Heizzwecken oder auch der Fütterung. Die von den Samen gelösten Fasern werden zu Kunstseide verarbeitet oder wandern in die Spinnerei und in Papierfabriken.

Nach Schanz ergibt 1 Tonne Baumwollsaat von 2000 Pfund etwa

811	Pfund	Mehl
728	„	Schalen
310	„	Rohöl
445	„	Linters
106	„	Abfälle

Die schwarze Baumwollsaat wird gewöhnlich in Siebtrommeln gereinigt, zerkleinert, auf Walzenstühlen vermahlen, dann folgt das Pressen. In neuerer Zeit wird jedoch auch die schwarze Saat zunächst geschält und dann wie die weiße Saat weiter verarbeitet.

e) Verpacken der Baumwolle.

Die älteste Form, das durch Entkörnen gewonnene Fasergut versandfertig für den Markt zu machen, bestand im Einfüllen in Säcke. Bald griff man zum Pressen der Faser zu Vierkantballen, Einhüllen der Ballen in einen Verpackungsstoff und Abbinden durch Stricke oder Metallbänder. Die Herstellung der Ballen erfolgte ursprünglich mittels einfacher Kastenpresse. An ihre Stelle trat später die Spindelpresse aus Eisen, welche neben der Kniehebelpresse zum Teil noch heute in Verwendung ist, und ihr folgten etwa im Jahre 1880 die Dampf- und die hydraulische Presse. Letztere hat einen sich von unten nach oben bewegenden Preßkolben. Sie wird mit nur einem Preßkasten oder als Doppelpresse (Duplex-Presse) ausgeführt. Bei der letzteren gehören zu einem

Preßkolben zwei Preßkästen, von denen der eine jeweils gefüllt wird, während der andere in Preßstellung steht. — In den Entkörnungsanstalten wird die Baumwolle im allgemeinen nur halb, zu sogenannten Pflanzerballen, gepreßt. Zur Packung nimmt man einen geringen Jutestoff, Jutesacktuch, Sackleinen oder Burlap oder ein Baumwollsacktuch, sogenannte baumwollene Osnaburgs, und an Stelle der Stricke eiserne Bandreifen. Für den Fernversand ist die Baumwolle in dieser Form noch nicht dicht genug gepreßt, sie bedarf deshalb einer zweiten, weit stärkeren Pressung, Nachpressung oder Compress. Die diesem Zweck dienenden Preßanlagen sind im allgemeinen mit großen Lagerräumen verbunden und befinden sich gewöhnlich an Eisenbahnzentralpunkten oder Hafenplätzen. Durch die zweite oder Nachpressung wird das Volumen der Ballen bis zur Hälfte und mehr reduziert. Die in den Vereinigten Staaten von Nordamerika durch die zweite Pressung erreichte Dichte schwankt nach Schanz zwischen 17 und 30 Pfund auf den Kubikfuß. Bei 30 Pfund mißt der 500-Pfund-Ballen „54 · 20 · 27“. In Ägypten beträgt die Dichtigkeit bis 37 Pfund, in Ostindien 40 bis 42, neuerdings sogar 54 bis 56 Pfund. In den letzten Jahren hat sich zunehmend eine Bewegung dahingehend geltend gemacht, die Doppelpressung der Ballen durch eine einzige, sofort in der Entkörnungsanstalt vorzunehmende Pressung zu ersetzen (Gin-Compresses). Bei ihr wird vielfach das Prinzip der allmählichen Luftverdrängung angewendet, indem man die Luft zunächst aus den in Vliesform gelegten Faserlagen auspreßt und erst diese dann zu einem Ballen formt und der letzten Pressung aussetzt.

Neben den Vierkantballen hat man in den neunziger Jahren auch die Rundballen mit dem halben Gewicht der Vierkantballen eingeführt.

Das Einbringen der entkörnten Baumwolle in die Füllkästen der Ballenpressen erfolgte ursprünglich und erfolgt auch heute noch vielfach durch Hand von einer Plattform aus. Überall da aber, wo die Presserei unmittelbar an die Entkörnungsanlage angeschlossen ist, speist man heute die Pressen von den Entkörnungsmaschinen aus pneumatisch. Abb. 7 zeigt eine derartige neuzeitliche Anlage, wie sie von der schon mehrfach genannten Firma Platt Brothers & Co. ausgeführt wird. Eine Batterie von 4 Säge-Entkörnungsmaschinen mit je 80 Sägen, System Murray, ist pneumatisch mit der Ballenpresserei verbunden.

II. Baumwollspinnerei.

a) Allgemeines.

Die Baumwollspinnerei umfaßt die Baumwoll-Feinspinnerei, die Baumwoll-Grobspinnerei und die Baumwoll-Abfallspinnerei. In der Feinspinnerei, welche feinere Gespinste, also Garne von höherer Nummer erzeugt, wird aus einem als Grundlage gegebenen Faserkörper von bestimmter Länge und bestimmtem Gewicht durch absatzweises wiederholtes Verziehen (Verstrecken) jeweils nur ein Faden gebildet; die Grob- und die Abfallspinnerei, welche gröbere oder stärkere Garne liefern, nehmen dagegen die Verfeinerung auf schnellerem Wege durch Teilung des Grundfaserkörpers vor, stellen aus diesem also gleichzeitig mehrere Fäden her. Man bezeichnet dieses Spinnverfahren auch als Baumwoll-Streichgarnspinnerei. Die Feinspinnerei verarbeitet nur Neubaumwolle, und zwar von verschiedenen Gütegraden, die Grobspinnerei desgleichen, bisweilen jedoch auch unter Zusatz von durch Auflösen von Lumpen wiedergewonnenen

Fasern (Kunstbaumwolle) und Baumwollabfall. Die Abfallspinnerei stellt dagegen, wie schon ihr Name sagt, in erster Linie Garne aus Abfällen her, insbesondere denjenigen, welche im Laufe des Arbeitsganges auf den verschiedenen Spinnereimaschinen (Vorbereitungsmaschinen, Krempeln, Kämmaschinen, Strecken, Vor- und Feinspinnmaschinen) entstehen, verwendet aber auch Kunstbaumwollen und zwecks Erhöhung des Gütegrades der Garne als Zusatz Naturbaumwollen geringerer Qualität, z. B. ostindische Bengals.

Die Baumwollfaser besitzt in ihrem Naturzustand eine weiße, bläuliche, rötliche, gelbliche oder bräunliche Farbe und ist mit einem schwachen Überzug aus Pflanzenwachs (Cuticula) versehen, der die Faser schützt, sie widerstandsfähig gegen Wasser macht und ihr eine mehr oder weniger glatte Oberfläche gibt. Die Cuticula beeinflußt die Spinnfähigkeit der Faser mehr oder weniger. Das Spinnen feiner Garne verlangt eine höhere Temperatur als das Spinnen grober Garne. Bei dem der Baumwoll-Feinspinnerei eigentümlichen wiederholten Doppeln und Verstrecken werden große Anforderungen an ein leichtes Verschieben der dicht aneinander liegenden Fasern gestellt; ihnen kann aber beim Fehlen des Wachsüberzuges nicht entsprochen werden. Man verarbeitet infolgedessen selten gebleichten oder gefärbten Rohstoff, unterwirft vielmehr erst die aus den Naturwollen gesponnenen Garne dem Bleichen und Färben. In der Grobspinnerei kommen dagegen vielfach zur Erzielung bunter Garne im losen Zustand gefärbte Baumwollen zur Verwendung. Es ist hierdurch die Möglichkeit gegeben, durch das Mischen verschieden gefärbter Fasern eine Mischfarbe im Garn zu erhalten, wie sie durch das Ausfärben der fertigen Garne niemals erreicht werden kann. Man bezeichnet deshalb diese Art der Grobspinnerei auch als Baumwoll-Bunt-Grobspinnerei oder auch als Imitatspinnerei, weil ein nach dem Grobspinnverfahren hergestelltes Garn infolge der wirren Faserlage ein rauhes Aussehen hat und somit dem auf gleiche Weise gesponnenen Wollgarn gleicht, dieses also nachahmt.

b) Belieferung der Spinnerei.

Wie bereits an anderer Stelle ausgeführt worden ist, wird die aus den Samenkapseln gewonnene Saatbaumwolle durch Absprengen der noch an der Faser hängenden Samenkörner von der Faser entkörnt (egreniert) und schließlich unter Anwendung mehr oder weniger hoher Drucke in Ballen gepreßt. Gewicht und Größe der Ballen sind für die verschiedenen Erzeugungsländer verschieden und ebenso auch ihre beim Pressen um das Fasergut gelegte Umhüllung nebst Bandage.

Die Bremer Baumwollbörse in Bremen gibt für die Ballen die folgenden Größenabmessungen und Gewichte an:

Abladung	Gewöhnl. Höhe cm	Gepreßte Breite cm	Bll. Dicke cm	Doppelte Höhe cm	Gepreßte Bll. Breite cm	Dicke cm	kg
			1. Amerikanische Baumwolle				
Galveston . . .	155	72	65	160	53	53	230
Charleston . . .	150	60	66	150	56	63	225
Savannah . . .	170	64	60	148	60	56	220
Orleans	148	86	55	150	65	53	230
Wilmington . .	160	65	55	150	60	50	225
		Durchmesser	Umfang				
Rundballen . .	90	67	210	—	—	—	120
			2. Mexikanische Baumwolle				
	130	100	90	—	—	—	200

Abladung	Gewöhnl. Höhe cm	Gepreßte Breite cm	Bll. Dicke cm	Doppelte Höhe cm	Gepreßte Bll. Breite cm	Gepreßte Bll. Dicke cm	kg
			3. Ostindische Baumwolle				
Große Packung .	135	69	47	—	—	—	180
Kleine Packung .	90	69	47	—	—	—	200
			4. China-Baumwolle				
Große Packung .	123	45	60	—	—	—	230
Kleine Packung .	85	50	75	—	—	—	230
			5. Ägyptische Baumwolle				
	130	55	85	—	—	—	300

Die Baumwolle wird den Spinnereien in Ballen zugeführt und hier zunächst nach Sorten und Qualitäten geschieden, in dem Ballenspeicher untergebracht. Aus ihm gelangen die Ballen nach Bedarf an diejenige Arbeitsstelle, wo sie aufgelöst werden und die stark verdichtete Fasermasse wieder in ihren flockigen Zustand zurückgeführt wird. Das hohe Gewicht der Ballen und ihr festes Gefüge erschweren den Transport, er kostet Kraft und Zeit. Um an beiden zu sparen, sind in den Baumwollspinnereien Hebezeuge und Transportvorrichtungen der verschiedensten Bauart zur Einführung gekommen. Genannt seien von Hand zu bedienende Flaschenzüge, Elektroflaschenzüge, Elektrohängebahnen, Transportbahnen, Rutschvorrichtungen und paternosterartige Fördermittel. Die Abbildungen 11 bis 15 geben einige Beispiele wieder.

Abb. 11. Demag-Zug als Hubwerk in einem Handlaufkran.

Bei dem in Abb. 11 und 12 veranschaulichten Kleinhebezeug sind Motor, Seiltrommel und Getriebe, vor Regen und Staub geschützt, in einem Gehäuse untergebracht, dessen Bauart die Zugänglichkeit des Kollektors und der Bremse, die allein der Wartung bedürfen, in keiner Weise beeinträchtigt. Die Last hängt mittels zweirolliger Unterflansche an vier Drahtseilsträngen, die Enden des Seiles werden in entgegengesetzt laufenden Rillen der Seiltrommel auf diese aufgewickelt, während die beiden mittleren Stränge über eine am Trommelgehäuse befestigte Ausgleichrolle laufen. Hierdurch wird erreicht, daß die Last genau senkrecht, ohne seitliche Wanderung, gehoben und gesenkt wird und keine

Schrägstellung des Hebezeuges eintritt. Man kann infolgedessen das Hebezeug mit seiner Gehäuseöse an beliebiger Stelle aufhängen. Auch das Anheben in schräger Richtung ist zulässig, da infolge einer besonderen Führung die Seile nicht aus den Rillen springen können. Die Hebezeuge werden nach Angaben der Demag für 250 bis 5000 kg Tragkraft gebaut und können je nach Bedarf mit Motoren für alle gebräuchlichen Spannungen bis 500 Volt für Gleichstrom und Drehstrom mit 50 Perioden ausgerüstet werden. Der Anlasser kann an einer beliebigen Stelle, also auch in einem anderen Stockwerk aufgestellt werden. Die Steuerung des Motors erfolgt durch Zugschnüre, bei ihrer Freigabe verbleibt die Last in der Schwebe. Während zum Heben einer Last von nur 1000 kg auf 4 m Höhe mit einem Handflaschenzug 3 Mann mindestens 3 Minuten gebrauchen, läßt sich die gleiche Arbeit mittels eines 1,7-PS-Elektroflaschenzuges in nur 40 Sekunden durchführen. Wird das Kleinhebezeug in den Lasthaken von Hand-, Lauf- oder Drehkranen eingehängt, so werden diese ohne kostspielige Umänderungen in

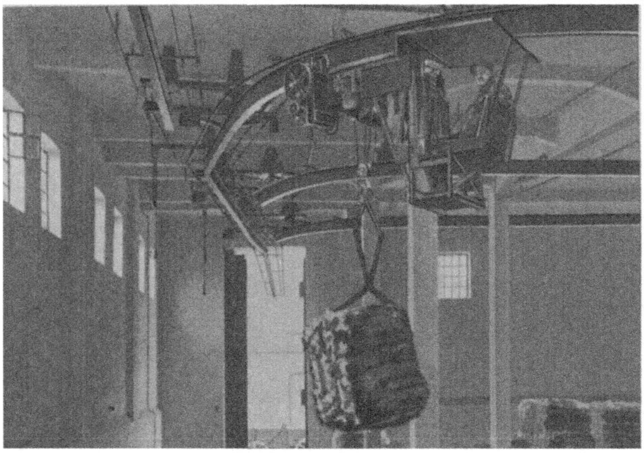

Abb. 12. Demag-Zug in rasch laufender Katze mit Führersitz.

leistungsfähige Hebezeuge umgewandelt. Endlich läßt sich das Hebezeug auch ohne Schwierigkeiten in eine Einschienenlaufkatze einbauen; vgl. Abb. 12.

Abb. 13 zeigt die Anlage einer Handhängebahn, deren Gleisanlage aus Doppelkopfschienen besteht, welche in geeigneten Abständen von Hängekonsolen getragen werden, die derart ausgebildet sind, daß sie an vorhandenen Dachkonstruktionen, -trägern usw. ohne weiteres befestigt werden können. Die an den Abzweigstellen und Gleiskreuzungen vorgesehenen Weichen sind mit allen Sicherheitsvorrichtungen versehen, so daß das Herabfallen eines Wagens bei unvollkommener Einstellung einer Weiche gänzlich ausgeschlossen ist. Die Umstellung der Drehscheiben erfolgt durch Ziehen an einem Handgriff oder selbsttätig durch den Wagen von dem Gleis aus, von dem er auf die Drehscheibe auffährt. Sicherheitsvorrichtungen verhindern das Entgleisen eines Wagens. Die eine Seitenwange der Laufkatze ist so weit verlängert, daß sie bis unter die Laufschiene reicht; an der Verlängerung angeordnete Gegenrollen machen ein Entgleisen der Laufkatze unmöglich. Um bei großen Einzellasten den Raddruck zu vermindern und die leichte Fahrbarkeit des Wagens nicht zu beeinträchtigen, werden zwei durch eine Traverse verbundene Laufkatzen verwendet. Ist es erforderlich, das Lasttragmittel zu senken und zu heben, wird zwischen Laufkatze und Gehänge ein Flaschenzug oder Windewerk eingeschaltet. Bei geringen Hubhöhen kommen dabei Handflaschenzüge, bei größeren Höhen Elektroflaschenzüge zur Anwendung.

Abb. 14 zeigt eine Fördervorrichtung, wie sie nach Centmaier[1] in amerikanischen Spinnereien zur Überführung von Textilgut aus einem oberen Stockwerk in ein darunter liegendes Verwendung findet. Die Ballen, Wickel usw. werden auf die aus der Abbildung ersichtliche Rollbahn gebracht, die sie durch feuersichere Türen zu einer in einem Schacht angebrachten Rutschbahn befördert,

Abb. 13. Handhängebahn (I. Pohlig A.-G., Köln).

welche meistens die Form einer Spirale hat, auf der die Ballen nach abwärts gleiten.

Abb. 15 zeigt einen fahr- und verstellbaren Höhenstapler oder Stapelelevator der Firma Wilhelm Stöhr, Offenbach a. M. Durch Anordnung von Universallenkrollen unter dem Traggerüst ist es möglich, den Stapler nach jeder Richtung hin beliebig zu verfahren und an jede Arbeitsstelle zu verbringen. Die Förderbahn ist verstellbar eingerichtet und kann je nach dem Abnehmen und Anwachsen des Stapels maschinell durch den Antriebsmotor gehoben und gesenkt werden. Handelt es sich darum, das Fördergut unmittelbar aus dem Eisenbahnwagen oder dem Schiff nach dem Lagerraum, der gewöhnlich mehr oder minder weit von der Ent-

[1] Mell. Text. Ber. **1924**, Nr 10.

ladestelle entfernt liegt, zu bringen, so wird der Höhenstapler in Verbindung mit wagerechten Förderbahnstücken zur Anwendung gebracht. Die wagerechten Förderbahnstücke, die eine normale Länge von 5 m haben, werden unmittelbar an den Stapler angeschlossen, um auf diese Weise mitsamt dem Stapler einen geschlossenen Förderweg herzustellen. Zur Aufnahme der Verlängerungsbahnen werden besonders konstruierte Unterstützungswagen, die ebenfalls mit Universallenkrollen ausgerüstet sind, verwendet. Bis zu je 3 der oben erwähnten 5-m-Stücke erhalten einen Unterstützungswagen, der für Motorantrieb ausgerüstet ist. Der Wagen ist gleichfalls mit Lenkrollen versehen, so daß der Stapler leicht verfahren werden kann. Um die Höhenlage der Stapler für Vor- und Rückwärtstransport einzustellen, sind besonders verstellbare Vorrichtungen angebracht. Untereinander sind bis zu 3 Förderbahnstücke durch abnehmbare Kettengetriebe gekuppelt. Die Förderbahnstücke können überall, unabhängig von dem Stapler und in den verschiedensten Zusammensetzungen, Verwendung finden. Sollen sie in einem Winkel zueinander arbeiten, so wird eine Wenderutsche an der Knickstelle angeordnet. Diese Rutsche gestattet ein Verändern des Förderwinkels bis zu 90° nach rechts und links. Die Förderbahn besteht aus zwei parallel zueinander laufenden, durch Tragstangen verbundenen Stahlbolzenketten. Die Tragstangen besitzen seitliche Führungsrollen, mit welchen sie auf dem Fördergerüst laufen. Der Antrieb der Stapler erfolgt durch einen Elektromotor, der mittels Rohhautritzels mit dem Getriebe verbunden ist. Das Getriebe ist auf einem besonderen Rahmen eingebaut und dient zum Betrieb der Förderbahn, sowie auch zu deren Höhenverstellung. Durch Kupplungsvorrichtungen, die durch Hebel bedient werden, ist es möglich, die eine oder die andere Bewegung ein- oder auszuschalten.

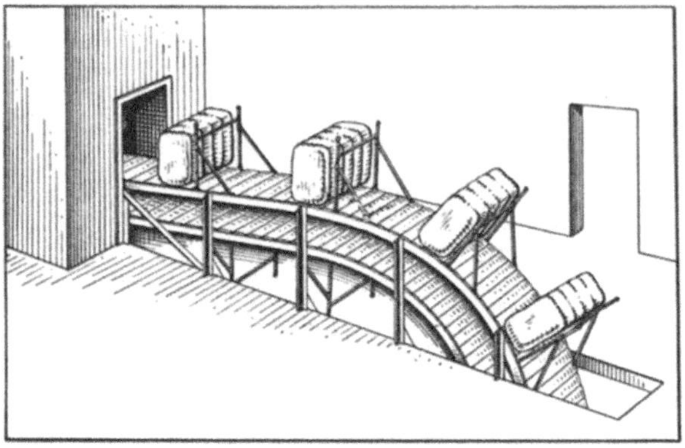
Abb. 14. Rollbahn.

Abb. 15. Höhenstapler für Baumwollballen u. dgl. (Wilhelm Stöhr, Offenbach a. M.).

A. Baumwoll-Feinspinnerei.

a) Auflösen der Baumwollballen und Mischen des Fasergutes.

1. Ballenbrecher. Um die der Spinnerei in Ballen zugeführte Baumwolle verspinnen zu können, muß sie zunächst wieder in den flockigen Zustand zurückgeführt werden. Diesem Zweck dient heute vornehmlich der Ballenbrecher. Er ist in zwei Ausführungsformen bekannt, und zwar als Walzenballenbrecher[1] und als Kastenballenbrecher oder Ballenzupfer. Sie kommen beide nacheinander zur Anwendung, in neuzeitlichen Betrieben bedient man sich jedoch gewöhnlich nur noch des letzteren.

Die Einrichtung eines Ballenzupfers (Hopper-Bale-Breaker) läßt Abb. 16 erkennen. Ein gut geschlossener Kasten *A* ist mit einem wagerecht umlaufenden endlosen Bodenlattentuch *F* und einem sich an dieses anschließenden, gewissermaßen die Kastenrückwand bildenden schräg aufsteigenden, endlosen Nadelleistentuch *B* ausgestattet und in seinem Oberteil an eine Staubabsaugevorrichtung *LK* angeschlossen. Die aufzulösende Baumwolle wird in den Kasten entweder durch

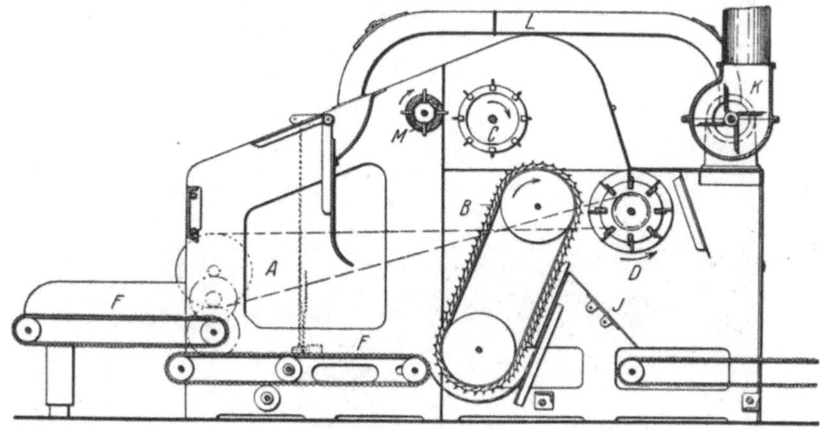

Abb. 16. Kastenballenbrecher (Ballenzupfer) (Dobson & Barlow Ltd., Bolton).

eine verschließbare Öffnung oder durch das Bodenlattentuch eingebracht. Im letzteren Falle ragt dieses, wie die Abbildung erkennen läßt, aus dem Kasten heraus, im ersteren Falle nicht. In jedem Falle aber führt das Lattentuch als Träger des Fasergutes dieses gegen das Nadelleistentuch *B*. Die auf dessen Leisten sitzenden, zugespitzten und nach oben gerichteten Stahlnadeln erfassen die ihnen entgegenkommenden Baumwollfladen und nehmen sie bzw. Stücke von ihnen mit nach oben. Im Scheitelpunkt des Nadelleistentuchumlaufes werden etwa auf den Nadelspitzen sitzende Stücke durch eine entgegenlaufende Nadelleistenwalze *C* abgestrichen, und an dieser hängenbleibende Faserpatzen werden von einer Flügelwalze *M* auf das Bodenlattentuch zurückgeworfen. Die in den Nadeln des Nadelleistentuches *B* verbleibenden Baumwollflocken löst eine Flügelwalze *D* aus diesen heraus und wirft sie unter Mitwirkung einer Leitplatte *I* auf ein Ausführlattentuch. Dabei bewirkt diese Walze eine weitere Lockerung und Reinigung des durch die Nadeln des Nadellattentuches von den Fladen abgezupften Fasergutes. Der Kraftbedarf eines Baumwollzupfers beläuft sich auf etwa 2 PS. Seine stündliche Lieferung beträgt je nach den Verhältnissen bis zu 1500 kg.

[1] Vgl. Technologie II/1: Lüdicke: Spinnerei.

Vielfach wird der Zupfer auch so ausgeführt, daß ein Staubsauger an dem Beschickungskasten nicht angeschlossen ist und das gezupfte Fasergut nicht einem Lattentuch, sondern einem Trichter übergeben wird, der in eine Saugrohrleitung übergeht, die zu den Mischkammern führt; siehe Abb. 17. Der im Zupfer frei werdende Staub wird von der Saugluft mitgenommen und vor Abgabe des Fasergutes an die Mischkammern von ihr geschieden.

Abb. 17. Ballenzupfer mit Förderlattentüchern und Mischkammern (Rich. Hartmann A.-G., Chemnitz).

Wenn auch die Bemusterung einer Partie Ballen sowohl hinsichtlich des Stapels als auch hinsichtlich der Farbe gleichmäßig sein kann, so bleibt doch die Tatsache bestehen, daß fast in jeder Partie sich Ballen befinden, die in Farbe des Materials sowie Länge und Feinheit des Stapels von der Bemusterung abweichen. Diese Ungleichmäßigkeiten lassen sich im Laufe des Arbeitsganges nicht vollkommen ausgleichen. Weiter ist zu berücksichtigen, daß die Ballen einer Sendung oder Partie in vielen Fällen nicht alle in einem Raum gelagert werden können, sondern in verschiedenen Räumen zur Lagerung gebracht werden müssen und dabei der eine Lagerraum feuchter und kälter sein kann, wie der andere, wodurch die Fasern der Ballen nicht alle die gleiche Temperatur und den gleichen Feuchtigkeitsgehalt aufweisen.

Um alle diese Mängel nach Möglichkeit zu mildern, ist eine gründliche Mischung des Fasergutes schon bei seiner Vorbereitung für die Spinnerei erforderlich. Nur dann kann erreicht werden, daß die Spinnerei Garne liefert, welche hinsichtlich Fadenstärke, Gleichmäßigkeit, Elastizität usw. einwandfrei sind. Eine gute Mischung wird aber auch dann erforderlich, wenn es gilt, ganz besondere Garne unter Verwendung verschiedener Fasersorten herzustellen. Stets muß bei einer Mischung darauf Bedacht genommen werden, daß annähernd gleich lange Fasern und Lose mit gleichem Abgang zusammenkommen.

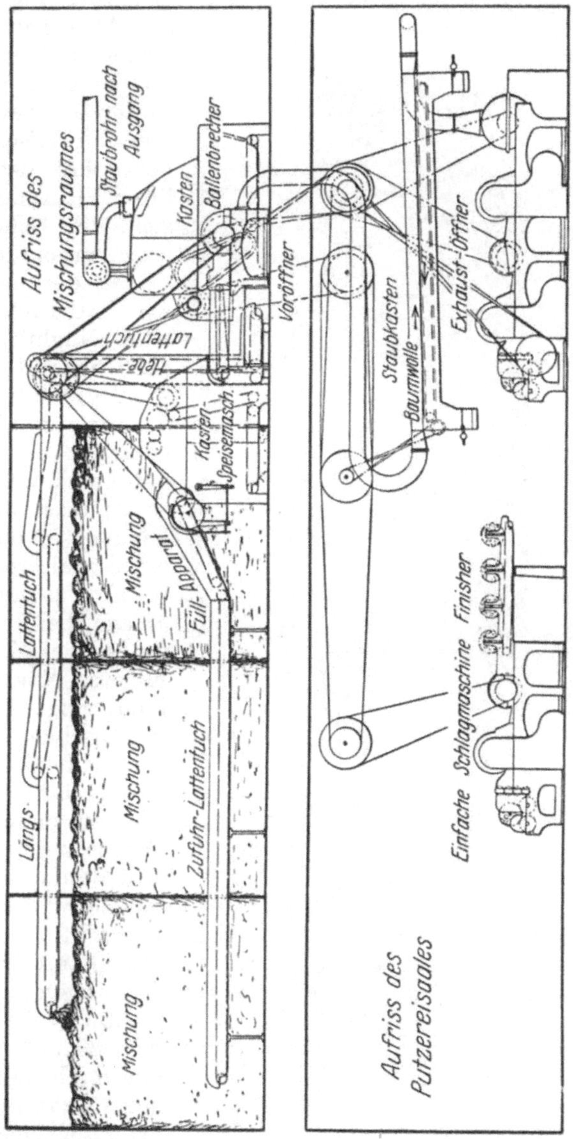

Abb. 18. Mischraum und Putzerei (Brothers & Co. Ltd., Oldham).

2. Mischkammern. Die Mischung beginnt bereits bei der Beschickung des Ballenbrechers. Sein Kasten wird mit der Hand oder durch das endlose Zuführlattentuch mit Faserfladen aus einer größeren Zahl von Ballen gespeist. Die von ihm abgelieferten Faserflocken werden, sofern zulässig, unmittelbar an die Speisevorrichtung der ersten Vorbereitungsmaschine abgegeben oder sie werden zunächst in „Mischkammern" (Gefache oder Stöcke) überführt, in denen sie zugleich die Möglichkeit haben, sich auszudehnen, die gleiche Temperatur anzunehmen und sich gleichmäßig zu feuchten und aus denen sie später zum Zwecke der weiteren Auflösung und Reinigung nach Bedarf mittels Hand oder durch Absaugen entnommen werden.

Die Überführung des Fasergutes in die Mischkammern erfolgt auf mechanischem oder auf pneumatischem Wege. Bei der mechanischen Speisung der Kammern kommen Förderlattentücher zur Anwendung, welche als Steiglattentücher das Fasergut vom Ballenzupfer in Empfang nehmen, es lotrecht nach oben führen, wie dies die Abb. 17 und 18 erkennen lassen, und dann als Verteilungslattentücher wagerecht über die Mischkammern weiterleiten und an diese je nach Anordnung und Einstellung der Kehrstellen der Lattentücher abgeben.

Die Anlage einer mechanischen Förderanlage ist kostspielig, ihre Unterhaltung teuer. Weitere Nachteile sind Staubentwicklung und umständliche Bedienung. Bei der pneumatischen Förderung ist die Auslüftung der Baumwolle schwieriger, die Ablagerung des Fasergutes aber einfacher, billiger und leichter zu überwachen und es kann der Ballenbrecher, innerhalb weiter Grenzen, räumlich ganz unabhängig von der Mischerei selbst aufgestellt werden, ohne der Anlage das geringste von ihrer Wirksamkeit zu nehmen. Es empfiehlt sich, den Ballenbrecher im Mischkammerraum unterzubringen.

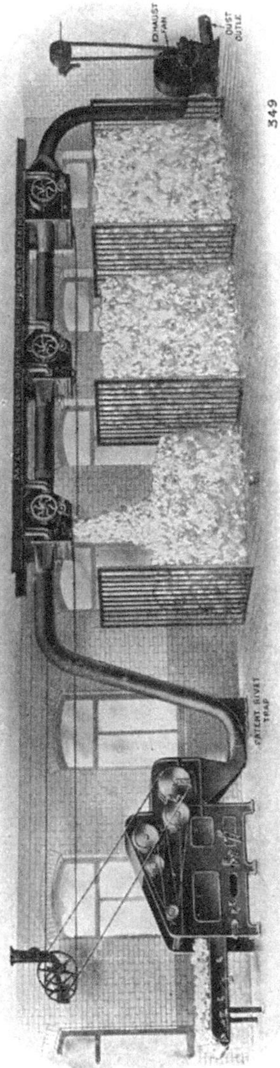

Abb. 19. Anlage für pneumatische Mischerei (Dobson & Barlow Ltd., Bolton).

Bei der pneumatischen Förderung dient als Fördermittel für das Fasergut Druck- oder Saugluft. Bisweilen wird die letztere auch durch Druckluft unterstützt. Kommt nur Druckluft zur Anwendung, so wird das Fasergut durch diese in die Mischkammern geblasen. Saugluft hebt dagegen das Fasergut nur über die Mischkammern und gibt es an diese mit Hilfe von filterartig wirkenden, in das Gehäuse der Saugleitung eingeschalteten Sammelzylindern ab.

Eine pneumatische Förder- und Mischanlage, bei der die Überführung des Fasergutes vom Zupfer in die aus Gattern gebildeten Mischkammern durch Saugluft erfolgt, zeigt Abb. 19. Der Ballenzupfer ist im Mischkammerraum aufgestellt. Die an den Ballenzupfer angeschlossene Saugrohrleitung läuft über die Mischkammern hinweg zu dem hinter der letzten Kammer angeordneten Absaugeventilator. Über jeder Mischkammer ist ein Lieferkasten an die Saugleitung angeschlossen, durch den das Fasergut entstaubt im freien Fall an die Mischkammer abgegeben wird. In jedem Lieferkasten ist zu diesem Zweck auf wagerechter Welle drehbar ein Siebzylinder *H*, Abb. 20, untergebracht. Ihm wird das Fasergut durch die Saugrohrleitung quer zur Achse zugeführt und dabei auf seinem Mantel filterartig abgelagert, während er sich dreht. Der Saugluftstrom streicht unter Mitnahme des Staubes bei den Zwischenablieferungskästen, Abb. 20 und 21, quer durch den Siebzylinder hindurch in die angeschlossene, zur nächsten Kammer führende Saugrohrleitung *W*, bei dem der letzten Mischkammer zugeordneten Lieferkasten (Schlußablieferkasten), Abb. 20 und 22, entweicht er axial nach dem Absaugventilator und wird von diesem in die Staubkammer getrieben. Unter einem jeden Siebzylinder *H* ist eine Schlägerwalze *O* angeordnet, welche das auf dem Siebzylinder sitzende Fasergut von diesem ablöst und es der Mischkammer zuführt. Deshalb ist der Siebzylinder an der Ablösestelle innen durch ein Segment L abgedeckt, so daß die Saugluft

↑ Abb. 20. ↑
Zwischenablieferungskasten Schlußablieferungskasten
(Dobson & Barlow Ltd., Bolton).

hier nicht wirken kann. Siehe die Abb. 21 und 22. Im Schlußablieferungskasten, Abb. 20 und 22, ist diese Abdeckung so weit ausgedehnt, daß die in den Sieb-

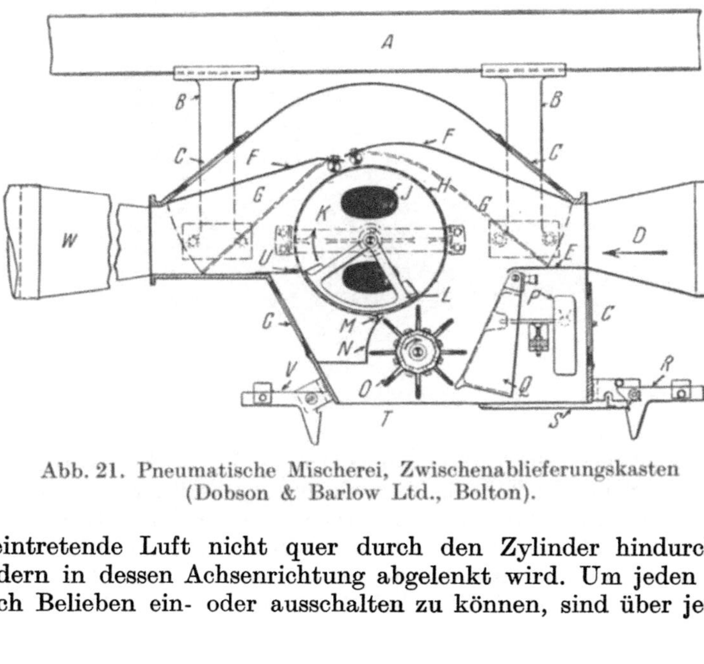

Abb. 21. Pneumatische Mischerei, Zwischenablieferungskasten (Dobson & Barlow Ltd., Bolton).

zylinder eintretende Luft nicht quer durch den Zylinder hindurchstreichen kann, sondern in dessen Achsenrichtung abgelenkt wird. Um jeden Zwischenkasten nach Belieben ein- oder ausschalten zu können, sind über jedem Siebzylinder flügelartig drehbare Leitbleche F angeordnet, Abb. 21, die so eingestellt werden können, daß das durch das Rohr D eintretende, vom Saugluftstrom getragene Fasergut gegen den Siebzylinder anfliegen kann oder nicht (siehe die ausgezogenen und punktierten Linien). Im letzten Falle ist der Siebzylinder und damit auch die seinem Lieferkasten zugeordnete Mischkammer ausgeschaltet.

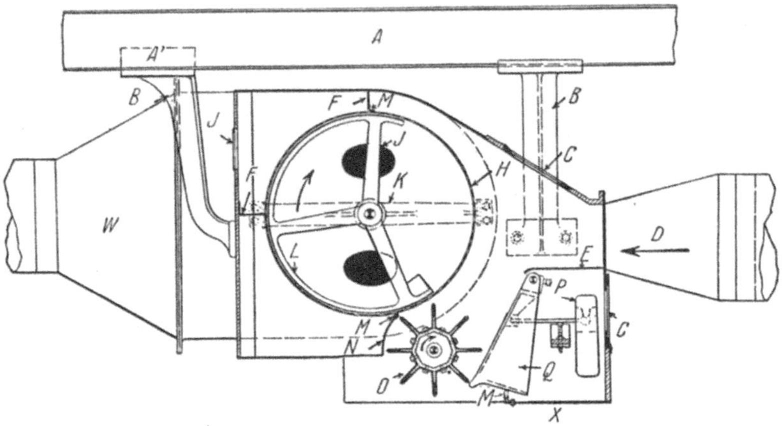

Abb. 22. Pneumatische Mischerei, Schlußablieferungskasten (Dobson & Barlow Ltd., Bolton).

Um fremde, harte Körper, z. B. Nieten, Ballenbandstücke, Schrauben, Muttern usw., die mit der Baumwolle durch den Ballenbrecher gegangen sind, zurückzuhalten, ist zwischen ihm und dem ersten Lieferkasten im Saugrohr

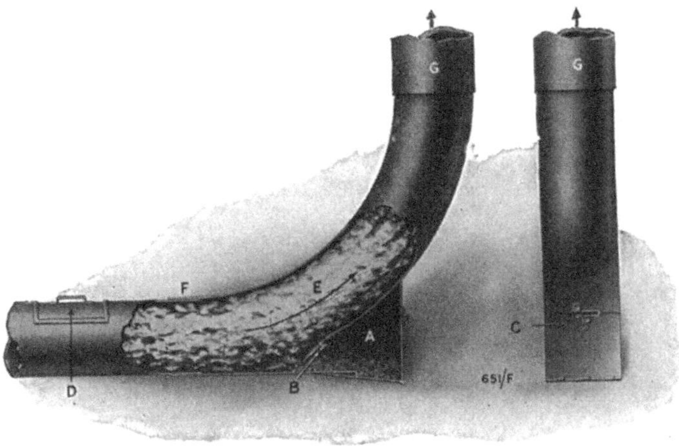

Abb. 23. Nietenfänger (Dobson & Barlow Ltd., Bolton).

eine Vorrichtung angeordnet, deren Einrichtung sich aus Abb. 23 ergibt. Das Fasergut hat in dem Saugrohr FG die Flugrichtung E, die Fremdkörper behalten dagegen infolge ihres hohen spezifischen Gewichts die geradlinige Bewegungsrichtung bei und gelangen unter einem einstellbaren Schieber B hinweg in die Kammer A.

Eine nur mit Preßluft arbeitende pneumatische Baumwollförderanlage, wie sie z. B. von der Firma Paul Pollrich & Co., G. m. b. H. in Düsseldorf ausgeführt wird, besitzt folgende Einrichtung. Ein Ventilator saugt das vom Fördertuch des Ballenbrechers gelieferte Fasergut entweder unmittelbar, Abb. 24, oder über eine staubabscheidende Rostkammer, Abb. 25, an und treibt es durch eine Ver-

Abb. 24. Zwei Ballenbrecher mit pneumatischen Transportanlagen zu den Mischkammern (Paul Pollrich & Co., G. m. b. H., Düsseldorf).

teilerrohrleitung in der aus der Abb. 24 ersichtlichen Weise in die Mischkammern. Bei seinem Durchgang durch den Ventilator erfahren die Fasergutflocken eine weitere Auflösung, der Ventilator wirkt also gewissermaßen als pneumatischer Öffner. Er ist mit einem verstellbaren Diffusor ausgestattet und kann entsprechend der Ballenbrecherleistung eingestellt werden. Beim Eintreten der Faserflocken in die Mischkammer werden die Flocken in wirbelnde Bewegung versetzt und abgelagert, erfahren also eine weitere Mischung.

Abb. 25. Absaugung vom Ballenbrecher, Zwischenschaltung einer Rostkammer (Paul Pollrich & Co., G. m. b. H., Düsseldorf).

Die Umstellung der Blasrohrleitung auf die eine oder andere Mischkammer geschieht durch Umstellen von Umschaltklappen mittels einer Gelenkvorrichtung, Abb. 24. Ein unterhalb des Umschaltkastens angebrachter Zeiger gibt stets Aufklärung darüber, wie die Förderrichtung eingestellt ist. Die Druckstutzen, durch die die Baumwolle in die Kammern eintritt, sind mit Gewichtsklappen ausgerüstet, die sich selbsttätig schließen, wenn die Kammer beschickt ist.

Mit der Einführung des Fasergutes in die Mischkammern gelangt natürlich auch Luft mit in diese. Sie muß den Kammern wieder entzogen werden, weil diese sonst unter unerwünschte Pressung kommen. Zu diesem Zweck sind die Kammern gleichzeitig an eine gemeinsame, mit Mitteldruckexhaustor ausgestattete Saugleitung angeschlossen. Sie entfernt nicht nur die Luft, sondern mit ihr auch etwaigen Staub. Die Kammern müssen der Reihe nach und auch in beliebiger Reihenfolge wechselweise beschickt werden können, ohne daß die Arbeitstätigkeit der Anlagen eine Unterbrechung erleidet. Zu diesem Zwecke ist es erforderlich, daß die „Weichen" für die Blas- und Saugrohrleitung an den zu den einzelnen Kammern führenden Abzweigstellen durch Handgriff einheitlich und übereinstimmend gestellt werden können. Um dabei jede Fehlschaltung unmöglich zu machen, hat die obengenannte Firma eine einheitliche Schaltvorrichtung für beide Rohrleitungen in Gestalt einer Verbundumschaltvorrichtung mit Erfolg eingeführt, bei der die Rohrleitungen an den Umschaltestellen in einem einheitlichen Wechselkasten zusammengeführt sind, welcher fix und fertig, nach Art einer Weiche die beiden Leitungen verbindend, eingebaut ist. Das abgesaugte Staubluftgemisch gelangt in eine Staubfilterkammer, in der Staub- und etwa mitgerissene Baumwollflocken abgeschieden werden, während die gereinigte Luft durch eine besondere Abluftleitung in einen Staubturm abgeführt wird. Die Filterkammer ist mit Filterrahmen ausgestattet, die während des Betriebes herausgezogen und gereinigt werden können. Zwecks Vermeidung eines etwaigen Überdrucks in den Mischkammern sind in deren Wandungen Überdruckklappen eingebaut, welche sich selbsttätig öffnen, sobald der Luftdruck in der Kammer eine unzulässige Höhe erreicht.

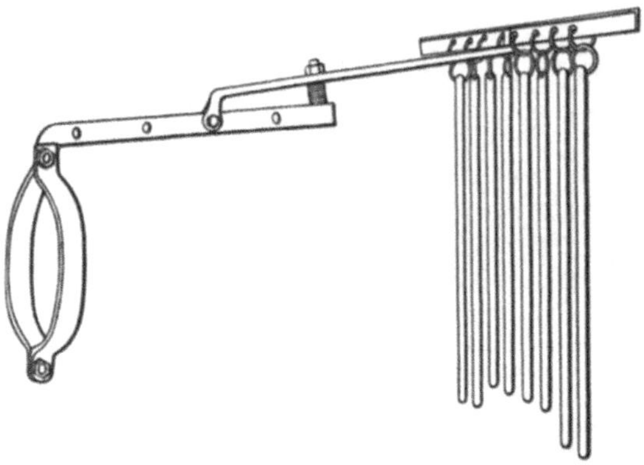

Abb. 26. Mischpendel (Paul Pollrich & Co., G. m. b. H., Düsseldorf).

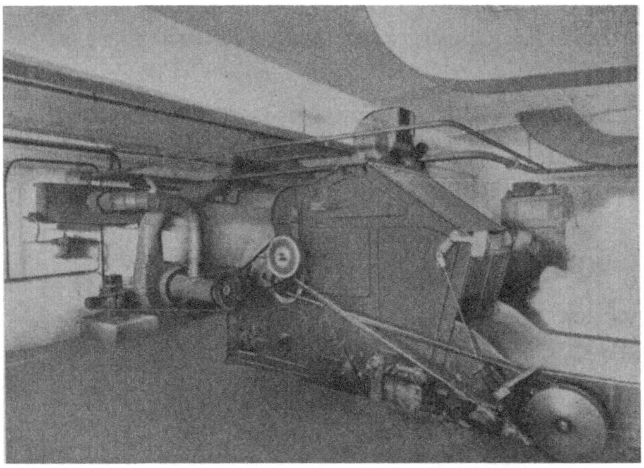

Abb. 27. Baumwolltransport vom Ballenbrecher mit Einrichtung zum Vorwärmen und Trocknen der Baumwolle (Paul Pollrich & Co., G. m. b. H., Düsseldorf).

Das Mischen der Baumwolle wird, wie erwähnt, schon auf dem Ballenöffner eingeleitet, es erfolgt weiter in hohem Maße beim pneumatischen Transport, da hier die gelockerten Fasern durcheinander gewirbelt werden. Um bei dem Einströmen und dem freien Abfall des Gutes in die Kammern eine Entmischung zu verhindern, ist in der Mischkammer vielfach noch ein sogenanntes Mischpendel angeordnet. Es besteht, wie Abb. 26 erkennen läßt, aus einer Reihe von vor der Blasrohrausmündung parallel zueinander aufgehängten Pendelstangen, welche frei ausschwingbar sind und zufolge des durch den Luftstrom hervorgerufenen stetigen Pendelns unmittelbar beim Einströmen des Fasergutes dieses einer nochmaligen gründlichen Durcheinanderarbeitung unterziehen.

Um der zu fördernden Baumwolle schon beim Transport die ihr etwa noch anhaftende Feuchtigkeit nach Möglichkeit zu entziehen, wird die Transportluft in einem Dampfluftheizer angewärmt. Er ist durch eine Rohrleitung mit dem Anschlußstück zwischen Ballenbrecher und pneumatischem Öffner so verbunden, daß die für den Transport erforderliche Luftmenge durch ihn angesaugt wird, vgl. Abb. 27. Der Dampfluftheizer kann auf beliebige Temperatur eingestellt und auch ganz ausgeschaltet werden, wenn eine Erwärmung des Fasergutes aus spinntechnischen Gründen nicht gewünscht wird. Die Anwärmevorrichtung macht die Anordnung von Rippenheizrohren in den Mischkammern entbehrlich.

Jedem Spinnereifachmann ist zur Genüge bekannt, welche große Gefahr dem Spinnereibetrieb durch das Vorhandensein von Eisenteilen im Spinnstoff droht. Sie sind verschiedener Art und Herkunft. Schon in den Ballen befinden sich Eisenteile jeder Art. Es werden in ihnen außer Bandeisenstücken nebst den dazugehörigen Schnallen, Nägel, Stemmeisen, Werkzeuge aller Art, Gußeisenbrocken und dergleichen mehr gefunden. Weitere Eisenteile gelangen aber auch durch die aus dem eigenen Betriebe wieder in die Mischung zurückfließenden vollwertigen Abgänge in das Spinngut. Sie sind geeignet, einen empfindlichen Betriebsschaden oder Schadenfeuer zu verursachen.

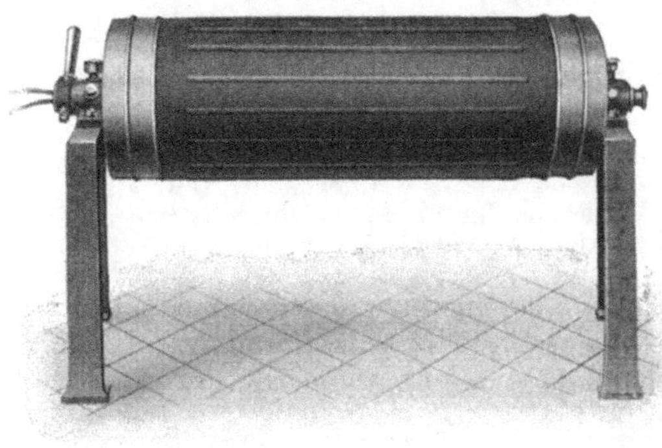

Abb. 28. Elektromagnetwalze zum Ausscheiden von Eisenteilen aus Baumwolle (Elektrizitätsgesellschaft Colonia, Köln-Zollstock).

Die neuzeitliche, auf Ersparung von Arbeitslöhnen hinzielende Verbindung der Reinigungsmaschinen mit selbsttätig arbeitenden Auflege- und Fördervorrichtungen schaltet die Möglichkeit des Auslesens der Fremdkörper durch gewissenhafte Arbeiter immer mehr aus. Durch einwandfreie Erhebungen ist festgestellt[1], daß von sämtlichen Spinnereibränden ca. 80% ihren Ausgang in den Schläger- und Mischräumen nehmen, und es kann wohl behauptet werden, daß wiederum 90% aller dort ausbrechenden Schadenfeuer auf die Rechnung der im Spinnstoff enthaltenen Eisenteile zu setzen sind.

Die Beseitigung aller dieser Gefahren sucht man durch zweckentsprechenden Einbau von Auffang- oder Schutzmagneten zu erreichen. Sie sind Flachmagnete, wie sie die Firma Paul Pollrich & Co., Düsseldorf, empfiehlt, oder Elektromagnetwalzen, wie sie von der Elektrizitäts-Gesellschaft „Colonia", Köln-Zollstock, geliefert werden. Ihre Einrichtung ergibt sich aus den Abb. 28 bis 30. Für Baumwollspinnereien kommen zwei verschiedene Einbauarten in Frage, und zwar diejenige für Lattentuch-Förderung, Abb. 29, und diejenige für pneumatische Förderung, Abb. 30. Bei der ersteren ist die „Elektromagnetwalze" etwa 10 cm über dem Lattentuch *b* des Ballenzupfers *a* so angebracht, daß die nach den Steiglattentüchern laufende Baumwolle unter ihr hinweggehen muß. Bei der zweiten Ausführungsform ragt dagegen die Elektromagnetwalze so in das unter

[1] Nord- und Ostexport, Orientexport, Berlin **1924**, Nr 8; Mell. Text. Ber. **1927**, 126.

Saugwirkung stehende Ablieferrohr *bc* des Ballenzupfers *a* hinein, daß die Baumwolle über sie hinwegfliegen muß. Auf der an beiden Enden in den Lagern festgeklemmten Welle *c*, Abb. 29, bzw. *d*, Abb. 30, sind konzentrisch zu ihr halbkreisförmige Segmente *d* bzw. *e* so befestigt, daß sie die eine Hälfte des Walzenmantels auf der ganzen Länge bilden, durch Drehen der Welle aber verstellt werden können. Zwischen diesen Segmenten sind Kupferspulen angebracht, von welchen die Segmente in der Weise magnetisch erregt werden, daß sie abwechselnd entgegengesetzten Magnetismus aufweisen. Die magnetische Erregung muß durch Gleichstrom erfolgen. Die Zuführungsleitung wird durch die feststehende Welle geführt, Abb. 28. Ist kein Gleichstrom vorhanden, sondern Wechsel- oder Drehstrom, so muß ein Umformer aufgestellt werden. Um das Magnetsystem dreht sich ein auf hohler Welle sitzender Mantel aus mit Längsleisten besetztem Messingblech, Abb. 28. Gelangt nun auf die Elektromagnetwalze eisenhaltiges Material, oder läuft solches an ihr vorbei, so wird das Eisen von dem Magnetfeld durch den Mantel hindurch angezogen und bleibt an diesem hängen. Da der unmagnetische Mantel sich fortwährend dreht, nimmt er die Eisenteile mit bis an die Stelle, wo das halbrunde Magnetfeld aufhört. An dieser Stelle ist die Magnetwalze vollkommen unmagnetisch, und zwar infolge eines hier angeordneten Streukraftlinienfängers nach D.R.P. 254260. Gelangt nun der Mantel mit dem anhaftenden Eisen an diese Stelle, so wird dieses mit aus dem Magnetfeld herausgenommen und fällt selbsttätig in einen Kasten ab. Ein Zurückrutschen in die Magnetzone wird durch die auf den Mantel aufgesetzten Leisten, Abb. 28, verhindert.

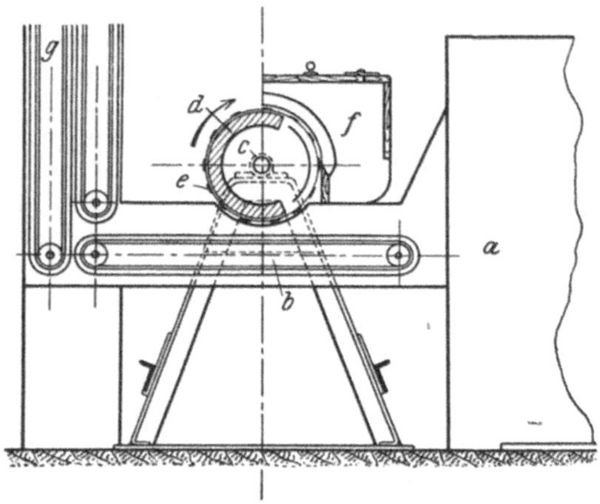

Abb. 29. Elektromagnetwalze zum Ausscheiden von Eisenteilen aus Baumwolle in Anwendung bei Förderung des Faserguts durch Lattentücher (Elektrizitätsgesellschaft Colonia, Köln-Zollstock).

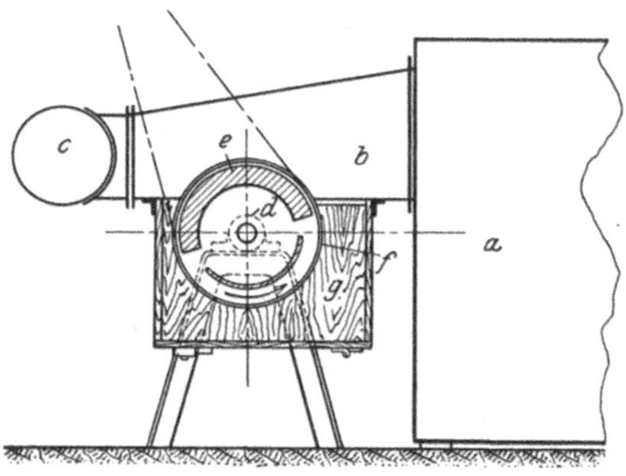

Abb. 30. Elektromagnetwalze zum Ausscheiden von Eisenteilen aus Baumwolle in Anwendung bei pneumatischer Fasergutförderung (Elektrizitätsgesellschaft Colonia, Köln-Zollstock).

Die Mischkammern bestehen bei Anwendung einer mechanischen Fasergutförderung aus einer Reihe von nebeneinander angeordneten Lattenverschlägen, denen das Fasergut von oben zugeführt und aus denen es unten entnommen wird, Abb. 17, 18 und 19. Wird das Fasergut nur durch Druckluft gefördert, so kommen vollständig geschlossene, durch Türen zugängige Mischkammern zur Anwendung, in die die Baumwolle von der Vorderseite eingeblasen wird, Abb. 24, während die Mischkammern für Saugluftförderung denjenigen für mechanische Förderung gleichen, also Lattenverschläge mit Beschickung von oben darstellen. — Die Anzahl der Mischkammern ist abhängig von der Zahl der anzulegenden Mischungen, sonst aber keiner Beschränkung unterworfen. Die aus Lattenverschlägen gebildeten Mischkammern sind gewöhnlich 4 m tief und 5 m breit und ihre Mischung erhält etwa 2¼ m Höhe. Sie sind nach Ernst Müller zweckmäßig für 20 Ballen ägyptische, 24 Ballen amerikanische oder 40 Ballen ostindische Baumwolle bemessen.

Nach Brüggemann[1] sollen die Mischkammern oder Stöcke so bemessen sein, daß in ihnen die Baumwolle mindestens 14 Tage ruhen kann, ehe sie zur Verarbeitung kommt. Die Temperatur im Mischraum bzw. in den Stöcken soll etwa 20 bis 24°C bei einer Feuchtigkeit von etwa 60% rel. betragen.

b) Putzerei. (Öffnen und Reinigen der Baumwolle.)

1. Kastenspeiser. Von der Mischerei kommt die Baumwolle zur Putzerei, und zwar zunächst zum Öffner. Seine Beschickung erfolgt zur Zeit wohl ausschließlich durch den sogenannten Kastenspeiser. Er soll die dem Öffnen und Reinigen der Baumwolle dienenden Maschinen hinsichtlich ihrer Beschickung

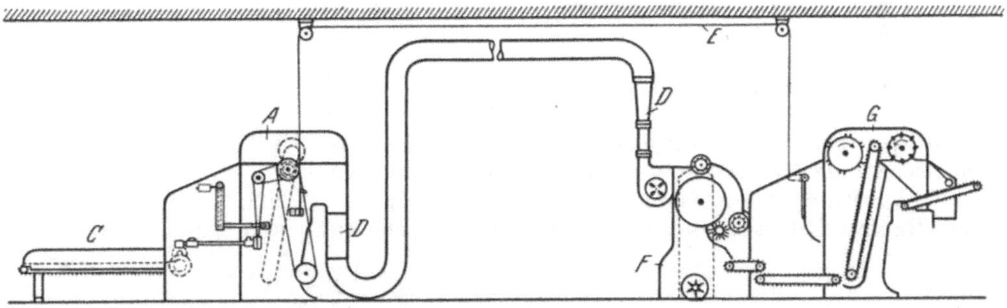

Abb. 31. Pneumatische Mischanlage (Dobson & Barlow Ltd., Bolton).

von der Aufmerksamkeit der Arbeiter unabhängig machen und gleichzeitig eine weitere Auflösung der Faserflocken herbeiführen. Seine Einrichtung ähnelt der des Kastenballenbrechers, Abb. 16, nur sind die Nadeln des Steiglattentuchs mit Rücksicht darauf, daß die Baumwolle schon etwas vorgeöffnet ist, feiner. Das Abstreichen der von dem Nadellattentuch zu viel mitgenommenen Faserflocken erfolgt durch ein kurzes endloses Nadellattentuch oder durch eine Trommel mit an der Arbeitsstelle aus ihr hervortretenden Nadeln einer in ihr exzentrisch gelagerten sternförmigen Nadelwalze. Der Kastenspeiser findet für sich in dem Mischkammerraum Aufstellung oder in einem Arbeitsraum unter diesem. Im ersten Falle wird er unmittelbar von Hand durch Aufbringen des Fasergutes auf sein Zuführlattentuch bedient, im anderen Falle wird diesem das Fasergut durch ein Fallrohr zugeführt; Abb. 33. Mit Rücksicht auf die große Bedeutung, welche man heute einer gründlichen, aber sanften Auflösung des Fasergutes zuschreibt, wird der Kastenspeiser auch mehrmals nacheinander zur Anwendung gebracht. Abb. 31 zeigt eine diesbezügliche Ausführungsform. Die Überführung des Fasergutes von dem ersten Speiser *A* auf den zweiten Speiser *G* erfolgt gewöhnlich pneumatisch. Die Einrichtung hierzu entspricht im wesentlichen derjenigen eines Lieferkastens nach Abb. 20 bis 22. Einem auf wagerechter Achse drehbar gelagerten, unter Wirkung zweier starker Sauger stehenden Siebzylinder (siehe

[1] Brüggemann, H.: Mell. Text. Ber. **1927**, 126.

F, Abb. 31), wird das Fasergut vom ersten Speiser *A* durch die Rohrleitung *D* zugeführt. Von diesem Siebzylinder löst es eine Schlägerwalze ab und wirft es auf das Speisetuch des zweiten Speisers *G*. Er reguliert durch die bekannte Fühlerplatte die Baumwollzufuhr zur nächstfolgenden Maschine, dem Öffner, zugleich

Abb. 32. Voröffner mit Kastenspeiser (Rich. Hartmann A.-G., Chemnitz).

wird aber von ihm aus auf mechanischem oder elektrischem Wege auch der erste Speiser stillgesetzt, wenn er selbst zum Stillstand kommt.

2. Voröffner, Vorschläger (Porcupine). Sein Zweck ist eine weitere Auflösung der Baumwollflocken unter gleichzeitiger Ausscheidung von Sand, Staub usw.

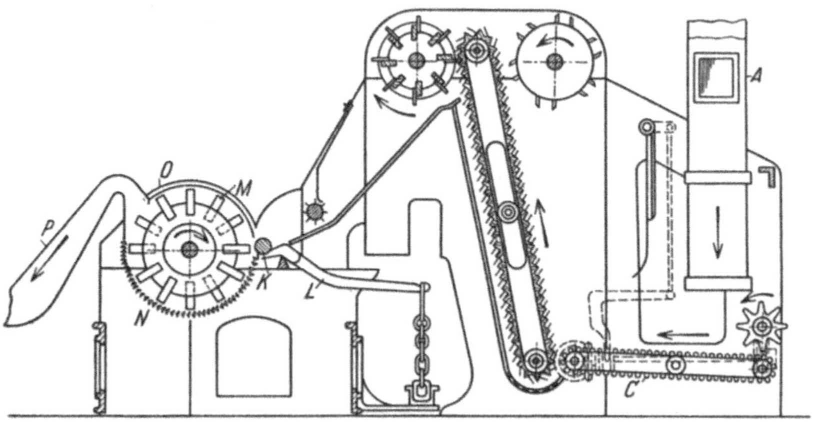

Abb. 33. Kastenspeiser vereinigt mit Voröffner (Porcupine) (Dobson & Barlow Ltd., Bolton).

sowie eine Vergleichmäßigung der Menge der zu verarbeitenden Baumwolle und damit zugleich eine Entlastung des nachfolgenden Hauptöffners. Die Speisung erfolgt durch den Kastenspeiser mittels einer Muldenzuführung, der das Fasergut durch ein Lattentuch, Abb. 32, oder unmittelbar vom Kastenspeiser aus zugeführt wird (Abb. 33). Die Muldenzuführung, Abb. 34 und 35, besteht aus einer Speisewalze *K*, Abb. 33, die mit einer Klaviermulde zusammenarbeitet, deren einzelne, muldenartig gegen die Speisewalze anliegende Fühlerhebel L durch Zwischengelenke mittels einer Brillenaufhängung mit dem Riemen-

Abb. 34. Klaviermuldenzuführung mit Regler (Taylor, Lang & Co., Stalybridge).

führer eines Riemenkegelgetriebes verbunden sind, vgl. Abb. 34 und 35; dieses regelt die Laufgeschwindigkeit der Speisewalze (Lordscher Speiseregler). Die

Abb. 35. Vorschläger (Société Alsacienne de Constructions Mécaniques, Mulhouse).

Bearbeitung des Fasergutes im Voröffner erfolgt durch die Schlagtrommel M in einem Gehäuse O, Abb. 33, die etwa 600 bis 1000 Umdrehungen in der Minute macht. Sie schleudert das ihr durch die Muldenzuführung dargebotene Fasergut über einen aus Dreikantstäben gebildeten Rost N hinweg dem Auslaß P zu. Die aus Flußeisenblechscheiben mit angenieteten Schlagnasen oder aus gußeisernen, mit gezahnten Nasen versehenen Scheiben zusammengesetzte, oder auch aus einem Stahlzylinder mit aufgesetzten U-förmig gestalteten Nasen gebildete Schlagtrommel, Abb. 35 bis 38, besitzt einen Durchmesser von etwa 400 bis 600 mm und liefert bei einem Kraftbedarf von etwa 2 PS in 1 Stunde ungefähr 400 kg aufgelöste gereinigte Baumwolle.

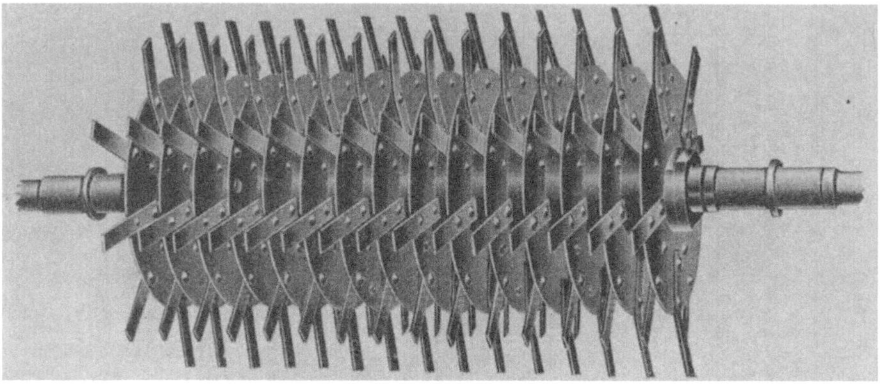

Abb. 36. Schlagtrommel mit Stahlplatten für Vorschläger (Porcupine) (Howard & Bullough Ltd., Accrington).

Die bis zum Austritt des Fasergutes aus dem Voröffner erzielte Lockerung und Reinigung genügt bei weitem noch nicht für das Verspinnen. Man übergibt die Faserflocken deshalb noch einem größeren Öffner, einem Hauptöffner. Er ist stehender oder liegender Bauart und empfängt den Rohstoff entweder durch Hand, durch einen Kastenspeiser, unmittelbar vom Voröffner oder auch bei größerer Ent-

Abb. 37. Schlagtrommel mit gezahnten Gußeisen-Scheiben für Vorschläger (Porcupine) (Howard & Bullough Ltd., Accrington).

fernung durch Saugluft über einen R o s t k a s t e n, Abb. 39. Er besteht in der dargestellten Ausführungsform aus einem auf Füßen stehenden schmiedeeisernen Kasten von etwa 4 Fuß Länge und 1 Fuß Breite, der an seinen beiden Enden mit je einem gußeisernen Kopfstück ausgestattet ist. Durch sie ist er an die Saugleitung angeschlossen, gleichzeitig sind sie die Träger für zwei auf der Oberseite gezahnte, parallel zueinander laufende Schienen. In ihrer Verzahnung hängen frei pendelnd 57 schmiedeeiserne Platten (Rostplatten), die durch 6 bis nahe an den Boden des Staubkastens sich erstreckende Platten in Gruppen unterteilt sind, deren Platten etwas über dem Kastenboden enden. Der Zweck der erstgenannten

Platten ist, ein Mitreißen des sich auf dem Kastenboden ansammelnden Staubes durch den über die Platten hinwegstreichenden, die Baumwolle tragenden Luftstrom zu verhindern. Der Boden ist an einer seiner Querseiten drehbar an das entsprechende Staubkastenkopfstück angeschlossen und wird in seiner Schlußlage durch zwei Seitenriegel gehalten. Werden diese gelöst, so klappt der Kastenboden nach abwärts, und es fällt der Staub ab. Durch Hand können gleichzeitig auch die Rostplatten zum Ausschwingen gebracht werden, damit sie den an ihnen haftenden Staub usw. abgeben. Um ein Heraustreten der auf den verzahnten Schienen hängenden Platten aus der Verzahnung zu verhindern, sind, wie aus der Abb. 39 zu ersehen, über den Zahnschienen Schutzstangen vorgesehen, die sich über die Plattenreihe erstrecken. Da die Rostplatten frei auf gezahnten Schienen hängen, kann ihr Abstand beliebig geändert und dadurch der Reinigungskasten leicht für jede

Abb. 38. Schlagtrommel für Voröffner (Lord Brothers, Todmorden, verb. mit Brooks & Doxey Ltd., Manchester).

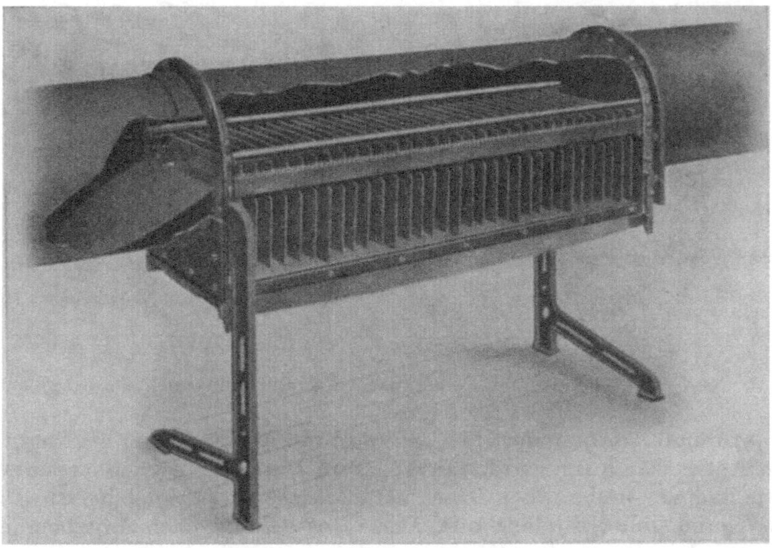

Abb. 39. Vibro-Pneumatischer Staubkasten (Lord Brothers, Todmorden, verb. mit Brooks & Doxey Ltd., Manchester.

Baumwollsorte eingestellt werden. Die höchste Reinigungswirkung wird erreicht, wenn die Rostplatten auf der Kasteneintrittsseite enger zusammengestellt werden als an der Austrittsseite. Da jede Rostplatte durch den Luftstrom und durch die gegen ihre Oberkante stoßenden Baumwollflocken in Schwingung versetzt wird, werden die durch den Stoß sich ausscheidenden Unreinigkeiten auf dem Kastenboden befördert. Die in den Kastenkopfstücken vorgesehenen Zungen leiten den Luftstrom über die Rostplatten und verhindern so ein Verstopfen der Mundstücke.

3. Vertikal- oder Crighton-Öffner. In ihm erfolgt die Bearbeitung der Baumwolle durch einen stehenden Schläger, der, wie die Schnittzeichnungen 40 bis 42 erkennen lassen, aus mehreren mit Schlagnasen oder Schlagleisten besetzten, auf einer lotrechten Welle in Abständen angeordneten Scheiben besteht, deren Durchmesser von unten nach oben zunimmt. Dieser Schläger ist von einem kegelförmigen Rost umgeben, der seinerseits wieder von einem Gehäuse eingeschlossen ist, siehe die vorgenannten Abbildungen sowie die Abb. 43 und 44.

Der Rost war ursprünglich ein Siebrost, siehe *d*, Abb. 40. Dieser ist im Laufe der Zeit durch einen solchen aus Dreikantstäben ersetzt worden, deren etwa

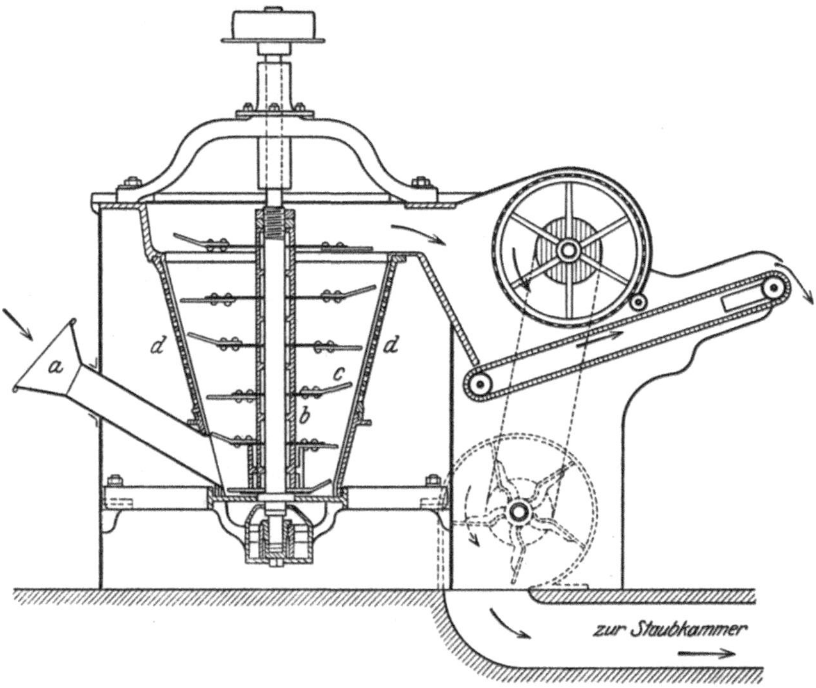

Abb. 40. Vertikal-(Crighton-)Öffner. Nach Müller, Handbuch der Spinnerei.

200 zur Anwendung kommen. Ihre Zahl und ihr Abstand sind abhängig von der Baumwollsorte. Die Form wurde derart gewählt, daß der Zwischenraum zwischen ihnen am kleinen und großen Trommeldurchmesser der gleiche ist. Die gangbarsten Weiten sind 2, 4 oder 6 mm. Diese Roste leiden nach Angaben der Firma Saco-Lowell, Boston, an dem Übelstand, daß ihre Stäbe im Unterteil zu schwach sind und infolgedessen schwer in ihrer richtigen Stellung zueinander gehalten werden können. Die genannte Firma hat deshalb Stabroste zur Einführung gebracht, deren dreikantige Stäbe auf ihrer ganzen Länge den gleichen Querschnitt haben. Die Roste besitzen 120 Stäbe, die in vier Gruppen von je 30 Stäben mit gleichen Zwischenräumen angeordnet sind, während gleichzeitig zwischen je zwei Gruppen eine gelochte, gußeiserne Platte vorgesehen ist, wie dies Abb. 43 erkennen läßt. Sie gestattet den Zutritt zum Schläger ohne Verstellung des Rostes. Je 15 Stäbe sind gemeinsam regulierbar und werden sicher in jeder gewünschten Stellung gehalten. Auf diese Weise ist eine verschiedene Einstellung

der Stabgruppen möglich. Man macht dort, wo die Baumwolle in den Öffner eintritt, die Spaltöffnungen zwischen den Stäben groß und schließt sie in den folgen-

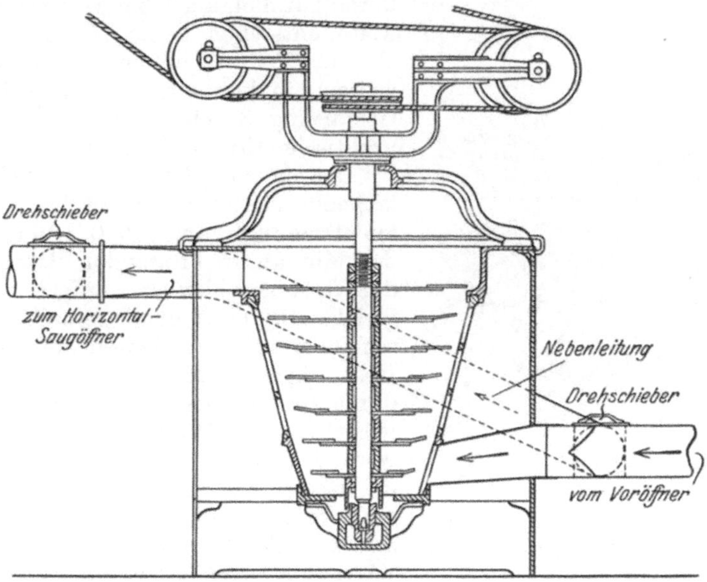

Abb. 41. Vertikalöffner (Dobson & Barlow Ltd., Bolton).

den Abteilungen mehr und mehr. — Zu besonderer Bedeutung ist auch der verstellbare Trützschler-Rost nach DRGM. 1031243 gelangt, Abb. 44. Sein Wesen

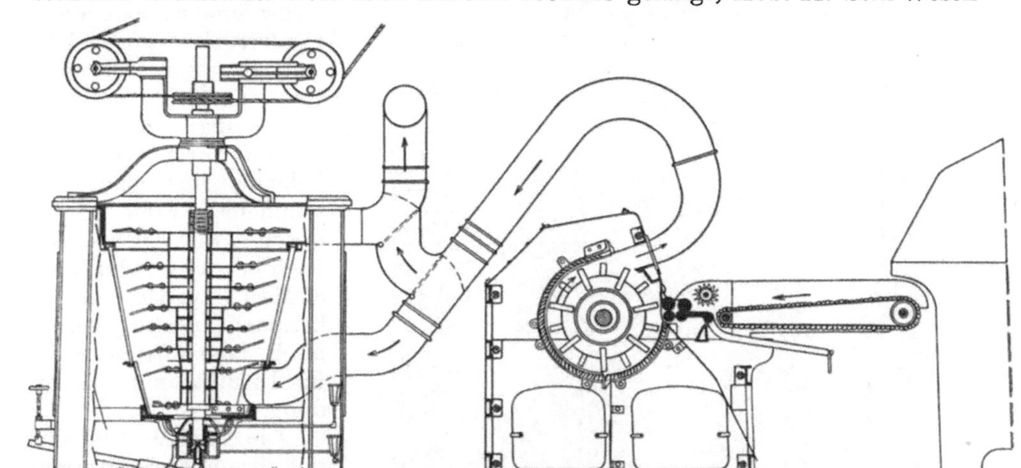

Abb. 42. Vertikalöffner mit Vorschläger und Kastenspeiser (Platt Brothers & Co. Ltd., Oldham).

besteht darin, daß mittels eines aus dem Rostumschlußgehäuse herausragenden Handgriffes, siehe rechte Seite der Abbildung, sämtliche Roststäbe zu gleicher Zeit verstellt werden können. Der Handgriff sitzt mit einer Nase auf einer mit Einschnitten versehenen Skala, die gestattet, daß die Spaltweite zwischen den

Roststäben um je ¾ mm verstellt und so der Beschaffenheit des Arbeitsgutes mit Leichtigkeit angepaßt werden kann. Die Spaltweite verläuft von oben nach unten parallel, auch bei Änderung der Spaltweite entstehen keine Unregelmäßigkeiten. Die aus Temperguß hergestellten Roststäbe weisen ein besonderes Profil auf, das seine Gestaltung durch zahlreiche Versuche und praktische Erfahrungen erhalten hat[1].

Abb. 43. Einstellbarer Rost für den Vertikalöffner (Saco-Lowell, Boston).

Das in den Bereich des Schlägers gelangende Fasergut wird infolge seiner schnellen Drehung, etwa 1000 Umdrehungen in der Minute, in kreisender Bewegung gegen den Rost geschleudert, aufgelöst und dabei gleichzeitig nach oben gefördert. Sich abscheidende Unreinigkeiten werden durch den Rost abgeschieden. Die aufgelösten, dem durch die Schlägerdrehung erzeugten Luftwirbel nach oben folgenden Faserflocken werden durch den Luftstrom im Kopfteil des Rostes nach außen geblasen, die nicht aufgelösten Faserflocken fallen dagegen zwischen Schläger und Rost wieder nach abwärts und werden erneut bearbeitet. Das ausgeblasene Fasergut wird von dem Mantel einer Siebtrommel, die unter Saugwirkung steht (Kondensator), aufgenommen und von ihr an ein mit ihr zusammenarbeitendes Fördertuch abgegeben, Abb. 40, wenn sich nicht eine weitere Maschine unmittelbar anschließt.

Abb. 44. Verstellbarer Rost für Vertikalöffner (P. Trützschler & Gey, Crimmitschau).

Die durch den Rost fallenden, im Gehäuse sich sammelnden Fremdkörper werden aus diesem im Kleinbetrieb mit der Hand entfernt. Im Großbetrieb kommen hierfür mechanische oder pneumatische Fördermittel zur Anwendung.

Die Schlägerwelle ruht mit ihrem Fuß entweder in einem mit Wasserkühlung versehenen Spurlager und mit ihrem Oberteil in einem nor-

[1] Kühne: Fortschritte in der Konstruktion der Crighton-Öffner. Mell. Text. Ber. **1930**, 2.

malen Halslager oder sie wird durchweg durch Kugellager gestützt und gehalten. Die Abb. 40 zeigt ein Spurlager älterer Bauweise, Abb. 45 zeigt ein solches neuester Konstruktion. Die Einrichtung ergibt sich ohne weiteres aus der Abbildung. Sie läßt auch das Stellzeug erkennen, mit Hilfe dessen es möglich ist, die Schlägerwelle und damit auch den ganzen Schläger selbst im Rost zwecks Abstandsänderung zwischen diesem und dem Schläger zu heben oder zu senken.

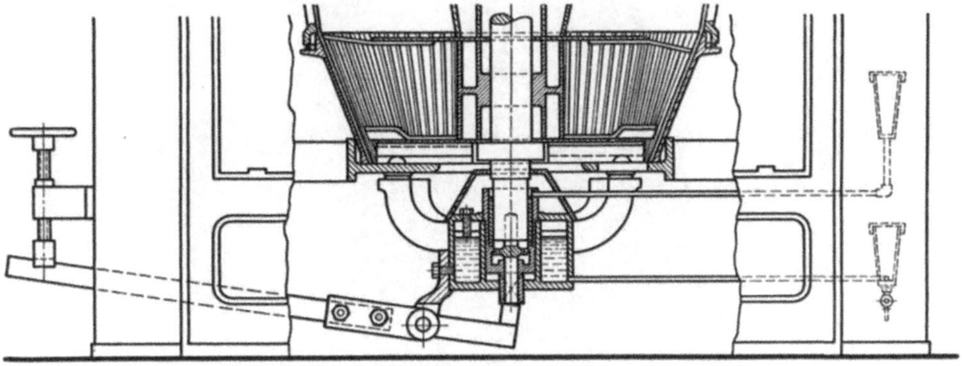

Abb. 45. Lagerung der Schlagtrommelwelle des Vertikalöffners (Société Alsacienne de Constructions Mécaniques, Mulhouse).

Der Antrieb des Schlägers erfolgt durch eine auf dem Kopf seiner Welle aufgesetzte Riemenscheibe entweder unmittelbar, Abb. 40, oder unter Mitverwendung einer Vorlegewelle mit Riemenspannrolle, Abb. 46, durch einen „ausgeglichenen Seilantrieb", Abb. 41 und 42, oder endlich durch einen mit der Welle direkt gekuppelten Motor, Abb. 47.

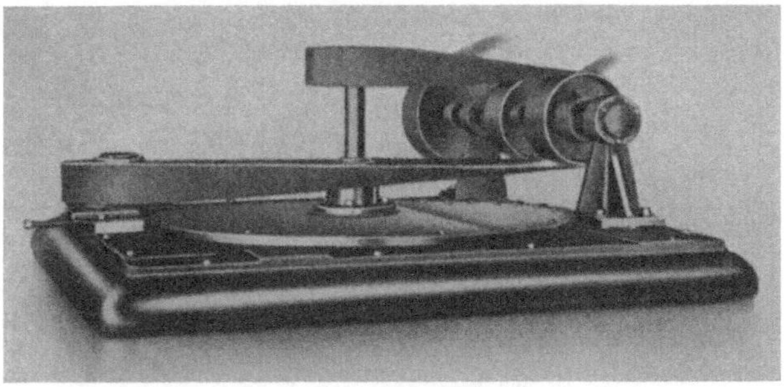

Abb. 46. Riemenantrieb für Vertikalöffner (Saco-Lowell, Boston).

Die Beschickung des Öffners erfolgt durch ein sein Gehäuse durchsetzendes und in den schüsselartigen Unterteil des den Schläger umgebenden, kegelförmigen Rostes einmündendes Rohr, dem das Fasergut entweder durch Hand, *a*, Abb. 40, durch einen Kastenspeiser oder endlich unter Saugluftwirkung vom Voröffner, Abb. 41 und 42, zugeführt wird.

Bei den neuzeitlichen, selbsttätig arbeitenden Baumwoll-Reinigungsanlagen wird das Fasergut dem Crighton-Öffner durch einen Luftstrom zugeführt. Es macht sich hierbei jedoch in empfindlicher Weise bemerkbar, daß alle zum Befördern der Baumwolle erforderliche Luft in den Öffner eintritt, wodurch sowohl die Wirksamkeit des Öffners in bezug auf das Reinigen der Baumwolle außerordentlich herabgemindert, als auch eine bedeutende Menge guter Fasern durch den Rost des Öffners in den Abfall geblasen wird.

Zur Beseitigung dieser unangenehmen Begleiterscheinung verwendet man für die Beschickung besondere Empfangs- und Abliefervorrichtungen. Die

Abb. 47 und 48 zeigen eine solche. Sie besitzt in ihrem unteren Teil zwei auf einer gemeinsamen Welle sitzende Ventilatoren V und V_1, von denen der eine V dazu bestimmt ist, die Baumwolle durch irgendeine Rohrleitung oder die Rostkammer

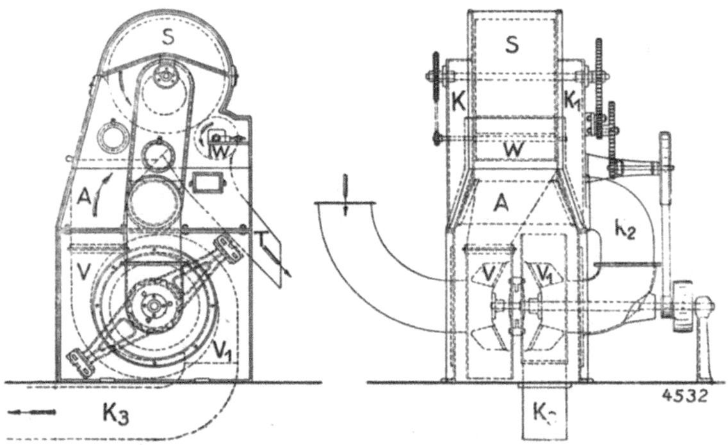

Abb. 47 und 48. Crighton-Öffner mit selbsttätiger Zu- und Abführvorrichtung (Rich. Hartmann A.-G., Chemnitz).

anzusaugen und durch den Kanal A gegen die oberhalb der Ventilatoren gelegene Siebtrommel S zu blasen. Die sich an der Siebtrommel ansetzende Baumwollschicht wird von der Abnehmerwalze W abgestreift und fällt dann durch einen Trichter in den Öffner. Um nun die Luft, die der erste Ventilator V zusammen mit der Baumwolle gegen die Siebtrommel S schleudert, abzuführen, ist der zweite Ventilator V_1 vorgesehen, welcher die gegen die Siebtrommel geschleuderte Luft aus derem Innern durch die Kanäle K und K_1 absaugt und in den Staubkeller bläst. Die Baumwolle wird durch diese Vorrichtung fast luftfrei dem Crighton-Öffner zugeführt.

Die Leistung eines Vertikalöffners beträgt etwa 1200 bis 2000 kg in 10 Arbeitsstunden. Die Schlagnasenwelle macht nach Scott-Taggart (Bauer) bei Bearbeitung kurzer Baumwolle 1000, bei amerikanischer Baumwolle 800 bis 900 und bei ägyptischer Baumwolle höchstens 780 Umdrehungen in 1 Minute. Niedrige Geschwindigkeiten ergeben schonende Behandlung der Faser.

Der Vertikalöffner wurde ursprünglich nur für die Bearbeitung kurzer Baumwollen verwendet. Es hat sich aber im Laufe der Zeit gezeigt, daß er für jede Baumwolle geeignet ist und daß das Fasergut um so besser aufgelöst und gereinigt wird, je öfter der Öffner zur Anwendung kommt, nur muß die Umlaufgeschwindigkeit der Schläger und deren Einstellung dem Rost gegenüber der zu bearbeitenden Baumwolle angepaßt werden. Der erste Öffner wirft das Fasergut durch einen Verbindungskanal in die Rostschüssel des zweiten Öffners, dieser übergibt es in gleicher Weise dem dritten Öffner und dessen Schläger wirft das erneut durchgearbeitete Fasergut gegen die unter Saugwirkung stehende Siebtrommel.

Die besten Ergebnisse werden nach Angabe der Firma Saco-Lowell, Boston, erhalten, wenn der erste Schläger mit 700 bis 800 Touren in der Minute, der zweite mit 600 bis 700 und der dritte mit 450 bis 600 läuft. Der Grund dafür ist, daß die Baumwolle, die in den zweiten Öffner eintritt, von dem größten Teil des Sandes und der schweren Unreinlichkeiten schon befreit ist und der langsamer laufende Schläger auch das Verweilen der schon mehr geöffneten Baumwolle auf dem Rost verlangsamt.

Um mit einem solchen mehrfachen Öffner auch eine nur einmalige Durcharbeitung der Baumwolle zu ermöglichen, hat man ihn auch so eingerichtet, daß der zweite und dritte Öffner gemeinsam oder je für sich ausgeschaltet werden können. Zu diesem Zwecke sind Nebenrohrleitungen mit Klappen vorgesehen, mittels welcher bei entsprechender Einstellung der von dem ersten nach dem zweiten und von diesem nach dem dritten Öffner führende Verbindungskanal abgeschlossen und gleichzeitig der unmittelbare Weg vom ersten Öffner nach der Abführung zur Siebtrommel des dritten Öffners freigegeben wird. Ähnliche Einrichtungen hat man auch am einfachen Öffner vorgesehen, um ihn ganz auszuschalten; siehe Abb. 41 und 42.

4. Horizontal- oder Trommelöffner. Sein Wesen besteht, wie schon der Name besagt, gegenüber dem Vertikalöffner darin, daß die Bearbeitung des Fasergutes durch eine auf wagerechter Welle sitzende Trommel erfolgt, die auf der Außenseite mit Nasen besetzt, nach oben durch eine halbzylindrische Haube abgedeckt und unter der ein Stabrost mit drehbaren Roststäben angeordnet ist. Dem trommelartigen Schläger wird die aufzulösende Baumwolle bei der einfachsten Ausführung des Öffners mittels eines endlosen Lattentuchs und zweier sich anschließender Walzenpaare zugeführt, während die aufgelöste und von den gröbsten Unreinigkeiten befreite Baumwolle zwischen zwei sich drehende, unter Saugwirkung stehende, zusammenarbeitende Siebzylinder geschleudert wird, die sie verdichten und in Form eines watteartigen Gebildes an ein Abführlattentuch abgeben. In dem Boden des zwischen der Schlägertrommel und den Siebzylindern vorhandenen Flugkanals ist ein Rost angeordnet, durch welchen die minder fest an der Baumwolle haftenden Unreinigkeiten hindurchfallen. Durch die der Abführung des gelockerten Fasergutes dienenden Siebzylinder werden, ganz wie beim Vertikalöffner, Staub und kurze Fäserchen infolge der Saugwirkung entfernt.

Der Horizontalöffner wird heute vielfach, wie der Vertikalöffner, auch als Doppel-Horizontalöffner, ganz besonders aber als Saugöffner ausgeführt. Er saugt das zu behandelnde Fasergut mittels eines Flügelrades an, das zwischen

Abb. 49. Saugöffner in Verbindung mit Rostkammer, Voröffner und Kastenspeiser (Rich. Hartmann A.-G., Chemnitz).

zwei über Rosten arbeitenden Nasentrommeln angeordnet ist, die mit ihm auf gemeinsamer Achse sitzen und durch eine Gabelung des Ansaugrohres gespeist

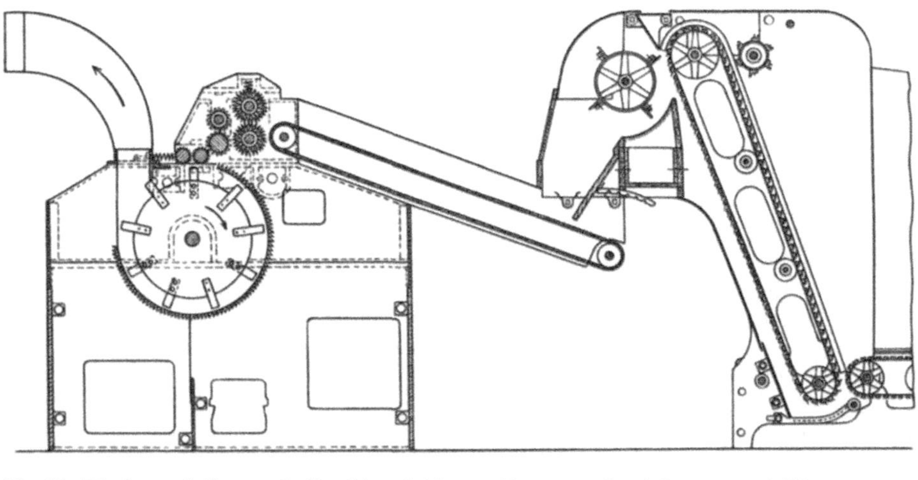

Abb. 50. Horizontalöffner mit Buckley-Schläger, Lattentuchzuführung und Kastenspeiser (Saco-Lowell, Boston).

werden. Sie werfen die aufgelösten Faserflocken zwischen zwei Siebtrommeln, ganz wie bei dem gewöhnlichen Horizontalöffner, und diese führen sie verdichtet ab. Auf dem Weg zum Saugöffner durchstreicht die lose Baumwolle einen oder mehrere, in das Saugrohr eingeschaltete Rostkammern oder Staubkästen (Abb. 49), wie er beispielsweise in einer Ausführungsform in Abb. 39 wiedergegeben ist.

Einen Horizontalöffner, dessen Einrichtung das Bestreben erkennen läßt, die Wirkung der Schlagtrommel in bezug auf Reinigung nach Möglichkeit zu erhöhen, zeigt die Abb. 50. Erreicht wird das angestrebte Ziel durch einen die Schlagtrommel bis auf die Zuführ- und Absaugestelle umgebenden verstellbaren Rost. Die Speisung der Maschine erfolgt durch ein Lattentuch im Zusammenwirken mit Zuführwalzen und dessen Beschickung durch einen Kastenspeiser.

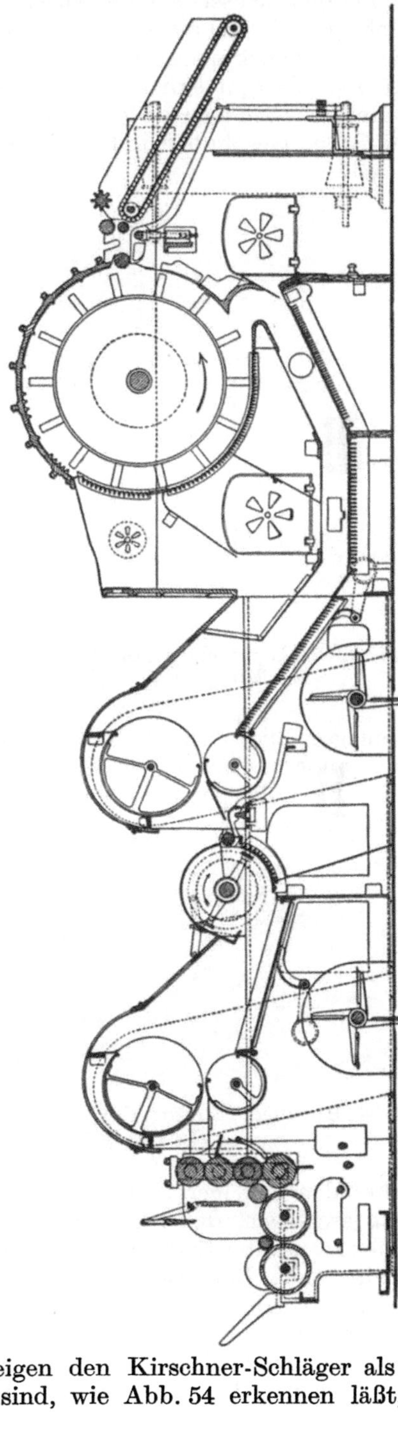

Abb. 51. Schlagmaschine mit Wickelvorrichtung in Verbindung mit vorgeschaltetem Buckley-Öffner (Howard & Bullough Ltd., Accrington).

5. Schlagmaschine. Die Auflockerung und Reinigung der Baumwolle wird mit den bisher erläuterten Maschinen noch nicht in befriedigender Weise erreicht, vor allen Dingen ist aber auch das Fasergut bzw. Vlies, wie es der Hauptöffner liefert, noch nicht von erwünschter Gleichmäßigkeit in der Dicke. Die noch notwendige weitere Auflockerung, Reinigung und Vergleichmäßigung des Fasergutes hat die Schlagmaschine zu leisten. Ihre Beschickung erfolgt mit der Hand, durch einen Kastenspeiser oder durch unmittelbaren Übergang vom Hauptöffner (vgl. z. B. die Abb. 51 und 52).

Während jedoch die gleiche Arbeit beim Vor- und Hauptöffner durch mit Nasen ausgestattete Rotationskörper erfolgt, arbeitet die Schlagmaschine mit Schlagflügeln, welche mit parallel zur Schlägerwelle laufenden Schlagleisten ausgestattet sind und deren zwei (Abb. 51) oder drei (Abb. 52) auf einer gemeinsamen, wagerecht liegenden Welle sitzen.

An Stelle des einfachen, mit glatten Schlagleisten arbeitenden Schlägers kommt vielfach auch der mit Nadelleisten ausgestattete Kirschner-Schläger zur Anwendung, wenn es sich darum handelt, das Fasergut mehr kämmend aufzulösen. Seine Benutzung setzt eine gute Baumwolle voraus, da seine Wirkung eine energische ist. Ganz besonders kommt er in Frage, wenn es sich um die Herstellung von Abfallgarnen handelt. Ihre Erzeugung verlangt eine gute Reinigung des Fasergutes. Die Abb. 53 und 54 zeigen den Kirschner-Schläger als dreiarmigen Schläger. Seine Schlagleisten sind, wie Abb. 54 erkennen läßt, mit

Holzsegmenten ausgestattet, deren Oberfläche nicht konzentrisch zur Schlägerwelle verläuft, sondern exzentrisch derart, daß die in die Segmente eingesetzten Nadeln entgegengesetzt zu der durch den Pfeil angedeuteten Bewegungsrichtung des Schlägers fortschreitend weiter nach außen hervortreten. Die Folge davon ist, daß die Nadelreihen beim Schlägerumlauf fortschreitend tiefer in das ihnen zugeführte Fasergut eintreten und dieses so schonend kämmend auflösen.

Unter dem Schläger ist konzentrisch zu seiner Welle ein Stabrost angeordnet, dessen Stäbe gewöhnlich mit ihren Kanten unter verschiedenem Winkel gegen

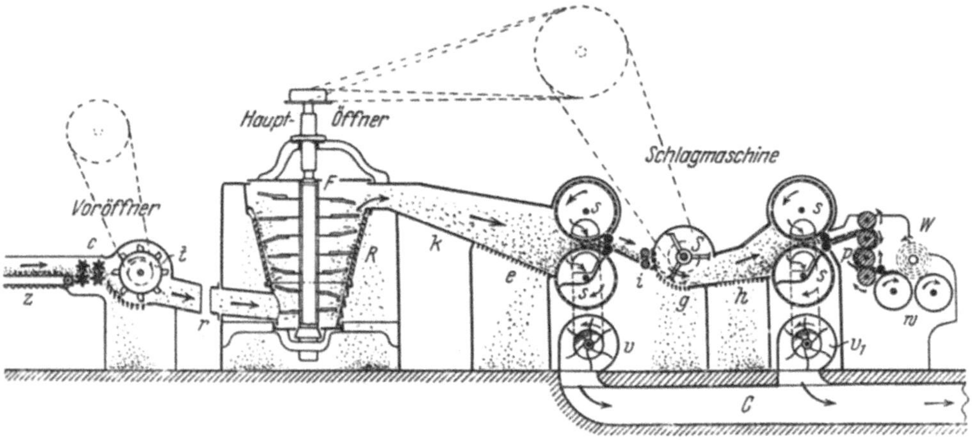

Abb. 52. Schlagmaschine mit Wickelvorrichtung in Verbindung mit vorgeschaltetem Vertikalöffner und diesem vorgeordneten Voröffner (Porcupine).

die Schlagschienen eingestellt werden können, was zugleich auch eine Änderung des Abstandes zwischen den Stäben für den Durchfall der sich vom Fasergut lösenden Fremdkörper zur Folge hat. Nach oben ist der Schläger durch eine abhebbare Haube abgedeckt. Die Zuführung des Fasergutes zum Schläger erfolgt durch ein Walzenpaar, eine Mulde mit gegen ihre Auslaufkante angepreßter Förderwalze (Abb. 56a), eine Klaviermulde oder eine solche im Zusammenwirken mit einem Walzenpaar (Abb. 56b). Die aus ihr austretende Baumwolle wird von den Schlagleisten des etwa 1000 Umdrehungen in der Minute ausführenden Schlägers auf der ganzen Breite der Zuführung von oben gefaßt und abgeschlagen, dabei gegen den Rost geworfen und über diesen hinweg zwischen zwei unter Saugwirkung stehende Siebzylinder getrieben. Sie sammeln die anfliegende Baumwolle, entstauben sie und liefern sie als Faservlies an eine Wickelvorrichtung ab (Abb. 51, 55 links und Abb. 52 rechts). Ihr fällt die Aufgabe zu, dieses Faservlies weiter zu einem watteartigen Gebilde zu verdichten und aufzuwickeln. Sie ist zu diesem Zweck mit einer Anzahl übereinanderliegender Druckwalzen ausgestattet, durch welche das Vlies in Schlangen-

Abb. 53. Kirschner-Schläger (Taylor, Lang & Co. Ltd., Stalybridge).

windung hindurchläuft, worauf es auf einen durch Umfangreibung in Drehung versetzten Stab aufgewickelt wird, wie dies Abb. 51 links und Abb. 52 rechts erkennen läßt. Mit den Schlagmaschinenwickeln kann nun zur Vergleichmäßigung des watteartigen Fasergebildes das Doppeln vorgenommen werden, indem einer zweiten Schlagmaschine mehrere solcher Wickel so vorgelegt werden, daß die sich von ihnen abrollenden Schichten aufeinanderliegend in die Zuführvorrichtung kommen. Der Schläger löst sie wieder auf und bildet aus den abgelösten Faserflocken unter nochmaliger Reinigung mit den Saugzylindern und der Wickelvorrichtung einen neuen Wickel (Abb. 55). Mit der Wickelbildung wird die grundlegende Arbeit für das Spinnen verrichtet, nämlich die Bildung eines Faserkörpers von bestimmter Größe, aus dessen Gewicht die Grundnummer für den Spinnplan bestimmt wird. Da der Wickler fortlaufend Watten gleichen Flächeninhaltes oder gleicher Länge ergibt und da die Verteilung des veränderlichen Wattengewichtes auf diese Länge stattfindet, so wird die Stärke der Watte ausgedrückt durch die Länge, welche die Gewichtseinheit ergibt, also nach der Numerierungsart durch eine Zahl. Zwecks Erzielung einer möglichst gleichmäßigen Wattenstärke wird die Zuführungsgeschwindigkeit des einlaufenden Fasergutes entsprechend der wechselnden Dicke der zugeführten Schicht geregelt. Je dicker die einlaufende Schicht ist, desto langsamer läuft die Einführung und umgekehrt. Die Dickenmessung der einlaufenden Schicht findet dabei durch das verschiedene Ausheben der einen Walze des Zuführwalzenpaares oder der Walze bei der Muldenzuführung statt. In beiden Fällen hat dieses Anheben eine Verschiebung des Riemens eines Riemenkegelpaares zur Folge, durch welches die Zuführung ihren Antrieb empfängt. Durch Anwendung einer Klaviermulde und des Lord-

Abb. 54. Kirschner-Schläger (Taylor, Lang & Co. Ltd., Stalybridge).

Abb. 55. Schlagmaschine mit Wickelvorrichtung (Rich. Hartmann A.-G., Chemnitz).

schen Speisereglers, vgl. Abb. 32 bis 35 und Kieser[1], wird gleichzeitig auch der in der Breite wechselnden Schichtstärke Rechnung getragen. — Die Wickelvorrichtung versieht man gewöhnlich mit einer selbsttätigen Ausrückung. Sie ist entweder so eingerichtet, daß sie zur Wirkung kommt, wenn ein

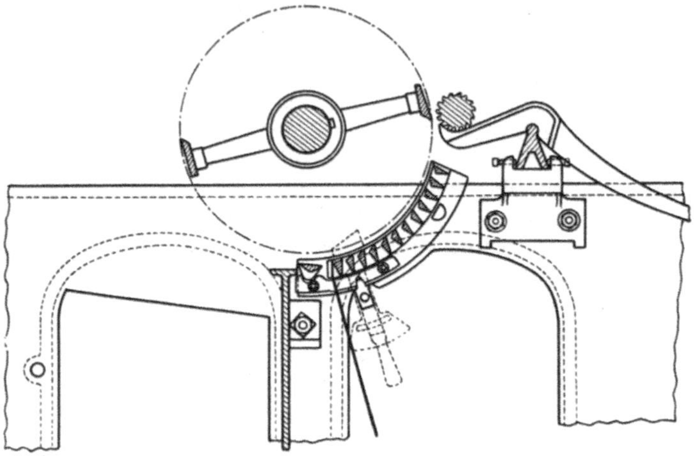

Abb. 56a. Schläger mit Muldenzuführung (Howard & Bullough Ltd., Accrington).

bestimmter Wickeldurchmesser beziehentlich ein bestimmtes Gewicht des Wickels erreicht ist, oder aber in Tätigkeit tritt, wenn eine bestimmte Wattenlänge aufgewickelt ist. —

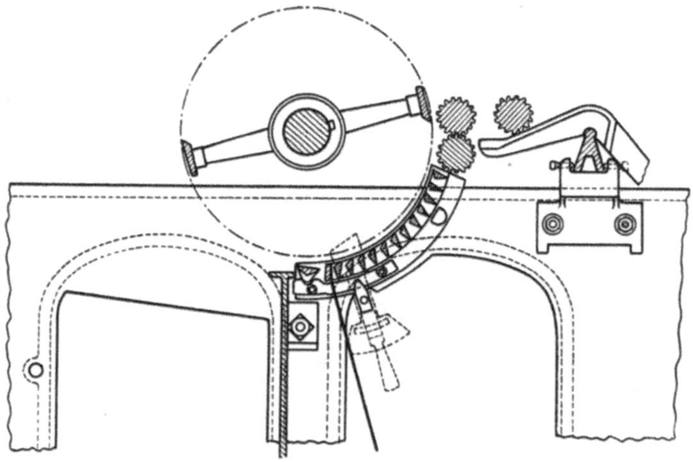

Abb. 56b. Schläger mit Walzenzuführung (Howard & Bullough Ltd., Accrington).

Ebenso wie der Vertikal- und Horizontalöffner als Doppelöffner zur Anwendung kommen, werden auch die Schlagmaschinen als Doppel-Schlagmaschinen ausgeführt. Bei ihnen wird das vom ersten Schläger gelieferte Fasergut durch Saugzylinder verdichtet und sofort dem zweiten Schläger zugeführt, dem Saugzylinder und Wickelbildner folgen.

[1] Mell. Text. Ber. **1930**, 3.

Die vorstehend erläuterten, dem Auflockern, Reinigen (Putzen) der Baumwolle dienenden Maschinen: — Ballenöffner, Selbstaufleger, Voröffner, Hauptöffner, als Vertikal- und Horizontalöffner und Schlagmaschine — kommen je für sich zur Anwendung, werden aber auch in den verschiedensten Zusammenstellungen unmittelbar miteinander gekuppelt oder soweit möglich durch pneu-

Abb. 57. Schlagmaschine mit vorgeordnetem Saugöffner (Rich. Hartmann A.-G., Chemnitz).

matische Transportanlagen mit eingeschalteten Rostkammern aneinandergeschlossen. Die Zusammenstellung richtet sich jeweils nach dem zu verarbeitenden Fasergut, dem gewünschten Garn, der Raumanordnung und dem zur Ver-

Abb. 58. Schlagmaschine mit vorgeschaltetem Doppel-Horizontalöffner (Buckley) (Rich. Hartmann A.-G., Chemnitz).

fügung stehenden Raum. Gleichzeitig ist der Gedanke leitend, an Arbeitskräften zu sparen und die Arbeitsräume frei von Faserflug zu halten.

Für das Pressen der Baumwollballen sind im Laufe der Jahre fortschreitend immer höhere Drücke zur Anwendung gekommen, um auf einem möglichst kleinen Volumen eine möglichst große Fasergutmenge unterzubringen und so die Frachtkosten zu verringern. So werden z. B. nach Angaben der Firma Saco-Lowell, Boston, die amerikanischen Ballen, die früher zu einer Dichte von 370 kg-m^3 komprimiert wurden, jetzt zu 560 kg-m³ gepreßt. Für das Wiederauflösen eines mit Hochdruck gepreßten Ballens reichen die gewöhnlich zur Anwendung kommenden Maschinen nicht aus, da sie das Fasergut nicht ausreichend auflockern. Die Qualität der Baumwolle ist weiter seit Jahren allmählich schlechter geworden. Dieser Umstand macht eine gründlichere Reinigung der Baumwolle notwendig. Aus Baumwolle, die nicht genügend geöffnet und gereinigt worden ist, können gute Garne und Gewebe nicht hergestellt werden. Eine der grundlegenden Bedingungen für eine moderne Feinspinnerei ist deshalb heute eine erstklassige Öffnungs- und Reinigungsanlage. Erfahrungen haben bewiesen, daß die besten Ergebnisse erzielt werden, wenn die Baumwolle nach und nach durch eine Folge von automatisch zusammenarbeitenden Maschinen geöffnet und gereinigt wird. Auf dieser Erkenntnis beruhende Vorschläge sind in großer Zahl gemacht worden.

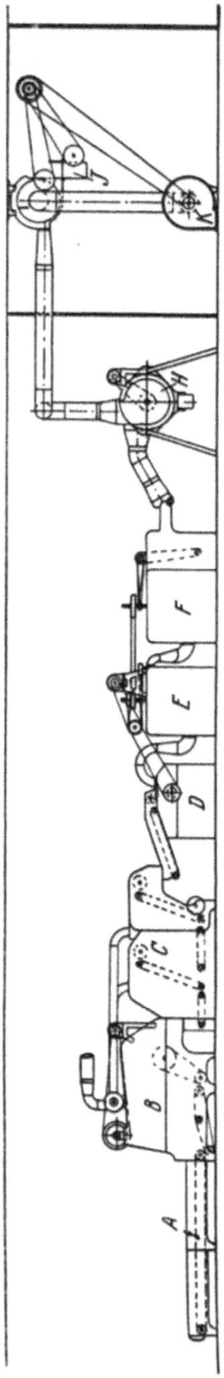

Abb. 59. Moderner Öffnungsraum (Saco-Lowell, Boston).

Abb. 60. Horizontalreiniger (Saco-Lowell, Boston).

Die Abb. 57 bis 59 zeigen beispielsweise nach diesen Grundsätzen gebaute Anlagen. Diejenige nach Abb. 59 setzt sich zusammen aus einem Speiselattentuch mit Regulator (*A*), einem Ballenbrecher (*B*), einem doppelten Kastenspeiser (*C*), einem Voröffner (*D*), einem doppelten Vertikalöffner (*E* und *F*), einem Horizontalreiniger (*H*), einem Kondensator (*I*), einem Mischkastenverteiler (*J*) und einem Ventilator (*K*).

Bei dem Horizontalreiniger *H* wird, wie Abb. 60 erkennen läßt, das Fasergut mittels Saugluft durch ein sich in einem mit radialer Zuführung und axialer Abführung versehenen Umschlußgehäuse langsam drehendes zylindrisches Sieb in axialer Richtung hindurchgeführt und dabei durch eine mit radialen Schlagstiften besetzte Welle mechanisch bearbeitet. Die sich abscheidenden staubartigen Unreinigkeiten gelangen durch den Siebmantel in das Umschlußgehäuse und werden von diesem an ein im Boden angeordnetes Wandertuch abgegeben, welches sie dauernd abführt. — Der Kondensator *I* nach Abb. 61 und 62 besteht aus einem innerhalb eines Gehäuses von Rollen getragenen und durch sie in langsame Drehung versetzten Siebzylinder, dessen beide offene Stirnseiten durch die Stirnwandungen des Umschlußgehäuses abgedichtet werden. Durch eine

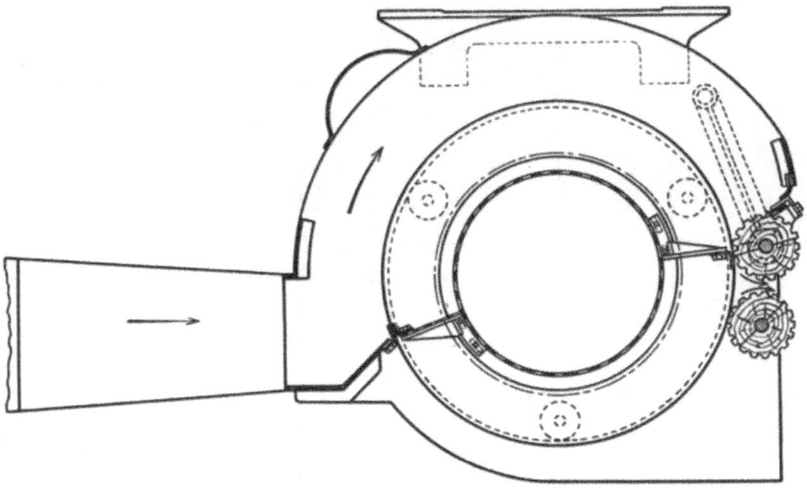

Abb. 61. Kondensator im Schnitt (Saco-Lowell, Boston).

dieser Stirnwandungen ist der Zylinder an eine Saugleitung angeschlossen (siehe Abb. 62), während die Fasergutzufuhr in der aus Abb. 61 ersichtlichen Weise in radialer Richtung erfolgt. Infolge der Saugwirkung lagert sich die in das Umschlußgehäuse eintretende Baumwolle auf dem sich drehenden Siebzylinder ab und wird auf ihm durch eine der Einführstelle gegenüber auf dem Zylindermantel aufliegende, von Lenkern frei schwingend getragene Rillenwalze verdichtet, die mit einer ortsfesten gleichartigen Gegenwalze das gebildete Faservlies abführt. Ändert sich dessen Dicke, so schwingt die pendelnd aufgehängte Walze aus und ändert damit zugleich auch ihren Abstand von der Gegenwalze entsprechend.

Abb. 62. Kondensator in Ansicht (Saco-Lowell, Boston).

Bei der Anlage nach Abb. 63 folgen unmittelbar einander ohne jede Fernrohrleitung ein Kastenspeiser, ein Vorschläger (Buckley), ein Doppel-Vertikalöffner, ein Kastenspeiser und eine einfache Schlagmaschine mit Wickelbildner. Die Anlage nach Abb. 64 besteht dagegen aus einem Ballenbrecher mit Zuführlattentuch, einem Kastenspeiser, einem Vorschläger, einem einfachen Vertikalöffner, einem Saugöffner (Horizontalöffner) und einer doppelten Schlagmaschine.

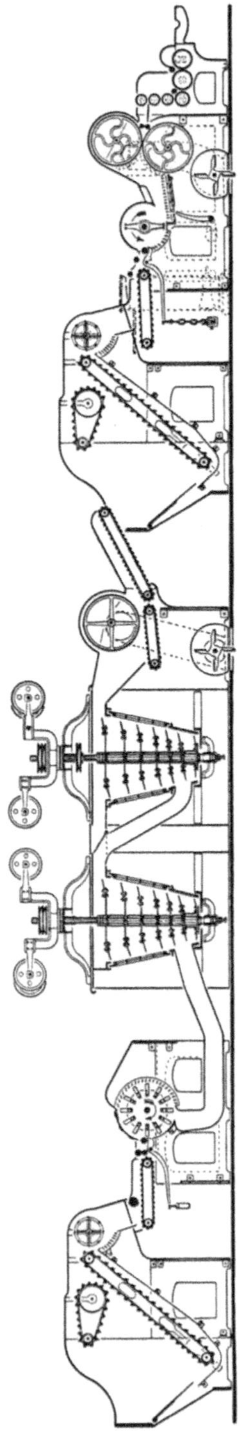

Abb. 63. Verbindung von Kastenspeiser, Voröffner, doppeltem Vertikalöffner, Kastenspeiser, Schlagmaschine (Taylor, Lang & Co. Ltd., Stalybridge).

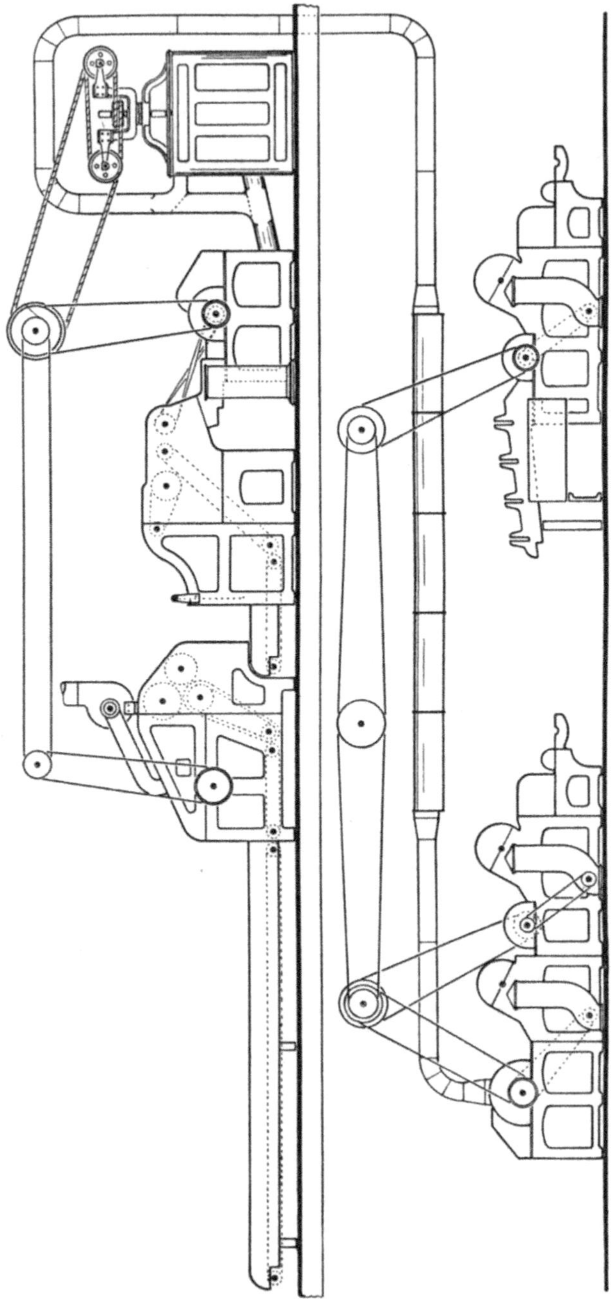

Abb. 64. Verbindung von Ballenzupfer mit Lattentuchzuführung, Kastenspeiser, Voröffner, Vertikalöffner, Horizontalsauröffner und Schläger (Taylor, Lang & Co. Ltd., Stalybridge).

Vertikalöffner und Saugöffner sind durch eine pneumatische Fernleitung mit eingeschalteten Staubkästen verbunden. Eine Duplierschlagmaschine kann im Bedarfsfalle noch folgen; sie wird mit Wickeln des vorausgehenden Schlägers gespeist.

6. Werkstoffförderung. Hand in Hand mit der weiteren Ausbildung der für das Putzen der Baumwolle in Betracht kommenden Arbeitsmaschinen an sich, sowie der aus ihnen gebildeten Zusammenstellungen unter vorteilhaftester Anwendung einer pneumatischen Fasergutförderung sind auch die mechanischen Fördermittel für den Rohstoff, das Halbfabrikat und die Fertigerzeugnisse bis zur höchsten Vollendung entwickelt und in weitestem Umfang zur Anwendung gebracht worden.

c) Verspinnen der Baumwolle.

α) Krempeln.

1. Allgemeines. In den von der Wickelvorrichtung der Schlagmaschine gelieferten watteartigen Fasergebilden hängen die Fasern vielfach noch büschelartig zusammen. Die Lösung dieses Zusammenhanges bis zur Einzelfaser unter

Abb. 65. Krempelsaal, Deckelkrempeln mit Riemenantrieb (Rich. Hartmann A.-G., Chemnitz).

gleichmäßiger Verteilung der Fasern, sowie gleichzeitiger weiterer Ausscheidung von Unreinigkeiten und übermäßig kurzen Fasern bewirkt die Krempel. Sie bildet einen Faserflor und liefert diesen zusammengezogen in Form eines Bandes, „Krempelband", ab. Das Auflösen der Faserflocken, Ausscheidung von Fremdkörpern und gar zu kurzen Fasern wird im wesentlichen durch das Zusammenarbeiten von Kratzen erreicht. Sie bilden den Bezug, Beschlag oder die Garnitur der Krempel und bestehen aus einem band- oder streifen-(blatt-)artigen

Grundstoff, in welchen nadelartige Stahldrahtzähnchen bürstenartig eingesetzt sind.

Die Hauptbestandteile einer Krempel sind die Speisevorrichtung zur gleichmäßigen Zuführung des Fasergutes, eine Haupttrommel oder der Tambour, welcher das zugeführte, noch flockenartige Fasergut in seinen Kratzenbeschlag aufnimmt und auf dem es aufgelöst, gereinigt und verteilt wird, ein Abnehmer, an dessen Beschlag der Tambour die durchgearbeitete Baumwolle wieder abgibt, und eine Vorrichtung zur Abführung des auf dem Abnehmer gebildeten und von ihm durch einen Hacker abgelösten Flors in Gestalt eines Bandes; Abb. 65. Die Bearbeitung des Fasergutes auf der Haupttrommel erfolgt durch mit Kratzenbeschlag bezogene Deckel, Walzen oder beide, und man unterscheidet demgemäß in: Deckel-, Walzen- oder Halbwalzenkrempeln. Die Deckelkrempeln besitzen stillstehende oder wandernde Deckel. Die Baumwollfeinspinnerei verwendet heute nur noch Krempeln mit wandernden Deckeln, wie solche beispielsweise in den Abb. 65 und 66 schaubildlich und schematisch wiedergegeben sind. Der auf der Schlagmaschine gewonnene watteartige Vlieswickel *W*, Abb. 66, wird der Krempel in der ersichtlichen Weise in Gabellagern, Abb. 65 rechts, so vorgelegt, daß er durch die ihn tragende, längsgerillte Walze, deren auch zwei vorhanden sein können, Abb. 66, Drehbewegung im Sinne des Ablaufs empfängt. Von dem Wickel wird das Vlies über einen gehobelten Tisch zu einem Einführwalzenpaar oder einer Speisemulde *c* mit in ihr liegender Speisewalze, Abb. 66 und 67, geführt. Die letztere Einrichtung bietet den Vorteil, daß das Fasergut näher an den der Zuführung folgenden Vorreißer *V*, Abb. 66, herangebracht und deshalb besser von dessen Beschlag gefaßt werden kann, der aus in spiralförmig eingedrehte Rillen eingelegtem Sägezahndraht besteht.

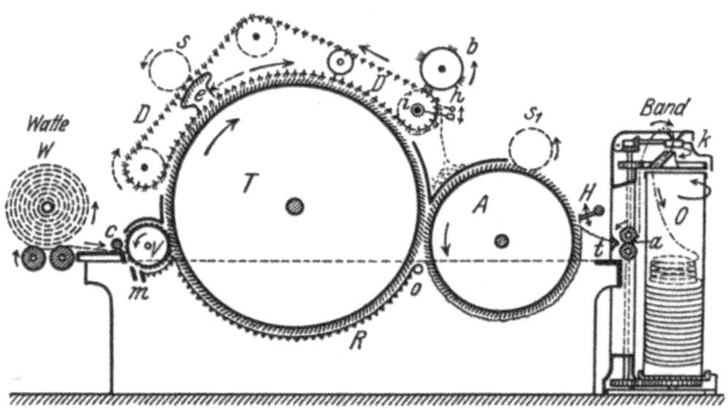

Abb. 66. Schema einer Deckelkrempel mit wandernden Deckeln.

Die durch den Vorreißer vom einlaufenden Vlies abgelösten Faserbüschel gehen auf die Garnitur des Tambours über, während grobe Verunreinigungen an der Oberfläche der Zähne des Sägezahndrahtes gehalten und von diesen durch ein oder zwei aus den Abb. 66 und 67 ersichtliche Schalenmesser *m* abgestreift werden, also nicht zu den Kratzenbeschlägen von Tambour und Deckel gelangen können. Der den Messern folgende, aus Dreikantstäben oder gelochtem Eisenblech gebildete Rost ermöglicht das Durchfallen der ausgeschiedenen, abgestreiften und abgeschlagenen Teile. Vorreißer, Schalenmesser und Rost sind so angeordnet, daß jeder Teil einzeln für sich eingestellt werden kann; oder es sind der Rost und das Schalenmesser an besonderen mit den Lagern des Vorreißers verbundenen Platten so befestigt, daß sie sich bei einer Einstellung des Vorreißers mit bewegen, ihre Nachstellung also nicht nötig ist.

Um die Arbeit des Vorreißers zu verbessern, hat man vorgeschlagen, ihm einen Kurzfaserausscheider hinzuzufügen. Er soll eine bessere Flockenzerteilung herbeiführen und die Ausscheidung kurzer Fasern, der Körnertrümmer und anderer Unreinigkeiten aus der Baumwolle verbessern und somit jene Zwischenarbeit leisten, welche zur schonenden Bearbeitung der Fasermassen zwischen den groben Vorreißerzähnen (4 bis 6 auf 1 cm^2) und den feinen Nadeln des Tambourbeschlags (100 bis 110 auf 1 cm^2) und den mit ihr zusammenwirkenden Arbeitsteilen unbedingt notwendig ist.

Ursprünglich bestand der Kurzfaserausscheider aus einer Deckelkette. An seine Stelle trat später der einfachere Walzenausscheider[1]. Sein Wesen besteht aus vier unter dem Vorreißer in einem verstellbaren Bügel gelagerten Walzen mit Kratzenbeschlag, die durch ein verstellbares Schaltgetriebe in schrittweise Drehbewegung versetzt werden, während gleichzeitig sich tangential zu den Walzen hin- und herbewegende Kämme den von den Walzen aufgenommenen Abgang in Schleierform von den Walzen ablösen[2].

Der gegenläufig zu dem Vorreißer sich drehende Tambour T bringt das Fasergut in den Bereich der ihn auf seiner Oberseite umgebenden Deckel D, deren

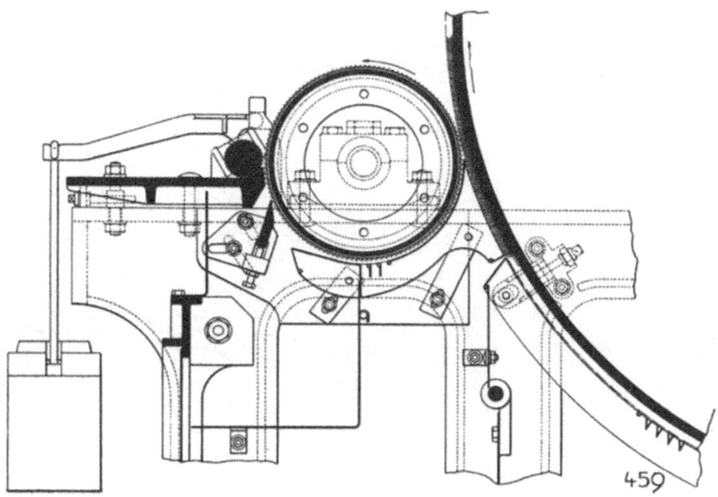

Abb. 67. Muldenzuführung für die Deckelkrempel (Rich. Hartmann A.-G., Chemnitz).

90 bis 110 vorhanden sind und von denen sich 40 bis 45 jeweils in Arbeitsstellung befinden. Sämtliche Deckel sind mittels zweier Gelenkketten zu einer Deckelkette vereinigt und diese wird in der aus der Abb. 66 ersichtlichen Weise geführt und in Umlauf versetzt. Die mit ihrem Beschlag dem Beschlag der Trommel zugekehrten Deckel bewegen sich dabei in derselben Richtung, aber wesentlich langsamer wie diese; Abb. 66 ausgezogene Pfeile oder entgegengesetzt zu ihr; punktierte Pfeile. Durch die letztgenannte Bewegungsweise will man erreichen, daß die Deckel, auf der Krempelvorderseite gereinigt, wieder in Arbeit treten und infolgedessen dem Fasergut der frisch gereinigte, also wirkungsvollste Deckel noch dargeboten wird, bevor dieses die Arbeitsfläche verläßt, und weiter, daß die groben Unreinigkeiten der Baumwolle von dem Deckel erfaßt werden, welcher im Begriff ist, außer Arbeit zu treten, und unmittelbar darauf gereinigt (ausgestoßen) wird. Die von den Deckeln aufgenommenen Unreinigkeiten durchlaufen nicht die ganze Arbeitsfläche der Deckel auf der Trommel, wie dies bei einer Bewegung der Deckel in der Drehrichtung der Trommel der Fall ist.

[1] Vgl. z. B. D.R.P. 328206. [2] Vgl. Mell. Text. Ber. **1921**, 241.

Für das richtige Zusammenarbeiten der Kratzenbeschläge von Tambour und Deckeln ist es erforderlich, daß der Abstand der Spitzen beider Beschläge voneinander genau geregelt werden kann. Er beträgt im Ruhezustand 0,15 bis 0,20 mm. Hierfür sind eine große Zahl von Vorrichtungen in Vorschlag gebracht worden. Sie lassen sich in drei Gruppen ordnen, je nachdem die Einstellung der Deckellaufbahn von einer Stelle aus, von mehreren Stellen aus oder durch gleichzeitige Anwendung dieser beiden Arten der Einstellung erfolgt. Diejenigen Vorrichtungen, bei denen der erstgenannte Weg nutzbar gemacht wird, bieten den Vorteil einer einfachen und schnellen Einstellung und ergeben eine zum Trommelmantel konzentrische Laufbahn. Etwa durch Abschleifen sich ergebende Abweichungen hiervon können aber nur durch besondere Hilfsvorrichtungen ausgeglichen werden. Die Einstellung der Laufbahn von meh-

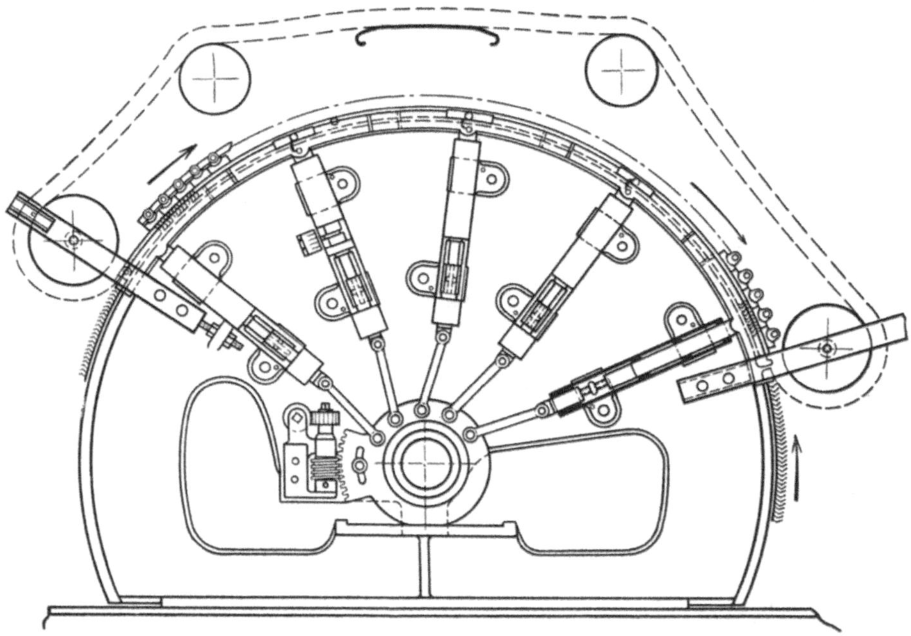

Abb. 68. Einstellvorrichtung für die Deckellaufbahn von Krempeln.

reren Stellen aus bietet dagegen den Vorteil, daß man den Abstand der Deckel von der Trommel für verschiedene Stellen der letzteren verschieden wählen und etwaige Fehler in der Konzentrizität ausgleichen kann, wenn solche erhalten bleiben soll. Hingegen beansprucht diese Einstellungsweise mehr Zeit als die erstgenannte und verlangt eine große Aufmerksamkeit des Arbeiters. Die Vorteile beider Systeme sollen durch die drittgenannte Einstellungsart vereinigt werden. Bei ihr wird nach Abb. 68[1] jede der beiden Deckellaufbahnen durch ein biegsames Stahlband gebildet, welches auf Segmenten ruht und durch das Deckelgewicht gegen diese angepreßt wird. Jedes der Segmente ist mit einem radial zur Tambourwelle gerichteten Arm ausgestattet, der in einer Führung verschiebbar gehalten wird, welche auf dem Seitenschild des Krempelgestells vorgesehen ist. Auf einer Lagerbuchse der Tambourwelle sitzt eine durch Schnecken-

[1] Zeitschrift der Freien Vereinigung ehemaliger Schüler der Spinn- und Webschule zu Mühlhausen i. E. Jahrgang **1898**.

radgetriebe in Drehung zu versetzende Stellscheibe, an welche eine der Zahl der Segmente entsprechende Zahl von Lenkern angeschlossen ist, deren jeder wieder gelenkig mit einer Stellspindel verbunden ist, welche die Verbindung zwischen dem Lenker und einem der genannten Segmentarme herstellt. Wird die Stellscheibe durch ein Handstellzeug in Drehung versetzt, so treibt sie durch die mit ihr verbundenen Lenker alle Segmentarme gleichzeitig nach außen oder zieht sie gleichzeitig nach innen gegen die Tambourwelle und hebt dadurch die Segmente oder senkt sie. Im ersteren Falle wird die von ihnen getragene bandförmige Deckellaufbahn vom Tambourmantel entfernt, im letzteren Falle ihm dagegen genähert und damit der Abstand der Deckel vom Tambourbeschlag vergrößert oder verringert. Sind alle Stellspindeln zwischen den Lenkern und den Segmentarmen unter Benutzung von Skalen gleich eingestellt, so ergibt sich eine konzentrische Verstellung der Deckellaufbahn; soll dagegen die Deckellaufbahn an gewissen Stellen, etwa an der Einlaufstelle des Fasergutes, eine von der konzentrischen abweichende Einstellung erhalten, so erfahren die Segmente vor oder nach der gemeinsamen Einstellung durch die Stellspindeln eine Sondereinstellung. Gleiches geschieht dann, wenn es sich darum handelt, die verlorengegangene Konzentrizität wieder herzustellen. — Eine Einstellvorrichtung mittels der die Laufbahn der Kratzendeckel lediglich von einer Stelle aus geändert wird, zeigen die Abb. 69 und 70. Die Lager der Tambourwelle sitzen in den Stirnwandungen, welche Abschnitte von Kreisringen *a* bilden, deren äußere Fläche *b* genau konzentrisch zur Trommelachse abgedreht ist. Auf diesen Kreisringen sitzen drehbare Ringe *c*, deren äußere Flächen *d* spiralförmig verlaufen und deren Stirnseiten mit je einem Zahnkranz *e* ausgestattet sind, welcher mit einem von Hand zu drehenden Trieb *i*, Abb. 69, in Eingriff steht. Auf den Ringen *c* liegen Gußbänder *g*, deren äußere zur Tambourachse konzentrische Fläche *h* den Kratzendeckelköpfen als Gleitbahn dient,

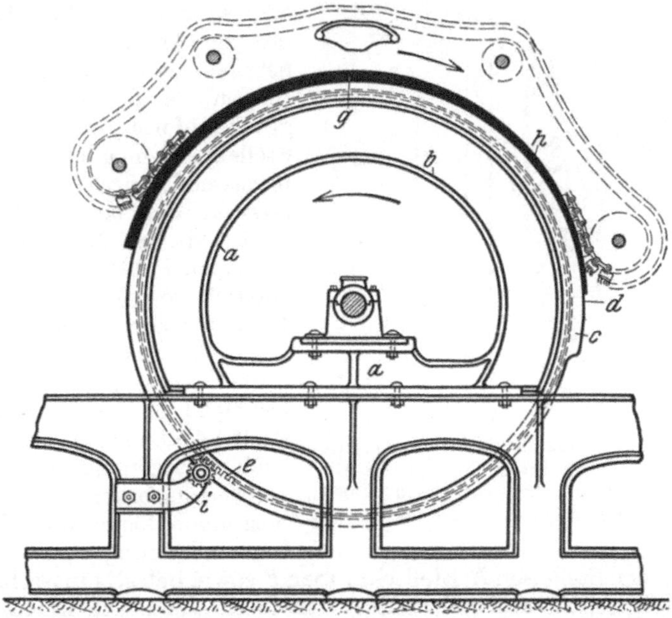

Abb. 69. Deckellaufbahn für Krempeln mit wandernden Deckeln (Société Alsacienne de Constructions Mécaniques, Mulhouse).

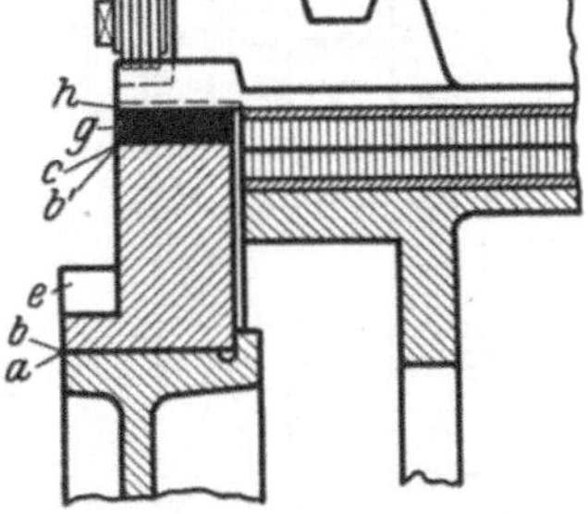

Abb. 70. Einstellvorrichtung für die Deckellaufbahn von Krempeln mit wandernden Deckeln (Société Alsacienne de Constructions Mécaniques, Mulhouse).

deren innere auf den Ringen *c* aufliegende Fläche dagegen, ebenso wie die ihr zugekehrte Fläche dieser Ringe *c*, spiralförmig verläuft, aber entgegengesetzt zu dieser. Werden die Ringe gedreht, so wirken sie keilförmig auf die auf ihnen ruhenden, die Deckelgleitbahnen bildenden Gußbänder, heben oder senken sie, ohne daß die Deckelgleitbahn ihre zur Trommelachse konzentrische Lage verliert. — Bei denjenigen Deckeleinstellvorrichtungen, bei denen eine Änderung der Deckelgleitbahnform bzw. Lage nur von mehreren Stellen aus möglich ist, gleiten die Deckel auf biegsamen Bogen, die in fünf Punkten, und zwar an den beiden Enden in der Mitte und zwei zwischen Mitte und den beiden Enden liegenden Punkten, durch Feineinstellschrauben verstellt werden. (Ausführungen der Sächsischen Textilmaschinenfabrik vorm. Rich. Hartmann A.-G., Chemnitz; Platt Brothers & Co. Ltd., Oldham; Howard & Bullough Ltd., Accrington; Deutsche Spinnereimaschinenbau-A.-G., Ingolstadt.) Abb. 71 läßt die Einrichtung der von den beiden erstgenannten Firmen gebauten Einstellvorrichtung erkennen. Die Deckel gleiten auf den biegsamen Bögen *B*, welche durch die in radial gefrästen Führungen der Stirnwandungen *D* gehaltenen Stelleisen *E*, Stellschrauben *F* sowie Befestigungsschrauben *G* an fünf Punkten gestützt und in ihrer Lage gehalten werden. Die Stelleisen sind durch Zapfen *H*

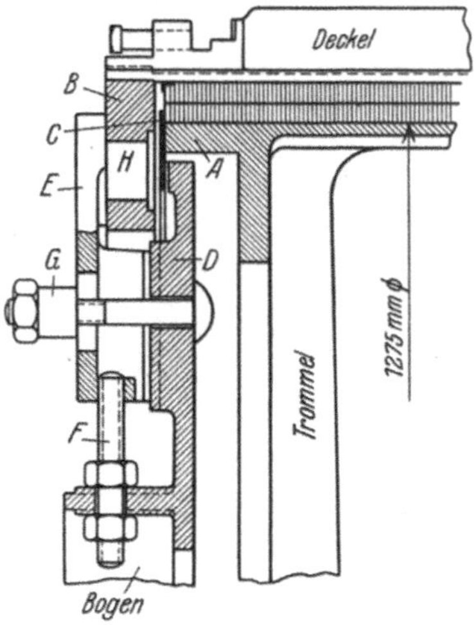

Abb. 71. Einstellvorrichtung für die Deckellaufbahn von Krempeln mit wandernden Deckeln (Rich. Hartmann A.-G., Chemnitz).

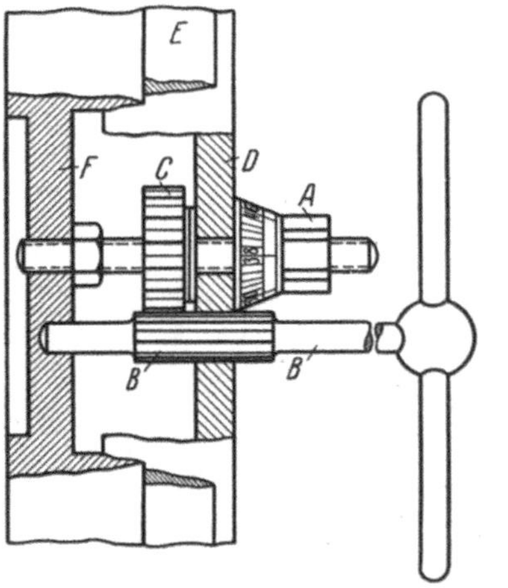

Abb. 72. Einstellvorrichtung für die Deckellaufbahn von Krempeln mit wandernden Deckeln (Howard & Bullough Ltd., Accrington).

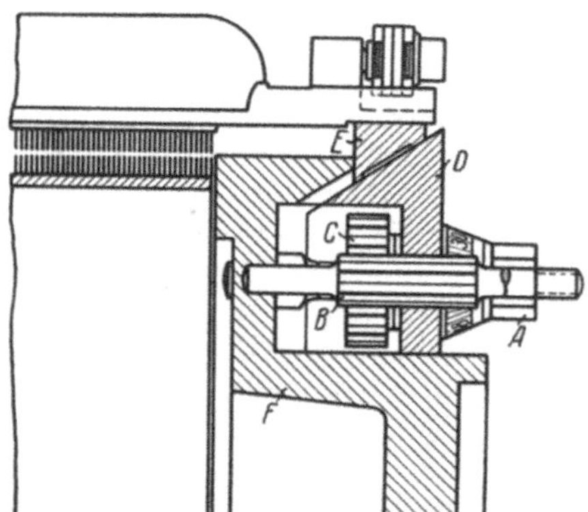

Abb. 73. Einstellvorrichtung für die Deckellaufbahn von Krempeln mit wandernden Deckeln (Howard & Bullough Ltd., Accrington).

mit den Bögen *B* drehbar verbunden. — Wesentlich abweichend von der vorstehend erläuterten Einstellvorrichtung für die Laufbahn der Deckelkette ist die von Howard & Bullough Ltd., Accrington gewählte Einstellvorrichtung. Bei ihr kommen zwar ebenfalls beiderseits des Tambours Stellspindeln zur Anwendung, sie wirken jedoch nicht radial, sondern axial, wie die Abb. 72 und 73 erkennen lassen. Durch sie wird ein zur Deckellaufbahn *E* konzentrisch liegender, sie stützender Ring *D* mit keilförmiger Auflagefläche für die radial in den Seitenschildern *F* geführte Laufbahn auf einer Gleitbahn der Seitenschilder axial verschoben und die Deckellaufbahn dadurch gehoben oder gesenkt.

Unterhalb des Tambours der Krempel befindet sich ein aus Stäben oder Siebblech (verzinntem Eisenblech) gebildeter Rost, durch welchen etwa aus dem Tambourbeschlag sich ausscheidende Fremdkörper und kurze Fasern entweichen können, *R*, Abb. 66.

Die dem Tambour folgende Abnehmerwalze *A*, Abb. 65 und 66, hat den Zweck, den über die ganze Trommelbreite reichenden Faserflor unter nochmaliger Kardierung von dem Kratzenbeschlag des Tambours abzunehmen und dabei gleichzeitig etwa auf das Dreißigfache zu verdichten. Um dies Ziel zu erreichen, arbeitet der Abnehmer mit geringer Umfangsgeschwindigkeit und es wird die Garnitur des Abnehmers dichter als die des Tambours gewählt. Die zweite Maßnahme erhöht die Angriffsfähigkeit der Abnehmerwalze.

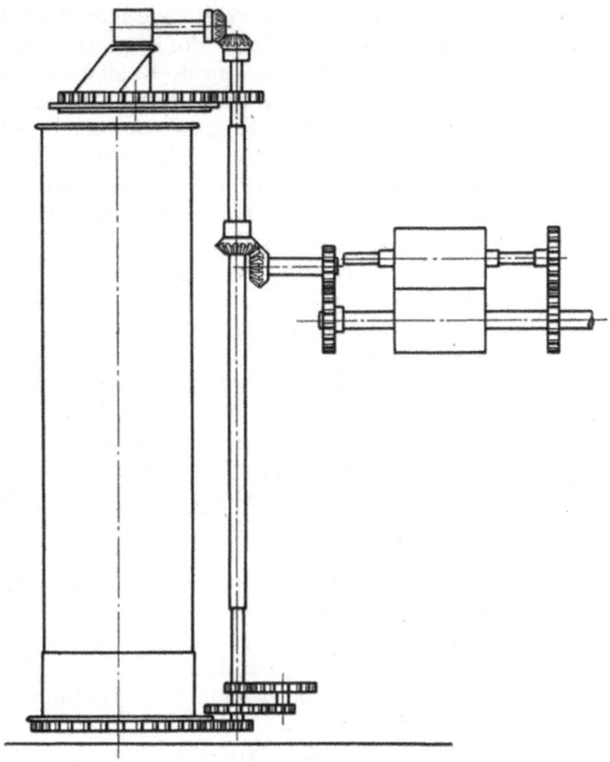

Abb. 74. Antrieb für den Drehtopf (Platt Brothers & Co. Ltd., Oldham).

Der Antrieb für den Abnehmer ist derart eingerichtet, daß er mit der Speisewalze stillgesetzt oder daß er auf zwei Geschwindigkeiten gebracht werden kann, einen schnellen Gang für normalen Betrieb und einen langsamen Gang zum Ansetzen des Flors oder um beim Reißen desselben den Verlust zu verringern. Aus dem Kratzenbeschlag der Abnehmerwalze wird das Fasergut in Form eines Schleiers durch eine an der Unterkante gezahnte Stahlschiene, den Hacker *H*, Abb. 65 und 66, herausgelöst, welcher parallel zum Trommelmantel eingestellt ist und bis 1200 Schwingungen in der Minute macht. Der ablaufende Faserschleier wird durch zwei einander folgende Walzenpaare *a* und *k* abgezogen und dabei durch ein ihnen vorgeordnetes eisernes trichterförmiges Mundstück, Abb. 66, zu einem 20 bis 40 mm breiten Band, dem Krempel- oder Kardenband, zusammengezogen. Dieses Band wird durch das zweite Walzenpaar *k*, einem Dreh- oder Preßtopf in Gestalt einer zylindrischen Blechkanne *O*, Abb. 65 und 66, und zwar in stark verstrecktem Zustand zugeführt. Die Verstreckung bewirken die beiden vorgenannten Walzenpaare dadurch, daß das in der Bandlaufrichtung liegende zweite Walzenpaar mit größerer Umfangsgeschwindigkeit läuft als das erste Walzenpaar (siehe hierzu Streckwerke). Die Dreh- und Preßtöpfe haben eine Höhe von etwa 920 mm und einen Durchmesser von etwa

240 mm. Der Drehtopf wird auf einen Bodenteller, Abb. 74, gesetzt, welcher durch das aus der Abb. 74, rechte Seite, ersichtliche Getriebe Drehbewegung empfängt. Oberhalb des Drehtopfes, unmittelbar unter den Zuführwalzen befindet sich ein exzentrisch zum Bodenteller drehbar gelagerter Kopfteller, welcher mit einem schrägen, exzentrisch auf dem Teller sitzenden Bandeinlauf versehen ist und von dem Bodentellergetriebe aus gleichfalls Drehbewegung empfängt. Infolge dieser eigenartigen Anordnung und Bewegung von Drehtopf und Zuführung wird das durch den Einlauftrichter der Drehkanne zulaufende Band, Abb. 65, 66 und 74, in zykloidischen Windungen in den Drehtopf eingelegt. Sie gewährleisten bei der Weiterverarbeitung des Faserbandes einen windungsfreien Ablauf desselben. Der Preßtopf ist, wie schon sein Name sagt, mit einer Einrichtung ausgestattet, durch welche das in den Topf einlaufende Krempelband in ihm zusammengepreßt wird. Die Einrichtung besteht im wesentlichen aus einem zweiten Boden, der von einer Schraubenfeder getragen wird und sich unter dem Gewicht des einlaufenden Bandes senkt, dagegen beim späteren Ablauf des Bandes wieder noch oben steigt und so die Ablaufstelle immer in der gleichen Höhenlage hält. Durch die verdichtete Einlage des Bandes in dem Topf wird angestrebt, im Topf eine große Bandlänge unterzubringen, an Kannen oder Töpfen Arbeit und Wege für ihre Beförderung zu sparen und endlich den Bandablauf schlingenfrei zu gestalten. Krempelkannen mit Federeinsatz, deren Druckdeckel mit umgebogenem Rand, eingepreßten Versteifungsrippen und eingepreßten Schlaufen zur Aufnahme des oberen Endes der Schraubenfeder versehen ist, baut Kurt Schmiede, Kleinlaufenberg, Baden.

Soll die Krempel die ihr zukommende wichtige Arbeit der gleichmäßigen Auflösung und Verteilung des ihr zugeführten von der Vorbereitung kommenden Fasergutes unter Reinigung desselben in der gewünschten Weise durchführen, so ist erforderlich, daß der richtige Kratzenbeschlag, die richtige Garnitur, gewählt wird, daß sie richtig aufgezogen, gereinigt und geschliffen wird.

2. Kratzenbeschlag. Die richtige Auswahl der Kratzengarnitur ist von der größten Bedeutung für die Spinnerei. Die Wahl eines allen Anforderungen entsprechenden Kratzenbeschlags ist mitunter schwierig. Eine Abhandlung von Haindörfer[1]) über „Kardengarnituren, ihre Beschaffenheit, Wahl und Anwendung" enthält diesbezügliche wertvolle Anregungen. Auf diese Arbeit sei deshalb verwiesen.

Die Verteilung der Kratzenzähne in dem Grundstoff bzw. der Unterlage erfolgt nach einem bestimmten „Stich". Man unterscheidet hauptsächlich in:

Voll- oder Plattstich,
Geraden oder Linienstich,
Köper- oder Diagonalstich und
Rippen-, Säulen- oder Kolonnenstich.

Um das Spinnmaterial zu schonen, die Fasern nicht zu zerreißen, ist eine federnde Arbeitswirkung der Kratzenzähne notwendig. Man erreicht sie dadurch, daß jeder einzelne Kratzenzahn knieförmig abgebogen wird, siehe Abb. 75 und 76. Bei Baumwollkratzen wird im allgemeinen das Verhältnis der Kratzenzahnlänge von der Stoffunterlage bis zum Knie und von da an bis zur Spitze wie 3:4 angenommen; nur in Abfallspinnereien werden mit Vorliebe Kratzen verwendet, bei welchen das Knie sich in der Mitte

---

[1] Mell. Text. Ber. **1929**, 769 und 919. Vgl. ferner „Über Kardengarnituren und das Schleifen derselben" im Verlag der Zeitschr. „Österreichs Wollen- und Leinenindustrie" und Meister-Rohn: Die Spinnerei. Berlin: Julius Springer 1930.

des Zahnes befindet. Der Neigungswinkel beträgt im Durchschnitt 55 bis 58°. Je größer der Neigungswinkel eines Kratzenzahnes ist, desto mehr richtet er sich beim Zurückbiegen auf, desto unebener und ungleichmäßiger wird die Arbeitsfläche der Kratzengarnitur; Kratzenbeschläge mit zu stark abgebogenem Knie können deshalb unter Umständen äußerst unangenehme Folgen zeitigen.

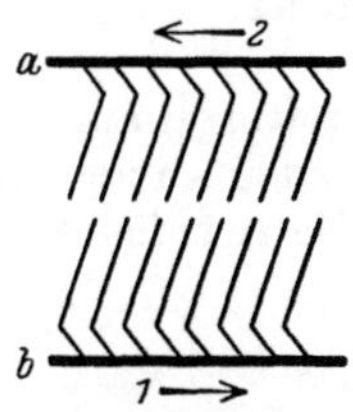

Abb. 75. Entgegen gerichtete Nadelstellung.

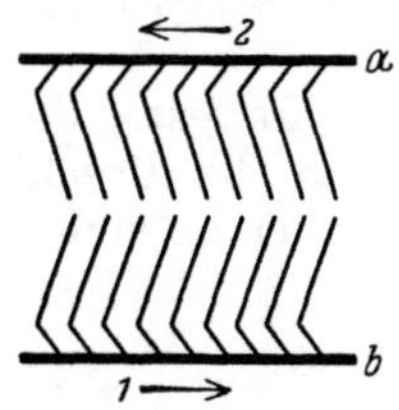

Abb. 76. Gleich gerichtete Nadelstellung.

Die Kniezähnchen zweier in der Krempel zusammenarbeitender Kratzengarnituren können zwei verschiedene Stellungen zueinander einnehmen, wie dies die Abb. 75 und 76 veranschaulichen. Praktisch brauchbar ist dabei deren Arbeitsweise für das Kardieren (Auflösen und Verteilen des Fasergutes), wenn die Garnitur *a* stillsteht und Garnitur *b* sich in Richtung *I* bewegt, oder wenn die Garnitur *a* sich entgegengesetzt zu Garnitur *b* bewegt und für die Abnahme des Fasergutes, wenn die Garnituren *a* und *b* sich in entgegengesetzten Richtungen bewegen oder die Garnitur *a* langsamer als Garnitur *b* in der gleichen Richtung läuft.

Die Stärke des zu den Kratzen verwendeten Drahtes wird nach Nummern angegeben und man unterscheidet die französische und die englische Numerierung. Runddraht hat z. B. bei französischer Nr. 10, gleich der englischen Nr. 26, einen Durchmesser von 0,55 mm; französische Nr. 14, gleich englischer Nr. 28, einen Durchmesser von 0,40 mm, französische Nr. 20, gleich englischer Nr. 31, einen Durchmesser von 0,31 mm, französische Nr. 26, gleich englischer Nr. 34, einen Durchmesser von 0,24 mm, französische Nr. 30, gleich englischer Nr. 36, einen Durchmesser von 0,20 mm. Bei Sektoral- und Flachdrahtkratzen wird die Nummer in Bruchform angegeben. So hat z. B. die Nr. $^{14}/_{18}$ bei Sektoraldraht die Grundlinie des den Durchschnitt bildenden Dreiecks so groß, daß sie bei Runddraht der Nr. 14 entsprechen würde; die Höhe des Dreiecks als Durchmesser von Runddraht gedacht, würde dagegen Nr. 18 ergeben.

Die allgemein geltende Annahme, daß für das Auflösen und Reinigen des Fasergutes ein Beschlag mit weicher, nachgiebiger Unterlage und elastisch federnden Zähnchen mit Knie unerläßlich seien, bezeichnet die Firma Platt in Roubaix als irrtümlich. Zum Beweise dafür hat sie unter der Bezeichnung „Ganzstahlgarnitur" einen Beschlag herausgebracht, der eine Metallunterlage und starre, nicht federnde Spitzen ohne Knie aufweist[1].

Der Beschlag kommt in Form von Bändern und Blättern zur Anwendung. Mit den ersteren (Bandkratzen) werden Tambour und Abnehmer in schraubengangförmigen Windungen bezogen, die Blätter werden auf die Deckel in deren Längsrichtung aufgebracht. Die Bandkratzen besitzen im allgemeinen eine Breite von etwa 51 mm für den Tambour und eine solche von etwa 38 mm für den Abnehmer. Die Deckel haben eine Breite von etwa 35 mm und ihr entspricht die Blattbreite.

Einstellen und Aufziehen der Kratzenbeschläge. Das Einstellen der Beschläge gegeneinander erfolgt unter Benutzung von Meßblechen, welche zwischen die Spitzen der Beschläge gebracht werden. Die Dicke der Meßbleche beträgt nach Deiß:

[1] Vgl. hierzu Seuchter: Mell. Text. Ber. **1929**, 270 und Toenniessen: Mell. Text. Ber. **1929**, 679.

	Ind. Baumwolle mm	Amerik. Baumwolle mm	Mako oder Jumel mm
für Trommel und Vorreißer. . .	0,18	0,24	0,26
für Trommel und Laufdeckel. .	0,20	0,18	0,16
für Trommel und Sammler. . .	0,20	0,18	0,16

Je fester die Garnituren auf ihre Träger aufgezogen sind, desto näher lassen sich die Beschläge zueinander einstellen, es muß infolgedessen auf das Aufziehen an sich und die Art des Aufziehens besondere Aufmerksamkeit verwendet

Abb. 77. Krempelbeschlag-Aufziehvorrichtung (Rich. Hartmann A.-G., Chemnitz).

werden. Das Aufziehen der Bandkratze erfolgt mittels eigens dazu konstruierter Vorrichtungen. Abb. 77 läßt die Einrichtung einer solchen erkennen[1]. Sie besteht aus einem bockartigen Gestell mit zwei auf den Seitenwandungen angebrachten Lagern, in welche der zu beziehende Tambour oder Abnehmer mit seinen Wellenzapfen eingelegt und in welchen er mittels eines Handkurbelgetriebes in Drehung versetzt werden kann. Parallel zu der Lagerachse ist über der einen Vorderwand des Gestells eine Gleitbahn vorgesehen, auf welcher vom Tam-

[1] Vgl. weiter auch Kerff u. Krauß: Mell. Text. Ber. **1930**, S. 172.

bourantrieb aus oder durch die in der Abbildung vorn ersichtliche Handkurbel mittels einer Leitspindel ein Schlitten verschoben werden kann, der die Zuführvorrichtung für das auszuziehende Kratzenband trägt. Sie ist mit einem kanalartigen Bandeinlauf versehen, dessen Deckel durch eine feingewindige Handstellschraube mit veränderlichem Druck auf das einlaufende Band gepreßt wird, um es zu bremsen. Hinter dem Bandeinlauf liegt drehbar eine dreistufige Spannscheibe, deren Welle durch eine Backenbremse mehr oder weniger gebremst werden kann. Das Kratzenband läuft nach dem Austritt aus dem Einlaufkanal um die erste Stufe und dann über Kurvenplatten zur zweiten und von hier zur dritten Stufe der Spannscheibe. Zufolge des wachsenden Durchmessers der Stufen und der Bremsung der Spannscheibenwelle erhält das Kratzenband Spannung. Für die Messung der Spannung und Schonung des Bandes ist in seinem Ablauf zum Tambour oder Abnehmer ein elastisch gelagertes Ablaufhorn eingeschaltet, siehe Abbildung. Es ist als Doppelhebel ausgebildet, an dessen innerem Ende drei verschieden lange Schraubenfedern in der Weise nebeneinander befestigt sind, daß sie nacheinander zur Wirkung kommen. Diese Einrichtung bezweckt, daß bei Beginn der Drehung des Tambours oder Abnehmers die Spannung allmählich in das Band kommt. Mit dem inneren Hebel des Ablaufhorns ist ein Zeiger verbunden, welcher die Bandbelastung genau angibt.

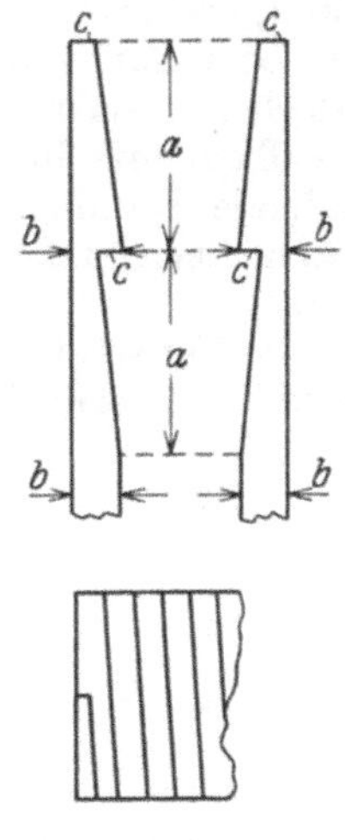

Abb. 78. Zuschnitt des Anfangs- und Schlußstücks eines Kratzenbandes. (Nach Bauer-Taggart, Die Betriebsleitung der Baumwollspinnerei.)
a Trommelumfang, *b* Bandbreite, *c* 25 mm.

Anfangs- und Schlußstück des Kratzenbandes müssen für das Aufziehen zugeschnitten werden, damit beim Aufziehen Anfang und Ende bündig mit den Stirnwandungen des Kratzenträgers abschließen. Für den Zuschnitt sind verschiedene Verfahren in Anwendung. Eines dieser ist in Abb. 78 dargestellt.

Für die Befestigung der Kratzenblätter auf den Deckeln kommen das Aufnieten, Aufschrauben, Aufnähen und klammerartige Stahlbänder in Betracht. Die drei erstgenannten Befestigungsarten sind durch die letztgenannte überholt. Sie bietet den Vorteil, daß die Deckel durch Bohrungen nicht geschwächt werden, daß das Kratzenblatt auf seiner ganzen Breite Halt erhält und eine bessere Ausnutzung der Arbeitsfläche möglich ist. Die bekanntesten hierher gehörigen Verfahren sind diejenigen von Ashworth und Deiß. Bei beiden kommen Stahlbänder mit [-förmiger Kröpfung Anwendung, welche mit dem einen ihrer kurzen Schenkel von außen in das Kratzentuch eindringen, mit den anderen den Deckel umklammern. Der erstgenannte Schenkel ist zu diesem Zweck am freien Ende mit nach innen gekrümmten Zacken (Spitzen) versehen, sie sind beim Ashworth-Verfahren kurz und gleich lang, Abb. 79 links, beim Deiß-Verfahren verschieden lang, Abb. 79 rechts.

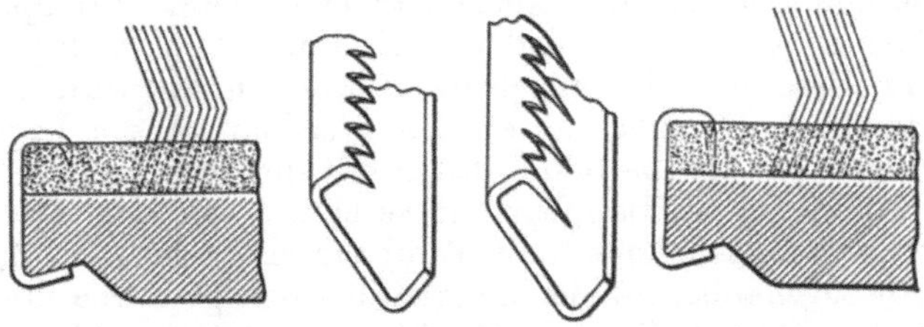

Abb. 79. Kratzendeckelbefestigung nach den Verfahren von Ashworth und Deiß. Mit Genehmigung der Société Alsacienne de Constructions Mécaniques, Mulhouse.

Die mit den kurzen Zacken wechselständig angeordneten langen Zacken dringen durch das Kratzentuch und ihre Spitzen biegen sich unter diesem beim Auftreffen auf den gußeisernen Deckel leicht um.

Ausputzen (Ausstoßen) des Kratzenbeschlages. Das Ausputzen erstreckt sich auf den Beschlag der Speisewalze, denjenigen des Tambours, des Abnehmers und der Deckel.

Tambour und Abnehmer werden im allgemeinen entweder mittels einer Handputzkratze oder durch eine umlaufende Bürste in Verbindung mit Saugluft oder nur durch diese gereinigt. Zu diesen Ausputzvorrichtungen hat sich jedoch in neuerer Zeit noch eine Ausstoßvorrichtung für den Kratzenbeschlag des Tambours hinzugesellt, bei der als ausstoßend wirkende Werkzeuge umlaufende Kämme zur Anwendung kommen. Das Reinigen der Deckel erfolgt durch eine Ausstoßleiste in Verbindung mit einer ihr folgenden umlaufenden Bürste.

Die Verwendung der Handputzkratze, deren eine in den Abb. 80 und 81 dargestellt ist, erfordert Stillsetzung der Krempel und schrittweise Drehung des

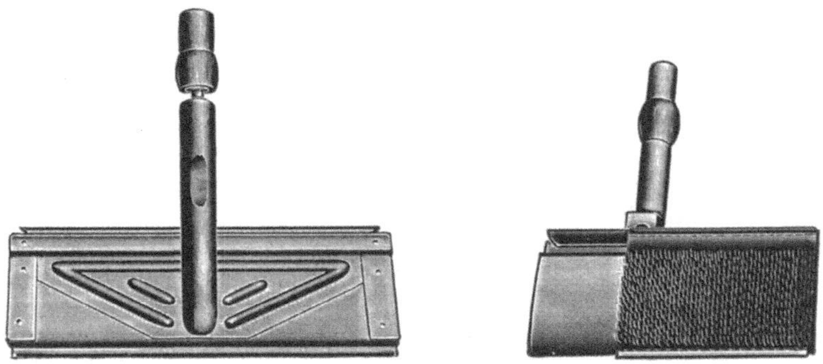

Abb. 80 und 81. Putzkratzenhalter (Kratzenfabrik Jos. Kern & Schervier Komm.-Ges., Aachen).

Garniturträgers, die weiter genannten Vorrichtungen dagegen putzen die Kratzenbeschläge im Arbeitsgang.

Abb. 82 zeigt eine durch rotierende Bürste und Saugstrom wirkende Entstaubungsanlage für nebeneinander stehende Krempeln. Sie arbeitet mit einem kleinen Unterdruck und es sind immer nur wenig Absaugestellen gleichzeitig im Betrieb. Die eingelegte Ausstoßbürste wird mit einer Aluminiumhaube durch Anschrauben ihrer Seitenflächen an die Lager der Ausstoßbürste versehen. Die Haube bildet daher mit der Bürste ein Ganzes. Eine Längswand der Haube ist aufklappbar eingerichtet, um die Bürste auch in den Winkel zwischen Abnehmer und Tambour einführen zu können. Die Verbindung der Absaugehaube mit der Saugleitung erfolgt durch einen Spiralschlauch, welcher mit dem einen Ende durch einen Bajonettverschluß an einen Stutzen der Saugleitung angeschlossen wird, während sein anderes Ende auf den Stutzen der Absaugehaube aufgeschoben wird. Zwei nebeneinander stehende Maschinen erhalten gewöhnlich einen gemeinsamen Absaugestutzen. Alle Absaugestutzen sind, wie die Abbildung erkennen läßt, spitzwinklig an ein gemeinsames Saugrohr angeschlossen, welches zum Ventilator führt, der die abgesaugte staubhaltige Luft durch ein Druckrohr zu einem Materialabscheider drückt. Die Absaugeleitung kann sowohl hoch im Raum, wie nach Abbildung, als auch im Fußboden verlegt werden. Wird das Ausputzen von Tambour und Abnehmer lediglich auf pneumatischem Wege durchgeführt, so kommen wandernde Saugdüsen zur Anwendung. Handelt es sich um das Putzen von reihenweise nebeneinander angeordneten Krempeln, so wird die Ausstoßvorrichtung der einen Krempel selbsttätig eingeschaltet, sobald der Ausstoßvorgang der vorhergehenden Krempel beendet ist, und gleichzeitig wird die Ausstoßvorrichtung dieser Krempel außer Betrieb gesetzt. Eine pneumatische Ausstoßvorrichtung dieser Art behandelt die Patentschrift 305234.

Der mit umlaufenden Kämmen arbeitenden Ausstoßvorrichtung für den Kratzenbeschlag des Tambours liegt das D.R.P. 415892 von Dr. Carl Gegauff und Julius Pflimlein in Mülhausen (Frankreich) vom 23. Mai 1924 zugrunde. Sie besteht im wesentlichen aus einer zwischen Vorreißer und Umkehrstelle der Deckelkette angeordneten Zweiflügelwelle, deren beide Flügel an ihren freien Kanten Kämme tragen. Sie streichen bei der Drehung der Flügelwelle in

Abb. 82. Karden-Entstaubungsanlage (B. Schilde, A.-G., Hersfeld).

Richtung der Kratzenzahnbiegung durch die Garnitur des Tambours bei 1 bis $1^1/_2$ mm Eingriff und 10 bis 15% Voreilung. Sie ergreifen die Baumwolle, welche sich in der Tambourgarnitur befindet, geben ihr einen gewissen Strich und heben sie an die Oberfläche der Häkchen. Die Deckel können nun die Baumwolle, da sie oben auf der Garnitur liegt, bedeutend besser erfassen. Damit wird die Kardage erheblich gefördert und es werden so viele kurze Fasern und Unreinigkeiten mit ausgeschieden, daß sich der Tambour nicht mehr vollsetzt. Die Deckel halten den Tambour stets in einem frisch geputzten Zustande und machen sein Ausstoßen vollkommen überflüssig. Kommt der Abnehmer nur mit einem sauberen Tambour in Verbindung, so kann auch er sich nicht mehr in gleichem Maße füllen, vielmehr genügt es, wenn er bei geringer Baumwolle einmal täglich, bei reiner Baumwolle etwa alle 3 bis 8 Tage einmal ausgestoßen wird. Das Ausstoßen des Abnehmers kann ohne Betriebsunterbrechung geschehen. Die Karden können somit ununterbrochen arbeiten, wodurch eine erhebliche Mehrleistung erzielt wird. Die mit dem Ausstoßen verbundenen Nummernschwankungen des Bandes fallen weg. Es wird auch dasjenige gute Material, welches sich sonst im Ausstoß befindet und mithin als Abfall verloren geht, der Produktion erhalten. Diese Ersparnis an guter Faser beträgt je nach der Baumwolle 1 bis 2,5%. Die Staubbildung wird gegenüber dem Bürstenausstoß verhütet. Die

Abb. 83. Krempel (Dobson & Barlow), mit Ausstoßflügel nach D.R.P. 415892, Flügelumschlußgehäuse geschlossen.

Abb. 83 und 84 zeigen eine Krempel mit dieser von der Firma „Weco", Thann i. E., mit Erfolg eingeführten Ausstoßvorrichtung mit umlaufenden Kämmen[1].

Abb. 84. Krempel (Dobson & Barlow), mit Ausstoßflügel nach D.R.P. 415892, Flügelumschlußgehäuse geöffnet.

Nach der genannten Patentschrift können die Kämme sich lückenlos über die ganze Flügellänge erstrecken, wie dies z. B. Abb. 84 erkennen läßt, es kann

[1] Vgl. D.R.P. 415892 (Dr. Carl Gegauff und Julius Pflimlein in Mülhausen).

aber der Kamm auch regelmäßige gleich lange Lücken aufweisen. In diesem Falle führt die Flügelwelle eine axial hin- und hergehende Bewegung aus.

Ausstoßvorrichtungen für die wandernden Deckel sind in den Abb. 85 bis 89 in drei Ausführungsformen wiedergegeben. Bei der Vorrichtung nach Abb. 85 kommt ein schwingender Ausputzkamm (Hakker) in Verbindung mit einer ihm folgenden Spiralborstenbürste zur Anwendung. Der Kamm *K*, welcher die Form einer gezahnten Schiene besitzt, wird bei seiner Bewegung durch die Lenker *BC* so gesteuert, daß er bei seinem Aufwärtsgang den Deckelbeschlag nicht berührt, ihn dagegen bei seinem Abwärtsgang reinigt. Die Kammschneide bewegt sich auf einer Bahn, deren Krümmung derjenigen der Deckelbahn entgegengesetzt ist. Infolgedessen kommt der Kamm nur an einer Stelle ganz nahe an die Deckel heran und rückt bei der Aufwärtsbewegung schnell von ihnen ab, so daß der Deckelbeschlag nicht beschädigt werden kann. Durch diese doppelte Bewegung wird aber auch eine größere Arbeitsgeschwindigkeit der Kammschneide erreicht und der Kamm wirkt kräftiger. Die Entfernung des Kammes vom Deckel ist einstellbar. — Bei der Vorrichtung nach Abb. 86 ist der Hacker ersetzt durch eine mit Kratzenbeschlag besetzte schwingende, bürstenartige Ausstoßleiste *A*. Sie wird in ihrer Bewegung so gesteuert, daß sie ebenso wie der Ausstoßhacker bei ihrer Schwingung gegen die Deckelkette den Kratzenbeschlag *L* der Deckel nicht berührt, bei ihrer Vorwärtsbewegung dagegen mit ihrer Garnitur in diejenige des Deckels eintritt und sie damit reinigt. Von dem dabei von ihr aufgenommenen Ausstoß wird die Ausstoßleiste durch den Kratzenbeschlag einer feststehenden Gegenleiste *E* befreit, mit dem sie bei der Bewe-

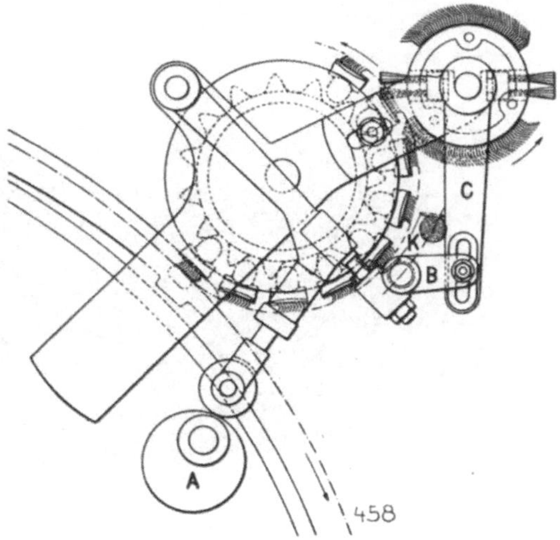

Abb. 85. Deckelbeschlag-Ausstoßvorrichtung mit schwingendem Ausputzkamm (Rich. Hartmann A.-G., Chemnitz).

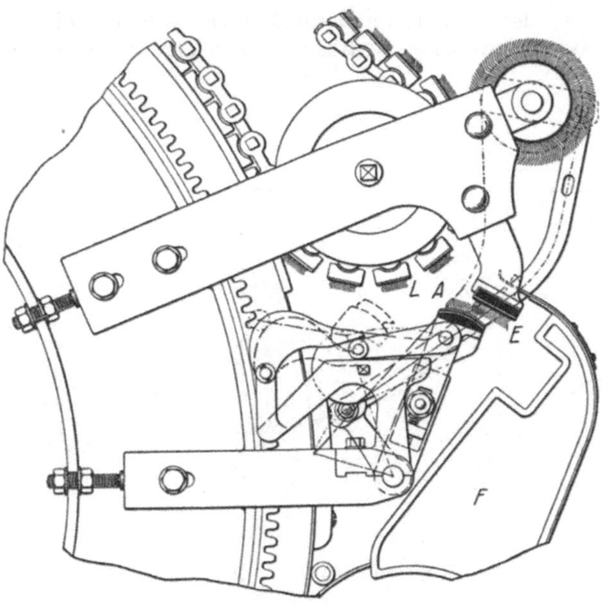

Abb. 86. Ausstoßvorrichtung für die wandernden Deckel von Deckelkrempeln (Société Alsacienne des Constructions Mécaniques, Mulhouse).

gungsumkehr zum Zusammenwirken kommt. Der Ausputz fällt in einen Sammelkasten *F*. — An Stelle der gewöhnlichen Spiralborstenbürste wird für das Reini-

Abb. 87. Deckel-Putzbürste, System Philipson (Rich. Hartmann A.-G., Chemnitz).

gen der Deckel in neuerer Zeit vielfach auch eine Bürste zur Anwendung gebracht, bei der zwischen Kratzenblättern Flachbürsten angeordnet sind. Sie durchbürsten

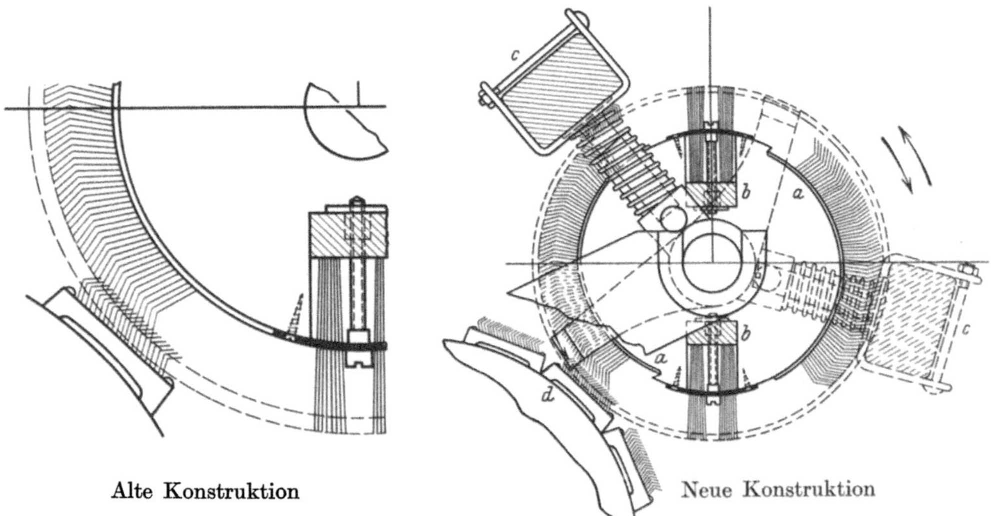

Abb. 88 und 89. Ausputzbürste mit Reiniger für Krempeln mit wandernden Deckeln (Philipson & Co. Ltd., Bolton).

den Deckelbeschlag in Wechselwirkung mit den Garniturblättern, Abb. 87 bis 89. Aus Abb. 88 geht die Wirkung einer Bürste alter Konstruktion hervor, während

Abb. 89 diejenige einer Bürste neuester Konstruktion veranschaulicht, wie sie von der Firma Philipson & Co. Ltd., Bolton, ausgeführt wird. Bei der alten Einrichtung fällt die Reinigung der Deckelgarnitur fast ausschließlich den ersten Nadelreihen der Kratzenblätter zu, ihre nachfolgenden Nadelreihen streichen dagegen durch den schon verhältnismäßig reinen Deckelbeschlag, ohne noch wesentliche Reinigungsarbeit zu verrichten. Die Folge davon ist, daß sich der Schmutz in der Hauptsache nur auf den ersten Nadelreihen der Bürstengarnitur sammelt. Um diesem Übelstand abzuhelfen, hat die obengenannte Firma der Reinigungsbürste die aus Abb. 89 ersichtliche Einrichtung gegeben und dadurch eine Putzwirkung der ganzen Bürste erreicht. Es kommen wechselweise Rund- und Flachbürsten zur Wirkung. Am Bürstenkörper sind hubartige Tragflächen von solcher Form für die Kratzenblätter geschaffen, daß ihre ersten Nadelreihen *a*, die Deckelgarnitur *d* beim Zusammentreffen mit ihr gerade erreichen, ihre folgenden Nadelreihen dagegen fortschreitend tiefer in die Deckelgarnitur eindringen und der letzte Teil der Nadelreihen in gleich verbleibender Tiefe arbeitet. Die Bürste macht etwa 10 Umdrehungen in der Minute, ihre Kniezähne sind in reinen Gummi eingesetzt und ihre Reinigung erfolgt durch Abstreichbürsten *c*. Während die Rundbürsten die Garnitur von den steckengebliebenen Samen- und Laubresten säubern, durchbürsten die Borstenreihen die Garnitur nachfolgend.

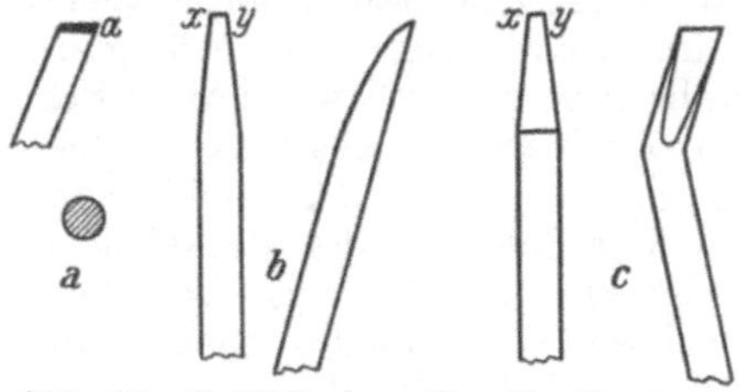

Abb. 90. Schliffarten für die Kratzenbeschläge.

Schleifen des Kratzenbeschlags. Die Nadeln des Kratzenbeschlags nutzen sich mit der Zeit ab. Um sie immer gut arbeitsfähig zu erhalten, ist ein Nachschleifen der Garnituren nötig[1]. Man unterscheidet beim Anschleifen der Kratzen in: Oberflächenschliff, Abb. 90a, Spitzenschliff, Abb. 90b und Seiten- oder Pflugschliff, Abb. 90c. Bei dem erstgenannten Schliff erhalten die Nadeln eine scharfe Angriffsfläche *a*, *x*—*y*. Eine scharfe Kante *x*—*y* wird auch bei den anderen beiden Schliffarten erzielt. Am gebräuchlichsten sind Oberflächen- und Seitenschliff. Die Wirksamkeit der Schneidfläche ist beim Runddraht eine geringere als beim seitlich geschliffenen Draht oder bei anderen Drahtarten, die Füllfähigkeit ist jedoch beim Runddraht wegen seiner glatten Oberflächenbeschaffenheit eine größere. Durch die scharfen Kanten des mit Seitenschliff versehenen Drahtes ist die Möglichkeit gegeben, daß lange Fasern zerschnitten werden, man zieht deshalb nach Genanntem zwecks schonender Be-

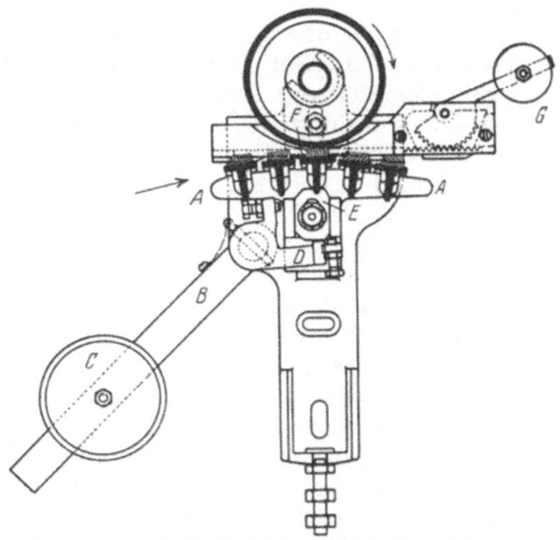

Abb. 91. Deckelbeschlag-Schleifvorrichtung (Rich. Hartmann A.-G., Chemnitz).

[1] Rudolph, Hans: Mell. Text. Ber. **1926**, 2 und J. Nasmith, Students cotton spinning. 3. Aufl. „Kardengarnituren und das Schleifen derselben." (Deutsche Übers. in „Österr. Wollen- u. Leinenindustrie".)

handlung des Fasergutes, überhaupt bei kleiner Auflage und bei Langfasergut im allgemeinen den Oberflächenschliff vor. Dagegen empfiehlt sich zwecks Gewinnung aufnahmefähiger Garnituren und großer Angriffsflächen bei großer Auflage und Material von kleinerer und mittlerer Faserlänge der Seitenschliff.

Das Nachschleifen der Kratzennadeln erfolgt in der einfachsten Form mittels Handschleifbrettchen, im Großbetrieb jedoch durch Schleifwalzen, welche außer ihrer Drehbewegung eine langsame axial hin- und hergehende Bewegung ausführen oder durch wandernde Schleifscheiben. Tambour und Abnehmer werden in der Maschine geschliffen, beide jedoch hierzu in einer der Arbeitsrichtung entgegengesetzten Drehrichtung in Umlauf gesetzt.

Das Schleifen der Deckelgarnitur erfolgt durch einen einfachen Schleifbügel oder eine Schleifwalze. Bei Verwendung eines Schleifbügels liegt der Deckel während des Schleifvorganges mit jedem seiner Enden auf einer einfachen Gleitbahn auf. Erfolgt das Schleifen der Deckelgarnitur durch eine Schleifwalze, so werden die Deckel der Reihe nach mit ihrer Arbeits- oder Lauffläche durch Gewichtshebel *BC* und Hebedaumen *D* während ihres Vorbeiganges an der über ihnen liegenden Schleifwalze, siehe Abb. 91, fest gegen ein geformtes Gleitstück *A* gepreßt, wodurch erreicht wird, daß die Beschlagoberfläche den Arbeitswinkel gegenüber der Trommeloberfläche beibehält. Da das Gleitstück nur während des Schleifens benutzt wird, unterliegt es nur einer sehr geringen Abnutzung, so daß die Deckelbeschläge ihre ursprüngliche Arbeitsstellung zum Beschlag des Tambours bis zum vollständigen Verbrauch beibehalten.

β) Kämmen.

1. Allgemeines. Bisweilen genügt ein einmaliges Krempeln nicht, um für die Baumwolle die für das Verspinnen erforderliche Lockerheit und Reinheit sowie gleichförmige Anordnung der Fasern im Faserband zu erreichen; dies gilt besonders dann, wenn es sich um die Herstellung hochwertiger Garne handelt. Für diese Fälle hat man zwei Krempeln nacheinander zur Anwendung gebracht. Man bezeichnet sie als Vorkratze und Feinkratze. Der wesentliche Unterschied zwischen beiden besteht darin, daß die Garnitur der letztgenannten Krempel feiner ist als die der erstgenannten. Liefert die Vorkrempel ein Band, so vereinigt man eine Anzahl solcher Bänder durch Nebeneinanderlegen zu einem Vlies, wickelt dieses auf einer besonderen Wickelmaschine auf und bringt es so auf die Feinkrempel. Im anderen Falle wird aus dem Krempelflor der ersten Krempel durch Aufwickeln auf eine Trommel ein Vlies (Watte) gebildet und dieses der zweiten Krempel vorgelegt.

In der heutigen Baumwollfeinspinnerei wird die zweite Krempel gewöhnlich durch die Kämmaschine ersetzt. Sie scheidet alle kurzen, unerwünschten Fasern (Kämmling) und Fremdkörper aus und bewirkt die weitgehendste Parallellegung der Fasern in dem von ihr aus den Langfasern gebildeten Faserband (Kammzug). Es ergeben sich infolgedessen aus diesem glattere, gleichmäßigere, von Schalen und sonstigen Unreinigkeiten freie Garne. Zum Kämmen eignen sich vor allem lange Baumwollen (Mako, Sea-Island u. dgl.), es lassen sich aber auch kurze, insbesondere amerikanische Baumwollen kämmen. Im allgemeinen nimmt man als unterste Grenze für die Stapellänge 22 mm an. Der Kämmlingsprozentsatz richtet sich nach der Art der Baumwolle und nach den Ansprüchen, welche an das Garn in bezug auf Festigkeit, Reinheit und Aussehen gestellt werden. Er liegt zwischen 10 und 30%.

Die Kämmaschinen für Baumwolle sind Flachkämmer und werden ausgeführt als Einkopf- und Mehrkopfkämmer. Nach ihrer Arbeitsweise unterscheidet man gewöhnlich in Heilmannsche und Nasmith-Kämmaschine. Der ersteren wird das Fasergut in Form von Bandspulen (Bobinen) oder in Form von Wickeln vorgelegt; der letzteren nur in Form solcher. Das die Wickel bildende Vlies muß, um ein gutes Ergebnis auf der Kämmaschine zu erzielen, gleichmäßige Dicke über die ganze Breite und große Gleichmäßigkeit der Länge nach haben. Die Zahl der Bänder ist abhängig von ihrer Feinheitsnummer und von der Breite. Für die Bildung des Wickels kommen gewöhnlich zwei Maschinen nacheinander zur Anwendung, eine Bandwickelstrecke und eine Wickel- oder Kehrstrecke. Die erstere erzeugt aus nebeneinander gelegten Faserbändern einen Wickel, die letztere bildet aus einer Anzahl solcher Wickel einen neuen Wickel mit vergleichmäßig-

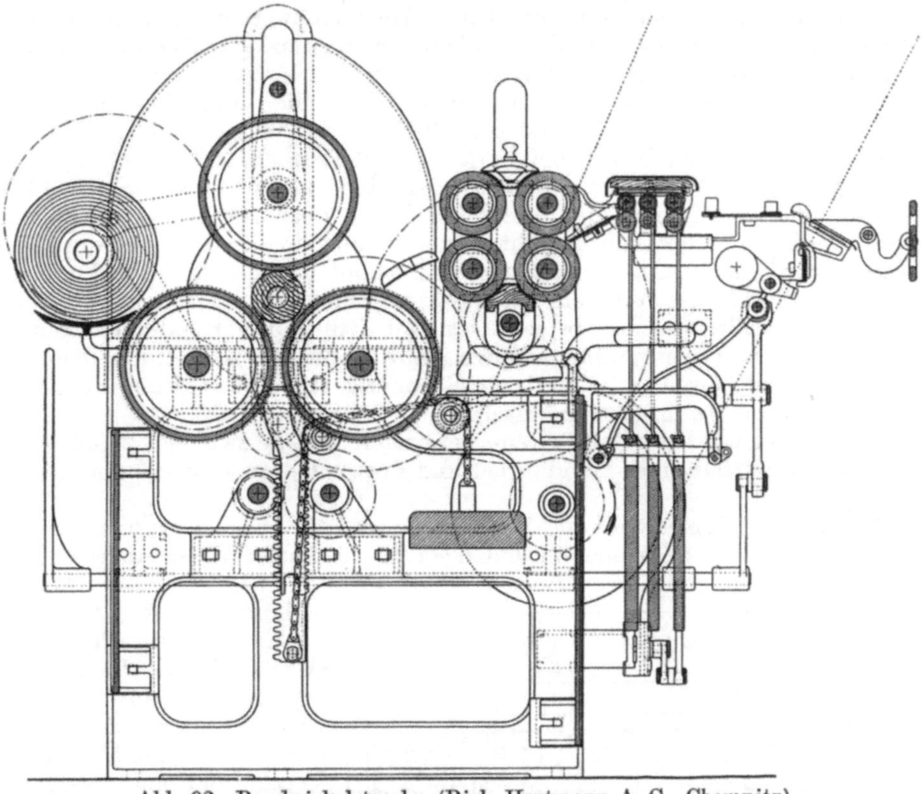

Abb. 92. Bandwickelstrecke (Rich. Hartmann A.-G., Chemnitz).

terer Faserlage. Seine Breite muß der Arbeitsbreite der Kämmaschine angepaßt werden, die etwa 190 bis 270 mm beträgt. Die Wickel, welche die Bandwickelstrecke liefert, werden etwa 20 bis 30 mm schmäler hergestellt als die Wickel der Wickelstrecke, damit sie sich auf dieser noch etwas verbreitern können und so die richtige Breite erhalten.

2. Bandwickelstrecke. Die zu vereinigenden Faserbänder — nach Feinheitsnummer und Breite gewöhnlich 14 bis 22 — werden der Bandwickelstrecke in Kannen vorgesetzt, welche entweder in parallelen Reihen, versetzt hintereinander, oder nach den Schenkeln eines spitzen Wickels Aufstellung finden. Diese Art der Aufstellung ergibt Vorteile hinsichtlich des Anlegens der Bänder, erleichtert die Auswechselung leergewordener Kannen und vermindert das Kreuzen und Verschlingen der aus den Kannen ablaufenden Bänder. Bei beiden Aufstellungen sichert eine Bandführungsplatte, Abb. 92 rechts, den regelrechten

Einlauf der zu vereinigenden Bänder in die Maschine. Von der genannten Platte gelangen die Bänder, nebeneinander liegend, über Führungslöffel, die bei Bandbruch oder Bandablauf als Ausrücker wirken, in eine Walzenstrecke, d. i. eine Mehrzahl von einander folgenden Walzenpaaren mit in der Richtung des Bandlaufs gesteigerter Umfangsgeschwindigkeit. Durch diese Walzenstrecke werden die Bänder zu einem Vlies verstreckt, das nach Verdichtung aufgewickelt wird. Kommen die so gebildeten Wickel unmittelbar auf die Kämmaschine, was bisweilen geschieht, so wird das Walzenstreckwerk gewöhnlich mit 4 Walzenpaaren ausgestattet, folgt der Bandwickelstrecke aber noch eine Wickelstrecke, so erhält das Streckwerk 3 Walzenpaare wie in der Abbildung dargestellt. Die Streckwerke gleichen im wesentlichen den normalen Walzenstreckwerken[1], nur ist wegen der Dicke der zu verstreckenden Faserschicht der Abstand der Achsebenen zweier benachbarter Walzenpaare etwas größer. Er beträgt zwischen Vorder- und zweitem Walzenpaar etwa 6 bis 10 mm mehr als die durchschnittliche Länge des Baumwollstapels, und es sind die Abstände der übrigen Walzenpaare entsprechend vergrößert. Dem Streckwerk folgen 2 Paar glatte Preßwalzen, welche durch kräftigen Federdruck zur Erzielung eines glatten und dichten Vlieses belastet sind. Zur Reinhaltung dieser Walzen ist oben und unten eine mit Filz belegte eiserne Putzleiste angebracht. Zur Erzielung eines festen und gut gerollten Wickels wird der kräftig ausgeführte Wickelkopf mit 2 unteren und 1 oberen hebbaren Wickelwalze versehen, welch letztere durch eine Zahnstange, sowie eine verstellbare Fußtrittbremse belastet ist. Mit Hilfe eines Handrades kann die obere durch ein Gegengewicht sorgfältig ausbalancierte Wickelwalze leicht auf und ab bewegt werden. Sie wird zur Schonung und Verbesserung der Wickel außerdem durch Zahnräder angetrieben.

Die Wickel werden auf Holzrohre gewunden, welche zwischen 2 gußeisernen Scheiben vermittels einer Handkurbel und kurzer Gewindespindel eingeklemmt werden.

Bei vollem Wickel stellt die Maschine selbsttätig ab, und es kann die Meßvorrichtung für verschiedene Wickellängen in einfachster Weise eingestellt werden. Nach Vollendung eines Wickels kehrt sie stets wieder in ihre Anfangsstellung zurück.

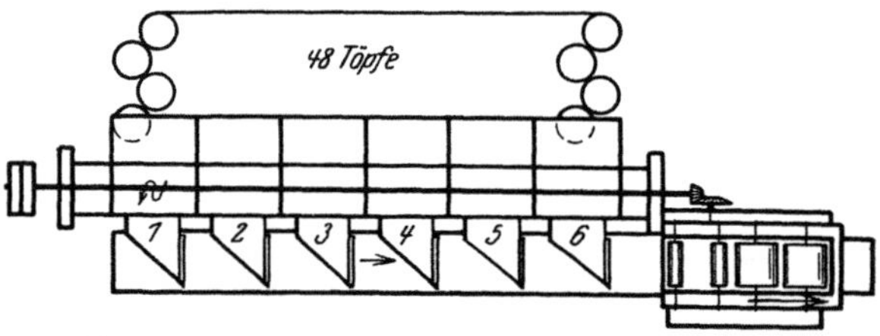

Abb. 93. Kehrstrecke (Société Alsacienne de Constructions Mécaniques, Mulhouse).

3. Wickelstrecke, Kehrstrecke. Auf der Wickelstrecke erleiden die von der Bandwickelstrecke gelieferten Vliese gewöhnlich einen 5 bis 6fachen Verzug und eine diesem entsprechende Duplierung. Die Maschine besteht demgemäß aus einem Walzenstreckwerk zum gleichzeitigen Verstrecken von 6 Bandvliesen nebeneinander, einem Abführtisch mit 6 gebogenen Leitblechen, Abb. 93, 94, für die verstreckten Vliese und einem Wickelkopf zum Aufwickeln der von den Leitblechen ablaufenden, duplierten, verstreckten und bei ihrem Lauf auf dem Abführtisch durch Glätt- und Preßwalzen verdichteten und geglätteten Vliese. Die dem Streckwerk vorgelegten Wickel, Auflegewickel, werden vermittels zweier durch Zahnräder angetriebener, geriffelter Holzrollen so in Drehung versetzt, daß die Bandvliese ohne Verzug ablaufen können. Das Streckwerk ist ein Vierwalzenstreckwerk normaler Einrichtung. Die Maschine ist auch

---

[1] Vgl. hierzu: Duplieren und Strecken, S. 77 u. f.

mit einer selbsttätigen Abstellung für Leerlauf oder Bruch eines Auflagewickels versehen. Die Handabstellhebel sind von allen Seiten der Maschine zugänglich.

Abb. 94. Wickel- oder Kehrstrecke (Rich. Hartmann A.-G., Chemnitz).

4. Heilmannsche und Nasmith-Kämmaschine. Der um die Mitte des letzten Jahrhunderts von Josua Heilmann, Mülhausen i. E., erfundene, in jahrzehntelanger Arbeit von zahlreichen Firmen verbesserte Flachkämmer besitzt im wesentlichen die aus den Abb. 95 bis 98 ersichtliche Einrichtung[1].

Der der Maschine vorgelegte, aus Faserbändern gebildete Bandwickel rollt sich, auf einer oder zwei Walzen ruhend, oberhalb der Speisewalzen *a*, ab und wird durch diese der Speisezange *b*, *c* zugeführt. Das Kämmen zerfällt in zwei Arbeitsperioden: In der ersten hält die genannte, ortsfeste Zange den aus ihr hervorstehenden Faserbart fest und es kämmen ihn die unter ihm hinweggehenden Nadeln *d* der Kämmwalze aus, Abb. 95. Sie nehmen dabei alle Verunreinigungen und kurzen Fasern auf und legen gleichzeitig die zurückbleibenden, vom Zangenmaul gehaltenen langen Fasern parallel zueinander. Sobald die letzte Nadelreihe unter der Zange hinweggegangen ist, Abb. 96, öffnet sich diese und der bis dahin in Hochstellung verbliebene Kamm *e* (Vorstechkamm) fällt in den Faserbart an einer schon gekämmten Stelle ein, Abb. 97. Zu gleicher Zeit preßt die Walze *f* des Abzugswerks die gekämmten Faserspitzen auf den inzwischen herangekommenen Riffelteil der Kämmwalze und rollt sich auf der Riffelung ab. Der so fest geklemmte Faserbart wird infolgedessen durch das Zusammenwirken von Kämmwalze und Abzugswalze *f* vorwärts bewegt und dabei mit seinem Hinterteil durch den Kamm *e* gezogen, Abb. 98, der alle im Schwanz des Stapels enthaltenen Verunreinigungen und kurzen Fasern zurückhält. Die von der Walze *f* freigegebene Vliesspitze gelangt von dem Riffelsegment zwischen die Walze *f* und die mit ihr zusammenarbeitende Walze *g* und hier auf den aus ihnen heraushängenden Faserbart, vereinigt sich mit ihm (Löten) und wird mit ihm sodann durch das Walzenpaar *g* abgeführt, Abb. 98, durch einen Trichter zu einem Band zusammengezogen und nach dem Streckwerk am Ende der Maschine geführt. Dieses vereinigt alle aus den Köpfen der Maschine kommenden Bänder, meist sechs, verstreckt sie und bildet aus ihnen ein neues Band, das Kammzugband. Während der aus der Zange heraushängende Faserbart durch den Riffelteil der Kammwalze und die auf ihm sich abwälzende Walze *f* fortbewegt wird, führen die Speisewalzen *a* eine kurze Drehung derart aus, daß etwa 3 bis 4 mm Wickelband nachgeschoben werden. Die durch den Kamm *e* ablaufenden Fasern nehmen dabei durch Reibung das nachgeschobene Gut so weit mit, daß die sich nunmehr wieder schließende Zange einen neuen Teil des Wickelbandes erfassen kann. Der Kamm *e* wird wieder gehoben und streicht sich dabei an dem aus der Zange hervorstehenden, durch Abreißen des ablaufenden Faserbarts gebildeten Faserbart rein. Was dabei im Faserbart

[1] Helmbold, P. A.: Z. V. d. I. **1922**, Nr 42.

hängen bleibt, wird vom Rundkamm *d* aufgenommen. Ihn reinigt eine schnell laufende Bürste. Sie gibt den Abfall, die Kämmlinge, an eine Abnehmerwalze ab, von der er durch einen Hacker abgenommen wird.

Nach einer Erfindung von Roth hat man an Stelle dieser Abführung der Kämmlinge eine solche durch Saugluft zur Anwendung gebracht. Sie entnimmt die Kurzfasern der Bürste und sammelt sie auf einer Siebtrommel.

Die alte, bei 6 Köpfen etwa 24 bis 30 kg täglich liefernde Maschine hat fast 40 Jahre lang den Markt vollkommen beherrscht, bis Offermann in der Wollkämmerei die schwingende Zange einführte. Diese zwischen Rundkamm und einem Paar Abreißwalzen vorgesehene schwingende Zange führt das Gut zunächst dem Rundkamm zum Abkämmen des vorstehenden Faserkopfes und dann den Walzen zum Abreißen zu. Infolge der Bewegung der Zange geschieht das Abreißen allmählich und, da die Drehung der Abreißwalzen vom Rundkamm unabhängig ist, mit viel größerer Geschwindigkeit als bei der alten Maschine von Heilmann.

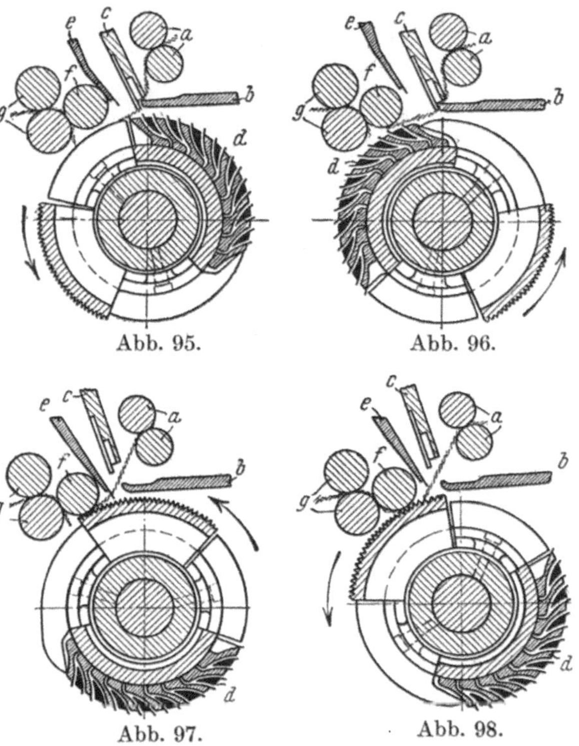

Abb. 95 bis 98. Arbeitsweise der Heilmann-Kämmaschine.

Die vormalige Elsässische Maschinenbau-Gesellschaft, Mülhausen, brachte in den 90er Jahren einen Baumwoll-Flachkämmer mit schwingender Zange von Gegauff auf den Markt, der sich in der Industrie behauptet hat. Ursprünglich nur als Einkopfkämmer gebaut, wurde er später auch mehrköpfig hergestellt.

Wohl von dieser Maschine beeinflußt, hat Nasmith vor mehr als 20 Jahren seine Maschine gebaut, die von allen neueren Kämmaschinen den größten Erfolg gehabt hat. Abb. 99 bis 101 zeigen ihre Arbeitsweise. Von ihr gibt der oben genannte Verfasser folgende Beschreibung:

Die Zange steht über dem Rundkamm, der den Faserkopf auskämmt, Abb. 99, und führt während dieser Kämmung eine geringe Vorwärtsbewegung gegen die Abreißwalzen aus. Hat die letzte Nadel des Rundkammes das aus der Zange heraushängende Faservlies verlassen, so bewegt sich die Zange weiter auf die Abreißwalzen zu, die sich gleichzeitig ein wenig rückwärts drehen, damit sich der vom vorigen Kammzug zwischen den Walzen steckende Faserbart zurücklegt, Abb. 100. Der Vorstechkamm fällt in das Zangenvlies ein, die Zange öffnet sich und hält den Faserbart den nunmehr wieder vorwärts laufenden Abreißwalzen hin, Abb. 101. Die Umfangsgeschwindigkeit der Abreißwalzen ist während dieser Zeit ungefähr zehnmal so groß wie die fortschreitende Geschwindigkeit der Zange gegen die Walzen, der aus der Zange heraushängende, von den Walzen erfaßte Faserbart wird infolgedessen allmählich aus der Zange herausgezogen und dabei vom Vorstechkamm am Hinterende ausgekämmt. Auf diese Weise entsteht bei jedem Kämmgang ein je nach der Faserlänge 80 bis 100 mm langes Vlies, das sich infolge der jedesmaligen Rückwärtsdrehung der Abreißwalzen mit dem aus ihnen heraushängenden Kammzug zum Zugband vereinigt.

In Abb. 102 ist im Schnitt ein Einkopf-Flachkämmer neuester Konstruktion wiedergegeben. Er besitzt eine festgelagerte Abzugsvorrichtung, sowie eine gegen sie schwingende Speisezange und eignet sich nicht nur zum Kämmen langer Baumwollsorten, wie Mako, Sea-Island u. dgl., sondern auch für kurze amerikanische Baumwollen von 22 bis 25 mm, was mit der Heilmannschen Kämmmaschine älterer Konstruktion nicht möglich ist. Einrichtung und Arbeitsspiel des dargestellten Kämmers ergeben sich aus folgendem.

Gespeist wird die Maschine mit 2 Vlieswickeln, wie es die Zeichnung erkennen läßt, oder auch mit Faserbändern, gewöhnlich 16 an der Zahl. Die beiden von den Wickelwalzen kommenden Vliese werden auf dem aus der Abbildung ersichtlichen endlosen Förderband vereinigt und von diesem an 2 Förderwalzen abgegeben, die es der Speisevorrichtung für die Zange zuführen. Sie besteht aus einer Mulde, die in den Zangenunterbacken ausläuft und in welcher eine Zackenwalze das Faservlies dem Zangenmaul schrittweise zuschiebt. Die Speisezange führt eine schwingende Bewegung derart aus, daß sie den aus der geschlossenen Zange vorstehenden Faserbart zunächst der Kämmwalze (Rundkamm) dar-

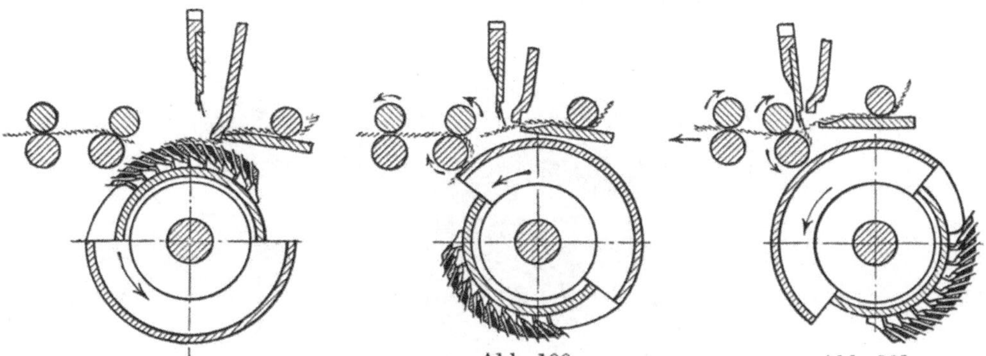

Abb. 99. Abb. 100. Abb. 101.

Abb. 99 bis 101. Arbeitsweise der Nasmith-Kämmaschine.

bietet und ihn dann ausgekämmt in den Bereich der mit spiralförmig gewundenen Rippen versehenen Abzugswalzen bringt, deren untere von einem Laufleder umgeben ist, Abb. 102, 103. Dabei öffnet sich die Zange durch Abheben ihrer Oberbacke. Die Abzugswalzen erfassen den Faserbart und ziehen ihn durch den inzwischen eingefallenen Flachkamm (Vorstechkamm). Hierdurch wird in bekannter Weise das Hinterende des Faserbarts ausgekämmt. Ein auf der Unterseite der unteren Zangenbacke vorgesehener Schieber, Abb. 103, unterstützt den Faserbart beim Einfallen des Vorstechkammes, indem er seine Nadeln zwingt in die Fasern einzudringen. Der Vorstechkamm durchsticht den Faserbart vollständig, das Durchziehen ungekämmter Fasern durch ihn ist infolgedessen ausgeschlossen. Das Abziehen der Faserbärte erfolgt also völlig unabhängig von der Kämmtrommel. Während des Abzugs fördert die als Zackenwalze ausgebildete Speisewalze das Vlies in der Speisemulde, es findet also Speisung während des Abziehens statt. Ist der Abzug beendet, so führt die Abzugswalze eine Rückwärtsbewegung um etwa 30 mm aus, um dem nächstfolgenden Faserbart eine gewisse regelbare Vlieslänge zur Verlötung darzubieten. Während dieser Zeit schwingt die Zange, nachdem sie sich wieder geschlossen hat, zurück zum Rundkamm, damit sich das Arbeitsspiel wiederholen kann. Gleichzeitig tritt ein „Barthalter" in Tätigkeit, welcher so nahe wie möglich von unten nach oben am Vorstechkamm vorbeigeführt wird, um diejenigen langen Fasern, die die Abzugswalzen im letzten Augenblick ihrer Drehung zwar noch erfaßt, aber nicht mehr ganz durch den Vorstechkamm hindurchgezogen haben, durch dessen Nadeln zu streifen. Ist dies geschehen, so fällt der Barthalter wieder nach unten und drückt

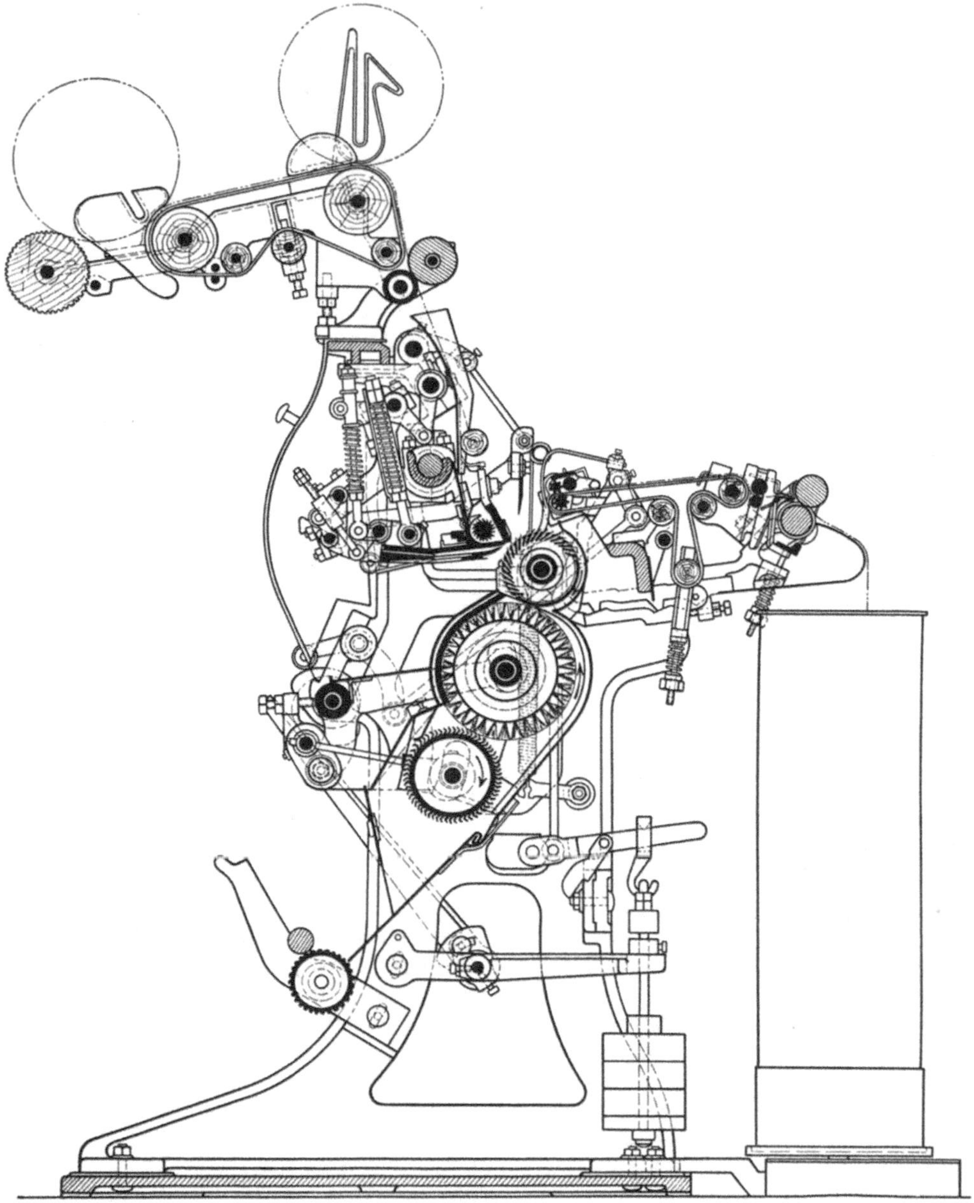

Abb. 102. Flachkämmer (Société Alsacienne de Constructions Mécaniques, Mulhouse).

dabei, da er sehr nahe an der unteren Abzugswalze vorbeigeht, die Faserenden des ablaufenden Faservlieses gegen das Laufleder, so daß eine gute Lötung mit dem nächstfolgenden Faserbart gewährleistet wird. Die obere Abzugswalze ist durch Hebel und Gewichte belastet; während des Abzugs wirkt die vollständige

Belastung auf die Unterwalze, beim Rücklauf aber wird die Oberwalze zwecks Schonung des Laufleders durch eine besondere Vorrichtung teilweise entlastet. Eine zylindrische Bürste *b*, Abb. 104, reinigt den Rundkamm *c* und gibt den Abfall, die Kämmlinge, an die Kämmlingswalze *a* (Doffer) ab, von der sie durch einen Hacker als Vlies abgelöst werden, das auf eine eiserne Walze aufgewickelt

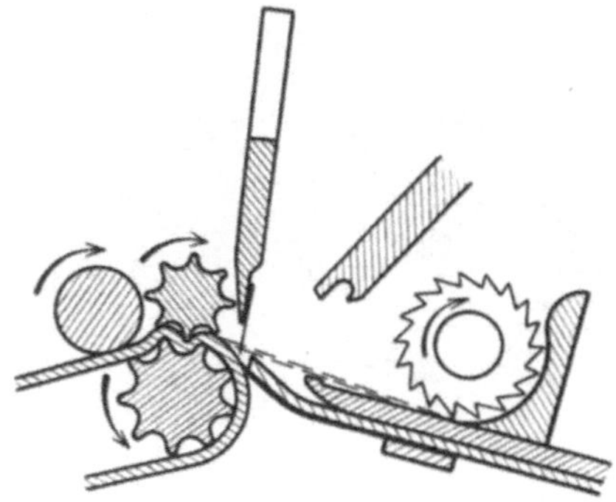

Abb. 103. Speisevorrichtung für die Kämmaschine (Société Alsacienne de Constructions Mécaniques, Mulhouse).

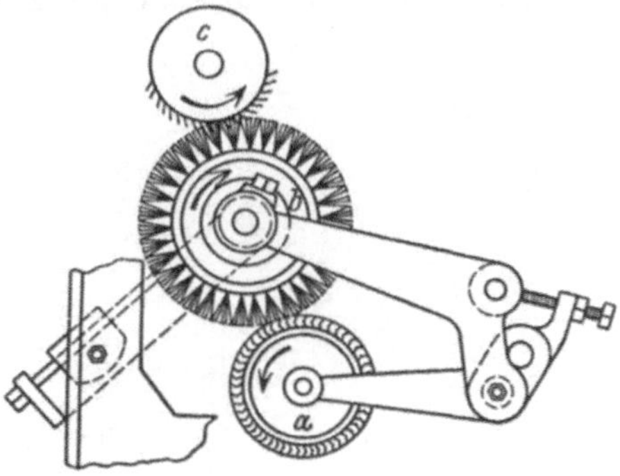

Abb. 104. Kämmlings-Abnehmerwalze (Société Alsacienne de Constructions Mécaniques, Mulhouse).

wird, wenn nicht eine pneumatische Absaugevorrichtung mit Sammelzylinder zur Anwendung kommt.

Abb. 105 zeigt eine von der Sächsischen Textilmaschinenfabrik, vorm. Rich. Hartmann A.-G., Chemnitz, gebaute 6-Kopf-Nasmith-Kämmaschine in Ansicht. Abb. 106 läßt den Zusammenbau der wesentlichen Teile eines Kämmkopfes erkennen, und die Abb. 107 bis 109 geben Aufschluß über das Zusammenspiel der an der Durchführung des Kämmprozesses beteiligten Organe.

Abb. 105. Baumwollkämmaschine System Nasmith mit Abreißvorrichtung System Hartmann.

Jede Speisezange *DF* besitzt, wie die Abb. 106 bis 109 erkennen lassen, ihren eigenen mit dem Zangenunterbacken zusammenarbeitenden Zuführzylinder *C*, welcher seine periodische Drehung durch ein Schaltrad mit Klinke von dem Zangenantrieb aus erhält. Die Kämmtrommel *H* ist auf ihrem Nadelsegment H_1 mit 17 Nadelstäben ausgestattet, deren Nadeln entgegengesetzt zur Drehrichtung an Feinheit zunehmen, und mit einem glatten Ledersegment H_2 versehen.

Der Abzug des ausgekämmten Faserbartes geschieht durch ein Paar Abreiß- und Ablieferungszylinder, KK_1 und JJ_1, von denen die Unterzylinder KJ geriffelt und ortsfest gelagert sind. Die betuchten und belederten Druckzylinder K_1J_1 sind durch Gewichte belastet. Der Druckzylinder K_1 ist fest gelagert, während der Druckzylinder J_1 auf seinem Riffelzylinder bei jedem Kammspiel eine Vor- und Rückwärtsbewegung ausführt. Die Drehbewegung des Druck-

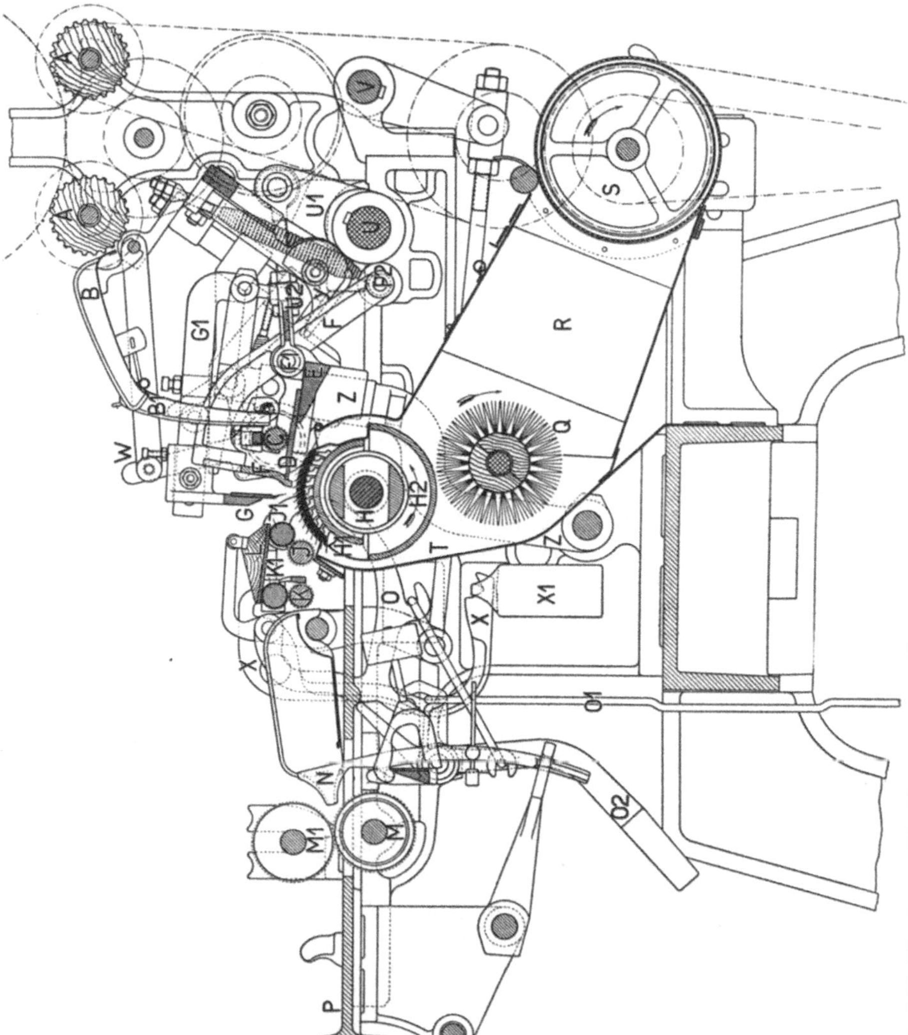

Abb. 106. Kopf eines Flachkämmers mit Kämmlingsabsaugvorrichtung (Rich. Hartmann A.-G., Chemnitz).

zylinders K_1 hingegen wird, im Gegensatz zur alten Heilmann-Kämmaschine, Abb. 97, nicht durch das geriffelte Segment der Kämmtrommel hervorgerufen, sondern zwangläufig vom Antrieb der Maschine aus. Es berührt bei der Nasmithmaschine der belederte Abreißzylinder niemals das Segment der Kämmtrommel und es können daher auch die Faserauszugs- und Abreißgeschwindigkeit unabhängig von derjenigen der Kämmtrommel geregelt werden. Der belederte Abreißdruckzylinder wird dadurch geschont, jede ruckweise Bewegung beseitigt. Das

Abreißen des Faserbartes und der Durchzug der Fasern durch den Vorstechkamm erfolgt schonender und sanfter als bei der älteren Bauart nach Heilmann. Aus diesen Gründen kann eine schwerere Wickelwatte vorgelegt und die Arbeitsgeschwindigkeit wesentlich erhöht werden. Die eigentümliche Bewegung des Abreiß-Druckzylinders, für die ein stoßfrei arbeitender Antrieb vorgesehen ist, erlaubt eine Übereinanderlegung der Faserbärte (Lötung) bis zu 45 mm und es kann auch noch bei kürzerem Stapel ein einwandfreies, gleichmäßiges Vlies erzielt werden. Mit der Heilmann-Kämmaschine hingegen kann nur bester Stapel verarbeitet werden, welcher eine geringere Lötung verträgt.

Die auf den Tisch vereinigten Bänder werden einem Streckwerk mit 4 geriffelten Unterzylindern und belederten Oberzylindern zugeführt, die in seitlichen durch tote Gewichte belasteten Endbüchsen laufen. Das Streckwerk ist durch einen eisernen aufklappbaren Putzdeckel verdeckt, der für ein laufendes Putztuch eingerichtet ist und durch einen Kamm gereinigt wird. Die Bänder werden nach dem Verlassen des Streckwerks durch einen festen Trichter und ein Paar Preßwalzen zu einem Bande vereinigt und in bekannter Weise in einer Kanne gesammelt.

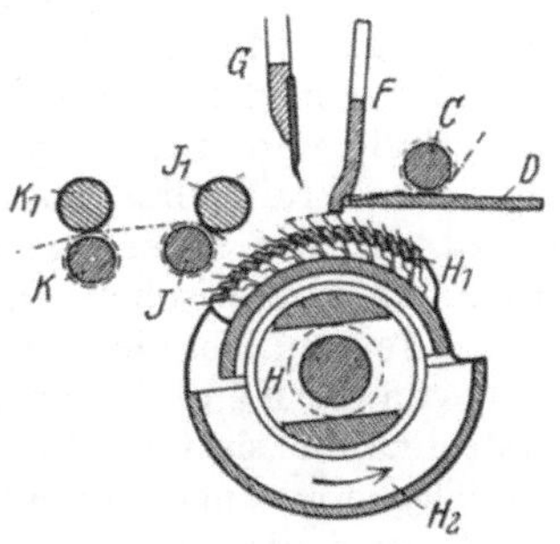

Abb. 107.

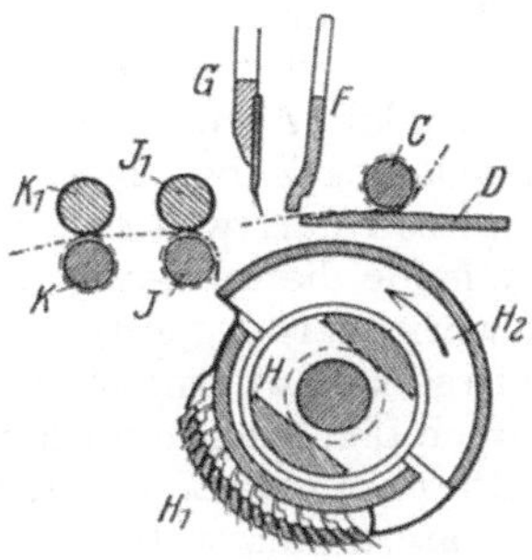

Abb. 108.

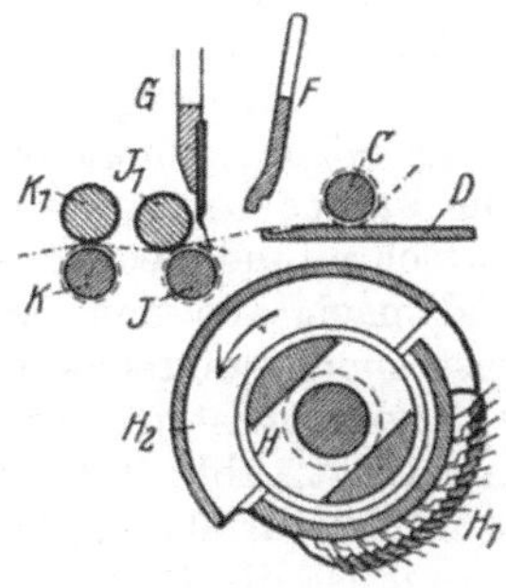

Abb. 109.

Abb. 107 bis 109. Arbeitsweise der Speisezange, Kämmtrommel und Abreißvorrichtung für die Kammzugbildung.

Jeder Kopf besitzt eine selbsttätige Abstellvorrichtung für Bruch des Bandes, bevor es auf den Tisch geführt wird, und somit auch bei Leerlauf eines Wickels. Die Maschine stellt auch ab bei Bruch des gestreckten Bandes zwischen Streckwerk und Kanne sowie durch eine Zählvorrichtung bei voller Kanne.

Die Kämmlinge werden durch Absaugen, nach Patent Roth, entfernt. Längs der Rückseite der Maschine liegt die langsam umlaufende Blechtrommel S, Abb. 106, welche für jeden Kopf mit feinen Durchlochungen versehen ist. In ihrem Inneren befindet sich eine fest gelagerte Abdichtungstrommel, welche nur an der der Kämmlingsbürste Q zugekehrten Seite Aussparungen aufweist. Aus dem Inneren der Trommel S wird die Luft durch ein Flügelrad abgesaugt. Jede Kämmtrommel ist für sich vollständig eingekapselt. Die Kämmlinge, welche aus ihrem Nadelsegment durch die Bürste Q entfernt werden, fliegen infolge Wirkung des Saugluftstroms durch den Kanal R gegen den Siebtrommelmantel an, lösen sich bei Drehung desselben von ihm ab, sobald sie der Saugwirkung durch den Trommelinnenmantel entzogen sind, und werden entweder in einem Kasten gesammelt oder zu einem Wickel aufgewunden. Die Saugwirkung des Exhaustors erstreckt sich durch den Kanal RT auch noch über die Kämmtrommel hinaus und bewirkt eine Verminderung der Staubentwicklung der Maschine, ohne die Vliesbildung irgendwie ungünstig zu beeinflussen.

Der Arbeitsgang der Kämmwerkzeuge ist folgender: Die Zange *FD* befindet sich nach Abb. 107 in ihrer hintersten Stellung. Der aus der geschlossenen Zange heraushängende Faserbart wird durch die Nadeln der Kämmtrommel ausgekämmt. Sobald die feineren, also letzten Nadelreihen H_1 zur Wirkung kommen, beginnt sich die Zange gegen die Abreißwalzen JJ_1 hin zu bewegen, während sich gleichzeitig die Kämmgeschwindigkeit zur Schonung der Fasern entsprechend vermindert. Der Abreiß-Druckzylinder J_1 steht, gegen die Kämmtrommel H gesehen, in seiner vorgeschobensten Stellung. Er beginnt in dieser Stellung mit der Unterwalze J die Rückwärtsdrehung, damit ein Stück des bereits gekämmten Vlieses durch Zurücklieferung für das Auflegen des neuen Faserbarts wieder freigegeben wird, wie dies aus Abb. 107 ersichtlich ist. Die letzten Nadelleisten sind inzwischen an dem Abreiß-Zylinderpaar JJ_1 vorbeigegangen und die Kante des glatten Segments H_2 der Kämmtrommel streift den von den Abreißzylindern freigegebenen Faserbart nach unten, wodurch für den aus der Zange hervorstehenden Faserbart eine gute Auflagefläche geschaffen wird. Die weiter vorrückende Zange öffnet sich — siehe Abb. 108 — und das ausgekämmte Faserbartende stellt sich, durch die natürliche Steifheit der Fasern und durch die Form des Zangenmaules unterstützt, unmittelbar vor den Einlauf der Abreißzylinder, während sich der Vorstechkamm G auf den Faserbart senkt und dessen Höhenstellung begrenzt. Die Spitzen des Faserbartes werden von dem sich nunmehr wieder vorwärts drehenden Abreißzylinderpaar erfaßt und ausgezogen. Die immer langsamer vorrückende Zange bietet dabei dem Abreißzylinderpaar fortschreitend neue Faserspitzen dar, was zur Folge hat, daß die Fasern nach und nach aus dem Wickelende herausgezogen werden. Der inzwischen eingestochene Vorstechkamm verhindert das Mitgleiten kurzer Fasern. Der obere Abreißzylinder ist inzwischen in seiner entferntesten Stellung von der Kämmtrommel angelangt, Abb. 109, und auch die Zange und der Vorstechkamm sind am Ende ihrer Vorwärtsbewegung, also unmittelbar vor dem Abreißzylinder angekommen. Damit ist die Periode des Faserauszuges beendet, und es wird die Abtrennung des gekämmten Faserbartes durch den sofortigen, aber sanften Rückzug der Zange und des Vorstechkammes sowie das Rückwärtsrollen des Abreißdruckzylinders auf seinem geriffelten Gegenzylinder eingeleitet. Nach erfolgter Abtrennung schließt sich die Zange, und ein weiteres Kammspiel bringt die einzelnen Organe wieder in die gleiche Stellung zueinander, wie sie in Abb. 107 gezeigt ist. Die Speisung erfolgt während der Vorwärtsbewegung der Zange, nachdem das heraushängende Faserbartende ausgekämmt ist und die Zange sich geöffnet hat. Ganz besonders hervorzuheben ist die starke Übereinanderlagerung der Fasern von etwa 45 mm, wodurch eine vorzügliche Lötung erzielt wird. Es ist daher möglich, auch noch bei Faserlängen von nur 22 mm einen tadellosen Zug zu erzeugen, obwohl derartiges kurzes Material im allgemeinen nicht mehr für Kämmereizwecke verwendet wird.

Bei Feststellung der Ursachen, die eine Produktionssteigerung des Flachkämmers verhindern, stößt man hauptsächlich auf zwei Punkte. Erstens ist die Kraft der Haltezange nicht genügend, um unter dem Einfluß des Kreiskammes ein dickeres Vlies zurückzuhalten und zweitens wirkt die Speisewalze infolge ihrer Bauart lediglich als Zuführglied, sie besitzt aber weder die nötige Kraft um die Haltezange beim Zurückhalten des Vlieses während des Kämmens des Kopfes zu unterstützen, noch verhindert sie, daß während des Abreißens des Vlieses Stücke desselben unter dem Vorstechkamm hindurchgehen.

Gemäß einer durch Patent 433333 vom 4. Juli 1925 geschützten Erfindung von Jules Weinbrenner in Tann, Ober-Elsaß, die von der Firma „WECO“ daselbst eingeführt worden ist, soll diesen Übelständen durch sowohl für die

Zange als auch für die Speisewalze vorgesehene zusätzliche Glieder zum Zurückhalten des Vlieses abgeholfen werden.

Über Leistung und Geschwindigkeit der Heilmann- und Nasmith-Kämmaschine seien dem Buch von Bauer-Taggart „Betriebsleitung der Baumwollspinnerei" die folgenden Werte entnommen; sie sind nur Anhaltswerte.

	Minutl. Schläge	Wickelgewicht g/m	Wickelbreite mm	Abfall %	Auf 1 Kopf in 10 Stunden kg
			Heilmann-Kämmer		
Sea Island	80	15,5	190	20	2,9
Ägyptische	80	15,5	190	18	3,4
Amerikaner	80	15,5	190	18	3,4
			Nasmith-Kämmer		
Sea Island	85	20,4	270	—	4,4
Ägyptische	100	37,4	270	—	9,4
Amerikaner	100	37,4	270	—	9,4

5. Umfang der Kämmung. Die weitgehenden Bestimmungen über das Ausmaß der Kämmung ermöglichen das Kämmen einer großen Reihe von Stapellängen. Das Kämmverfahren läßt aber auch die Ausscheidung einer fast beliebigen Menge von Abfall zu. Die Beschränkung des Kämmlings auf einen beliebigen Prozentsatz läuft zumeist auf eine beschränkte Kämmwirkung hinaus. Nach dem oben genannten Buch unterscheidet man gewöhnlich in:

Gekämmtes Garn. Das ist das gewöhnliche Ergebnis der Kämmerei bei angemessenem Krempeln und etwa 12 bis 15% Kämmling.

Hochgekämmtes Garn. Gebräuchlich bei besser gekrempeltem Garn, von dem auf der Krempel etwa 7 bis 8% Abfall ausgeschieden wurden. Etwa 17% Kämmling wird auf der Kämmaschine erzeugt.

Zweifach gekämmtes Garn. Zweimal durch die Kämmaschine gegangen und somit ein zweimaliger Kämmlingsabgang. Er ist verschieden und beträgt gewöhnlich 17% beim ersten und 5% beim zweiten Kämmen.

Dreifach gekämmtes Garn. Sehr feine Arbeit von zweifelhafter Zweckmäßigkeit. Der übliche Kämmlingsabgang ist in den drei aufeinanderfolgenden Kämmungen etwa 16%, 6% und 4%.

Grob- oder halbgekämmtes Garn. Es ist etwa gleichwertig dem fein gekrempelten Garn und wird aus gering gekrempelter Baumwolle erzeugt. Die Krempel wird dabei auf etwa 4% Abfall eingestellt und die Kämmaschine auf 5 bis 8% Kämmling, bei schweren Wickeln.

Jede Baumwolle kann nach diesen verschiedenen Verfahren gekämmt werden, zudem sind aber auch noch weitere Möglichkeiten vorhanden. Es können ferner auch ein oder mehrere gewöhnlich gekämmte Bänder oder verschiedene Arten von grob gekämmten Bändern auf der Strecke mit gekrempelten Bändern vermischt werden.

Garne, die nur einfach gekämmt sind, werden vielfach als zweifach gekämmt verkauft, und es ist selten, daß grob gekämmte Garne unter einem sie kennzeichnenden Namen verkauft werden, sondern einfach als gekämmte Garne.

γ) Duplieren und Strecken.

Die von der Krempel oder der Kämmaschine gelieferten Faserbänder sind keineswegs gleichmäßig dick. Um die vorhandenen Ungleichmäßigkeiten nach Möglichkeit zu beseitigen, wird durch Nebeneinanderlegen (Duplieren = Doppeln) mehrerer solcher Faserbänder — 6 bis 8 — ein neues Faserband gebildet. Dieses wird dann im gleichen Arbeitsgang verstreckt und das verstreckte Faserband, dessen Feinheit etwa der der Grundbänder entspricht, durch seitliches Zusammenziehen strangartig gerundet und abgeliefert. Hand in Hand hiermit geht ein Mischen der Fasern aus den verschiedenen Bändern und ein Ausrichten der Fasern in der Längsrichtung des Bandes.

Das Verstrecken des durch „Duplieren" gewonnenen Bandes erfolgt dadurch, daß es durch eine Reihe von einander folgenden Walzenpaaren, gewöhnlich vier, hindurchgeleitet wird, deren jedes eine größere Umfangsgeschwindigkeit besitzt, als das vorhergehende und deren Abstand zwischen den Achsebenen etwas größer ist, als die mittlere Stapellänge der Faser. Es gilt im allgemeinen:

Vorder- bis 2. Zylinder 3 mm
2. „ 3. „ 6 „
2. „ 4. „ 10 „
} mehr als die durchschnittliche Stapellänge.

Durch die Bemessung der Abstände und die Zunahme der Umlaufgeschwindigkeiten der einzelnen, einander folgenden Walzenpaare wird erreicht, daß, während eine bestimmte Anzahl Fasern des Bandquerschnittes von einem Walzenpaar unter Klemmdruck gefördert wird, alle diejenigen Fasern, welche nicht mehr von diesem Walzenpaar gehalten werden, durch das nachfolgende mit größerer Umfangsgeschwindigkeit laufende Walzenpaar gegen die erstgenannten Fasern unter einem Entlanggleiten an ihnen in der Bandlaufrichtung verzogen werden. Es wird infolgedessen die Zahl der im Faserbandquerschnitt befindlichen Fasern bei jedem Verzug verringert und gleichzeitig die Länge des Bandes entsprechend vergrößert.

Jedes Streckwalzenpaar besteht aus einer aus gehärtetem Stahl hergestellten, zwangläufig angetriebenen, längsgeriffelten Unterwalze und einer stark belasteten, durch Umfangsreibung mitgenommenen Oberwalze, die ebenfalls aus Stahl hergestellt, aber mit einem Überzug aus Flanell und lackiertem Leder versehen ist und infolgedessen einen elastischen Druck auf die hindurchlaufenden Faserbänder ausübt. Der Walzendurchmesser hängt von dem Stapel ab. Mit dicken Walzen kann man keine so enge Einstellung erreichen, wie sie für kurze Baumwolle nötig ist. Nach Bauer-Taggart werden gewählt für die Durchmesser:

	Vorderwalzen mm	2. Walzen mm	3. Walzen mm	Hinterwalzen mm
	Indische Baumwolle			
Unterwalze	28	25	28	28
Oberwalze ohne Bezug	22	22	22	22
	Gewöhnliche amerikanische Baumwolle			
Unterwalze	32	25	32	32
Oberwalze ohne Bezug	25	25	25	25
	Gute amerikanische Baumwolle			
Unterwalze	35	28	35	35
Oberwalze ohne Bezug	28	28	28	28
	Ägyptische und Sea Island-Baumwolle			
Unterwalze	38	32	38	38
Oberwalze ohne Bezug	32	32	32	32

Die übliche Höchstgeschwindigkeit für eine

28 mm Vorderwalze beträgt 450 Umdr/min, d. h. 40 m/min
32 „ „ „ 400 „ , d. h. 40 „
35 „ „ „ 360 „ , d. h. 40 „

Der Gesamtverzug zwischen den Walzenpaaren kann verschieden sein, im allgemeinen ist er gleich der Anzahl der vereinigten Bänder. Die Strecke liefert also ein Band von einer Feinheit, wie sie annähernd das in sie einlaufende, von der Krempel oder der Kämmaschine kommende Band aufweist. Der Gesamtverzug zerfällt in drei Einzelverzüge, und zwar einen geringen Verzug zwischen dem Einlauf- und dem ihm folgenden dritten Walzenpaar, einen etwas höheren Verzug zwischen diesem und dem weiter folgenden zweiten Walzenpaar und einen weiteren erhöhten Verzug zwischen diesem und dem Liefer- oder ersten Walzenpaar. Eine gebräuchliche Regel für die Bemessung der Einzelverzüge ist nach den oben genannten Autoren folgende:

Verzug zwischen dem ersten oder Vorder- und dem zweiten Walzenpaar: Quadratwurzel aus dem Gesamtverzug;

Verzug zwischen dem zweiten und dem dritten Walzenpaar: Kubikwurzel aus Gesamtverzug;

Verzug zwischen dem dritten und dem vierten (Hinter-) Walzenpaar: Quadratwurzel aus dem zweiten Verzug.

Zum Beispiel: Gesamtverzug 8.

$\sqrt[2]{8} = 2{,}83$; 3. Verzug, zwischen Vorder- und 2. Walzenpaar		das ergibt:
$\sqrt[3]{8} = 2$; 2. „ „ 2. und 3. Walzenpaar		$2{,}83 \cdot 2 \cdot 1{,}4 = 8$.
$\sqrt[2]{2} = 1{,}4$; 1. „ „ 3. und Hinter-Walzenpaar		

Die Behandlung der Bänder in der vorstehend erläuterten Weise würde, wenn man sie nur einmal durchführen wollte, unzulänglich sein. Man wendet sie deshalb gewöhnlich 2- bis 3mal, für hochfeine Garne wohl auch bis zu 6mal an. Werden beispielsweise der Strecke dem im obigen Beispiel angenommenen Gesamtverzug entsprechend 8 Bänder vorgelegt, so werden, sofern 3 Strecken nacheinander zur Anwendung kommen, $8 \cdot 8 \cdot 8 = 512$ Bänder zu einem Streckbande vereinigt, die 512 Bänder erfahren einen 512fachen Verzug.

Krempelbänder aus amerikanischer Baumwolle werden im allgemeinen dreimal dupliert und verstreckt; die Anzahl der Verstreckungen hängt ganz von dem Zustand des Krempelbandes ab. Ist dies sehr ungleichmäßig, so müssen die Bänder weit öfter durch die Strecke gehen. Kommt nach der Krempel noch die Kämmaschine zur Anwendung, so gehen die Bänder durch weit mehr Strecken, gewöhnlich fünf. Es wird meist folgender Arbeitsgang durchgeführt: Strecke, Bandwickelstrecke, Wickelstrecke, Kämmaschine, Strecke, Strecke evtl. weitere Strecken.

Heiße trockene Luft kann in dem Fasergut einen elektrischen Zustand hervorrufen, der zur Folge hat, daß sich die Fasern aufrichten. Dieses Aufrichten ergibt leicht Störungen im Bandlauf und Unregelmäßigkeiten in der Bandbildung. Durch eine gute Erdleitung oder Schaffung einer ausreichend feuchten Luft — siehe Abschnitt Luftbefeuchtung — kann dem Übelstand abgeholfen werden.

Die Zahl der Walzenpaare, welche für eine einmalige Bearbeitung der in eine Strecke eingeführten, duplierten Bänder erforderlich ist, nennt man einen S t r e c k k o p f. Jeder Kopf liefert nun nicht nur ein Streckband, sondern deren mehrere, gewöhnlich 4, 5 oder 6, es müssen ihm dementsprechend, wenn das obige Beispiel beibehalten wird, 4-, 5- oder 6mal 8 Bänder, d. h. 32, 40 oder 48 Bänder vorgelegt werden. Auf einem Streckengestell (Zylinderbank) werden nun gewöhnlich mehrere Streckköpfe nebeneinander angeordnet, und zwar derart, daß entweder jeder Streckkopf für sich arbeitet oder mit den vom ersten Streckkopf gelieferten Bändern der benachbarte zweite Kopf in entgegengesetzter Laufrichtung gespeist wird oder endlich der Zickzacklauf zur Anwendung kommt. Im ersteren Falle müssen, wenn der Streckprozeß mehrmals durchgeführt werden soll, mehrere

Strecken vorhanden sein, wie dies nebenstehende Abb. 110[1] zeigt, welche zugleich auch die nochgenannten beiden Kopfanordnungen schematisch wiedergibt, während Abb. 111 ausgeführte Strecken im Schaubild vor Augen führt.

Die geriffelten Unterwalzen (Zylinder) der Streckköpfe einer Zylinderbank bilden durchgehende Walzenzüge. Die Druckwalzen sind entweder als Voll-

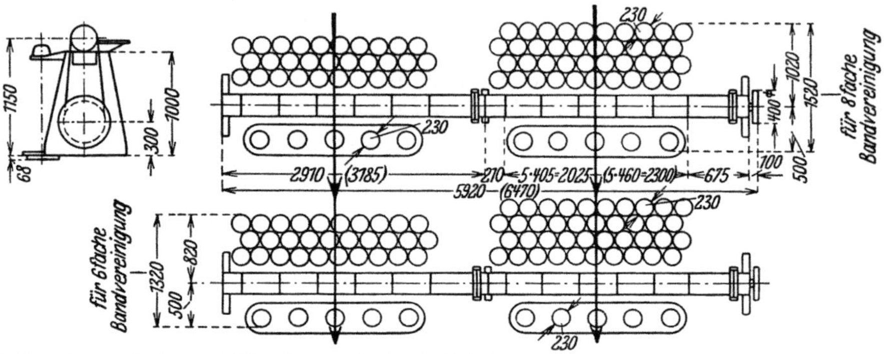

Zwei Strecken mit je zwei Köpfen zu je fünf Ablieferungen. Nebeneinander Aufstellung mit gleich gerichtetem Bandlauf.

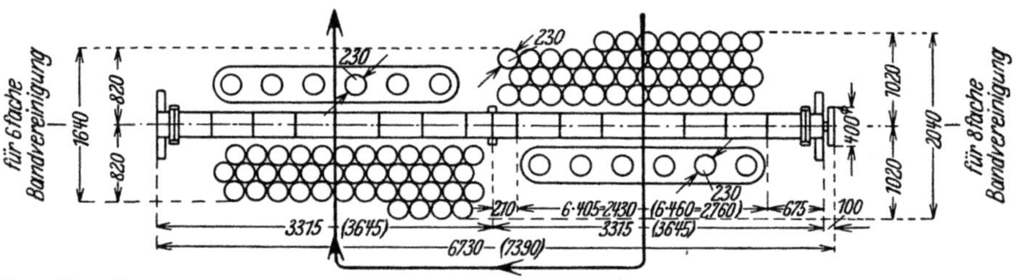

Eine Strecke mit zwei Köpfen zu je sechs Ablieferungen. Nebeneinander Aufstellung mit entgegen gerichtetem Bandlauf.

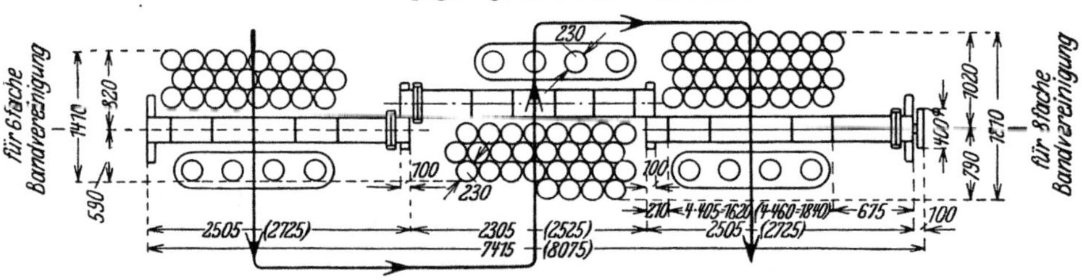

Eine Strecke mit drei Köpfen zu je vier Ablieferungen; Zickzack-Aufstellung.

Abb. 110. Baumwollstrecken (Fried. Krupp A.-G., Essen).

walzen in losen Endbuchsen oder als Hülsenroller, auf einer Achse laufend, ausgebildet. Für ihre Belastung sind gußeiserne Gewichte g, Abb. 112, vorgesehen, die durch Gestänge auf die Lagerbüchsen der Druckwalzen wirken. In die Gehänge eingebaute Federn verhüten, daß bei höherer Umlaufszahl der

[1] Die Firma Krupp, Essen, hat den Bau von Textilmaschinen eingestellt. Nach einem Abkommen mit der „Deutschen Spinnereimaschinenbau A.-G., Ingolstadt“ hat diese Firma die Herstellung von Maschinen für Wollkämmerei und Kammgarnspinnereien nach den Modellen und Zeichnungen der Firma Krupp übernommen und liefert die Ersatzteile für die von dieser bisher gelieferten Maschinen der Baumwollspinnerei nach den Zeichnungen und Modellen der Firma Krupp.

vorderen Riffelwalze die vordere Druckwalze schwingt. Zwecks Schonung des Bezuges der Druckwalzen ist Vorkehrung getroffen, daß man die Belastungsgewichte durch Exzenterhebel und durchgehende Schienen lüften kann. Um Rillenbildung im Walzenbezug zu verhüten, ist eine Bandbewegungsvorrichtung für die einlaufenden Bänder vorgesehen. Die an den glatten Druckwalzen hängen-

Abb. 111. Mehrkopf-Duplier-Strecken mit zickzackförmigem Bandlauf u. Riementrieb (Rich. Hartmann A.-G., Chemnitz).

bleibenden Fasern müssen ununterbrochen entfernt, die Walzen also dauernd geputzt werden. Das Putzen geschieht durch ein rauhes, endloses freibewegliches Tuch (Putztuch, Putzschlauch), das von einem aufklappbaren Deckel freihängend getragen wird und lose auf den Oberwalzen aufruht.

Jede Strecke hat eine elektrisch oder mechanisch wirkende Abstellvorrichtung. Die elektrische Vorrichtung rückt aus, wenn

1. am Einlauf ein Band reißt oder eine der Strecke vorgesetzte Bandkanne *o*, Abb. 111 und 112, leer wird;

2. wenn die vordere Unter- oder Oberwalze wickelt;

3. wenn der Einlauftrichter *t*, Abb. 112, für die das Streckband aufnehmende Drehkanne (Ablieferungskanne) sich verstopft oder zwischen dem Streckwerk *c*, *u* und den Einzugswalzen *e* ein Bandbruch eintritt;

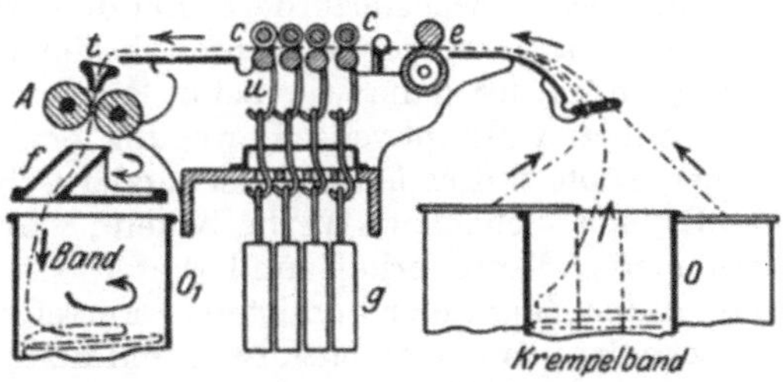

Abb. 112. Schema einer Walzenstrecke.

4. wenn eine Ablieferungskanne voll ist.

Die mechanische Abstellung rückt im allgemeinen bei den unter 1., 3. und 4. genannten Ursachen stets aus, bei der unter 2. genannten nur, wenn gleichzeitig mehrere Bänder wickeln.

Ein fehlerloser Faden wird gekennzeichnet durch Gleichmäßigkeit in der Nummer und die Gleichmäßigkeit seines Querschnittes, also das Fehlen von Schnitten und Krachern. Um dies nach Möglichkeit zu erreichen, hat Roth-Le Blan in Lille ein Streckverfahren zur Einführung gebracht, durch das die einzelnen Arbeitsstufen an Zahl vermindert und so die jeder Stufe anhaftenden Fehler in ihrer Gesamtheit verringert werden. Die Gleichmäßigkeit in den Querschnitten hängt ab von der Güte der Baumwolle, der Sauberkeit des gekrempelten Bandes, der Anzahl der Verzüge in der Vorbereitung, der Streckwalzenklemmlinienentfernung, der Regulierung der Verzüge aller Maschinen, der Anpassung der Verzugsgrößen an die zu bearbeitenden Fasermassen und Pflege der Verzugsmittel. Von allen diesen Punkten ist der erstgenannte der wichtigste; die genauesten Einstellungen sind zwecklos, wenn die Fasern für die verlangte Nummer zu kurz oder ungleichmäßig sind. Die Nummer wird somit von der Fachung stark beeinflußt, sie muß mit dem Mindestmaß von Handhabungen deshalb in möglichster Vollkommenheit angestrebt werden. Bei dem üblichen Streckverfahren begnügt man sich gewöhnlich mit 3 Streckstufen mit je einer Fachung von 6 Bändern und nur ausnahmsweise gibt man 4 Strecken mit einer Fachung von 6 Bändern für 3 Maschinen und einer Fachung von 8 Bändern für die vierte Maschine. Mit der Anzahl der Strecken steigt die Zahl der Ansätze, man führt also in dem Bestreben, die Gleichmäßigkeit der Nummer zu erhöhen, in Wirklichkeit Unregelmäßigkeiten und Herstellungsfehler herbei. Diesen Übelständen zu begegnen, ist der Zweck des Roth-Le Blanschen Streckverfahrens. Sein Wesen besteht darin, die von der Karde oder dem Kämmer ablaufenden Bänder auf einem Bandwickler mit einer Fachung von 14, 16 oder 18 zu vereinigen und die dabei gebildeten Wickel einer Hochverzugsstrecke vorzulegen, welche die Möglichkeit bietet, 14-, 16- oder 18fach oder auch noch höher zu verziehen. Treten Unvollkommenheiten in der Vorbehandlung auf, so muß die Fachung weiter erhöht werden[1].

Antrieb der Strecken. Der Antrieb der Duplierstrecken erfolgt im allgemeinen durch Riemen, siehe z. B. Abb. 111, in neuerer Zeit ist dieser Antrieb jedoch fortschreitend durch den elektromotorischen Antrieb ersetzt worden. Er bringt in seiner heutigen Ausführungsform Kraftersparnis wegen der kraftwirtschaftlichen Überlegenheit der elektrischen Kraftübertragung gegenüber der mechanischen Transmission und dadurch, daß die unvermeidlichen bis zu 30% und mehr der Arbeitszeit betragenden Stillstände gegenüber dem Transmissionsbetrieb keine Leerlaufleistung des Antriebs erfordert. Bei den ersten Einzelantrieben brachte man für die ganze aus mehreren Köpfen bestehende Strecke einen Antriebmotor zur Anwendung, der ganz wie beim Riemenantrieb der im Unterteil der Strecke angeordneten Hauptwelle Bewegung erteilte. Sie mußte beim Ausrücken einzelner Köpfe weiter laufen. Der moderne Streckenantrieb, wie ihn zur Zeit z. B. die Siemens-Schuckert-Werke bauen[2], wird so ausgeführt, daß jeder Kopf einen besonderen Motor erhält und dieser den Vorderzylinder durch einen Riemen oder durch Zahnräder unmittelbar antreibt. Hierdurch ist es möglich, die untere Streckenhauptwelle zu entfernen und damit deren Leerlaufverluste zu beseitigen. Während der Stillstandszeiten, und zwar sowohl bei Einrichtungsarbeiten als auch beim Ansprechen der Bandbruchsabstellung, wird der Motor ausgeschaltet, so daß er während dieser Zeit keine Energie aufnimmt. Zu diesem Zwecke wird der Hebel des Motorschalters mit dem Gestänge verbunden, das bei den früheren Transmissionsantrieben den Riemenrücker betätigte. Hierdurch wird sowohl

[1] Eine ausführliche Würdigung des neuen Verfahrens von Brüggemann findet sich in Mell. Text. Ber. **1930**, 1 u. f.

[2] Baltz, W. E.: Mell. Text. Ber. **1927**, 220.

bei Bandbruch als auch bei sonst notwendigem Abschalten der Motor stromlos gemacht und dadurch stillgesetzt. Da keine Riemenverschiebung vorgenommen

Abb. 113. Elektrischer Einzelantrieb für Strecken mit Riemen.

zu werden braucht, kommt eine Verwendung von Losscheiben nicht mehr in Frage.

Abb. 113 zeigt einen praktisch bewährten Streckenantrieb, bei dem als Motor ein in einer Riemenwippe unter der Maschine gelagerter, vollständig geschlossener Drehstrom-Kurzschlußmotor Anwendung findet. Er treibt die Festscheibe des Vorderzylinders durch Riemen an. Die erforderliche Riemenspannung kann durch die Gewindespindel und Federn der Riemenwippe leicht eingestellt werden. In Abbildung 114 ist ein Streckenantrieb wiedergegeben, bei dem ein mit Füßen versehener Drehstrom-Kurzschlußmotor auf dem Kopfgestell der Maschine angeordnet ist. Der Antrieb des Vorderzylinders erfolgt durch von einer Schutzhaube abgedeckte Zahnräder. Als Schalter ist ein Walzenschalter zur Anwendung gebracht.

Abb. 114. Elektrischer Einzelantrieb für Strecken mit Zahnrädern.

δ) Vorspinnen.

Die von den Duplierstreckwerken kommenden Faserbänder können noch nicht unmittelbar zu Feingarnen versponnen werden, weil in ihnen die Fasern noch keineswegs gleichmäßig verteilt sind und sie im Querschnitt noch eine zu große Zahl von Fasern besitzen. Sie müssen deshalb ohne Duplierung noch weiter verstreckt werden. Geschieht dies aber, so verlieren die Faserbänder dermaßen an Reißfestigkeit, daß sie ohne Bandbruch weder in die Drehkannen eingelegt, noch aus ihnen abgezogen werden können. Um dem vorzubeugen, erhalten die Faserbänder unmittelbar nach der weiteren Verstreckung eine Drehung und werden dadurch in ein Rundgebilde, eine Lunte oder ein Vorgarn umgewandelt. Dieses Vorgarn besitzt eine solche Reißfestigkeit, daß es auch auf Spulen aufgewickelt werden kann. Verstrecken, Drehen oder Drahtgeben und Aufwinden erfolgen nun in einem geschlossenen Arbeitsgang auf der Vorspinnmaschine. Sie ist eine mit Dreiwalzen-Streckwerk ausgestattete Spinnmaschine, deren mit Flügeln versehene Spindeln dem aus dem Streckwerk austretenden Faserband Draht geben und die so gebildete Lunte aufwickeln. Diese Vorspinnmaschine führt die Bezeichnungen: Flügelvorspinnmaschine, Spulenbank, Spuler, Spindelbank, Flügelbank oder die fremdsprachlichen Bezeichnungen Banc à broches bzw. Flyer. Die einmalige Durchführung des vorgekennzeichneten Arbeitsganges genügt aber nicht, um ein für die Feinspinnerei geeignetes Vorgarn zu gewinnen. Es muß deshalb dieser Arbeitsgang mehrmals nacheinander wiederholt werden, um das Faserband schrittweise zu einem ausreichend feinen und gleichmäßigen Vorgarn umzubilden. Nur durch eine schrittweise Verfeinerung ist die Gewähr dafür geboten, daß ein möglichst gleichmäßig dickes, nicht „schnittiges", d. h. dicke und dünne Stellen aufweisendes Vorgarn, Abb. 115 *C* und *B* gewonnen wird.

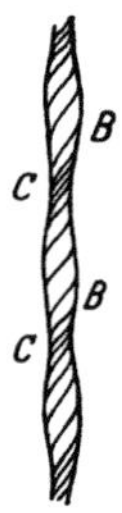

Abb. 115. Schnittige Lunte.

Die nacheinander zur Anwendung kommenden Vorspinnmaschinen führen gewöhnlich die Bezeichnungen: Grob- oder Vorflyer, Mittelflyer und Feinflyer oder Grob-, Mittel- und Feinbank. Wird die Herstellung sehr feiner Garne angestrebt, so folgt dem Feinflyer bzw. der Feinbank noch ein Doppelfeinflyer bzw. eine Doppelfeinbank, bisweilen diesem auch noch ein Extra-Doppelfeinflyer. Die Gesamtheit der Flyer faßt man mit dem Ausdruck „Vorwerk der Spinnerei" zusammen. Nach Brüggemann[1] genügt für das Spinnen von Abfallgarnen ein Grobspuler als Vorspinnmaschine. Garne aus indischer Baumwolle bis Nr. 48 werden unter Verwendung von Grob- und Mittelspuler gesponnen. Die Herstellung von Kettgarnen 54 bis 58 und Schußgarnen 72 bis 76 fordern Grob-, Mittel- und Feinspuler, und die Erzeugung von Lunten für die Feingarne über Nr. 100 aus nur gekrempelter Makobaumwolle, die Kettnummer 80 und Schußnummer 120 sowie diejenigen aus gekämmter Mako- und Sea-Island verlangen die Anwendung von Grob-, Mittel-, Fein- und Doppelfeinspuler. Werden Feingarne auf den Feinspinnmaschinen unter Verwendung hoher Verzüge (siehe Hochverzugsstreckwerke) gesponnen, so genügen im allgemeinen Grob- und Feinspuler. Dem Grobflyer wird das Fasergut in Form von auf der Strecke in Kannen aufgespeicherten Faserbändern zugeführt. Er liefert das Vorgarn oder die Lunte zu Doppelkegelspulen aufgewunden ab. Sie kommen auf den Mittelflyer, der ebenfalls wieder Doppelkegelspulen erzeugt und diese kommen auf den Feinflyer usw., vgl. Abb. 116 und 117. Durch das Streckwerk des Grobflyers läuft im allgemeinen für jede Spindel nur ein Faserband, durch das Streck-

[1] Brüggemann: Mell. Text. Ber. **1922**.

werk der Mittel-, Fein- usw. Flyer werden dagegen jeder Spindel gewöhnlich zwei Lunten zugeführt. Sie werden durch die Flügelspindel zusammengedreht. Hierdurch werden etwaige Ungleichmäßigkeiten in den Lunten noch weiter ausgeglichen.

Die von den Flyern gelieferten Spulen sind, wie bereits erwähnt, Doppelkegelspulen. Sie bestehen aus Schichten in geschlossener Fadenwindung mit von innen nach außen abnehmender Höhe, aber zunehmendem Durchmesser; siehe Abb. 116.

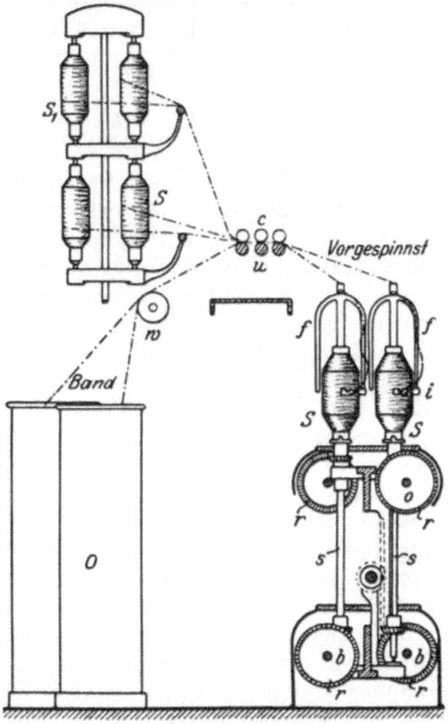

Abb. 116. Flyer-Schema.

Das aus den Lieferwalzen des Dreiwalzenstreckwerkes *c*, Abb. 116, austretende Vorgut (Faserbänder beim Grobflyer, Lunten beim Mittel-, Fein- usw. Flyer) läuft durch den einen Schenkel des auf dem Kopf der zwangläufig angetriebenen Spindel *s* sitzenden Flügels *f* und einen am Ende dieses Flügelschenkels vorgesehenen Preßfinger *i* zur ebenfalls zwangläufig angetriebenen Spule *S* und erhält zwischen dem Flügelkopf und Lieferwalzenpaar des Streckwerkes bei jeder Flügelumdrehung eine Drehung. Um die Verzugsfähigkeit der Faserbänder oder Lunten zu gewährleisten, muß die Anzahl der Drehungen auf die Längeneinheit klein sein. Die auf den einzelnen, einander folgenden Flügelspinnern innezuhaltenden metrischen Nummern und Verzüge

Abb. 117. Feinspindelbank mit elektrischem Antrieb SSW (Rich. Hartmann A.-G., Chemnitz).

sind bestimmt durch die Art des Rohstoffs. Brüggemann gibt hierfür die folgenden Werte an:

Baumwolle	Grobspuler	Mittelspuler	Feinspuler	Hochfeinspuler
Ind. Nummer	0,7 —1,4	1,4— 3	3 — 7	—
Amerik. Nummer . . .	1 —3,4	2,0— 5	3,4—12	12—34
Ägypt. Nummer. . . .	1,15—3,4	2,5—15	6,8—17	25—50
Verzug.	3,25—5	4 — 6	4,3— 7	6— 8

Weil die Festigkeit der Fasergebilde mit der Anzahl der Fasern im Querschnitt, der Länge der Fasern und dem Draht zunimmt, können die Lunten infolge noch ungleichmäßiger Faserverteilung keine große Beanspruchung auf Zug aushalten, ohne schnittig zu werden. Um die Bildung von Schnitten in der Lunte nach Möglichkeit zu verhindern, müssen der Flügel und die mit ihm auf gleicher Spindel sitzende Spule derart in Drehung versetzt werden, daß die in der Zeiteinheit vom Streckwerk gelieferte Lunte in der gleichen Zeit auch auf die Spule aufgewickelt wird. Diese Lunte gleitet auf ihrem Weg zur Spule über Flügel und Preßfinger und hat dabei vom Flügelkopf bis zu dem an der Spule anliegenden Preßfingerauge einen steigenden Reibungswiderstand zu überwinden. Da das Preßfingerauge an der Spule anliegt, ist dieser Widerstand unmittelbar vor dem Auflauf auf die Spule am größten. Es entsteht infolgedessen eine festgewickelte Spule. Da ferner die Umdrehungsunterschiede zwischen Spule und Flügel derart bemessen sind, daß etwas mehr Lunte aufgewickelt als hergestellt wird, etwa 2 bis 5%, ergibt sich beim Auflauf der Lunte auf die Spule auch eine Vergleichmäßigung der Lunte durch Verzug. Bei ungleich dicken Stellen in dem aus dem Streckwerk austretenden Fasergebilde werfen sich die durch die Flügel erzeugten Drehungen auf die dünnen Stellen, weil diese dem Umeinanderwinden der Faser weniger Widerstand entgegensetzen als die dickeren, mehr Fasern enthaltenden Teile. Bei einem Zug auf die aus dem Preßfingerauge austretende Lunte, wie ihn der große Reibungswiderstand im Preßfingerauge ergibt, werden die wenig gedrehten dickeren Stellen verzogen und der hier überschüssige Draht verteilt sich gleichmäßig über die ganze Luntenlänge.

Die Umlaufgeschwindigkeit des Flügels muß so groß sein, daß die Höchstleistung des Flügelspinners ohne Nachteile für die Spindellagerung, die Flügelform, den Preßfingerdruck usw. erreicht wird. Von der Umlaufgeschwindigkeit des Flügels hängt die Durchgangsgeschwindigkeit der Lunte durch die Maschine ab. Brüggemann gibt als Umdrehungszahlen für die Flügel an:

	Grobspuler	Mittelspuler	Feinspuler	Hochfeinspuler
Minutl. Umdr.-Zahl	400—700	650—800	800—1100	1050—1200

Nach Bauer-Taggart kann die Spindelgeschwindigkeit für Grobbänke bis zu 800 und für Feinbänke bis zu 1400 gesteigert werden, sorgfältige Wartung und Schmierung vorausgesetzt.

Angaben über Spindelteilung, Hub, Raumbedarf, Spindeldurchmesser und Durchmesser der Unterzylinder des Streckwerkes der Flyer finden sich in früheren Veröffentlichungen der Firma Krupp A.-G., Essen.

Durch den Unterschied der Umdrehungen zwischen Flügel und Spule wird die Lunte auf die Spule aufgewickelt. Es kann dies nun dadurch erreicht werden, daß entweder der Flügel schneller läuft als die Spule (Flügelwicklung oder umumgekehrt Spulenwicklung). Von der Spulenwicklung wird zur Zeit im allgemeinen in der Baumwollspinnerei Gebrauch gemacht. Nun nimmt aber, wie bereits ausgeführt, der Schichtendurchmesser der Spule von innen nach außen zu.

Es wächst also auch der Umfang der Spule von Schicht zu Schicht und es muß demgemäß bei Bildung einer jeden neuen Schicht für jede Wickelung ein größeres Stück Lunte zur Verfügung stehen, das Streckwerk müßte entsprechend mehr liefern. Das würde aber gleichbedeutend sein einer Änderung in der Drahtgebung, weil die Flügel mit konstanter Geschwindigkeit umlaufen, die Drehungszahl auf die Längeneinheit würde abnehmen, es würden ungleichmäßig gedrehte Vorgarne entstehen. Gleichmäßig gedrehte Vorgarne können nur dadurch erreicht werden, daß der Unterschied in der Umlaufgeschwindigkeit des Flügels und der Umfangsgeschwindigkeit der Aufwickelstelle an der Spule dauernd der gleichbleibenden Lieferungslänge des Bandes oder der Lunte entsprechen, d. h. Lieferung des Streckwerkes und Spulenaufwickelung müssen stets gleich sein. Es muß zu diesem Zweck bei voreilender Spindel (Flügel) die Spule fortschreitend

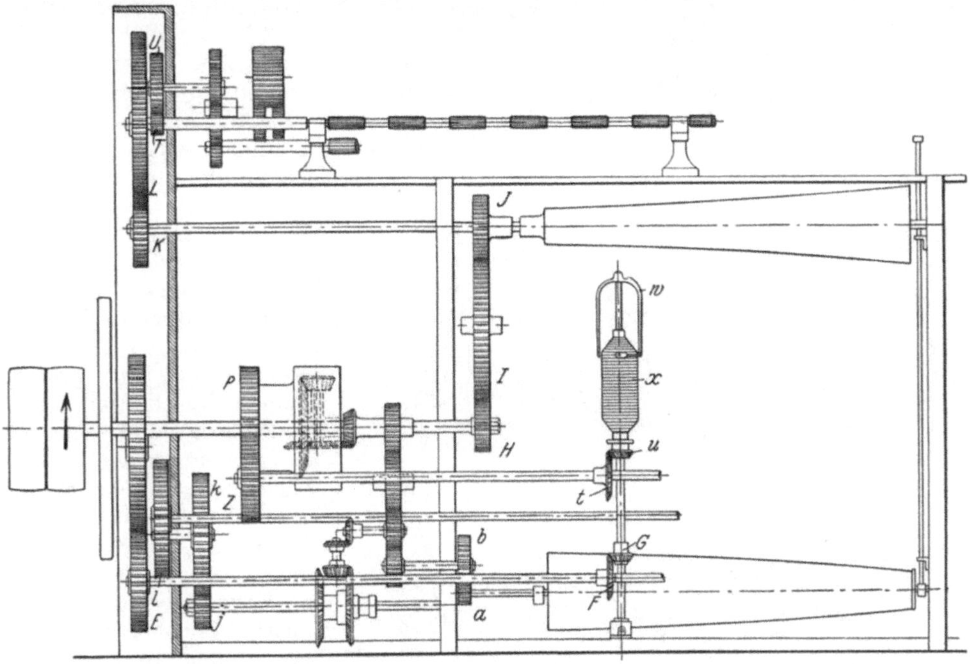

Abb. 118. Riemenkegelantrieb für Flyer (Howard & Bullough Ltd., Accrington).

schneller, bei voreilender Spule dagegen fortschreitend langsamer laufen. Die von dem Vorspuler gelieferten Fasergutspulen sind, wie bereits erwähnt, Doppelkegelspulen, sie bestehen aus einem zylindrischen Mittelstück mit beiderseitiger kegelförmiger Zuspitzung. Wollte man die letztere vermeiden, so müßte man die Fasergutträger (Spulen) an beiden Enden mit Randscheiben versehen, um das Abgleiten von Vorgarn oder Luntenwindungen zu verhindern. Das gleichförmige zylindrische Bewickeln der Spulen erfolgt nun dadurch, daß die Spulen während der Bewickelung langsam gehoben und gesenkt werden, und die kegelförmige Zuspitzung an beiden Enden wird dadurch erreicht, daß man die Größe der Aufwärts- bzw. Abwärtsbewegung der Spulen nach jedem Hub etwas kleiner macht; sämtliche Spulen werden zu diesem Zweck von der Spulenbank getragen, die ihnen diese Bewegung erteilt. Zu dieser Regelung des Spulenbankhubes kommt nun drittens noch die Regelung der Geschwindigkeit, mit welcher der Hub jeweils ausgeführt wird. Die Umlaufgeschwindigkeit der Spulen, die mit veränderlichem Hub erfolgende Auf- und Abwärtsbewegung der Spulenbank, sowie die Geschwindigkeit dieser Bewegung werden durch ein Riemenkegelgetriebe geregelt, wie es beispielsweise in den Abb. 118 und 119 dargestellt ist. Von den beiden Kegeln erhält der obere von der Antriebswelle der Maschine aus gleichförmige Drehbewegung und überträgt diese einerseits durch das Rädergetriebe *KLTUVWRS* auf das Streckwerk, andererseits durch einen Riemen auf den unteren Kegel. Der Riemen wird nach Vollendung einer jeden Garnlage auf der Spule mittels eines besonderen, auf eine Zahnstange wirkenden Schaltgetriebes verschoben, und diese Verschiebung hat eine Änderung der Umdrehungszahl des unteren Kegels zur Folge. Von ihm wird einerseits durch das Rädergetriebe *a b y o* ein Differentialräderwerk *p* beeinflußt, das wieder durch ein Zwischengetriebe (Rädergehänge) *PXYZ*, Abb. 119, auf das Spulentriebrad *t*, Abb. 118, wirkt, andererseits auf ein die Spulenbank bewegendes Kehrgetriebe *d*, das nach Beendigung einer jeden Wickelungsschicht umgesteuert wird. Die Spindeln mit den auf ihnen sitzenden Flügeln *w* erhalten von der Hauptantriebswelle aus durch das Räderwerk *E F G* gleichförmigeDrehbewegung. Wird der Kegelriemen von rechts nach links verschoben, so ergibt sich eine Verlangsamung der Umdrehung des Unterkegels, und diese hat eine Erhöhung der Umlaufgeschwindigkeit des Spulentriebrades und damit durch das Rädergehänge *PXYZ* auch eine solche der Spulen *x* zur Folge, wie es die Flügelaufwindung bei zunehmendem Spulendurchmesser fordert. In gleicher Weise wirkt eine Änderung der Umdrehungsgeschwindigkeit des unteren Kegels auf die Arbeitsgeschwindigkeit des Kehrgetriebes und damit auf die Spulenbankbewegung ein.

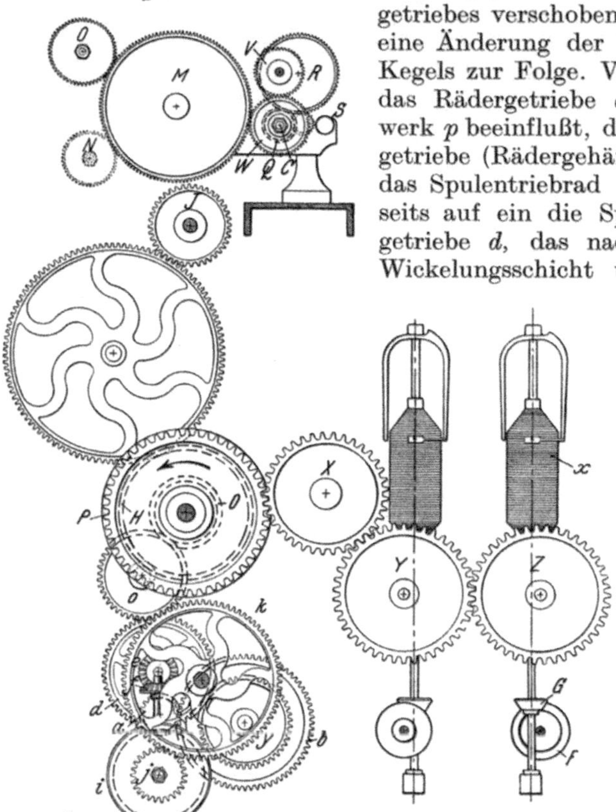

Abb. 119. Riemenkegelantrieb für Flyer (Howard & Bullough Ltd., Accrington).

Erwähnt soll noch werden, daß auch in Vorschlag gebracht worden ist, Wickelkörper von walzenförmiger Gestalt mit kegelförmigen Enden aus übereinander liegenden hohlkegelförmigen Wickelschichten von überall gleicher Neigung zur Spulenachse und gleichbleibender Bewickelungsdichte zu bilden (D.R.P. 250258; Elsässische Maschinenbaugesellschaft, Mülhausen).

Zwecks Erzielung eines guten, schnittfreien Vorgarnes auf dem Flyer muß die Lunte zwischen Streckzylinder und Eintrittsstelle in den Flügel eine Spannung haben, die verhindert, daß die Lunte schlaff herabhängt oder abreißt. Erreicht soll dies werden durch einen von Karl Gegauff, Mülhausen i. E., in Vorschlag gebrachten Luntenspannungsregulator. Er besteht im wesentlichen in einer Waage, mittels deren die Spannung der Lunte von Zeit zu Zeit gemessen wird und durch die, sofern die Spannung zu groß ist, eine kleine Verschiebung eines Riemenkegels herbeigeführt wird; sie hat eine Änderung der Spulengeschwindigkeit zur Folge. In Anwendung kommt der Regulator im allgemeinen nur für eine Spindel, weil der Unterschied in der Spannung der einzelnen Lunten nur verhältnismäßig gering ist[1].

Oberwalzenbelastung am Streckwerk. Die Flyer für ungekämmte Baumwolle sind im allgemeinen mit einem aus drei einander folgenden Walzenpaaren bestehenden Streckwerk (Dreiwalzenstreckwerk) ausgestattet, dessen drei Oberwalzen unter Gewichtsbelastung stehen. Auf die vordere Oberwalze *1* wirkt das Belastungsgewicht durch einen Zughaken. Die folgenden beiden Oberwalzen *2* und *3* sind entweder, wie *1*, belastet oder man verwendet für *2* und *3* einen Sattel, auf den ein zwischen den Walzen hindurchgeführter Haken mit Belastungsgewicht wirkt. Das Entlasten der so belasteten Oberwalzen ist umständlich. Die Gewichte sind schwer und das Aushängen der Haken erfordert viel Kraft, besonders wenn die 2. und 3. Walze sattelbelastet sind. Dies ist der Grund, weshalb Sattelbelastung an Flyern wenig beliebt ist. Sie bietet ferner nicht die Möglichkeit, eine Unterputzwalze zur Sauberhaltung der beiden letzten Unterwalzen anzubringen. Die Gewichtshaken sind im Weg.

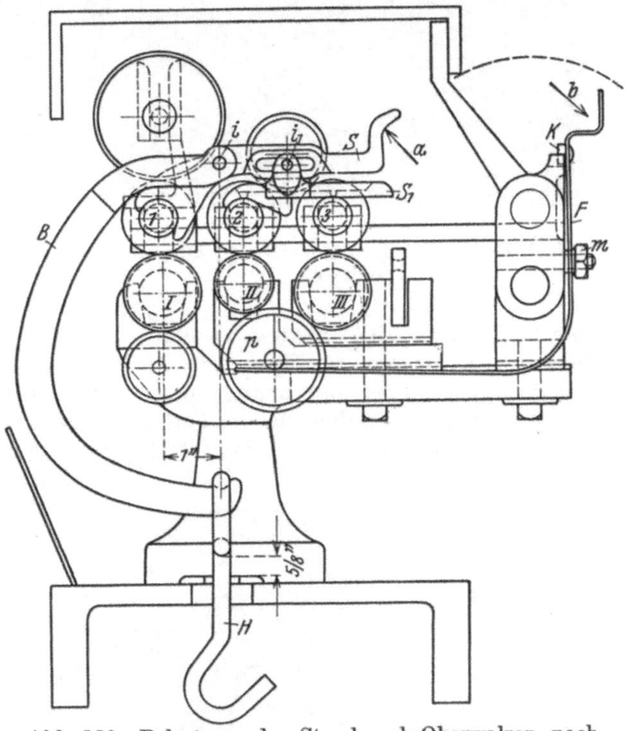

Abb. 120. Belastung der Streckwerk-Oberwalzen nach Toenniessen (Toenniessen-Aufsattlung).

Die vorgenannten Nachteile der bisherigen Aufsattelung beseitigt die Toenniessen-Aufsattelung[2]. Ein einziger Bügel *B*, Abb. 120, dient zur Belastung aller drei Oberwalzen. Der Bügel *B* ist durch Stift *i* mit dem Sattel *S* verbunden, durch den der Druck auf die Vorderoberwalze und den Sattel s_1 verteilt wird, welcher auf Mittel- und Einzugwalze wirkt. Die Aufsattelung ist so konstruiert, daß die Belastungsdrücke für einen mittleren amerikanischen Stapel die bisher üblichen bleiben. Für längeren oder kürzeren Stapel ändert sich die Belastungsverteilung auf die Oberwalzen in geringen Grenzen. Soll die Belastung aufgehoben werden, so greift die Spinnerin bei *a* unter die Nase des Sattels *S* und hebt diesen in der Pfeilrichtung nach oben. Bei einem Anheben des Sattels *S*, das auch ein Anheben des Sattels s_1 für die Mittel- und Einzugswalzen, also eine Entlastung dieser zur

[1] Ausführliches über die bauliche Durchbildung des Regulators findet sich in den Mell. Text. Ber. **1930**, **4**.

[2] Tschudi: Mell. Text. Ber. **1928**, 365.

Folge hat, nach vorn über die Vorderwalze hinaus, senkt sich der Bügel *B* so weit, daß der Belastungshaken *H* mit seinem Auge sich auf die Unterlagscheibe aufsetzt und so die ganze Belastung, also auch die der vorderen Oberwalze, aufnimmt. Der Bügel ist also entlastet und kann im Auge des Hakens zurückgeschoben werden. Nunmehr liegen alle drei Oberwalzen frei (Abb. 121 und 122) und können, wenn nötig, herausgenommen werden. Die Toenniessen-Belastung ist nicht starr, sondern ausbalanciert, wodurch eine weiche Aufsattelung erzielt wird. Ein weiterer Vorteil ist der, daß nur ein Belastungshaken vorhanden ist, gegenüber zwei bzw. drei beim alten System. Es kann sich also nur am Bügel *B* Flug ansammeln, der leicht während des Laufens der Maschine entfernt werden kann.

Abb. 121. Toenniessen-Aufsattlung; Oberwalzen belastet.

Die Putzwalze *p*, Abb. 120, wird in ihrer Mitte von einer Feder *F* gehalten, die an zwei Stellen — Mutter *m* und Knopf *K* — sicher geführt wird. Drückt die Spinnerin in Richtung *b* gegen die Feder, so kommt der Knopf *K* außer Berührung mit seiner Führung, und es kann die Feder abwärts geschoben werden, da die Feder in einem Schlitz auf *m* geführt ist. Dieser Schlitz erweitert sich nach oben. Tritt die Feder beim Abwärtsschieben über *m* nach rückwärts heraus, so ist die Putzwalze entlastet. Sie kann aber auch nach vorne herausgezogen werden, ohne daß die Feder hinter dem Streckwerk entfernt wird.

Abb. 122. Toenniessen-Aufsattlung; Oberwalzen frei.

ε) Feinspinnen.

In der Feinspinnerei werden die von der letzten Vorspinnmaschine gelieferten Vorgarne zu Fertig- oder Feingarnen umgebildet. Dies erfolgt in einem absetzenden oder einem ununterbrochenen Arbeitsgang. Die Maschine, welche den ersteren durchführt, bezeichnet man als Selfactor oder Wagenspinner, für den zweitgenannten Arbeitsgang kommen die als Flügel- und Ringspinner bekannten Feinspinnmaschinen zur Anwendung. Der Ringspinner gewinnt gegenüber dem Flügelspinner mehr und mehr an Bedeutung.

1. Wagenspinner. Seine Spindeln, bis zu 1200 und mehr, sind wie aus den Abb. 123 ersichtlich, unter 18 bis 25° gegen die Lotrechte schrägstehend und drehbar in einem mit Rädern ausgestatteten, auf Schienen fahrbaren Wagen in einer Reihe längs dessen Vorderseite gelagert und werden von einer im Wagen befindlichen Trommel durch Schnuren bis zu 10000 Umdrehungen und mehr in Umlauf gesetzt. Die Vorgarnspulen finden Aufnahme in dem *Aufsteckzeug*, welches von der Gestellrückwand der Maschine getragen wird, Abb. 123 links. Von den im Aufsteckzeug lotrecht drehbar gelagerten Vorgarnspulen laufen die Vorgarne, einfach oder dupliert, durch ein Dreiwalzenstreckwerk zu den Spindeln. Wenn sich der Wagen mit diesen von dem Streckwerk weg bewegt, also ausfährt, siehe Abb. 123 unten links, und dabei gleichzeitig das verstreckte Vorgespinst mit einer Geschwindigkeit geliefert wird, die der Wagenausfahrtsgeschwindigkeit entspricht, so bleiben die Vorgespinstfäden zwischen Streckwerk und Spindelspitzen ausgespannt. Da bei der Wagenausfahrt die Spindeln Drehbewegung empfangen, erhalten die vom Streckwerk gelieferten Vorgarnfäden auch Drehung. Ist der Wagen am Ende seiner Ausfahrt angekommen, so besitzt im allgemeinen das gelieferte Vorgarn genügenden Draht. Bei Garnen, welche eine schärfere Drehung fordern, kommt zu diesem Drahtgeben noch ein Nachdrehen bei stillstehendem Wagen

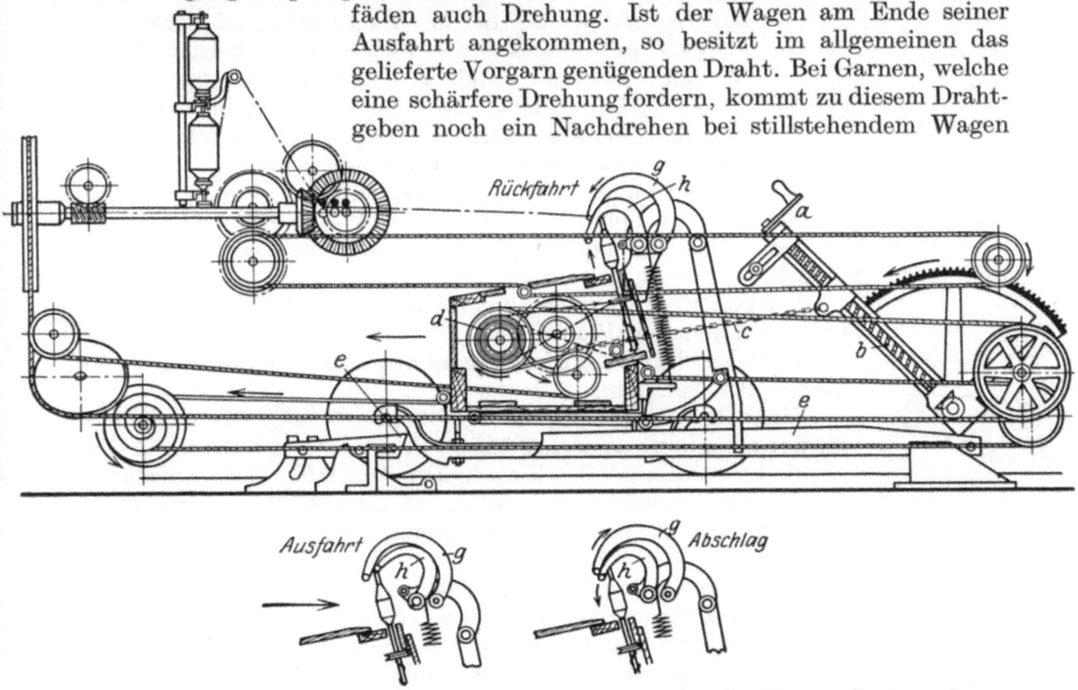

Abb. 123. Schema eines Wagenspinners (Selfactors) für die Baumwollspinnerei.

hinzu (*Nachdraht*). Sie können während der Wagenausfahrt nicht vollen Draht erhalten, da sie verzugsfähig bleiben müssen (*Wagenverzug*). Die Spindeln laufen beim Nachdrehen mit größerer Umdrehungszahl als bei der Grunddrehung. Um nun das fertige Fadenstück auf die Spindel bzw. den schon auf dieser befindlichen Garnkörper aufzuwinden, ist es zunächst notwendig, die über dem letzteren auf dem freien Teil der Spindel sitzenden Garnwindungen, Abb. 124, von der Spindel abzuwickeln (*Abschlagen*). Hierzu müssen die Spindeln eine Rückdrehung ausführen. Durch das Abwickeln der Fadenwindungen wird der zwischen dem Streckwerk und den Spindelspitzen ausgespannt gewesene Faden schlaff, was zu beseitigen ist. Dazu dient ein längs der Spindelreihe sich erstreckender, von Armen g gehaltener Draht, der *Gegenwinder*, über den die Fäden zu den Spindeln laufen. Er hebt sich unter der Wirkung von Gewichten oder Federn. Gleichzeitig geht ein zweiter über den Fäden ausgespannter Draht h, der *Aufwinder*, nach abwärts, senkt die Fäden und stellt sich an der Stelle ein, wo die vorhergehende Aufwindung aufhörte, also der Copspitze. Ist das Abschlagen beendet, so bewegt sich der Wagen wieder zu dem Streckwerk zurück, und zwar zunächst mit zunehmender und dann wieder abnehmender Geschwindigkeit, Abb. 123 und unten rechts, und es führen dabei die Spindeln eine entprechend langsame Vorwärtsdrehung zum Zwecke des Fadenaufwindens aus. Dabei übernimmt der Aufwinder die Leitung der Fäden, er senkt sich bei Beginn der Wageneinfahrt rasch bis zur Kegelbasis und steigt dann langsam wieder nach oben. Der Gegenwinder hält dabei die Fäden dauernd straff. Die Bildung des Garnkörpers erfolgt entsprechend der Bewegung des Aufwinders demgemäß in der Weise, daß jeweils immer eine schnell abfallende mit einer geschlossen aufsteigenden Schicht wechselt, Abb. 125. Hierdurch wird beim Fadenabzug vom Cop ein guter Ablauf des Fadens gewährleistet. Ist der Wagen wieder am Ende seiner Einfahrt, also vor dem Streckwerk, angelangt, so beginnt das Spiel von neuem. Aus dem Vorstehenden ergibt sich, daß ein jedes Wagenspiel in vier Perioden zerfällt, und zwar:

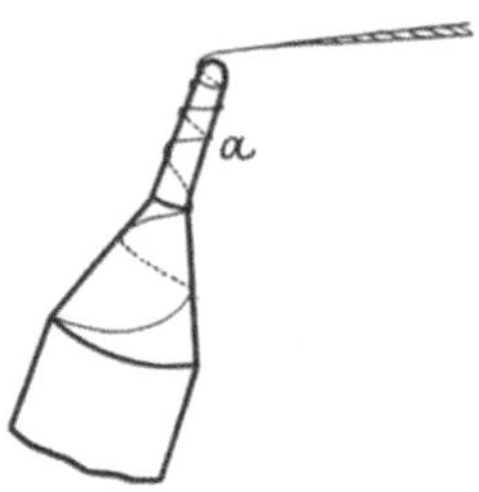

Abb. 124. Fadenwindung auf der Spindelspitze (aus: Rohn, Spinnerei).

1. Wagenausfahrt, Vorgarnlieferung, Drahtgeben durch schnelles Vorwärtsdrehen der Spindeln während des Wagenlaufs,
2. Nachdraht bei stillstehendem Wagen durch noch schnelleres Vorwärtsdrehen der Spindeln,
3. Abschlagen durch langsames Rückwärtsdrehen der Spindeln bei stillstehendem Wagen,
4. Wageneinfahrt, Fadenaufwindung durch langsames Vorwärtsdrehen der Spindeln.

Ein volles Wagenspiel dauert 12 bis 15 Sek., die Ausfahrt erfordert 6 bis 8, die Einfahrt 4 bis 5 Sek., wobei der Wagen in seiner Laufbahn etwa eine Geschwindigkeit von 0,6 m/Sek. erreicht.

Da das Aufwinden des Fadens in Kegelschichten erfolgt, also in jeder Schicht der Windungsumfang sich von unten nach oben bzw. oben nach unten ständig ändert, Abb. 125, muß die Drehungsgeschwindigkeit der Spindeln entsprechend dem sich ändernden Windungsumfang geändert werden, damit der Faden immer mit gleichbleibender Spannung aufgewunden wird, und da auch die Kegelschichten selbst verschieden sind, wie Abb. 125 erkennen läßt, muß die Umlaufgeschwindigkeit der Spindeln nach einem bestimmten Gesetz geregelt werden. Dazu dient der Quadrant, siehe Abb. 123 *a*, *b*, *c*, *d*. Die gesetzmäßige Bewegung des Aufwinders für die Garnkörperbildung regelt dagegen eine auf dem Boden parallel zu den Wagenlaufschienen liegende Windeschiene *e*, Abb. 123. Die sämtlichen aus dem Vorstehenden sich ergebenden Bewegungen und Umsteuerungen werden heute bei dem Wagenspinner selbsttätig ausgeführt, was ein sehr verwickeltes Getriebe, den Headstock, erfordert, dessen Ausbildung die Firma Parr Curtis zuerst hervorragend gefördert hat.

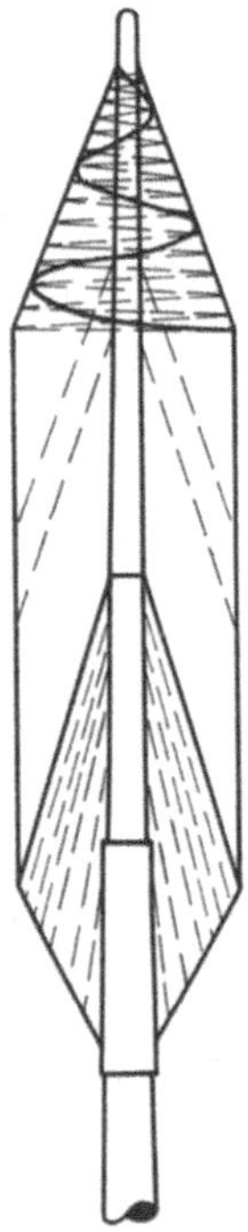

Abb. 125. Copaufbau.

Der aus der Abb. 123 ersichtliche, drehbar gelagerte, bei der Wagenein- und -ausfahrt zwangläufig in schwingende Bewegung versetzte Quadrant *a*, *b* ist in seinem Arm mit einer Schraubenspindel ausgestattet, auf der eine Mutter sitzt, die durch Drehung der Spindel gehoben oder gesenkt werden kann und an die das Ende einer Kette *c*, der Quadrantenkette, angeschlossen ist, deren anderes Ende auf der im Wagen drehbar gelagerten Quadrantentrommel befestigt ist, von der aus die Spindeltrommelwelle Antrieb empfängt. Sie erhält bei der Wageneinfahrt dadurch Drehung, daß je nach Stellung der Schraubenspindelmutter mehr oder weniger Kette von der Quadrantentrommel abgewickelt wird.

Bei dem Spinnen eines neuen Satzes muß zunächst ein Doppelkegel, der Ansatz, gebildet werden. Die erste Schicht wird auf die nackte Spindel oder die aufgesteckte Papphülse gelegt; die Bewicklungsdurchmesser sind klein, die Spindeln müssen also viele Umgänge machen, um die bei der Einfahrt freiwerdende Garnlänge aufzunehmen. Die Quadrantenmutter steht deshalb ganz unten und folgt bei dem Umlegen des Quadranten dem Wagen nur wenig. Es wird mehr Kette von der Quadrantentrommel abgewickelt, und die Spindeln erhalten viele Drehungen. Für jede neue Doppelschicht vergrößert sich der größte Durchmesser des Kötzers; es wird die Quadrantenmutter etwas nach oben geschaltet, wodurch die abgewickelte Kettenlänge und die Anzahl der Spindelumgänge kleiner wird. Am Ende der Ansatzbildung steht die Quadrantenmutter ganz oben und verbleibt in dieser Lage bis zur Vollendung des Kötzers. Die Schaltgröße der Spindelmutter muß allmählich abnehmen in dem Maße, wie der größte Durchmesser des Ansatzes zunimmt. Dies wurde früher durch eine Leitspindel mit veränderlicher, unten größerer, oben kleinerer Ganghöhe erreicht, die für jedes Spiel um einen konstanten Winkel gedreht wurde. Heute schlägt man den entgegengesetzten Weg ein; die Spindel erhält durchaus gleiche Ganghöhe und wird anfänglich um einen größeren, später um einen kleineren Winkel gedreht, und die Größe der Drehung wird von der Stellung des Gegenwinders abhängig gemacht. Steigt dieser an, d. h. wird zu wenig Garn aufgewickelt, wird die Schaltung der Quadrantenmutter verkleinert, im entgegengesetzten Fall vergrößert.

Die Leit- oder Windeschiene wirkt bei der Wageneinfahrt mittels einer auf ihr sich entlang bewegenden Laufrolle auf den Aufwinder, senkt ihn rasch bis zum Beginn der Aufwickelstelle einer Fadenschicht und hebt ihn dann langsam um die Höhe einer solchen. Um diese Bewegung des Fadenwinders zu erreichen, ist die normale Aufwindeschiene mit einer kurzen, ansteigenden Laufbahn und einer sich an diese anschließenden langgestreckten, absteigenden Laufbahn versehen; Abb. 123. Die erstere ergibt, da ihre Form eine rasche Senkung des Fadenaufwinders zur Folge hat, eine Fadenkreuzwindung nach abwärts, die letztere dagegen, da der Fadenwinder sich langsam hebt, eine geschlossene Fadenwindung nach aufwärts. Der zwischen auf- und absteigender Bahn liegende Scheitelpunkt der Aufwindeschiene bestimmt die Stellung des Fadenwinders in der Tieflage für den Beginn der Aufwindung. Da nun der Garnkörper, wie bereits gesagt, von unten nach oben aus trichterförmigen Fadenschichten aufgebaut wird, muß die Anfangstellung des Fadenwinders nach Bildung einer jeden Windeschicht um Fadendicke nach oben versetzt werden. Zu diesem Zweck ist die Leitschiene mit ihren beiden Enden auf zwei keilförmig gestalteten, verschiebbaren, durch eine Stange einstellbar miteinander verbundenen Formkästen gelagert. Durch deren Verschiebung wird die Leitschiene gehoben oder gesenkt und damit die Höhenlager ihrer Laufbahn geändert. Die Verschiebung erfolgt mittels einer Stellspindel durch ein Schaltgetriebe, kann aber auch durch Hand beeinflußt werden. Um das leichte Auseinanderfallen der Cops zu verhüten, muß nach Fertigstellung des A n s a t z e s oder Fußes der Übergangswinkel von der abwärts gehenden zu der aufsteigenden Windung entsprechend vergrößert werden, damit eine bessere Verbindung der einzelnen Fadenschichten untereinander durch die Kreuzwindung erreicht wird. Besitzt die Leitschiene einen zu hoch gelegenen Scheitelpunkt, so ergibt sich ein sehr tiefes Nachabwärtsschwingen des Fadenwinders, eine sehr steil nach abwärts gehende Fadenwindung und infolge des schroffen Übergangs von der ansteigenden zur abfallenden, die

Fadenaufwindung bestimmende Leitbahn der Windeschiene, eine kurze, steile Fadenwindung nach aufwärts, bis zur Anfangstelle der zu bildenden Schicht. Hierdurch wird zwar der Cop haltbarer, das Abwinden seines Ansatzes aber erschwert. Erhält dagegen der Scheitelpunkt eine sehr geringe Höhe, so besteht die Gefahr, daß der Aufwinder den Faden zu viel auf eine Stelle des Randes des Copansatzes windet. Dies bringt den Nachteil mit sich, daß die um die Ansatzkante gelegten Fadenwindungen bei der geringsten Berührung nach unten abrollen. Außerdem ist ein Winden des Fadens unter die Kante nicht ausgeschlossen. Auch aus diesen Mängeln ergeben sich Schwierigkeiten für das Abarbeiten des Ansatzes. Vgl. hierzu die Abb. 126 und 127.

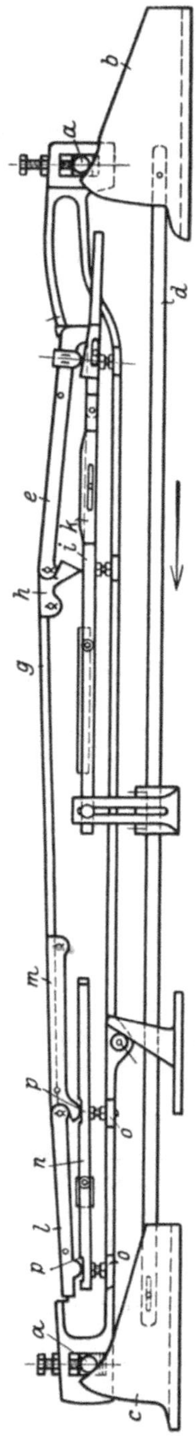

Abb. 128. Stellung der Heiptschen Leitschiene beim Copanfang.

Um nun die Möglichkeit zu haben, die Höhenlage des Scheitelpunktes der Windeschiene nach Bedarf ändern zu

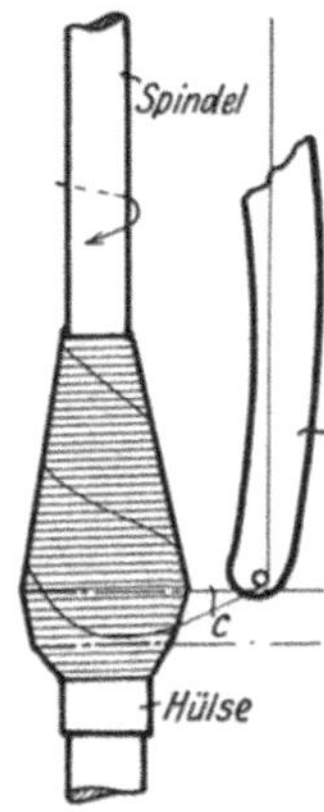

Abb. 126. Copansatz mit Leitschiene gewunden, deren Höhepunkt sehr hoch steht.

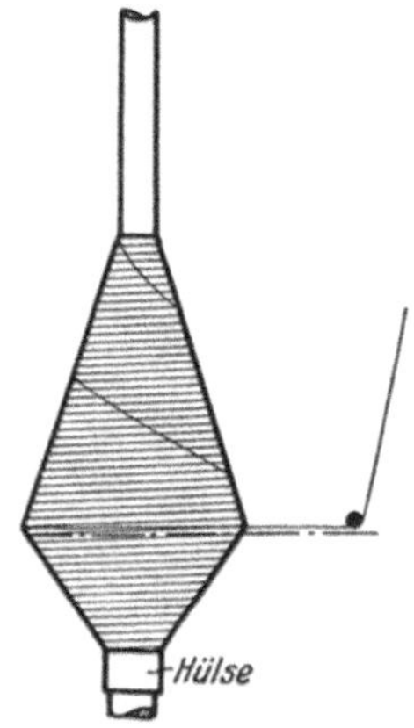

Abb. 127. Copansatz mit Leitschiene gewunden, deren Höhepunkt sehr niedrig steht.

können, hat A. E. Heipt, Forst i. d. Lausitz, eine gegliederte Leitschiene in Vorschlag gebracht, wie sie in der Abb. 128 dargestellt ist. Sie ruht mit ihren beiden Bolzen *a* auf den beiden Formkästen *b* und *c*, die durch eine Stange *d* in üblicher Weise in starre Verbindung miteinander gebracht sind, dabei aber gegeneinander verstellt werden können. Die Laufbahn der Leitschiene besteht aus den beiden Schienen *e* und *g*, die im Scheitelpunkt der Laufbahn durch ein Gelenkstück *h* miteinander verbunden sind. Unter diesem Gelenkstück ist ein Schienchen *i* verschiebbar gelagert, auf dem ein Stelleisen *k* in der Längsrichtung verstellbar sitzt. Sobald die Copansatzbildung beendet ist, tritt das Stelleisen *k* mit seiner schrägen Anlauffläche unter das Gelenkstück *h*, Abb. 129, und hebt es an. Die Folge davon ist, daß der Scheitelpunkt der Laufbahn fortschreitend gehoben wird, der Aufwinder also dementsprechend tiefer nach abwärts schwingt. Diese größere Nachabwärtsschwingung des Aufwinders dauert so lange an, bis die Schrägfläche des Stelleisens *k* überschritten ist, vgl. Abb. 130. Von diesem Augenblick an bleibt die Schwingung des Aufwinders nach unten resp. die Überkreuzung des Fadenkörpers auf der Spindel bei jeder weiteren Wageneinfahrt die gleiche bis zur Vollendung des Cop. Um diese Fadenkreuzung nach Bedarf ändern zu können, ist das Schienchen *i* mit seinem freien Ende unmittelbar unter dem Stelleisen *k* auf einer Tragschraube gelagert. Durch sie kann das Schienchen *i* nach Bedarf gehoben oder gesenkt werden. Eine Höhenänderung hat eine Änderung der Hubwirkung des Stelleisens *k* auf das Gelenkstück *h* zur Folge.

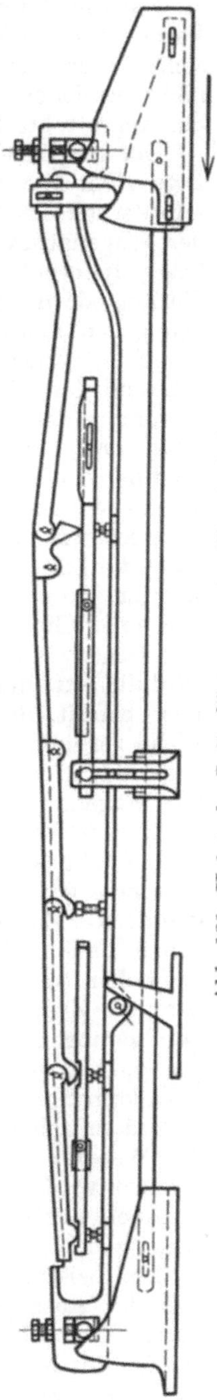
Abb. 131. Heiptsche Leitschiene neuester Konstruktion.

Weil bei der gewöhnlichen Leitschiene, siehe Abb. 123, das Gefälle in der Form sich nicht ändern läßt, fällt die Copspitze oft entweder zu lang oder zu kolbig aus, und es tritt dann bei der Abwindung leicht ein Verzerren der Copspitze ein. Um das Gefälle für eine etwa anders zu formende Copspitze ändern zu können, läuft die in Abb. 128 dargestellte Leitschiene im Gefälleteil *g* in zwei Glieder *l* und *m* aus, die gelenkig miteinander verbunden sind und von einem von Stellschrauben *o* getragenen verschiebbaren Schienchen *n* gestützt werden. Wird dieses mittels der Stellschrauben gehoben oder gesenkt,

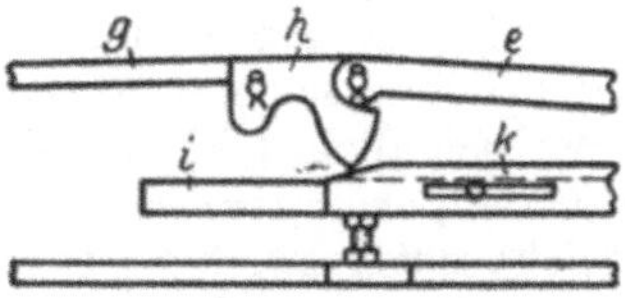

Abb. 129.

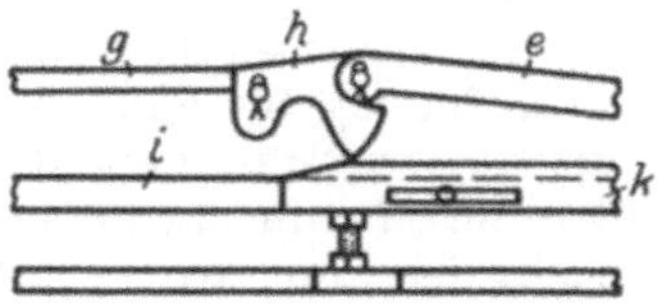

Abb. 130.

so wird auch die Ortslage der auf ihr ruhenden Glieder und damit das Gefälle der Leitschiene entsprechend geändert. Dies hat zur Folge, daß die Copspitze schlanker oder stumpfer ausfällt. Um das Gefälle der Laufschiene aber auch sofort mehr oder weniger ändern zu können, wie es z. B. erforderlich wird, wenn auf dem Wagenspinner abwechselnd große, dicke und kleine, schwache Cops gesponnen werden sollen, ist das mittels Hand verschiebbare Schienchen *n* auf seiner Oberseite mit Aussparungen versehen. In diese sinken die Stützpunkte der Gelenke *l* und *m* bei geeigneter Verschiebung des Schienchens, oder sie treten aus ihnen heraus. Im ersteren Falle sinken auch die Gelenkstücke, das Gefälle der Leitschiene wird stärker, im zweiten Falle dagegen abgeschwächt.

Die Verstellung der Formschuhe beim Übergang von Kett-, Zwirn- und Warpcops zu den kleineren, schwächeren Schuß- oder Pincops erfolgt bei der Heiptschen Leitschiene in der gleichen Weise wie bei der gewöhnlichen Leitschiene. Da eine Aufwinderleitschiene für schwache Schußcops, namentlich auf kurze Hülsen, an ihrem hinteren abfallenden Ende weniger Gefällehaben muß als eine Leitschiene für große, dicke Cops, ist ihr hinteres Ende durch Verschiebung des Schienchens *n* höher zu legen. Es ergeben sich dadurch kräftigere Spitzen. Das entgegengesetzte gilt, wenn Warpcops gesponnen werden sollen.

Bei den Aufwinderleitschienen neuester Konstruktion der genannten Firma sind in der abfallenden Laufbahn an Stelle von zwei gelenkig miteinander verbundenen Teilen, Abb. 128, deren drei vorhanden, wie dies Abb. 131 erkennen läßt.

Für die Spinnerei sowohl wie für die Weberei sind festaufgewundene Garnkörper von großem Vorteil, besonders wertvoll ist eine feste Spitze. Sie läßt sich mit der gewöhnlichen Gegenwinderbelastung schwierig, oft aber auch gar nicht erreichen. Man hat deshalb verschiedene Hilfsmittel vorgeschlagen, um das angestrebte Ziel zu erreichen.

Um möglichst feste Cops zu erhalten, ist eine größere Fadenspannung anzuwenden. Sie macht eine erhöhte Beschwerung der Gegenwinderbelastung erforderlich. Infolgedessen hat auch die Aufwinderwelle, die bekanntlich während der Wagenausfahrt das mit der Gegenwinderwelle direkt verbundene Gewicht trägt, die erhöhte Last während der Wagenausfahrt zu tragen. Dadurch werden die Zugfedern, welche dem Aufwinder während der Wagenausfahrt seine Ruhelage geben, angespannt. Ihre Zugkraft muß größer sein als die des Gegenwindergewichts, anderenfalls kann es vorkommen, daß der Aufwinder auf die Fäden während der Wagenausfahrt zurückfällt. Die sich notwendig machende straffe Spannung der Zugfedern des Aufwinders hat eine größere Beanspruchung der Lager und der Winderwelle und Abnützung des Bremsleders im Gefolge. Während der Rückwindung des Fadens von der Spindel wirkt das verstärkte Gewicht des Gegenwinders mit der erhöhten Last und sehr zeitig auf den Faden ein. Dadurch wird die Vorbedingung für einen weiteren Übelstand gegeben. Dieser besteht darin, daß die abgewickelte Fadenlänge nicht bei allen Fäden gleich lang ist. Kürzere Fäden reißen dann. Um dies zu vermeiden, sieht man mitunter von einem Festerwickeln der Cops ab. Damit dies nicht nötig ist, hat Heipt eine Gegenwinder-Zusatzbelastung in Vorschlag gebracht. Bei ihrer Anwendung wird die Aufwinderwelle während der Ausfahrt des Wagens von der zu tragenden Last befreit, da die Gegenwinderbelastung in diesem Moment nicht mit der Welle verbunden ist. Demzufolge brauchen die Zugfedern nicht besonders straff gespannt zu werden, und es wird eine sichere Ruhestellung des Aufwinders bei der Wagenausfahrt erreicht. Nach Beginn der Fadenaufwindung kuppelt sich die Zusatzbelastung mit der Gegenwinderwelle, und das erhöhte Gewicht wirkt zweckmäßig auf sämtliche Fäden. Diese haben schon bei Beginn der Aufwickelung eine gleichmäßige Spannung erhalten und vertragen die durch die dazukommende Zusatzbelastung erzeugte höhere Spannung. Diese wird von sämtlichen Fäden gleichmäßig aufgenommen, ein Reißen von Fäden wird selbst bei hoher Spannung vermieden. Kurz vor Beendigung der Fadenaufwindung wird die Zusatzbelastung des Gegenwinders selbsttätig abgestellt. Infolge der nun herabgeminderten Belastung senkt sich der Gegenwinder leichter, auch der Aufwinder schwingt leichter herauf. Dadurch werden festgewundene Cops mit guten Spitzen erzeugt, die beim Verweben gut laufen und nicht abschlagen, außerdem nehmen festgewundene Cops eine größere Fadenlänge auf, so daß in der Weberei weniger Stuhlstillstände entstehen und eine höhere Produktion erreicht wird.

Auch Luftpumpen und Luftbremsen hat man für die Zusatzbelastung des Gegenwinders zur Anwendung gebracht[1].

Die Leistung des Wagenspinners wird aus der Anzahl der Wagenauszüge und der Auszugslänge berechnet. Beide miteinander multipliziert, ergibt die Länge des auf eine Spindel gewundenen Feingarnes. Die Wagenauszuglänge beträgt im Mittel 1,65 m, die Anzahl der Wagenauszüge in der Minute kann zu 2 bis 6 angenommen werden. Die Garnnummer wird aus der Vorgespinstnummer mit Berücksichtigung des Verzuges des Lieferungsstreckwerkes berechnet.

[1] Vgl. z. B. D.R.P. 249166.

Über die Leistungen, die Spindelgeschwindigkeiten, den Walzendurchmesser und Walzenabstand im Streckwerk, sowie den Spindelabstand des Selbstspinners finden sich in dem Werke von Bauer-Taggart erschöpfende Angaben, auf sie sei verwiesen.

2. Flügelspinner. Der Flügelfeinspinner unterscheidet sich von dem Flyer (Flügelvorspinner) im wesentlichen dadurch, daß er keine Doppelkegelspulen bildet, sondern das Gespinst auf Scheibenspulen aufwindet, und daß diese keinen Antrieb empfangen, sondern lediglich durch Reibungswiderstand gegenüber dem Flügel zurückgehalten werden. Die Erzeugung von Scheibenspulen erfordert keine Änderung des Spulenbankhubes. Hierdurch und durch den Wegfall eines Spulenantriebes für sich ändernde Geschwindigkeit wird das ganze Getriebe der Maschine wesentlich vereinfacht. Die auf den Flügelspindeln frei drehbar sitzenden Spulen ruhen mit ihrer unteren Randscheibe auf der Spulenbank, Zwischenlagscheiben aus Leder oder Filz geben den erforderlichen Reibungswiderstand. Die Spulen werden vom Faden nachgeschleppt, es ergibt sich eine Relativbewegung zwischen Flügel und Spule und damit ein Aufwinden. Mit der Zunahme der Windungsschichten auf der Spule, d. h. mit dem Wachsen ihres Durchmessers, wächst auch ihr Gewicht und damit der Normaldruck auf die Spulenbank, d. h. der Reibungswiderstand für den ziehenden Faden. Diese Zunahme wird andererseits durch das Wachsen des Spulendurchmessers, also des Krafthebelarmes, für den auflaufenden Faden wieder ausgeglichen, es bleibt also das Kraftmoment für Spulendrehung annähernd das gleiche, der auflaufende Faden erfährt also keine steigende Beanspruchung. Gleichwohl ist er infolge seiner Schnittigkeit um so mehr dem Bruch ausgesetzt, je feiner er ist, aus je schlechterem Rohstoff er besteht oder eine je geringere Drehung er erhält. Aus diesem Grunde ist die Flügelfeinspinnmaschine für die Herstellung weich gedrehter Garne nicht anwendbar, für hart gedrehte Garne aber wegen ihrer hohen Leistungsfähigkeit vorteilhaft. Ihr überlegen ist der Ringspinner.

3. Ringspinner. Diese auch unter dem Namen Drossel oder Trossel bekannte Feinspinnmaschine wurde zuerst in Amerika gebaut und war dort schon Ende der sechziger Jahre des vorigen Jahrhunderts in Verwendung. In Europa wurde sie erst durch die Pariser Ausstellung im Jahre 1878 allgemein bekannt und erregte in Fachkreisen infolge ihrer großen Einfachheit Aufsehen. Seitdem hat sie ihren Siegeslauf durch die Welt angetreten und dabei die Flügelfeinspinnmaschine und den Wagenspinner mehr und mehr verdrängt. Ihre einzelnen mechanischen Teile und deren Zusammenarbeiten sind in einem so hohen Grad vervollkommnet worden, daß in dieser Richtung durchgreifende Verbesserungen kaum noch erwartet werden dürfen. Wegen ihrer größeren Leistung und Kraftersparnis beim Betrieb, der bequemeren Regelung der Fadenspannung und der Unterbringung einer größeren Spindelzahl auf der gleichen Maschinenlänge wird gegenwärtig der Ringspinner in der Baumwollspinnerei für die Herstellung der Kettgarne an Stelle des Flügelspinners fast ausschließlich verwendet, ist aber auch für das Spinnen weicher, lose gedrehter Schußgarne, wie sie der Wagenspinner liefert, bereits mit Erfolg eingeführt worden. Man unterscheidet demgemäß heute in Ketten- und Schußdrossel.

Beim normalen Ringspinner sind die Spindeln, wie aus den Abb. 132 und 133 hervorgeht, in der feststehenden Spindelbank *B* um lotrechte Achsen drehbar gelagert, die Ringbank *E* bewegt sich lotrecht auf und ab. Über den Achsen der Spindeln sind die gewöhnlich als „Sauschwänzchen" bezeichneten Führerösen *F* so angeordnet, daß sie sich sowohl einzeln als auch sämtlich gleichzeitig nach oben umlegen lassen, wenn es die Bedienung der Spindeln erfordert. Diesen Führerösen laufen die Vorgarne vom Streckwerk *C* zu, dessen Neigung zur Horizontalen etwa 25° beträgt, und in dieses gelangen die Vorgarne von den mit ihren Achsen lotrecht stehend im Spulgatter drehbar gelagerten Doppelkegelspulen der Vorspinnmaschine, Abb. 133, über Luntenführer *A*, Abb. 132, welche eine parallel zu den Achsen der Streckwerkwalzen hin- und hergehende Bewegung machen, um eine gleichmäßige Abnützung der belederten Oberwalzen oder -zylinder des Streckwerkes zu erreichen. Von den Führerösen *F* laufen die Fäden durch die auf den Ringen *R* sitzenden Läufer *L*, Abb. 133 und 134, zu den Spindeln *D d*. Erhalten die Spindeln Drehbewegung, so werden die auf den Ringen *R* reitenden Läufer *L* durch die sie durchsetzenden Fäden nachgeschleppt und hierdurch in kreisende Bewegung versetzt. Diese führt zu einer Ballonbildung der Fäden, siehe die Abb. 135[1] und 136[1], und zur Fadendrehung. Der so im Faden erzeugte Draht erstreckt sich von der Auflaufstelle des Fadens auf die Spindel bzw. den auf ihr sitzenden Garnkörper bis zur Leitöse *F*. Ein geringer Teil der Drehungen läuft aber auch durch die Leitöse hindurch, und es erhält infolgedessen das Vorgarn auch zwischen der Leitöse *F* und der Ablaufstelle von der Unterwalze des Streckwerklieferwalzenpaares *C*, Abb. 132, ebenfalls Drehung. Der Grad dieser Drehung ist abhängig von derjenigen Drehung, welche dem Faden durch die Spindeldrehung überhaupt gegeben wird; dieser ist ein hoher bei der Herstellung der Kettgarne, ein niederer bei der Erzeugung von Schußgarnen. Im ersteren Falle wird infolgedessen das zwischen Sauschwanz und Streckwerklieferwalzen liegende Stück Vorgarn eine größere Reißfestigkeit erhalten als im zweiten Falle. Hieraus folgt wieder, daß die Möglichkeit des Vorgarnbruches unmittelbar nach dem Auslauf des Vorgarnes aus den Streckwerklieferwalzen infolge der durch die Änderung des Fadenballons bedingten wechselnden Zugbeanspruchung beim Spinnen von Schußgarn eine größere ist als beim Spinnen von Kettgarn. Aus diesem Grund eignet sich der normale Ringspinner nicht zum Spinnen weich gedrehter Garne.

Abb. 132. Elemente eines Ringspinners (Streckwerk, Fadenführer, Ringbank, Spindel). Mit Gen. d. BBC, Mannheim.

Das Bestreben, ihn auch hierzu geeignet zu machen, hat verschiedene Vorschläge gezeitigt. Genannt seien zunächst die Anwendung schräg gestellter Spindeln mit einem stark schräg gestellten Streckwerk (45°) (Nouvelle Société de Constr. ci-devant N. Schlumberger & Co. und Société Alsacienne de Construct. Mécanique) und die periodisch selbsttätige Verlegung der Sauschwanzleitösen (Krupp).

Abb. 137 zeigt eine Schußdrossel mit Schrägstellung der Spindeln und des Streckwerkes der Firma vorm. Schlumberger. Durch das stark geneigte Streckwerk wird die Länge des von dem Vorgarn auf der Riffelwalze des Streckwerklieferwalzenpaares umspannten Bogens, der von der Klemmlinie, die die Berührungslinie zwischen der Druckwalze und der Riffelwalze bildet, bis zu der Stelle geht, wo das

[1] Die beiden Abbildungen sind mit Genehmigung der BBC, Mannheim, ihrer erstmalig im Jahre 1908 erschienenen Druckschrift: „Die Ringspinnmaschine, elektrisch betrieben, mit periodisch veränderlicher Drehzahl" entnommen.

Vorgarn diese verläßt, auf das geringste Maß vermindert. Durch Schrägstellung der Spindel wird erreicht, daß der Faden ohne Winkelbildung zum Läufer gelangt. Es kann infolge dieser Maßnahme der Draht ohne Widerstand vom Läufer bis zur Klemmstelle der Streckwerklieferwalzen ge-

Abb. 133. Ringspinner mit Aufsteckung für Mittel- und Feinspulen und elektrischem Einzelantrieb, Kollektormotor mit Spinnregler SSW (Rich. Hartmann A.-G., Chemnitz).

langen und es werden durch ihn die Fasern viel näher an dem Klemmpunkt erfaßt, als es bei der Verwendung des gewöhnlichen Streckwerkes in Verbindung mit lotrecht stehenden Spindeln möglich ist. Um auch Fadenbrüche beim An-

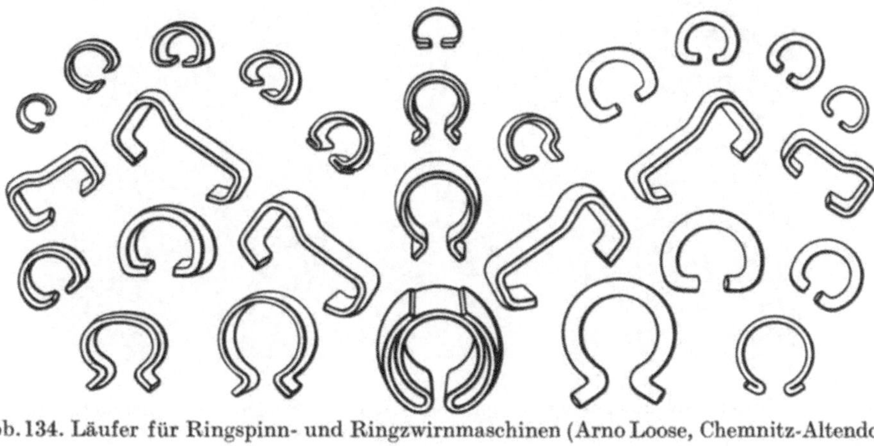

Abb. 134. Läufer für Ringspinn- und Ringzwirnmaschinen (Arno Loose, Chemnitz-Altendorf).

lassen der Maschine nach Möglichkeit zu verhindern, ist der Antrieb des Streckwerkes derart eingerichtet, daß es möglich ist, seinen Walzen in bezug auf die Spindeldrehung eine Nacheilung zu geben. Hierdurch wird beim Ingangsetzen der Maschine dem Gespinst ein leichter Überdraht erteilt.

Die Firma Carl Hamel A.-G., Chemnitz, hat bei ihrem in Vorschlag gebrachten Ringspinner für weich gedrehte Garne dem Streckwerk eine Neigung von 70° gegeben, es also nahezu senkrecht über der Klappenöse und Spindel angeordnet und die Entfernung des Streckwerkes über der Klappenöse so groß — etwa

Abb. 135. Ausbildung des Ballons beim Winden auf kleinen Durchmesser.

Abb. 136. Ausbildung des Ballons beim Winden auf großen Durchmesser.

600 mm — gewählt, daß sich einerseits der Drall ungehindert bis zu dem Klemmpunkt des vorderen Streckwalzenpaares fortpflanzen kann und andererseits der Faden eine große freie Spinnlänge erhält. Er hat infolgedessen auf seinem ganzen

Abb. 137. Schußdrossel mit geneigten Spindeln (Nouvelle Société de Construct., ci-devant N. Schlumberger, Guebwiller).

Weg vom Austritt aus dem Streckwerk bis zum Ringläufer eine den Spinnprozeß fördernde Freiheit, die zugleich eine dauernde Prüfung der laufenden Fäden und die Behebung von Unregelmäßigkeiten auf bequeme Weise ermöglicht. Die Ballonbildung wirkt sich derart aus, daß an Stelle eines großen Ballons nacheinander zwei bis drei kleine Ballons entstehen, ähnlich wie aus Abb. 138 ersichtlich. Durch das sich hieraus ergebende, beständige schwache Schwirren des sich bildenden Fadens wird dieser besonders vollkommen. Da weiter der senkrecht herablaufende Faden durch sein Eigengewicht viel weniger beansprucht wird, als der auf dem Selbstspinner wagerecht laufende Faden, ist es nach Angaben der genannten Firma möglich, auf der gekennzeichneten Maschine sogar noch loser gedrehte Fäden herzustellen, als sie auf dem Selfactor gesponnen werden können.

Um die aus der Bewegung der Ringbank sich ergebenden Spannungsunterschiede im Faden auszugleichen, hat die Perfekt-Spindel-A.-G., Windisch, Schweiz, eine Ringspinnmaschine für weichgedrehte Garne zur Einführung gebracht, bei der die Ringbank feststeht, die Spindeln mit ihren Antriebsorganen und der Spindelbank dagegen auf- und abbewegt werden. Auf diese Weise wird die Drehung stets auf ein gleichlanges Fadenstück verteilt, wodurch dessen Gleichmäßigkeit erheblich zunimmt. Der Abstand zwischen Lieferzylinder und Ring kann je nach Hub und Ringweite eingestellt werden, so daß der Faden vom Ansatz bis zur Spitze des Copses den für die Nummer und Qualität günstigsten Zug erhält und infolge des stets gleichbleibenden Ballons keine Spannungsunterschiede auftreten.

Diese Konstruktion gestattet ferner, den Hub in einfacher Weise in weiten Grenzen zu verändern, so daß z. B. auf der gleichen Maschine abwechselnd Schußcops mit 5″ und Kettencops mit 8″ engl. Hub hergestellt werden können, ohne die Windungsform zu beeinträchtigen.

Bei den vorstehend behandelten Ringspinnern kommt die Drahtgebung durch die kreisende Bewegung des Läufers um die Spindel zustande und erstreckt sich auf das zwischen dem Läufer und der über der Spindel angeordneten Fadenleitöse (Sauschwänzchen) bzw. dem Lieferwalzenpaar des Streckwerkes liegende Fadenstück. Um die sich hieraus sowie dem sich dauernd ändernden Windungsumfang auf der Spindel und der wechselnden Wirkung des Fadenballons ergebenden verschiedenen Fadenspannungen zwischen Spindel und Läufer, Läufer und Fadenleitöse und dieser und dem Streckwerk auszuschalten, hat man Ringspinner in Vorschlag gebracht, bei denen für die Drahtgebung nur ein zwischen Spindelspitze und Streckwerk liegendes Fadenstück in Betracht kommt, ganz wie beim Wagenspinner. Man bezeichnet diese Ringspinner als „über die Spindelspitze spinnende“; sie liefern weich gedrehte Garne. Die Patentschriften D.R.P. 86835, 131631 und die amerikanische Patentschrift 316603 geben Ausführungsbeispiele einer solchen Maschine. Die der letztgenannten Druckschrift entnommenen Abb. 139 und 140 lassen ihr Wesen erkennen.

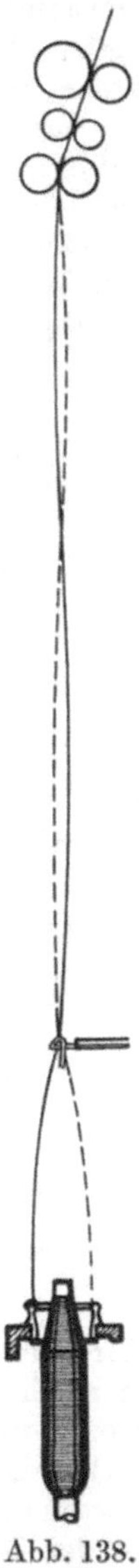

Abb. 138. Ringspinnmaschine (Carl Hamel A.-G., Chemnitz).

Das Gestell, die Lagerung für die Spindeln, ihr Antrieb durch Schnuren oder Bänder von der Triebtrommel aus mittels der Wirtel und die auf- und absteigende Ringbank gleichen den gleichen Einrichtungen bei der normalen Ringspinnmaschine. Die Vorgarne laufen jedoch von den im Spulengatter gelagerten Spulen zum Walzenstreckwerk und durch dieses als Fertiggarne ohne jede Führung unmittelbar zu den Spindelspitzen, über die sie, wie beim Wagenspinner, abgleiten, sobald die Spindeln Drehbewegung empfangen und dadurch Draht zwischen den Spindelspitzen und dem Streckwerk entsteht. Damit dieser sich bis zur Berührungsstelle von Ober- und Unterwalze der Vorderzylinder erstreckt, ist das Streckwerk gegenüber den Spindeln so stark geneigt, daß sich kein Umschlußbogen auf der Unterwalze, wie bei dem gewöhnlichen Ringspinner, ergibt. Die auf den Spindelspitzen sich bildenden Fadenwindungen werden infolge der Relativbewegung zwischen den Läufern und den Spindeln diesen bei der Ab- und Aufwärtsbewegung der Ringbank durch die Läufer so zugeführt, daß sie sich in Schraubenwindungen auf diese auflegen. An Stelle der bei dem gewöhnlichen Ringspinner vorhandenen Sauschwänzchen sind besondere die Spindelköpfe umgreifende Leitplatten *m.n* vorgesehen, und zwar je eine für jede Spindel, deren Vorderteil *n* mit einem geschlitzten oder rundgeschlossenen Leitauge *l* versehen ist, durch das die Spindel mit ihrer Spitze hindurchragt.

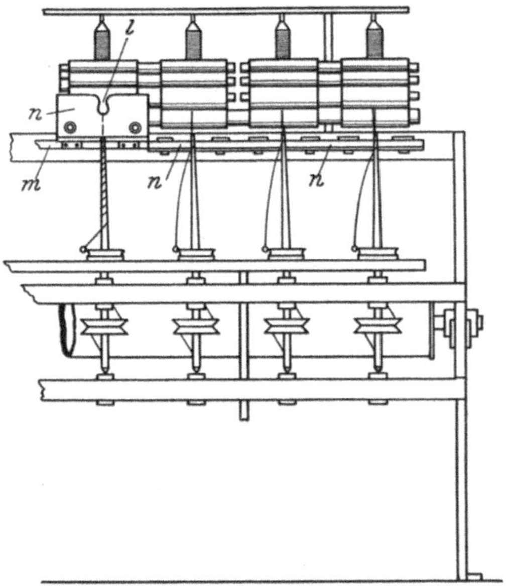

Abb. 139.

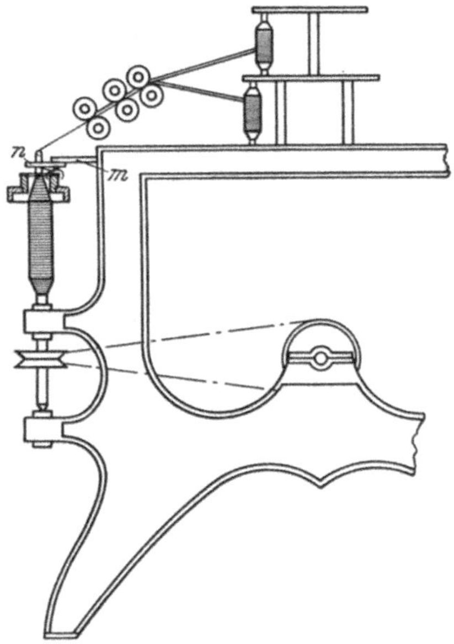

Abb. 140.

Abb. 139 u. 140. Über die Spindelspitze spinnende Ringspinnmaschine (C. H. Chapman; Groton, Massach., Amerik. Patent 316603).

Wird der Vorderteil *n* der Leitplatte *m n* nach oben geklappt, so laufen die Vorgarne den Spindeln unter einem solchen Winkel von oben zu, daß der Spinnprozeß unterbrochen wird, im anderen Fall findet er seinen Fortgang, weil die Fäden die richtige Zulaufrichtung zu den Spindeln wieder erhalten. Ein weiterer Vorteil der Leitplatten besteht darin, daß sie jede Ablösung der Fadenwindungen an der Spindelspitze (Ballonbildung) verhindern.

Die Mitnahme des Läufers durch das Garn ist keine synchrone, sondern es bleiben die Läufer bei ihrer kreisenden Bewegung infolge des Reibungswiderstandes auf den Ringen und des Luftwiderstandes, den die Fäden bei ihrer kreisenden Bewegung finden, gegenüber den Spindeln bzw. den auf ihnen befindlichen Fadenkörpern um so viel zurück, daß gerade die von oben gelieferte Garnmenge aufgewunden wird. Der Fadenkörper auf den Spindeln setzt sich aus trichterartigen Schichten zusammen; sie bestehen aus von unten nach oben verlaufenden geschlossenen und diese kreuzenden von oben nach unten laufenden offenen Fadenwindungen. Gestützt werden diese Schichten durch den Ansatz, vgl. Abb. 125, der ebenfalls aus Kegelschichten gebildet wird. Der Ansatz auf einer, auf die nackte Spindel aufgeschobenen Hülse entsteht dadurch, daß die Ringbank bei ihrer auf- und abgehenden Bewegung sich, solange die Ansatzbildung dauert, in der Tiefstellung stets langsamer bewegt und dadurch den Spindeln im Zusammenwirken mit den Läufern die Möglichkeit gibt, mehr Faden aufzuwinden. Dies wird entbehrlich, wenn die Hülse selbst am Fußende verdickt ist. Ist die Ansatzbildung beendet, so steigt die Ringbank mit gleichbleibender Geschwindigkeit so, daß geschlossene Windungen entstehen, und fällt mit gleichbleibender Geschwindigkeit so, daß sich Kreuzwickelwindungen bilden. Außerdem findet jeweils nach Beendigung einer solchen ein Versatz der Ringbank um Fadendicke nach oben statt, wie es die für den Aufbau des Cop erforderliche Übereinanderordnung der Schichten verlangt. Die Gestaltung des Fadenballons ist abhängig von der jeweiligen Stellung der Ringbank bei Bildung einer jeden Wickelungsschicht und ferner von der Höhenstellung der Ringbank beim Aufbau der Garnkörper überhaupt, Abb. 135 und 136. Um die Fadenschleier auf ein Mindestmaß zusammenzudrängen und ein Ineinanderschlagen der Schleier benachbarter Spindeln zu verhüten, werden Anti-Ballonvorrichtungen, die auch als Faden- oder Schleiertrenner oder Separatoren bezeichnet werden, zur Anwendung gebracht. Sie werden in den verschiedensten Formen

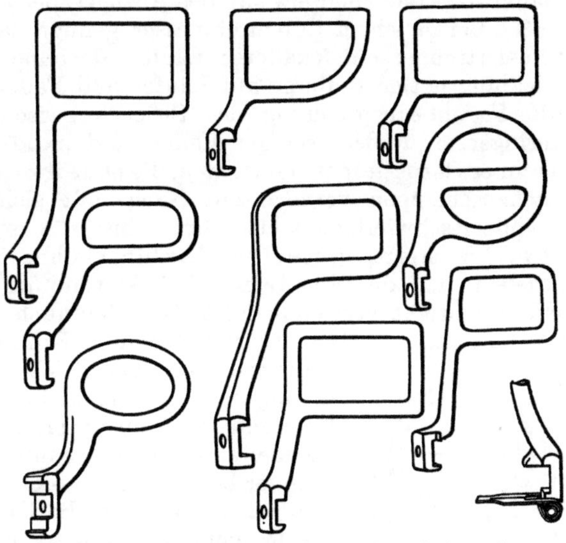

Abb. 141 u. 142. Separatoren (Kurt Schmiede, Kleinlaufenburg i. B.).

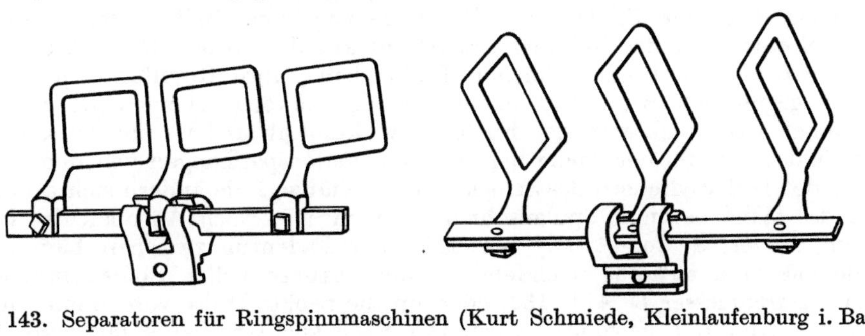

Abb. 143. Separatoren für Ringspinnmaschinen (Kurt Schmiede, Kleinlaufenburg i. Bad.).

ausgeführt. Abb. 141 bis 143 zeigen Beispiele hierfür. Sie werden entweder einzeln an die Ringbank angeschraubt, Abb. 141 und 142, oder gruppenweise auf Schienen oder Achsen befestigt, mit denen sie in besondere an der Ringbank vorgesehene Halter eingelegt werden, Abb. 143. Diese Halter sind mit offenen Kreuzschlitzaugen versehen oder als Gelenke ausgebildet. Halter der ersteren Art ermöglichen durch Wenden der Schienen um ihre Längsachse die Separatoren in und außer Arbeitsstellung zu bringen. Bei Haltern der zweiten Art wird dies durch deren Umlegen oder Aufrichten erreicht.

Durch die Reibung der Fäden an den Separatoren wird ein Widerstand für das Aufwinden der Fäden erzeugt, der einen dichten Garnkörper ergibt. Nach Brüggemann[1] betrug für ein Gespinst Nr. 44 (26 engl.) aus amerikanischer Baumwolle das Mehrgewicht des Abzuges bei Verwendung von Schleiertrennern 18%. Bei gleichem Copdurchmesser genügt daher bei Anwendung der Fadenschleiertrenner ein leichterer Läufer als ohne sie. Dadurch, daß die zur Aufwicklung nötige Reibung auf Läufer und Fadenschleiertrenner verteilt wird, ist die Fadenbeanspruchung des Stückes zwischen Läufer und Schichtenspitze geringer, es reißen weniger Fäden und es können daher bei Anwendung der Trenner Garne gesponnen werden, die ohne ihn den notwendigen Läufer schwerlich nachzuschleppen vermöchten. Auch läßt sich bei gewöhnlichen Garnen die Spindelgeschwindigkeit etwa um 5 bis 10% erhöhen, so daß die Lieferung um etwa 5% steigt, gegenüber Maschinen ohne Trenner. Versuche haben ferner ergeben, daß derselbe Läufer bei Anwendung von Trennern für eine größere Nummernreihe verwendbar ist. Der Gebrauch der Trenner ist ferner von nicht zu unterschätzendem Einfluß auf die Maschinenlänge. Mit Trennern kann bei gleichem Ringdurchmesser die Spindelteilung um 6,35 mm kleiner genommen werden als ohne sie. Es reicht z. B. für einen Ringdurchmesser von 45 mm eine Spindelteilung von 63,5 mm aus, statt der bei Maschinen ohne Trenner benötigten 70 mm. Die Form der Schleiertrenner ist eine solche, daß ihn die Fäden stets sauber halten, sich also Flaum nicht absetzen kann. Er sammelt sich auf der Ringbank, von wo er leicht entfernt werden kann, z. B. durch Saugdüsen. Geschieht dies nicht, so wird er gelegentlich von den Fäden mitgerissen und mindert deren Handelswert. Im Läufer hängenbleibende Fasern werden durch Flaumabstreifer entfernt. Es sind dies einfache in die Ringbank neben den Ringen eingeschraubte Stifte *g*, Abb. 144, deren Schneiden einen Winkel von 70° mit der Vorderkante der Ringbank bilden.

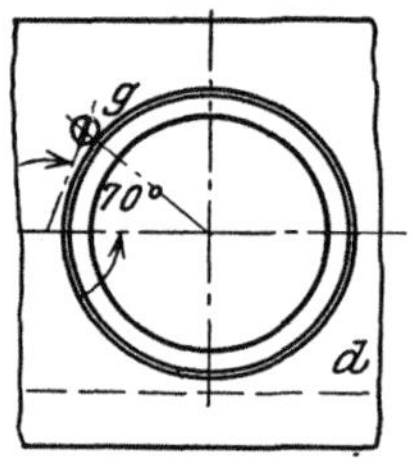

Abb. 144. Flaumabstreicher (Deutsche Spinnereimaschinenbau A.-G., Ingolstadt).

Sobald der Läufer sich in voller Bewegung befindet, wirken auf ihn: der Fadenzug von der Spule her, der Fadenzug vom Ballon, sein Gewicht, die Fliehkraft und der Reibungswiderstand auf dem Ring. Die erstgenannten drei Kräfte liegen in der gleichen Radialebene, ihre Resultante preßt den Läufer gegen den Ring und erzeugt so die bewegungshemmende Reibung. Sie hängt wesentlich von der Fliehkraftwirkung ab und ist nahezu konstant. Vom Fadenzug von der Spule her sind alle Fadenspannungen von dem Läufer bis zu den Lieferzylindern des Streckwerkes abhängig. Sie ändern sich also während des Windens einer Spulenschicht beträchtlich. Nach Angaben der Firma Brown, Boveri & Co., A.-G.[2] schwankt der Fadenzug zwischen Läufer und Spule um rund 60%, je nachdem auf dem nahezu vollen Spulenumfang bei 32 mm Durchmesser *D*, Abb. 132, oder auf die nackte Hülse von 16 mm Durchmesser *d*, Abb. 132, gewunden wird. Der Fadenzug zwischen Führungsöse und Lieferungswalzenpaar, der den beim Verlassen des Streckwerkes nur schwach gedrehten Faden verschieden verzieht und mehr oder weniger oft abreißt, ist nach der gleichen Druckschrift wegen der Fadenreibung in der Öse um etwa

[1] Vgl. Heinrich Brüggemann, München: Die Ringspinner der Deutschen Werke A.-G.

[2] BBC A.G. Die Ringspinnmaschine, elektrisch betrieben, mit periodisch veränderlicher Tourenzahl.

10% geringer als der Fadenzug zwischen Öse und Läufer, er schwankt um etwa 35%.

Eingehende theoretische und praktische Untersuchungen haben zu folgenden Ergebnissen geführt[1]. Bei konstanter Tourenzahl der Spindeln verändert sich die Fadenspannung zwischen Läufer und Spule erheblich mit dem Aufwindungsdurchmesser. Aus diesem Verhalten folgt eine ungleichmäßige Bildung der Spule, deren innere Lagen unverhältnismäßig fest aufgewunden werden, während die äußeren zu locker liegen.

Bei konstanter Tourenzahl der Spinnmaschine verändert sich die Fadenspannung an der Öse und zwischen Öse und Streckwerk gleichfalls erheblich mit dem Aufwindungsdurchmesser. Diese Spannungen sind zwar kleiner als die zwischen Läufer und Spule, die Festigkeit des ungedrehten Fadens ist jedoch verschwindend gering im Vergleich zu der des gedrehten, weshalb zwischen Öse und Streckwerk nicht nur die eigentliche Bruchgefahr besteht, sondern auch ein ungleichmäßiges Verziehen des Garnes stattfindet, also eine Verschlechterung der Qualität.

Bei konstanter Tourenzahl der Spinnmaschine zeigen sich die vorstehend gekennzeichneten Erscheinungen bei allen Höhenlagen der Ringbank. In ihren oberen Lagen schwanken die Fadenspannungen für größte und kleinste Durchmesser noch stärker als in den unteren Lagen.

Beim Aufwinden auf große Durchmesser bildet sich ein starker, beim Aufwinden auf kleine ein schwacher Ballon; vgl. Abb. 135 und 136 und in den oberen Ringbanklagen verschwindet bei kleinem Aufwindungsdurchmesser der Ballon fast vollständig, wodurch die Bruchgefahr und die Verschlechterung der Qualität noch weiter erheblich gesteigert werden. So oft kleine Knoten im Garn den Läufer passieren, treten momentane Spannungen auf, die ein Vielfaches der bei gleichmäßigem Garn bestehenden sein können. Ist ein deutlich ausgebildeter Ballon vorhanden, so pflanzen sich diese momentanen Spannungen nicht bis zum Streckwerk fort, sondern bewirken nur ein augenblickliches Zusammenziehen des Ballons, ein „Zucken" desselben. Solange ein derartig elastisches Glied in der Fadenstrecke liegt, sind die durch Unregelmäßigkeiten im Garn hervorgerufenen Gefahren bedeutend vermindert. Der Ballon wirkt um so günstiger, je größer er ist.

Soll die Spinnmaschine mit gleichbleibender Drehzahl arbeiten, so muß diese der ungünstigsten Fadenspannung angepaßt werden. Sie fällt mit dem Verschwinden des Ballons zusammen, es wird also die höchst zulässige konstante Tourenzahl der Spinnmaschine durch Verhältnisse bestimmt, die im Verlauf der Spinnperiode nur vorübergehend auftreten, also nur einen verhältnismäßig geringen Bruchteil der gesamten Arbeitszeit einnehmen. Für den größten Teil der Spinnperiode dürfte die Tourenzahl der Spinnmaschine wesentlich höher sein, als sie bei gleichmäßigem Antrieb tatsächlich sein kann; d. h. die Produktionsmöglichkeiten sind bei der mit konstanter Tourenzahl betriebenen Spinnmaschine bei weitem nicht ausgenützt.

Ganz abgesehen hiervon kommt aber weiter in Betracht, daß ein gleichmäßiger Antrieb der Maschine weder einen gleichmäßigen Faden noch einen gleichmäßig dicht gewundenen Garnkörper ergibt. Man hat deshalb versucht, diese Übelstände zu beseitigen oder doch wenigstens zu mildern. Zu den gemachten Vorschlägen gehört erstens die geneigte Anordnung des Streckwerkes und der Spindeln, zweitens die Einführung der Schleiertrenner, drittens die Anwendung von mit der Ringbank auf- und absteigenden Fadenleitösen und viertens endlich die Einführung eines Antriebes für veränderliche Tourenzahl. Die drei erstgenannten Anregungen haben insbesondere Verwendung bei dem Bau der Schußdrossel gefunden; der regelbare Antrieb ist dagegen sowohl für die Kettendrossel, Abb. 133, als auch für die Schußdrossel, Abb. 137, zur Anwendung gekommen.

Hülsen für Ringspinner. Das Garn wird im allgemeinen auf konische Papier-, Papp- oder Holzhülsen gesponnen, deren Länge entweder derjenigen des zu erzeugenden Cops (Kötzers) entspricht (Durchhülsen) oder so be-

---

[1] BBC A.G. Die Ringspinnmaschine, elektrisch, betrieben mit periodisch veränderter Tourenzahl und elektromotorischem Antriebe.

messen ist, daß sie nur den Garnkörperansatz aufnehmen. Auf den Ringspinnern werden stets „Durchhülsen“ verwendet, und zwar entweder widerstandsfähige, sog. Dauerhülsen aus Holz- oder Hartpapier, und leichte, die Verlusthülsen, aus gewöhnlichem Papier. Die Dauerhülsen kommen nur für nahe bei der Spinnerei liegende Windereien und Webereien in Betracht; sie wandern nach dem Abwinden immer wieder zur Spinnerei zurück. Hierhin gehören auch die für die Northrop-Webstühle notwendigen Holzhülsen. Die Hartpapierhülsen, wie sie z. B. in den verschiedensten Ausführungsformen von der Firma Emil Adolff A.-G., Reutlingen i. W., hergestellt werden, sind nach einer von H. Brüggemann verfaßten Druckschrift der Deutschen Spinnerei-Maschinenbau-A.-G., Ingolstadt über den Ringspinner oft getränkt und lackiert, um sie für mehrmaliges Dämpfen und Netzen geeignet zu machen. Für das Netzen genügt ein Tränken mit Eiweißleim, für das Dämpfen werden sie gewöhnlich mit Leinöl getränkt und dann zweimal mit in Alkohol gelöstem Schellack gestrichen oder lackiert. — Damit der Faden fest auf den Hülsen hält und der Kötzer beim Abziehen von den Spindeln nicht von ihnen abrutscht, werden sie vielfach gerippt oder mit Rillen versehen. — Ein weiteres Verfahren besteht darin, Erhöhungen auf der Hülsenoberfläche durch in die Papierwindungen eingebettete Fäden zu schaffen[1]. Es werden zu diesem Zwecke beim Wickeln der Hülsen aus einem Papierblatt entweder eine Vielzahl von Fäden in Abständen parallel nebeneinander mit eingewickelt oder es kommt nur ein Faden zur Anwendung und dieser wird schraubengangartig eingebettet. — Werden farbige Hülsen zur leichten Kenntlichmachung der Garngüte verwendet, so darf die Farbe beim Netzen und Dämpfen nicht bluten, d. h. auf das Gespinst abfärben. Die Verlusthülsen dienen meistens nur einmal. Für den Spinner sind die leichten Verlusthülsen, welche ungefähr 8% des Kötzergewichtes ausmachen, vorteilhafter als die Dauerhülsen, denn diese ziehen sich durch Wasser und Dampf zusammen und passen bald nicht mehr richtig auf die Spindeln; sie brechen oben oft aus und geben zu Fadenrissen und vermehrtem Abfall Anlaß. Die Hülsen werden entweder auf die nackte Spindel aufgeschoben, die bisweilen mit einer das Aufstecken und Halten der Hülsen erleichternden glatten Guß- oder Metallröhre versehen ist, oder auf einem Holzaufsatz aufgesteckt. Die Holzaufsätze werden auf den Wirtelhals aufgeleimt oder mit dem Wirtelhals durch Verschraubung verbunden.

Über die Abmessungen und Gewichte der Hülsen[2] gibt die oben genannte Druckschrift folgende Werte an:

Ringspinner	Länge mm	Wanddicken	Gewicht der Dauerhülse	Gewicht der Verlusthülse	Bemerkungen
Kette	155÷220	gleichmäßig	7,5÷11	2 ÷3,8	geglättet
Schuß	130÷145	Verlusthülsen oben dicker	4 ÷ 7	0,77÷1	unten und oben gerillt

Raumbedarf und Abmessungen der normalen Ringspinner. Über Raumbedarf und Abmessungen der normalen Ringspinner finden sich in den vormaligen druckschriftlichen Veröffentlichungen der Firma Friedr. Krupp A.-G., Essen, erschöpfende Angaben.

[1] D.R.P. 446712, Josef Franz in Bischofswerda und Hermann Gebauer in Ostritz i. Sa.

[2] Über Hülsensitz, Hülsenmaße und Rundlaufen der Hülsen enthält eine von der S. K. F. Norma herausgegebene, mit Abbildungen versehene Druckschrift noch interessante Angaben. Auf sie sei verwiesen.

Streckwerke für Hochverzug. Die von den Krempeln gelieferten Faserbänder sind zwar in hohem Grade locker, sie besitzen aber teils noch nicht den erforderlichen Grad von Gleichförmigkeit, teils liegen in ihnen die Fasern auch noch nicht ausreichend parallel zur Bandlängsrichtung. Beide Mängel sollen durch Verziehen und Doppeln nach Möglichkeit beseitigt werden. Die Maschinen, welche man hierzu anwendet, führen den Namen Strecken, siehe S. 77, und bestehen, wie dort ausgeführt, gewöhnlich aus drei und mehr einander folgenden Walzenpaaren, deren Walzen in der Laufrichtung des Arbeitsgutes eine zunehmende Umfangsgeschwindigkeit besitzen und deren Abstand derart bemessen ist, daß selbst die längsten im Faserband vorhandenen Fasern nie zugleich von zwei einander folgenden Walzenpaaren gefaßt werden. Hierdurch wird erreicht, daß die Fasern in der Laufrichtung von dem zweiten, dritten usw. Walzenpaar mit einer Geschwindigkeit gefördert werden, die größer ist als diejenige, mit welcher sie das vorhergehende Walzenpaar abgibt. Es werden infolgedessen die Fasern gegeneinander verzogen und dabei ausgerichtet. Das Faserband wird verfeinert, verstreckt. Besitzt ein Streckwerk drei einander folgende Walzenpaare, so bezeichnet man es als Dreiwalzen- oder Dreizylinderstreckwerk und das zwischen Einlauf- und mittlerem Walzenpaar belegene Streckfeld als erstes und das zwischen mittlerem und Auslauf- oder Lieferwalzenpaar liegende Streckfeld als zweites Streckfeld. In ihm wird die Arbeit des ersten fortgesetzt. Die zur einmaligen Bearbeitung eines Faserbandes gehörige Folge von Walzenpaaren nennt man einen Streckkopf. In jedem Streckkopf erfolgt, wie dargetan, die Verstreckung oder der Verzug in zwei Stufen. Weiter werden aber noch mehrere Streckköpfe nacheinander zur Anwendung gebracht. Weil nun hierdurch die Bänder gar bald zu dünn werden, doppelt oder dupliert man sie, d. h. man führt dem ersten Streckwalzenpaar eines jeden Kopfes 4 bis 8 Bänder nebeneinander liegend zu und zieht das aus seinen Lieferwalzen austretende, verstreckte Vlies zu einem einzigen neuen Band zusammen. Dieses Doppeln hat nicht nur den Zweck, das an Dicke zu ersetzen, was durch Verstrecken verloren gegangen ist, sondern zugleich auch Ungleichmäßigkeiten in der Faserordnung auszugleichen. Es entfällt im allgemeinen auf den Spinnmaschinen, auf ihnen wird durch das Strecken lediglich der Verzug mit unmittelbar sich anschließender Drahtgebung fortgesetzt.

Der Umstand, daß in einer und derselben Spinnerei Baumwollen verschiedenen Stapels verarbeitet werden müssen, macht es erforderlich, daß der Abstand der Walzenpaare der Streckwerke veränderbar sein muß[1].

Jede Änderung der Abstände der Unter- oder Riffelwalzen in der Maschine ist mühsam und mit großen Zeitverlusten verbunden, durch die wieder die Produktion nachteilig beeinflußt wird. Um nun vor einer solchen Änderung möglichst rasch die geeigneten Walzenabstände ermitteln und festlegen zu können, hat die Firma Nouvelle Société de Construction ci-devant N. Schlumberger in Guebwiller eine Vorrichtung (System Trevet) eingeführt, die bis zu einem gewissen Grade bei regelmäßiger Benutzung zugleich auch die Möglichkeit bietet, die Baumwollqualität zu prüfen und die Verzüge zu studieren. Die Vorrichtung ist mit vier unteren Riffelwalzen von 22 mm Durchmesser ausgestattet, deren vordere (Verzugswalze) durch eine Handkurbel in Drehung versetzt werden kann und die ihr erteilte Drehbewegung auf die übrigen Walzen überträgt. Alle Riffelwalzen ruhen in Gleitlagern und können infolgedessen mit Hilfe dieser auf alle in der Baumwollspinnerei gebräuchlichen Abstände eingestellt werden.

[1] Vgl. auch Mell. Text. Ber. **1930**, 675: Das Zylinderstellen in der Baumwollspinnerei.

Zwecks Aufhängens der Belastungsgewichte für die ebenfalls in Gleitlagern ruhenden Oberwalzen sind in der Walzenbank für den Durchtritt der Zugstangen entsprechende Aussparungen vorgesehen. Ein kleines Spulengestell für die Aufnahme von zwei Flyerspulen befindet sich vor dem Streckwerkeinlauf. Beim Gebrauch der Vorrichtung überzeugt man sich, nachdem das Band oder die Lunte in die mittels einer besonderen mit Einteilung versehenen Schublehre eingestellten, mit den erforderlichen Wechseln besetzten Walzen eingeführt ist, durch leichten Druck mit der Kante einer Visitenkarte auf das gestreckte Fasergebilde zwischen den beiden Walzenpaaren, ob der wichtigste Walzenabstand, d. h. derjenige zwischen den Verzugswalzen und den ihnen vorhergehenden Walzen für die in Frage kommende Baumwolle der richtige ist. Der Widerstand, den das Fasergebilde diesem Druck entgegensetzt, läßt erkennen, ob noch eine größere Anzahl Fasern an ihren beiden Enden von den Walzenpaaren festgeklemmt werden oder ob der Abstand zu groß ist. Im letzteren Falle bietet das Fasergut der Karte keinen Widerstand. Nach diesem Versuch ändert man dann den Abstand der Walzen durch Nähern oder Entfernen derselben so lange, bis die zwischen den beiden Walzenpaaren gehaltenen Fasern einem ganz leichten Druck mit einer Karte nachgeben. Die vordere Oberwalze wird bei den Versuchen so eingestellt, daß sie der Riffelwalze nach vorn etwas vorgelagert ist, ganz wie bei einer normal laufenden Maschine. Bei Versuchen, die sich auf eine mit schrägstehendem Streckwerk ausgestattete Maschine beziehen, ist der Verzugswinkel zu berücksichtigen.

Eine Druckschrift der genannten Firma enthält als Beigabe zu der von ihr eingeführten Vorrichtung Verzugstabellen.

Der Vorgang des Verstreckens (Verfeinerns) beruht, wie sich aus obigen Darlegungen ergibt, auf einer Geschwindigkeitssteigerung, die den Fasern erteilt wird. Die Fasern verlassen die Klemmstelle des Hinterwalzenpaares mit einer gleichmäßigen Geschwindigkeit. Gegenüber dieser Geschwindigkeit erhalten die von dem Vorderwalzenpaar erfaßten Fasern einen Geschwindigkeitszuwachs und verlassen die Klemmstelle dieses Walzenpaares mit der neuen Geschwindigkeit. Die weder von der ersten Klemmstelle noch von der zweiten Klemmstelle erfaßten Fasern werden zwischen den beiden Walzenpaaren von den von diesen erfaßten Fasern getragen; man bezeichnet sie als „schwimmende Fasern“. Ihre Zahl hängt ab von dem Fasergut und von der Klemmpunktentfernung der beiden einander folgenden Walzenpaare. Die Entfernung der Klemmstellen ist abhängig vom Material, sie darf nicht viel kleiner als die mittlere Faserlänge der längsten Fasern sein, da andernfalls zuviel der besten Fasern zerrissen werden. Ein Material, dessen Fasern in der Länge nicht allzu verschieden sind, wird natürlich wenig schwimmende Fasern aufweisen und infolgedessen ein gleichmäßigeres Produkt liefern. Das gilt z. B. vom Kammzug. Die von den Walzenpaaren erfaßten Fasern wirken je nach ihrer Entfernung von den schwimmenden Fasern mehr oder weniger durch Reibung auf die schwimmenden Fasern ein und beeinflussen so deren Bewegung. Daraus ergibt sich, daß die Zahl der an der zweiten Klemmstelle ankommenden Fasern zeitlich verschieden sein und infolgedessen auch die Güte des Produktes verschieden ausfallen wird. Auch die Verzugsgröße ist von Einfluß auf die Güte des Produktes. Ein starker Verzug steigert die auftretende Fehllagerung der schwimmenden Fasern. Je allmählicher der Übergang von einer Geschwindigkeit zur anderen erfolgt, desto geringer wird die mittlere Massenbeschleunigung der schwimmenden Fasern sein. Es ist deshalb keineswegs gleichgültig, ob der Geschwindigkeitszuwachs mit einem Mal zwischen zwei Walzenpaaren oder stufenweise zwischen einer größeren Zahl von Walzenpaaren erreicht wird. Die Zerlegung eines Walzenstreckwerkes in mehrere Einzelstreckwerke ermöglicht die Anwendung eines Vorverzuges, durch den eine Ausbreitung und Verflachung der Vorlage und ferner die Duplierung erreicht wird. Die Zerlegung des Verzuges in Teilverzüge mit lockernd und ausbreitend wirkendem Vorverzug und zwischengeschalteter Vergleichmäßigung durch Duplieren erfordert die Anwendung einer Reihenfolge von Vorspinnmaschinen.

Alle beim Verstrecken eines Faserbandes, einer Lunte oder eines Vorgarnes auftretenden Übelstände ergeben sich, wie aus vorstehendem hervorgeht, aus den großen Längenunterschieden der Fasern. Die schwimmenden Fasern verursachen dünne Stellen (Schnitte) und Faserstauungen (Kracher) im Gespinst und verhindern eine ausreichende Parallellegung der Fasern. Die Verteilung der kurzen Fasern in den langen wird durch die Ansammlung der kurzen Fasern verhindert. Solange also während des Streckvorganges eine übermäßig große Zahl von Fasern schwimmen, wird jede Streckung mit hohem Verzug ein ungleichmäßiges Material liefern. Soll dies verhindert werden, so muß die Zahl der schwimmenden Fasern nach Möglichkeit vermindert werden. Dies ist möglich durch Ausscheiden der kurzen Fasern vor dem Verstrecken (Kämmen) oder aber durch Anwendung einer Rückhaltvorrichtung im Verzugsfeld. Durch sie wird die Einwirkung der von den Lieferwalzen des Streckwerkes erfaßten Fasern auf die nachfolgenden, noch nicht erfaßten Fasern verhindert.

Das im Jahre 1769 von Arkwright verbesserte Streckwerk mit drei einander folgenden Walzenpaaren, das Dreiwalzen-Streckwerk, wurde bis zum Beginn des zwanzigsten Jahrhunderts wenig verändert. Der Gedanke des Durchzuges kam nach Ernst Toenniessen gemäß einem Vortrag in der im November 1928 in Stuttgart veranstalteten Textiltagung des Vereins Deutscher Ingenieure zuerst vereinzelt in England auf. Der Durchmesser der unteren Mittelwalze, des unteren Mittelzylinders, wurde verringert, und man ersetzte die zugehörige Oberwalze durch eine solche kleineren Durchmessers und geringeren Gewichtes, wodurch die Möglichkeit einer engeren Zylinderstellung gegeben war. Die Erkenntnis, daß man mit einem solchen Streckwerk höher verziehen kann, ist das Verdienst Janninks (D.R.P. 292351), während Johannsen die Theorie des Hochverzuges entwickelt und der Spinnerei erstmals zur Kenntnis gebracht hat.

Durch den Hochverzug, d. h. die Anwendung erhöhter Verzüge auf den Feinspinnmaschinen, wird die Möglichkeit geboten, Flyer auszuschalten, sämtliche Nummern der Vorspinnerei bis zum Streckband wesentlich herabzusetzen und auch durch doppelte Aufsteckung auf der Ringspinnmaschine die Gleichmäßigkeit des Gespinstes zu steigern. Auf jeden Fall fördert das Streckwerk für Hochverzug, das Durchzugsstreckwerk, die Wirtschaftlichkeit der Spinnerei durch Vereinfachung der Vorbereitung wesentlich. — Professor Dr. Johannsen erachtet nach einem Vortrag, den er in der obengenannten Textiltagung gehalten hat, die Beibehaltung der dreifachen Flyerei für wirtschaftlicher; durch Ausschaltung eines Flyers geht eine wertvolle Duplierung verloren.

Unzählig ist die Zahl der gemachten Vorschläge für die Ausbildung eines Streckwerkes für Hochverzug. Sie im Rahmen dieser Arbeit zu würdigen, erscheint ausgeschlossen.

Es muß deshalb auf die umfangreiche Literatur verwiesen werden[1].

[1] Vgl. insbesondere Biedermann: Beitrag zum Verständnis der Streckwerke für hohe Verzüge in der Baumwollspinnerei. Dissertation Dresden 1925. Dieterich: Versuche und Feststellung der Anwendungsgrenzen des Walzendurchzugstreckwerkes von Jannink. Dissertation Reutlingen-Stuttgart. Meister-Rohn: Die Spinnerei. Berlin: Julius Springer. Die Mitteilungen des Deutschen Forschungsinstituts für Textilindustrie in Reutlingen, die Arbeiten

Biedermann unterscheidet die gemachten Vorschläge in 3 Gruppen und rechnet zur ersten die beweglichen Rückhaltemittel, zur zweiten die starren Rückhaltemittel und zur dritten Gruppe die Zwischenstufen zwischen diesen beiden. Bedeutung haben bisher nur die beweglichen Rückhaltevorrichtungen erlangt und von diesen wieder diejenigen in Gestalt von Durchschlupfwalzen und von Lederhosen oder Förderriemchen. Als grundlegend für die ganze neuzeitliche Entwicklung der Hochverzugsstreckwerke müssen das Walzenstreckwerk für Hochverzug oder Durchschlupfwalzenstreckwerk von Jannink und das Förderriemchenstreckwerk von Casablancas angesprochen werden. Beide werden in der oben genannten Literatur hinsichtlich ihrer Vorteile und Nachteile gewürdigt. Für längeren und gleichmäßigeren Stapel ergibt nach Reinhardt[1] das Walzendurchzugsstreckwerk gute Resultate; bei kürzeren Baumwollen und ungleichmäßigerem Stapel tritt dagegen die Überlegenheit des Riemchenstreckwerkes von Casablancas, insbesondere bei hohen Verzugs-

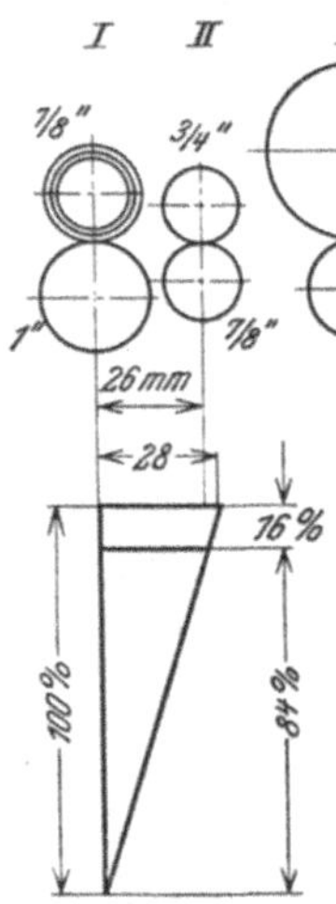

Abb. 145.

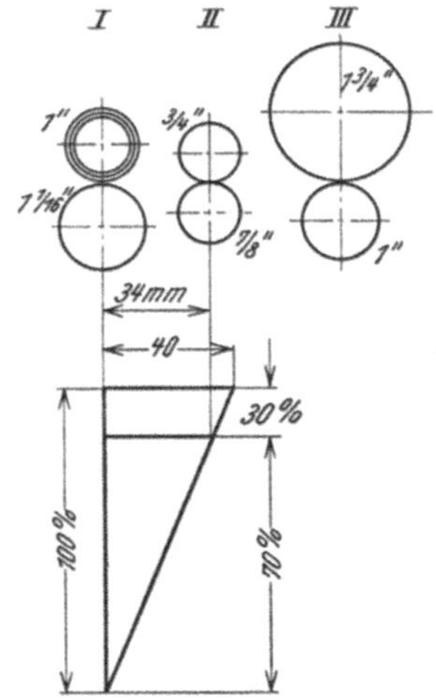

Abb. 146.

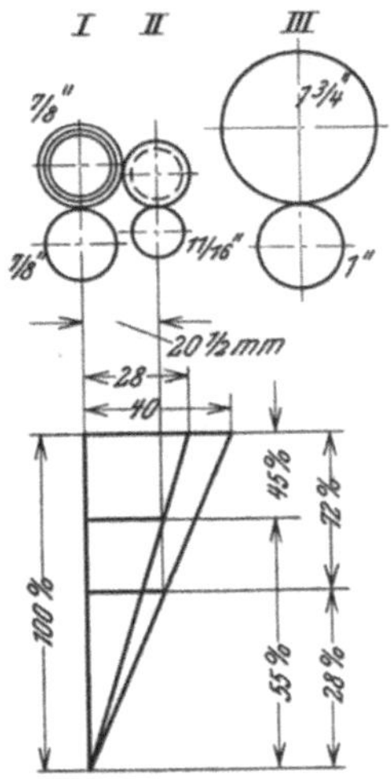

Abb. 147.

leistungen, deutlich in die Erscheinung. An Wagenspinnern (Selfactoren) versagen nach Genanntem viele Walzendurchzugsstreckwerke gänzlich, während das Riemchenstreckwerk sich auch hier unbedenklich anwenden läßt.

Das Wesen des Jannink-Streckwerkes ergibt sich aus den Abb. 145 bis 147, von denen die Abb. 147 es in seiner Grundform (D.R.P. 292351/1925) veranschaulicht. Die einer Arbeit von Seuchter[2] entnommenen Abbildungen lassen zugleich erkennen, in welchem Maße die Walzenstellung den Prozentsatz der schwimmenden Fasern beeinflußt. Aus Abb. 147 ergibt sich, daß die Unterwalze des zweiten Walzenpaares mit möglichst kleinem Durchmesser (nach der Patentschrift 8 mm) ausgeführt und möglichst nahe an die Unterwalze des ersten Walzenpaares herangeführt ist. (Abstand der Klemmstellen bei 22 mm Durchmesser der Vorderwalze $= \frac{22}{2} + \frac{8}{2} + 2 = 17$ mm.) Um nun den Fasern den Durchschlupf durch dieses so verstellte zweite Walzenpaar zu ermöglichen, ist

von Johannsen, Dieterich, Toennissen, Ros, Engelmann und anderen in der Leipz. Monatschr. Textilind. **1924**, Nr 7 u. 9; **1925**, Nr 9 u. 11; **1926**, Nr 7 u. 8; von Tschudi, Reinhardt, Weißbach und Lindenmeyer in Mell. Text. Ber. **1926**, 137; **1927**, 604, 690; **1928**, 277, 365; **1929**, 759, 839.

[1] Reinhardt: Mell. Text. Ber. **1928**, 277. [2] Mell. Text. Ber. **1929**, 175.

das Gewicht der auf der zweiten Unterwalze ruhenden nicht belasteten, glatten Oberwalze sehr klein gewählt.

Bei den gewöhnlichen Walzenstreckwerken (Klemmstreckwerken) für amerikanische Baumwolle — 28 mm Stapel — (siehe Abb. 145) werden ungefähr nur 16% der Fasern richtig erfaßt und geführt, zu lange Fasern werden zerrissen. Dagegen werden 84% der Fasern nicht erfaßt, d. h. sie schwimmen frei im Streckfeld. Bei ägyptischer Baumwolle — 40 mm Stapel — (siehe Abb. 146) werden 30% der Fasern geführt, 70% sind frei, also schwimmende Fasern. Bei dem Durchzugsstreckwerk Jannink (siehe Abb. 147) werden weitaus mehr Fasern geführt, und zwar bei amerikanischer Baumwolle 45%, bei ägyptischer Baumwolle 72%. Die Zahl der schwimmenden Fasern, welche die Wirkung des Streckwerkes ungünstig beeinflussen, ist ganz bedeutend verringert, und zwar bei amerikanischer Baumwolle von 84% auf 55%, bei ägyptischer Baumwolle von 70% auf 28%.

Der Abstand zwischen der zweiten und dritten Riffelwalze läßt sich nicht ändern, wohl aber läßt sich die erste Riffelwalze gegen die zweite verstellen. Die Entfernung der Walzen *I* und *II* richtet sich nach der Belastung der Druckwalze *II*. Wirkt diese klemmend, so muß, wie bereits ausgeführt worden ist, ihr Abstand dem Faserstapel angepaßt werden, läßt die Belastung der zweiten Oberwalze dagegen ein Hindurchgleiten der Fasern zu — Jannink —, so kann der Abstand der beiden Walzenpaare *I* und *II* kleiner als die Stapellänge gewählt werden, und zwar empfiehlt sich, das zweite Walzenpaar so nahe wie möglich an das Lieferungswalzenpaar heranzustellen, weil dann eine Veränderung des Abstandes für das Verziehen der verschiedensten Stapellängen erspart und damit eine große Erleichterung für die Wartung der Maschine erreicht wird. Der Verzug zwischen dem zweiten und dritten Walzenpaar beträgt 1,05 bis 1,12 und dient, wie bereits erwähnt, nur zur Voröffnung, insbesondere zur Auflösung des Drahtes in der Lunte. Ist dieser klein, so kann dieser Einzelverzug beinahe = 1 sein, ganz besonders, wenn die Fasern gleitend durch das zweite Walzenpaar hindurchgehen.

Im Laufe der Jahre haben sich bei Benutzung dieses in seinem Aufbau außerordentlich einfachen Walzenstreckwerkes für Hochverzug Mängel herausgestellt. Insbesondere hat sich ergeben, daß bei höheren Verzügen (> 12) das leichte Oberwälzchen des mittleren Walzenpaares unregelmäßig zu laufen beginnt, indem es mitunter ruckweise der Drehungsgeschwindigkeit der Unterwalze vorauseilt. Die mit der Umfangsgeschwindigkeit der vorderen Riffelwalze von dieser unter dem Oberwälzchen des zweiten Walzenpaares hinweggezogenen Fasern erteilen dem leichten Oberwälzchen eine zusätzliche Geschwindigkeit, die je nach dem vorhandenen Reibungswiderstand größer oder kleiner sein kann. Hierin liegt die Schwierigkeit, gleichmäßige Verzüge zu erzielen. Nachdem Johannsen auf den Einfluß dieses Drehungsimpulses hingewiesen hatte[1], wurden zahlreiche Vorschläge gemacht, diese Nebenwirkung auszuschalten. Von ihnen hat in erster Linie der in der Patentschrift 372823 niedergelegte Vorschlag von O. Johannsen praktische Bedeutung erlangt. Nach ihm erhält das Oberwälzchen an seinen beiden Enden eine den Manteldurchmesser überragende Riffelung, deren Teilung der der Unterwalze entspricht, wie dies Abb. 148 erkennen läßt. Durch das Zusammenwirken der beiden Riffelungen entsteht für das leichte Druckwälzchen ein vollkommen zwangläufiger Antrieb, so daß dieses stets nur die Umfangsgeschwindigkeit der Unterwalze aufweist.

[1] Vgl. Leipz. Monatschr. Textilind. **1916**, sowie Mitteilungen des Deutschen Forschungsinstituts für Textilindustrie in Reutlingen, H. 16.

Die Rheydter Maschinen- und Spindelfabrik Rheydt verwendet als Schlupfwalze eine Rillenwalze nach D.R.P. 305017, Gebr. Mühlen & Co. in Mülfort, eine Erfindung von Trümbach. Die aus den Abb. 149 und 150 erkenntlichen Ringnuten auf der Oberfläche der Walze lassen jede Schwere dieser zu, ohne daß die langen Fasern beschädigt werden, und zeigen keinen Drehungsimpuls. Die Ringrippen dringen in das Faserband oder die Lunte ein, zerteilen sie und breiten hierdurch die Fasern aus, was zur Folge hat, daß das Fasergebilde für den Verzug zwischen Vorder- und Mittelzylinder gelockert gemacht wird. Die feinen Ringnuten gestatten den Fasern ein glattes Durchgleiten, jede Störung in der Faserförderung ist infolgedessen ausgeschlossen. Der Vorverzug kann deshalb entfallen.

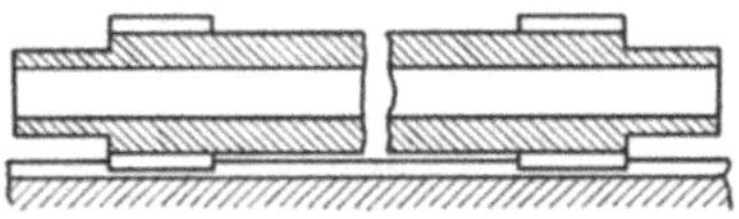

Abb. 148. Streckwerk - Oberwalze nach Johannsen für Walzendurchstreckwerke.

Seuchter[1] macht die folgenden Ausführungen zu der Erfindung Trümbachs.

Obwohl die Rillendruckzylinder auch für bestehende Walzenstreckwerke geeignet sind, empfiehlt sich doch die Anwendung eines unteren Vorderzylinders mit $^7/_8$ Zoll Durchmesser und eines unteren Mittelzylinders mit $^{11}/_{16}$ Zoll Durchmesser. Sie haben sich im Dauer- und Großbetrieb als äußerst zuverlässig und wirtschaftlich erwiesen. Man erreicht, daß alle Fasern bis herab auf etwa 20 mm geführt werden, während man bei dem normalen Klemmstreckwerk mit glattem Mittelzylinder nicht unter 26 mm gehen kann, um ein Zerreißen der Fasern zu verhindern.

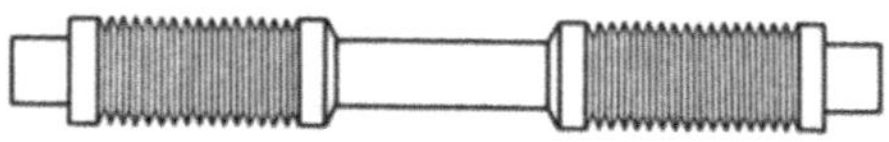

Abb. 149. Rillendruckwalze für Durchzugsstreckwerke nach D.R.P. 305017.

Bei Anwendung des Rillendruckzylinders wird eine größere Gleichmäßigkeit des Vorgarnes erzielt. Der Preis der Rillenzylinder ist sehr gering, weil die gußeisernen Kerne der alten Oberzylinder für die neuen Rillenzylinder benützt werden können. Das Näherstellen der Mittelzylinderpaare an den Vorderzylinder geschieht nur einmal. Die Stellung ist für alle Stapellängen stets die gleiche, es fällt deshalb das umständliche Neueinstellen der Zylinderabstände für die verschiedenen Baumwollqualitäten weg. Der Faden ist glatter, weil die von der Vorgarnlunte abstehenden Fasern durch die Rillen durchgezogen und in den Kern des Fadens mit eingesponnen werden. Durch die Erhöhung des Verzuges kann die Vorgarnnummer niedriger gehalten werden, was eine größere Produktion zur Folge hat. Die Ummontage alter Maschinen geht ohne Betriebsstörung vor sich. Durch die Benutzung des Rillenzylinders ist man ohne weiteres in der Lage, eine Anzahl Flyer stillzulegen.

Abb. 150. Walzenstreckwerk mit Rillendruckwalze nach D.R.P. 305017.

Tschudi[2] würdigt in einer Arbeit die Wirkungsweise der Rillenwalze und gibt an der Hand der Erzeugnisse von 40000 Prüfungen Aufschluß über die Anwendung der Rillenwalze bei den Hauptstreckwerktypen der Ringspinnmaschine, und zwar dem 3-Zylinderstreckwerk, dem Doppelrollerstreckwerk, dem 4-Zylinder-Toenniessen-Streckwerk

[1] Mell. Text. Ber. **1929**, 175. [2] Mell. Text. Ber. **1929**, H. 6.

und dem 3-Zylinder-Durchzugsstreckwerk. Im ganzen kommt der Verfasser auf Grund seiner Versuche zu keinem der Rillenwalze günstigen Ergebnis[1].

Bei Anwendung sehr kleiner Mittelwalzen nimmt die Gefahr des Wickelns zu, denn die kleinen Walzenumfänge bringen die Fasern leichter zur Umschlingung. Um das Wickeln zu verhüten, hält man sowohl die Unterwalzen als auch die kleine Oberwalze durch entsprechend angeordnete Putzwalzen von Faseransammlungen frei. Die nebenstehende Abb. 151 läßt die Einrichtung einer von Toenniessen[2] in Vorschlag gebrachten Putzvorrichtung dieser Art erkennen. Unter den Riffelwalzen *a*, *b*, *c* liegen zwei Putzwalzen *d* und *e*, von denen die zweite *e* gleichzeitig die mittlere und hintere Riffelwalze *b* und *c* berührt und so rein hält. Die obere Putzwalze *g*, die die Druckwalze *h* des ersten Walzenpaares *a*, *h* rein zu halten hat, stützt sich nach rückwärts gegen die große Selbstbelastungswalze *k* des hinteren Walzenpaares *c*, *k*, jedoch so, daß sie nahe an das leichte Druckwälzchen *i* heranreicht, ohne es zu berühren, und abstehende Fasern infolge ihrer rauhen Oberfläche aufnehmen kann.

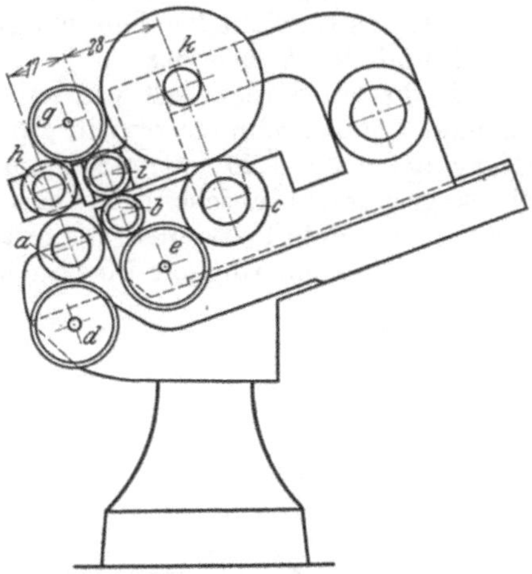

Abb. 151. Jannink-Streckwerk mit Putzvorrichtung nach Toenniessen.

Wie aus obigem hervorgeht, entfällt sowohl bei dem Jannink- als auch bei dem Trümbach-Streckwerk ein auflösend und verteilend wirkender Vorverzug, es findet nur ein Verzug zwischen dem hinteren (Eingangs-) Walzenpaar und dem vorderen (Ausgangs-) Walzenpaar statt. Dieser Umstand trägt nicht dazu bei, einen möglichst gleichmäßigen und glatten Faden zu erzeugen, bewirkt vielmehr das Gegenteil. Aus diesem Grunde hat man das sog. Doppelrollen-Streckwerk eingeführt, ein Dreiwalzen-Hochverzugsstreckwerk, dessen mittlere Unterwalze mit zwei Oberwalzen zusammenwirkt, wie dies die Abbildungen 152 bis 154 erkennen lassen. Aus der Anordnung dieser Oberwalzen ergeben sich zwei Streckfelder, wie sie das normale Dreiwalzenstreckwerk aufweist, außerdem gewährleisten sie gleichzeitig die Anwendung des Hochverzuges. Die drei oberen Druckwalzen sind beibehalten, zwischen die erste (vordere) und die zweite (mittlere) Druckwalze ist aber eine vierte Walze in Gestalt einer Schlupfwalze so eingeschaltet worden, daß sie mit der zweiten Druckwalze auf die mittlere Riffelwalze wirkt; die Fasern des durch das Streckwerk laufenden Fasergebildes müssen infolge der eigenartigen Anordnung der beiden fraglichen Druckwalzen einen leichten, kurzen Bogen um die ihnen gemeinsame Riffelwalze beschreiben. Die Verzugslinie liegt nicht mehr in

Abb. 152.

[1] Eine weitere Würdigung der Rillenwalze, und zwar zugunsten derselben, befindet sich in der in den Mell. Text. Ber. **1929**, H. 1 u. 2, abgedruckten Arbeit: Zug und Verzug in der Baumwollspinnerei; auf sie sei verwiesen.

[2] Leipz. Monatschr. Textilind. **1924**, H. 7.

einer Geraden. Die Fasern können infolgedessen nicht mehr büschelweise von der Lieferwalze mitgenommen werden und hierdurch gelingt es nach einer Arbeit über Hochverzugsstreckwerke[1], der auch die vorstehend genannten Abbildungen entnommen sind, ein ziemlich spitzenloses Gespinst herzustellen.

Der wechselnden Eigenart der Baumwolle wird durch vierfache Einstellbarkeit Rechnung getragen. Geändert können werden: der Abstand der Zylinder *II* und *III*, das Gewicht der Durchzugwalze *3*, der Abstand zwischen den Walzen *2* und *3* und der Vorverzug.

Mit diesem Streckwerk wurden nach einer Arbeit von Sojka[2] sehr befriedigende Spinnergebnisse erzielt. So wurde aus ostindischer Baumwolle, Mittelflyervorgarn Nr. 1,25 mit 24fachem Verzug bei 10000 Spindeltouren Ringgarn Nr. 30 gesponnen, welches dem Garn aus dem gleichen Rohstoff, das mit 6fachem Verzug aus Feinflyerspulen hergestellt war, bezüglich Festigkeit gleichwertig, bezüglich Gleichmäßigkeit überlegen war. Im allgemeinen kann gesagt werden,

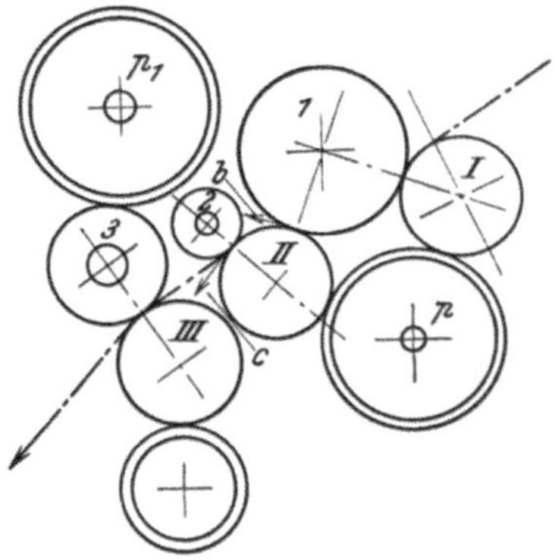

Abb. 153.

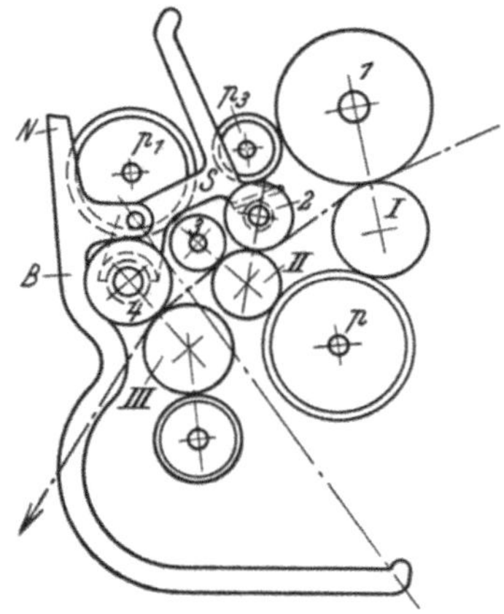

Abb. 154.

daß bei einer Steigerung der Verzüge auf das 2- bis 2½fache gegenüber den gebräuchlichen die Voraussetzung für gutes Garn und gutes Laufen gegeben sind. Bedingung ist, daß gut kardiertes Vorgarn vorliegt, dessen Drehung nicht schärfer genommen wird, als für das Ablaufen der Spulen gerade nötig ist, und daß allgemeine Sauberkeit an der Maschine herrscht.

Aus einer Abhandlung über Doppelrollenstreckwerke[3] sei noch das Folgende über diese Streckwerke wiedergegeben.

Sie sind an sich sehr alt und wurden schon in den fünfziger Jahren des vorigen Jahrhunderts verschiedentlich ausgeführt, z. B. in den Vereinigten Staaten und in England. — Ingenieur Toenniessen brachte, um einen Klemmpunkt für den mittleren Unterzylinder zu schaffen, seinen für Streckwerke bekannten Drucksattel auch für Doppelrollen-Streckwerke zur Anwendung, wie dies Abb. 154 erkennen läßt. — Nach einem weiteren Vorschlag suchte man den Klemmpunkt für den mittleren Unterzylinder dadurch zu erhalten, daß man die Einzugswalze *1* in Abb. 153 auf den beiden Unterzylindern *I* und *II* aufliegen läßt. Die Deutsche Spinnereimaschinenbau A.-G., Ingolstadt, versucht den konstruktiven Grundgedanken der Abb. 153 u. 154 zu kombinieren. Sie benützt die Druckkomponente der Einzugswalze *1* für eine zusätzliche Belastung des Rollers *2*, Abb. 152, und erreicht dies dadurch,

[1] Textilmarkt **1926**, Nr 59b.
[2] Sojka, F.: Das D-3-Zylinder-Hochverzugsstreckwerk. Mitt.-Blatt d. Sächs. Textilschulverbandes **1928**, 21.
[3] Textilmarkt **1928**, Nr 3.

daß sich der Zapfen der Einzugswalze *1* gegen einen Schieber *S* legt, der in einer Kulisse *K* geführt ist und unten eine Ausbohrung als Lager für den Zapfen der Walze *2* besitzt. Hierdurch erhält diese Walze eine zusätzliche Belastung von ca. 800 g. Die Walze *2* muß, um durch *1* möglichst stark belastet zu werden, auf den Unterzylinder *II* ziemlich weit zurückliegen. Dadurch liegt sie außerhalb der reinigenden Wirkung der Oberputzwalze *p 1*. Sie kann also nicht dauernd automatisch sauber gehalten werden und wird — besonders bei Anwendung von Hochverzug — verflugen. Da sie nun an und für sich ziemlich tief liegt, kann die Arbeiterin den Flug, ohne die Walze herauszunehmen, schlecht entfernen. Sie muß zu diesem Zweck die Einzugswalze *1* abheben und kann dann die beiden Schieber *S* mit der Walze *2* herausziehen. In diesem Moment werden aber die beiden Vorgarnfäden, da sie nur von der leichten Durchzugswalze *3* belastet sind, unverzogen durchgerissen, wodurch die Belederung des Vorderrollers *4* beschädigt wird. Der gleiche Übelstand kann eintreten, wenn infolge Neueinführens eines abgerissenen Vorgarnfadens die Einzugswalze *1* zu diesem Zweck ausgehoben werden muß. Bei groben Lunten und etwas harter Drehung genügt das Gewicht der unbelasteten Walze *2* wahrscheinlich nicht, um ein Durchreißen des Vorgarnes zu verhüten. Die tiefe Lage der Walze *2* nach rückwärts führt außerdem den Vorgarnfaden, bevor er an den Klemmpunkt *2—II* kommt, auf die Putzwalze *p*.

Die Nachteile der Vorrichtung nach Abb. 152 sind ähnlicher Art wie die der Vorrichtung nach Abb. 153. Will man eine neue Lunte einführen, so kann dies nicht geschehen, ohne die Walze *1* auszuheben. In diesem Falle wird aber der Nachbarfaden, da der Rückhalt allein durch die leichte Durchzugswalze *2* zu erfolgen hat, unverzogen durchgerissen. Ein weiterer Übelstand dieser Konstruktion ist noch der, daß die Lunte zwischen *I* und *II* keinerlei Vorverzug erhält. Da das Vorgarn oft infolge Vorlaufens einer Spule wellenlinienförmig unter dem Einzugzylinder einläuft, ein Geradestrecken dieser Wellen infolge der fehlenden Vorspannung aber nicht stattfindet, so tritt zwischen *3* und *4* ein Querverzug ein, der sehr schädlich ist. Es gibt auch eine Konstruktion, bei welcher der Einzugszylinder *I* fehlt. Diese hat den Nachteil, daß die Fadenführeröse sehr weit vom Klemmpunkt *I—II* entfernt liegt. Das Querlaufen des Vorgarnes wird dadurch noch begünstigt. Die Anbringung der Putzwalze, die für die Sauberhaltung von Walze *II* unbedingt notwendig ist, wird hier besonders ungünstig, da ihr die Führung durch die 2 Unterzylinder genommen ist. Ihre Zapfen müßten in diesem Falle besonders gehalten werden. Bei dem in Abb. 154 dargestellten Doppelrollen-Streckwerk sind alle vorerwähnten Fehler vermieden. Die Walze *2* wird durch einen Toenniessen-Klappsattel *S* belastet, und zwar so stark, daß ein tatsächlicher Vorverzug erzielt werden kann. Soll der Roller *2* zwecks Reinigung herausgenommen werden, so wird der Sattel *S* so weit aufgeklappt, bis er sich auf die Nase *N* des Bügels *B* legt. Der Vorderroller *4* bleibt unter Belastung. Die Walze *2* kann ohne jede Beeinträchtigung des Verzugsvorganges herausgenommen und gesäubert werden. Im übrigen liegen die Zapfen von *2* im Rahmen (chapeau) frei und können, selbst wenn die Walze arbeitet, von Flug gereinigt werden. Die kleine Oberputzwalze p_3 sorgt außerdem für eine dauernde Reinigung von *1* und *2*. Die Walze *2* liegt auch nicht so weit zurück, wie bei Abb. 152. Die Einzugswalze *1* steht nahezu senkrecht über *I*. Diese beiden Faktoren bewirken, daß eine neu eingeführte Lunte nicht auf die Putzwalze läuft, sondern direkt in den Klemmpunkt *2—II* kommt. Ein weiterer Vorteil dieses Doppelrollen-Streckwerkes ist noch darin zu sehen, daß die Einzugswalze ruhig angehoben werden kann, ohne daß dadurch die Lunte unverzogen durchgerissen wird, oder daß die Belastung der Walze *2* zu gering wird, um ein Durchreißen der Lunte mit Sicherheit zu verhüten. Auch muß die Erfahrung lehren, ob eine schwere Einzugswalze auf die einlaufende Lunte, besonders bei feinem Vorgarn, nicht schädlich wirkt.

Den Doppelrollen-Streckwerken im allgemeinen haften außer den vorerwähnten Nachteilen noch verschiedene weitere Fehler an. Der mittlere Unterzylinder *II* muß, da er zwei Oberwalzen aufzunehmen hat, sehr groß genommen werden. Die Durchzugswalze liegt deshalb ziemlich weit ab vom Vorderzylinder-Klemmpunkt. Der größte verzugstechnische Fehler ist aber in der mehrmaligen Ablenkung der Lunte im Streckfeld zu sehen, eine Ansicht, der allerdings F. Sojka in der genannten Abhandlung über das Dreizylinder-Hochverzugsstreckwerk widerspricht. Es erfolgt ein Austreten der Faserenden in Richtung *a—b* und *c* (siehe Abb. 152), denn die Fasern haben selbstverständlich das Bestreben, senkrecht zur Verbindungslinie des Klemmpunktes eines Walzenpaares diesen zu verlassen. Sie stoßen sich infolgedessen an der folgenden Walze. Dies mag wohl der Grund sein, weshalb sich das Doppelrollen-Streckwerk für hohen Verzug bis jetzt kaum bewährt hat. Bei Verzügen über 10fach geht die Festigkeit schon ziemlich herunter, und selbst bei 10fachem Verzug wird die Festigkeit des Klemmstreckwerkes nicht mehr erreicht. Günstig für den sicheren Betrieb ist die große hintere Unterputzwalze *p* und der verhältnismäßig große Durchmesser des Mittelzylinders *II*. Verzugstechnisch ist aber dem 3- und 4-Zylinder-Durchzugsstreckwerk der Vorzug zu geben.

Während bei den in den Abb. 152 bis 154 dargestellten Doppelrollen-Streckwerken die gerade Strecklinie infolge eines Umschlusses der mittleren Riffelwalze durch das Fasergut in ihrem Oberteil beseitigt ist, ist diese bei dem Walzenstreckwerk für Hochverzug von H. Werning (D.R.P. 415670), Abb. 155, dadurch verlassen, daß das Fasergut nicht den Oberteil der mittleren Riffelwalze, sondern den Unterteil der mittleren Druckwalze ein kurzes Stück bogenförmig umläuft. Die Strecklinie ist nach unten gebrochen. Das straff gespannte Vorgarn hat daher das Bestreben, die mittlere Oberwalze in ihren Gleitlagern zu heben. Die Walze kann deshalb etwas schwerer gehalten werden, ohne daß eine zu starke Klemmung des Fadens eintritt. Diese Gewichtsvermehrung ist nach Angabe der Firma Krupp A.-G., Essen, für ein gleichmäßiges Anliegen und Laufen der mittleren Oberwalze und damit für eine gute Fadenbildung im Streckwerk außerordentlich günstig. Die Zylinder sind $^7/_8$ bis $^{11}/_{16}$ bis $^7/_8$ Zoll engl., die Entfernung der Klemmpunkte $20^1/_2$ mm, der Mittelzylinder ist 17 mm stark und 150 g schwer. Das Streckwerk arbeitet bis 16fachen Verzug. Es ist jedoch eine Gefahr des Aushebens der Mittelrolle und des Durchschlüpfens von starken Stellen, Andrehern usw. nicht ganz von der Hand zu weisen. Johann Frautzen schuf zu diesem Streckwerk 1922 die sich sehr gut bewährenden Fischhautriffelungen der Oberzylinder.

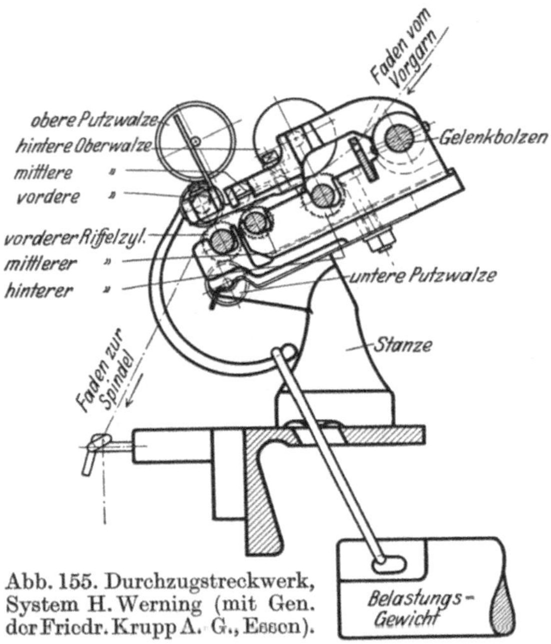

Abb. 155. Durchzugstreckwerk, System H. Werning (mit Gen. der Friedr. Krupp A. G., Essen).

Die Abb. 156 und 157 zeigen in zwei Ausführungsformen ein Dreiwalzen-Streckwerk für Hochverzug, das die Vorteile der Riemchenstreckwerke für Hochverzug mit denen der dem gleichen Zweck dienenden Walzenstreckwerke vereinigen soll. Das Wesen des von der Firma Maschinenfabrik „Weco“, Thann-Elsaß, eingeführten Streckwerkes besteht darin, daß der Metallkern *c* der Oberwalze *a* des mittleren Walzenpaares *a*—*b* von einem Mantel *d* von verhältnismäßig großer Dicke und außergewöhnlicher Elastizität umgeben ist. Unter dem Einfluß des Eigengewichtes und eines durch einen Gewichtshaken *e* mit Sattel *g*, Abb. 156, oder eine Belastungswalze *e*, Abb. 157, hervorgebrachten Zusatzgewichtes wird der nachgiebige Mantel *d* derart zusammengedrückt, daß er sich dem Unterzylinder *b* auf einem verhältnismäßig großen Teil seines Umfanges anschmiegt, so daß die dadurch entstehende Klemmlinie mit dem einen Ende näher an den Klemmpunkt des Vorderzylinderpaares herankommt. Außerdem wird die Lunte auf einer ziemlich großen Länge sehr schonend gehalten. Der auf die Lunte ausgeübte Druck ist gering, denn infolge der Elastizität des Mantels wird nur ein kleiner Teil des Gesamtdruckes des oberen Zylinders auf die Lunte übertragen. Ein Bund zu beiden Seiten des Mantels begrenzt diesen Druck. Der Abstand zwischen Mittel- und Vorderzylinder kann also, ohne die Gefahr einer Beschädigung des Stapels hervorzurufen, etwas geringer gewählt werden als die mittlere Länge der zu verarbeitenden Faser.

Die Versuche mit dem Streckwerk haben nach Angaben der Erbauerin ergeben, daß der günstigste Verzug für eine Baumwolle von nominal 28/29 mm Stapel zwischen 18 und 20 liegt.

Aus dem Gedanken heraus, daß der Konstrukteur sein Augenmerk nicht nur auf die konstruktive Form des Neuzuschaffenden lenken darf, sondern vor allen Dingen auch dessen wirtschaftliche Auswirkung im Auge behalten und gerade auf spinntechnischem Gebiete bedenken muß, daß die Spinner doch unmöglich auf einmal ihre vorhandenen, noch in gutem Zustande befindlichen Maschinen zum alten Eisen werfen und sich neue Maschinen anschaffen können, hat Udo Dittmar, Freiburg i. Br., das in der Abb. 158 dargestellte Gleitschlupf-Walzenstreckwerk mit verstellbarer Hauptlafette in Vorschlag gebracht. Durch

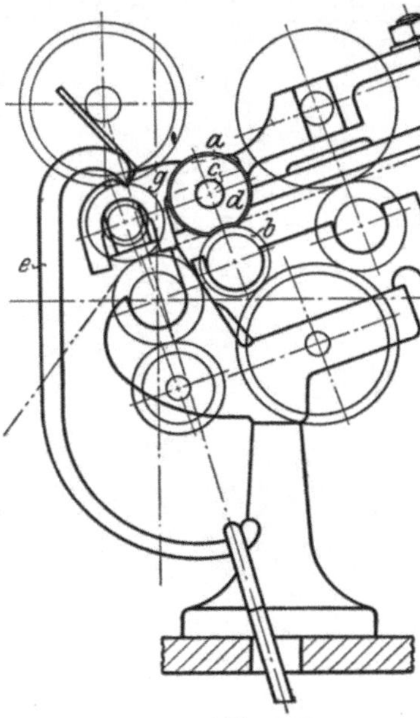

Abb. 156.

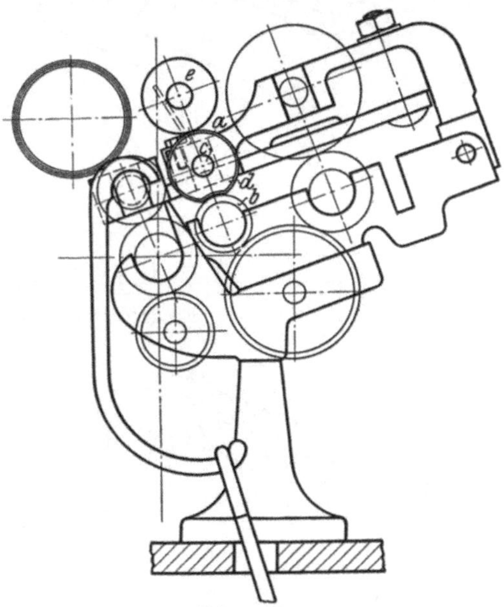

Abb. 157.

Abb. 156 u. 157. Dreiwalzen-Streckwerk für Hochverzug (Maschinenfabrik „Weco", Thann i. E.).

Anwendung desselben soll einerseits das vorhandene größtmöglichst ausgenutzt, sowie hinsichtlich Einfachheit, Zweckdienlichkeit und Preiswürdigkeit das Vollkommenste erreicht werden.

Das Streckwerk ist ein Dreiwalzenstreckwerk, bei dem mit der mittleren Unterwalze wie bei dem Streckwerk nach den Abb. 152 bis 154 zwei Oberwalzen zusammen arbeiten, deren den Streckwerklieferwalzen zunächst liegende als Schlupfwalze wirkt, während die weiter zurückliegende unter positivem Klemmdruck steht. Ihr Abstand von der vorderen oder Lieferwalze ist der Maximalfaserlänge angepaßt. Für die Lagerung der Druckwalzen ist eine Haupt- und eine Vorderlafette vorgesehen, wie dies die Abb. 158 unter a bis c erkennen lassen. Die Hauptlafette hat zwischen Hinter- und Vorderdruckroller eine vollkommen glatte Oberfläche, weist also keine Verschraubungen usw. auf, bietet somit für Ansammlung von Staub und Flug keinen Anlaß und schafft für die Anordnung der Putzvorrichtungen freie, ungehinderte Bahn.

Neben den Dreiwalzen-Hochverzugsstrecken sind auch Vier- und Mehrwalzen-Hochverzugsstreckwerke zur Einführung gekommen. Von den ersteren hat das Vierwalzenstreckwerk von Toenniessen besondere Bedeutung erlangt. Einer Druckschrift der Deutschen Spinnereimaschinenbau A.-G., Ingolstadt, sei hierzu das Folgende entnommen.

Bei dem gewöhnlichen Dreizylinder-Klemmstreckwerk (Abb. 159, 1) schwimmen bei engster Einstellung zwischen den Klemmpunkten *Ia* und *IIb* etwa 64% aller Fasern. Die Verzugshöhe ist dadurch auf rund das 8fache beschränkt. Diese Zahl ist steigerungsfähig auf Streckwerken,

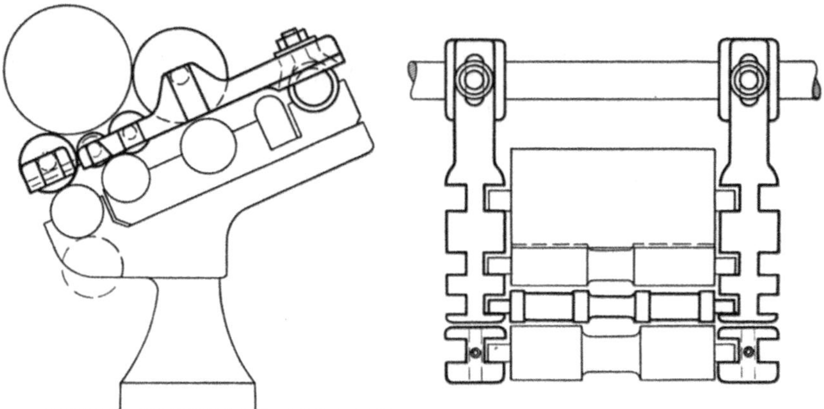

a

Eingebaut in eine normale Streckbank.

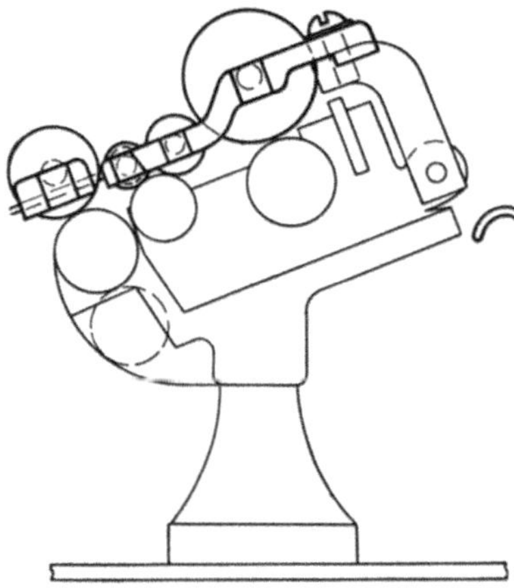

b

Eingebaut in eine Streckbank mit aus einem Stück gegossenen Hauptlafetten.

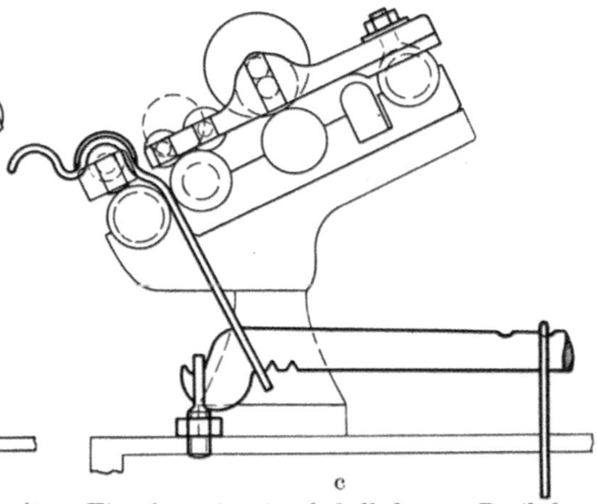

c

Eingebaut in eine hebelbelastete Dreilederroller-Streckbank bei gleichzeitiger Umänderung der Belastung.

Abb. 158a bis c. Verstellbares Gleitschlupf-Walzenstreckwerk mit Hauptlafette (Udo Dittmar, Freiburg i. B.).

bei denen das Gewicht der mittleren Druckwalze und der Abstand zwischen Vorder- und Mittelzylinderpaar verringert sind (Abb. 159, 2, System Jannink). Hierdurch verteilt sich der Verzug auf eine Strecke von etwa 60 mm bei einer mittleren Faserlänge von etwa 18 mm. Die unvermeidliche Folge hiervon ist ein ungeregeltes Verziehen des Vorgarns im Gesamtstreckfeld, denn der Verzugsvorgang spielt sich nicht nur zwischen Vorder- und Mittelzylinder ab, sondern wirkt sich in abnehmendem Maße bis zum Klemmpunkt *IIIc* (Abb. 159, 2) aus. Die Erkenntnis, daß dem Zurückwandern des Verzuges bis hinter das mittlere Walzenpaar eine Grenze zu setzen sei, führte zum einfachen Vierzylinderstreckwerk (Abb. 159, 3). Zur Erzielung einer ausreichenden Klemmung des Vorgarns mußte der Durchmesser des hierbei neu eingeschalteten Walzenpaares *IIIc* so stark als möglich gewählt werden, was eine Vergrößerung des Klemmpunktabstandes zwischen *IIb* und *IIIc* (Abb. 159, 3) zur Folge hatte. Toenniessen erkannte, daß die große Klemmpunktentfernung zwischen den beiden mittleren Zylinderpaaren der sicheren Faserführung nachteilig war; weiter kam er zu der Feststellung, daß eine Unterteilung des Gesamtverzuges stattfinden müsse, um bei Hochverzug die besten Ergebnisse hinsichtlich Garngleichheit zu erzielen. Dies führte unter gleichzeitig erheblicher Verkleinerung des Durchmessers der hinteren mittleren Druckwalze zur Anordnung einer besonderen Sattelbelastung derselben, vgl. S. 160, und damit zu dem neuen Vierzylinder-Toenniessen-Streckwerk, das in seiner heutigen Ausführungsform an Einfachheit und Betriebssicherheit die weitgehendsten Ansprüche erfüllt und bei doppelten und noch höheren Verzügen weit Besseres leistet als irgendein gewöhnliches Streckwerk bei normalem Verzug. Alle ihrer Natur nach unzuverlässig wirkenden und starker Abnutzung oder Veränderung unterworfenen Baustoffe, wie Lederhosen usw., sind dabei vermieden worden. Die Bedienung erfordert weniger Überwachung und Wartung als ein normales oder ein anderes Hochverzugsstreckwerk. Von den vier Streckzylinderpaaren *I—a*, *II—b*, *III—c* und *IV—d*, Abb. 159, 4, sind die ersten drei auf das äußerste zusammengerückt.

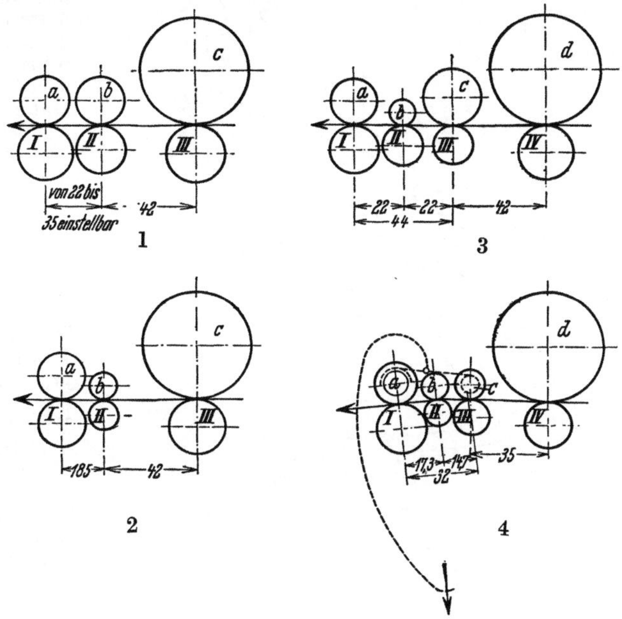

Abb. 159.

Das vordere Walzenpaar *I—a* besitzt einen gewöhnlichen Losroller *a*. Die vordere mittlere Druckwalze *b* hat ein der Garnnummer entsprechendes Gewicht. Die hintere, mittlere Druckwalze *c* ist als Festroller für Belederung ausgebildet. Die hintere Druckwalze *d* hat Selbstbelastung. Die Vorgarnlunte bewegt sich in einer gebrochenen Linie, die durch entsprechende Tieferstellung des Zylinderpaares *I—a* erzielt ist. Hierdurch wird statt der Punktberührung der Lunte durch Riffelzylinder *II* eine Flächenberührung erreicht, die dem Streckvorgang besonders förderlich ist. Ein Anheben der Schlupfwalze *b* des zweiten Walzenpaares wird verhindert. Die Zylinderpaare *II—b*, *III—c* und *IV—d* sind in einem Neigungswinkel von 30° angeordnet, während durch die Tieferstellung des Zylinderpaares *I—a* die Neigung zwischen diesem und dem Zylinderpaar *II—b* 33° beträgt. Die vordere Druckwalze *a* und die hintere, mittlere Druckwalze *c* sind durch einen Druckbügel mit besonderem Drucksattel belastet. Außer der vorderen Druckwalze *a* ist deshalb auch die hintere, mittlere Druckwalze *c* für Belederung eingerichtet. Durch Hochklappen des Drucksattels *S*, Abb. 160, werden die Walzen *b* und *c* für evtl. Herausnahme frei, ohne daß die Belastung von Druckwalze *a* aufgehoben wird, so daß der Spinnvorgang durch dieses Umklappen nicht unterbrochen wird. Da die Walze *c* durch den Sattel zusätzlich belastet wird, so kann sie im Durchmesser klein gehalten werden, und es kann infolgedessen die Klemmstelle *III—c* viel näher an die Durchzugsstelle *II—b* herangerückt werden, als dies bei gewöhnlichen Vierzylinderstreckwerken mit Eigenbelastung der Walze *c* möglich ist. Auch kann der Verzug nicht so weit durch das Durchzugswalzenpaar *II—b* nach rückwärts durchschlüpfen. — Beim gewöhnlichen Vierzylinder-Streckwerk ist das dritte Walzenpaar nichts anderes als ein zweites Durchzugswalzenpaar. Durch die zusätzliche Belastung der Walze *c* wird ein tatsächlicher, effektiver Vorverzug erzielt, der sich als sehr günstig erwiesen hat. Die Einzelverzüge werden kleiner, die Festigkeit des Fadens nimmt zu. Das Streckwerk ist unverstellbar, und zwar sowohl hinsichtlich der Stanze für die Unterzylinder, als auch der Oberwalzenhalter. Die Maschine kann also nie unsachgemäß eingestellt werden, die Zylinderpaare laufen stets parallel zueinander. Die Oberwalzenhalter gewöhnlicher Vierzylinderstreckwerke haben bis zu 4 Schrauben, erfahrungsgemäß werden diese Schrauben leicht locker, die Oberwalzen verstellen sich von selbst, folglich wird das Garn schlecht — die Lederwalzen beginnen zu „radieren" und nützen sich rasch ab. — Die effektiven Klemmpunktentfernungen (von *I—III* und von *III—IV*) sind bei dem Vierzylinder-Toenniessen-Streckwerk, wie es jetzt ausgeführt wird, Abb. 160, so gehalten, daß sowohl kurze als auch längere Baumwolle ohne „Krachergefahr" mit besten Resultaten versponnen werden kann. Die Durchzugswalze *b* wird mit ihrem Gewicht dem Stapel und der Nummer angepaßt. — Meist wird man nach Ansicht des Erfinders mit zwei Walzengewichten vollkommen auskommen. Die Oberputzwalze *p* ist so bemessen, daß sie alle 4 Oberwalzen *a, b, c* und *d* sauber hält. Die Oberwalzenträger sind konkav ausgebildet, und zwar so, daß deren kreisförmige Oberseite ihr Zentrum in dem der Putzwalze hat. Sie streicht also in gleichem Abstand über die Oberwalzenhalter hinweg und hält diese sauber. Zur Sauberhaltung der Zapfen der Oberwalzen ist auf die Oberputzwalze *p* noch über den Oberwalzenhaltern ein besonderer Filzring *R* aufgesetzt, der bis nahe an die Zapfen führt und ein Wickeln derselben dauernd verhütet. Auf die Lagerung der hinteren Unterputzwalze ist besondere Sorgfalt verwendet worden. Die Erfahrung hat gelehrt, daß dies für den guten Lauf des Streckwerkes Lebensbedingung ist. Diese Putzwalze wird durch eine Plattfeder *F* in der Mitte der Achslänge getragen. Die Feder ist so am Streckwerk angebracht, daß die Druckrichtung auf den Zapfen der Putzwalze genau zwischen den beiden Unterzylindern *II—III* hindurchgeht. Die Putzwalze wird also gut mitgenommen. Das Herausnehmen und Wiedereinsetzen geschieht dadurch, daß die Spinnerin oben so gegen die Feder *F* drückt, daß der Knopf *K* aus dem Oberwalzenhalter heraustritt. Nunmehr kann die Feder nach abwärts geschoben werden, bis der Schlitz in der Feder so weit wird, daß diese über *S* nach rückwärts herausgenommen werden kann. Die Einrichtung hat also den Vorteil, daß die Putzwalze erst außer Berührung mit den zugehörigen Zylindern gebracht werden kann, bevor sie nach rückwärts geführt wird. Die Spinnerin braucht zur Herausnahme der Putzwalze nicht von hinten unter das Streckwerk zu greifen.

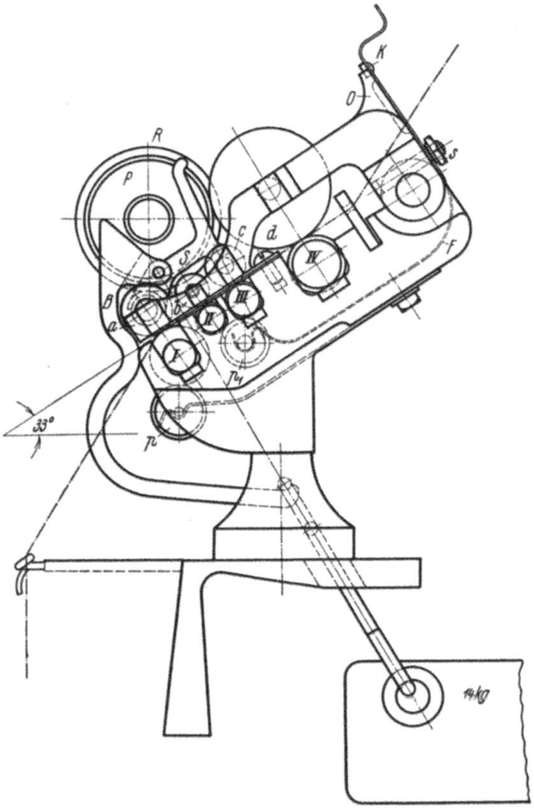

Abb. 160. Vierzylinder-Toenniessen-Streckwerk.

In seiner heutigen Konstruktion erzielt das Vierzylinder-Toenniessen-Streckwerk gegen über dem Lederbandstreckwerk (Casablancas) bei 12- bis 25fachem Verzug mindestens die gleiche Festigkeit, hat aber als beträchtliche Vorteile unveränderliche Betriebsmittel und größere Sauberhaltung. Einwandfreie Versuche haben nach Toenniessen ergeben, daß jedes Streckwerk bei höherem Verzug ein weniger festes Garn gibt. Das Casablancas-Streckwerk macht insofern eine Ausnahme, als es bei 10- bis 12fachem Verzug die günstigsten Werte zeigt, mindert oder steigert man den Verzug, so fällt die Festigkeit. Das beste Garn erhält man auf dem Vierzylinder-Toenniessen-Streckwerk bei normalem 6- bis 7fachen Verzug, während es bei 10- bis 12fachem Verzug noch ein dem gewöhnlichen Dreizylinder-Klemmstreckwerk ebenbürtiges Garn erzeugt.

Für die Riffelzylinder sind in der obengenannten Druckschrift folgende Abmessungen angegeben:

Vorderzylinder	*I* = 22,2 mm		7/8″ engl. Durchm.
Erster Mittelzylinder	*II* = 14,0 „	=	ca. 9/16″ „ „
Zweiter Mittelzylinder	*III* = 16,0 „	=	„ 5/8″ „ „
Hinterzylinder	*IV* = 22,2 bzw. 25,4 mm	=	7/8 bzw. 1″ engl. Durchm.

Es hat sich jedoch ergeben, daß die ersten Vierzylinder-Toenniessen-Streckwerke zu kleine Zylinder- und Putzwalzendurchmesser aufwiesen. Diese Fehler sind heute als behoben anzusehen, ohne daß die spinntechnische Leistung beeinträchtigt wurde. Oberwalzen von größeren Abmessungen klemmen sicherer, und auch die Durchzugswalze arbeitet bei größeren Durchmessern und schwachen Zapfen gleichmäßig. Am zweckmäßigsten ist für das sichere Laufen die Ausführung mit Zwangsantrieb, wie ihn die Johannsen-Riffelwalze gewährleistet.

Das in Abb. 161 veranschaulichte Vierwalzenstreckwerk wird von der Firma Howard & Bullough Ltd., Accrington, gebaut. Bei ihm ist von einer Ablenkung des Verzugsfeldes Abstand genommen. Von den vier Putzzylindern wirkt je einer auf die Unter- und Oberwalze des Auslaufwalzenpaares, ein dritter reinigt gleichzeitig die zweite und dritte Unterwalze und der vierte Putzzylinder arbeitet mit der dritten Oberwalze zusammen.

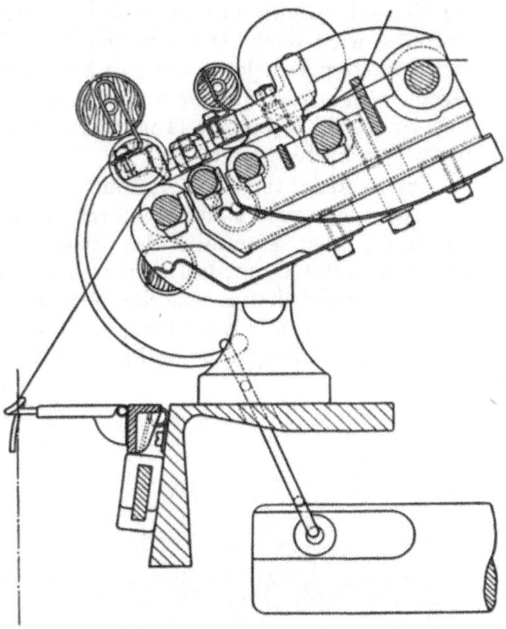

Abb. 161. Vierwalzen-Hochverzugsstreckwerk (Howard & Bullough Ltd., Accrington).

Ein weiteres Vierzylinder-Gleitschlupf-Streckwerk ist dasjenige von Udo Dittmar, Freiburg i. Br. Seine Einrichtung ergibt sich aus den Abbildungen 162 bis 164.

Der Vorverzug zwischen Zuführ- und Mittelzylinderpaar ist beibehalten. Zwischen Mittel- und Lieferzylinderpaar

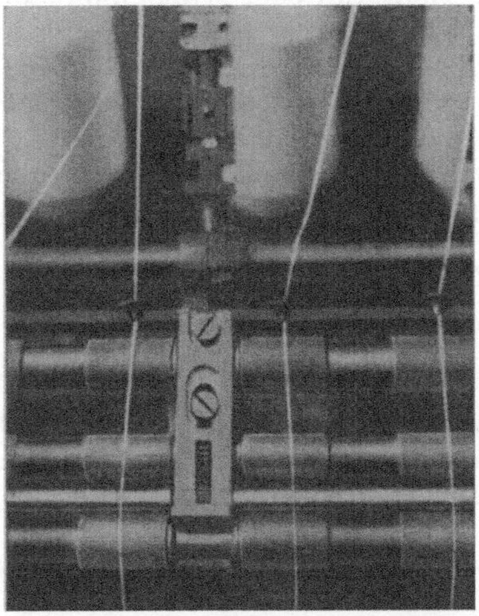

Abb. 162. Unterzylinder-Lage mit Gleitschlupf-Zylinder und einer Antriebsstelle bei abgenommenem Schutzdeckel (Udo Dittmar, Freiburg i. Br.).

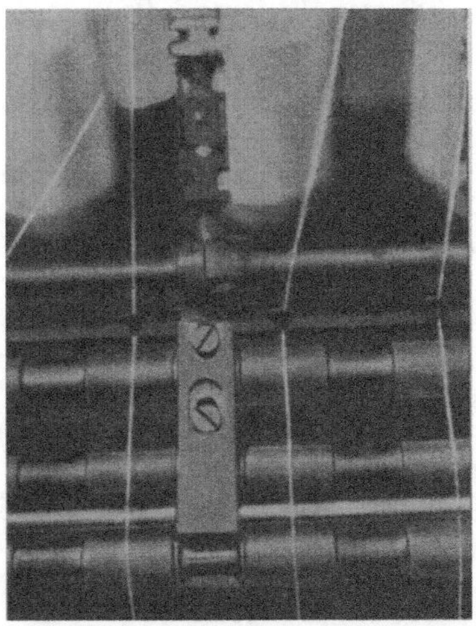

Abb. 163. Antriebsstelle mit Schutzdeckel, Vierzylinder-Gleitschlupf-Streckwerk (Udo Dittmar, Freiburg i. Br.).

ist jedoch ein viertes, dünnes Zylinderpaar eingeschaltet, dessen Unterzylinder nicht durchgehend ist, sondern aus 3, 4 oder mehr voneinander unabhängigen

Teilen besteht und als Gleitschlupfzylinder ausgebildet ist, dessen Arbeitsflächen (Streckfelder) um Bruchteile eines Millimeters — einem kleinen Teil des Querschnittes der Lunte entsprechend — versenkt angeordnet sind. Durch diese Anordnung wird nach Angaben des Erfinders erreicht, daß die Vorgarnlunte nicht unter hartem Druck — wie ihn Vollzylinder ausüben —, sondern unter weichem Druck gehalten wird, der nur so weit auf die Lunte einwirkt, daß bei ungleichem Fasermaterial selbst die längste Faser ungehinderten und gefahrlosen Durchzug bzw. Durchschlupf hat.

Die versenkten Arbeitsflächen des dünnen zusätzlichen Unterzylinders können auch mit flachen Querrillen ausgeführt werden, deren höchste Stellen (Kämme) aber ebenfalls der Höhenlage der versenkten Arbeitsflächen entsprechen müssen, so daß also in keinem Falle auch nur eine einzige Faser geklemmt werden kann, was der Fall sein müßte, wenn die Kämme der Querrillen in einer Ebene mit den übrigen Teilen des Zylinders (Mitte und Enden) liegen würden. Unbedingt notwendig sind diese versenkten Rillen jedoch nicht.

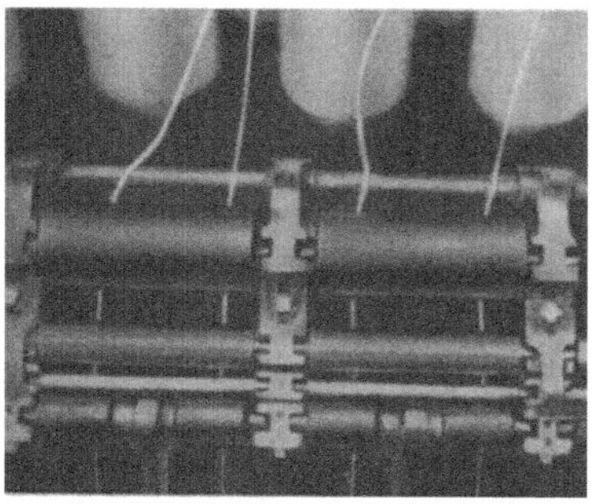

Abb. 164. Druckzylinder-Lage (Udo Dittmar, Freiburg i. Br.).

Gelagert ist der dünne zusätzliche Unterzylinder bei umzubauenden Maschinen in besonderen Lagerstücken (Zusatzschlitten). In ihren hinteren Teilen besitzen diese Zusatzschlitten, die übrigens auch gleichzeitig als Deckel für die Lagerzapfen der vorhandenen mittleren und hinteren Unterzylinder dienen, zwei Schlitze. Durch diese Schlitze gehen Schrauben, mittels welcher die Zusatzschlitten auf den Stanzenschlitten befestigt sind. Sollen nun einmal die Lieferzylinder — Hauptmittelzylinderpaar — vergrößert werden, wie es z. B. das Verspinnen von ganz besonders langem Fasermaterial oder Kunstspinnstoffen fordert, so brauchen nur diese Schrauben gelöst und die Schlitten zurückgeschoben zu werden, soweit es die Schlitze in den Zusatzschlitten, welche an ihren Plätzen bleiben, zulassen.

Auf den zusätzlichen Unterzylindern liegen dünne zusätzliche Druckzylinder. Sie können infolge der besonderen Anordnung der dünnen Unter- (Gleitschlupf-) Zylinder, für alle Lunten- bzw. Spinnummern liegen bleiben, brauchen also beim Spinnen eines gröberen oder feineren Garnes nicht durch schwerere oder leichtere Zylinder ausgewechselt zu werden. Außerdem könnten die Druckzylinder auch an Stelle der zusätzlichen Unterzylinder als Gleitschlupfzylinder ausgebildet sein.

Führung erhalten die dünnen Druckzylinder in den neuen Vorderlafetten, die für den vorderen Druckroller und den dünnen zusätzlichen Druckroller mit Doppelführungen ausgebildet und in sonst üblicher Weise an den Hauptlafetten verstellbar befestigt sind.

Der Antrieb des dünnen zusätzlichen Unterzylinders erfolgt nicht mittels besonderer Hauptantriebe vom Anfang, Mitte oder Ende der Maschine aus, sondern es ist auf jeder Maschinenseite — je nach Länge der Maschine — für jeden der drei, vier oder mehr Unterzylinderteile ein Antrieb vorgesehen. Der antreibende Teil ist dabei lediglich der Unterzylinder des mittleren Hauptzylinderpaares. Die Lagerung der einzelnen Antriebsstellen der zusätzlichen Unterzylinder mitsamt dem Übertragungsrad befindet sich in den zusätzlichen Stanzenschlitten. Die Hauptschlitten mit der Lagerung für den mittleren und hinteren Unterzylinder und die zusätzlichen Stanzenschlitten mit der Lagerung und den Antriebsstellen für die zusätzlichen Unterzylinder sind — auch in den Getrieben selbst — zueinander einstellbar. Jede der verschiedenen Antriebsstellen ist leicht zugänglich, aber trotzdem mittels besonderer Vorrichtungen eingekapselt und somit gegen Staub und Flug vollkommen geschützt und kann dauernd gut in Fett oder Öl laufen. Durch diesen neuartigen Antrieb wird erreicht, daß auf jeder Maschinenseite die einzelnen, voneinander unabhängig angeordneten zusätzlichen Unterzylinderteile sehr dünn gehalten und deshalb so nahe an die andere Klemmstelle herangeführt werden können, wie es bei keinem der bisher bekannten Systeme möglich war. Außerdem tritt ein Verwinden der Zylinder nicht ein.

Die Putzwalzenanordnung bleibt, wie sie bisher war; nur ist es nach Ansicht des Erfinders zweckmäßig, wenn die oberen Putzwalzen im Durchmesser so groß gehalten und so eingestellt werden, daß sie, in der Hauptsache auf den vorderen Druckzylinder aufliegend, den benachbarten Druckroller nur leicht streifen und möglichst nicht unterteilte, sondern Vollputzwalzen verwandt werden; die dauernde Sauberhaltung der Zylinder ist dann eine vollkommene.

Bedingung für die erfolgreiche Verwendung des neuen Streckwerkes ist, daß zum mindesten der letzte Flyer mit dem neuen Streckwerk belegt wird. Das beste Streckwerk kann auf den Spinnmaschinen nicht das leisten, was man von ihm erwartet, wenn es nicht eine tadellose Vorgarnlunte bekommt.

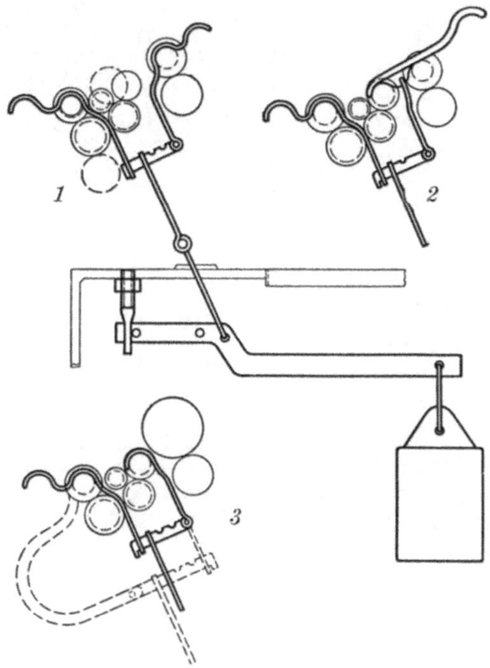

Abb. 165. Druckwalzenbelastung für Streckwerke (Udo Dittmar, Freiburg i. Br.).

1 Belastung der ersten und vierten Oberwalze. *2* Belastung der ersten, dritten und vierten Oberwalze. *3* Belastung der ersten und dritten Oberwalze.

Für die Belastung der Druckwalzen eines Dreiwalzen-Hochverzugsstreckwerkes mit drei Unterwalzen und vier Oberwalzen, von denen zwei mit der mittleren Unterwalze zusammenwirken, und die eine derselben Schlupfwalze ist, hat Udo Dittmar, Freiburg i. B., die aus Abb. 165 ersichtliche Gewichtsbelastung in Vorschlag gebracht.

Als Hauptvertreter derjenigen Hochverzugsstreckwerke, bei denen die Rückhaltvorrichtung für die schwimmenden Fasern durch Lederhosen (Förderriemchen) gebildet wird, muß das im Jahre 1913 bekannt gewordene, von Johannsen in seinem in der Leipziger Monatsschrift für Textilindustrie 1914—16 abgedruckten Arbeiten gewürdigte Streckwerk von Casablancas angesprochen werden. Es ist ein Dreiwalzenstreckwerk mit zwei über die Walzen des mittleren Walzenpaares laufenden endlosen Riemchen, welche sich zwischen den letztgenannten Walzen berühren, mit den Berührungsflächen Druck aufeinander ausüben, das zwischen ihnen geführte Fasergebilde auf dem ganzen jeweils die Riemen berührenden Teil seiner Länge festhalten und tangential zu den Lieferwalzen unmittelbar vor diesen so freigeben, daß sie die durch diese bereits erfaßten

Fasern nicht mitreißen können, diese vielmehr auch einem regelrechten Auszug unterworfen werden. Abb. 166 zeigt das Casablancas-Streckwerk in der von der Sächsischen Textilmaschinenfabrik, vorm. Richard Hartmann A.-G., Chemnitz, gebauten Ausführungsform. Die Geradeführung der beiden das Fasergut vorwärtsbringenden, übereinander liegenden, endlosen Lederriemchen oder Hosen *a* und *b* übernimmt ein aus Messing bestehender Rahmen *c*, welcher sich auf die mittlere Unterwalze *d* stützt und durch die mit Eindrehungen versehene mittlere Oberwalze *e* in seiner aufrechten Lage erhalten wird. Die untere Hose *b* wird einzig und allein durch einen Drahthaken *g* gehalten, welcher oben in einer Einkerbung *h* des Rahmens *c* liegt und ohne weiteres herausgenommen werden kann. Die untere Hose wird durch diesen Haken nicht gespannt, sondern nur lose von innen gehalten, wodurch gleichzeitig etwa im Innern sich ansetzender Flug abgestreift wird. Die obere Lederhose wird durch Satteldruck auf die Unterwalze gepreßt und durch diese mitgenommen. Durch die Stegablenkung *i* des Rahmens *c* übt die obere Hose *a* einen der Elastizität des Leders entsprechenden sanften Druck auf die untere Hose aus, der vollständig genügt, um einen geregelten Verzug zu gewährleisten. Die obere Hose wird einzig durch die obere Druckwalze *e* bewegt, d. h. vorwärtsgeschoben, nirgends gespannt oder sonstwie beeinflußt. Es werden entsprechend dem zu verarbeitenden Stapel nur zwei Riemchenlängen verwendet, und zwar die kürzere für alle Stapel bis zum Stapel der besten amerikanischen Baumwollen, die andere für längere Baumwollen. Die Klemmpunktsentfernung zwischen Mittel- und Vorderzylinder muß etwa 10 mm größer sein als die Stapellänge der in der Fabrik versponnenen Baumwollqualitäten. Baumwollsorten mit kürzerem Stapel können nach Angabe der Erbauerin ohne weiteres damit gesponnen werden. Dieses bringt den für jeden Spinner sehr begrüßenswerten Vorteil, daß bei Übergang von besseren zu schlechteren Qualitäten oder umgekehrt, keine Einstellung der Zylinder, also kein damit verbundener Produktionsausfall erforderlich wird. Die Belastung erfolgt durch das Gewicht *l*, den Haken *m* und den Sattel *n*. Diese Teile *m* und *n* sind derart ausgestaltet,

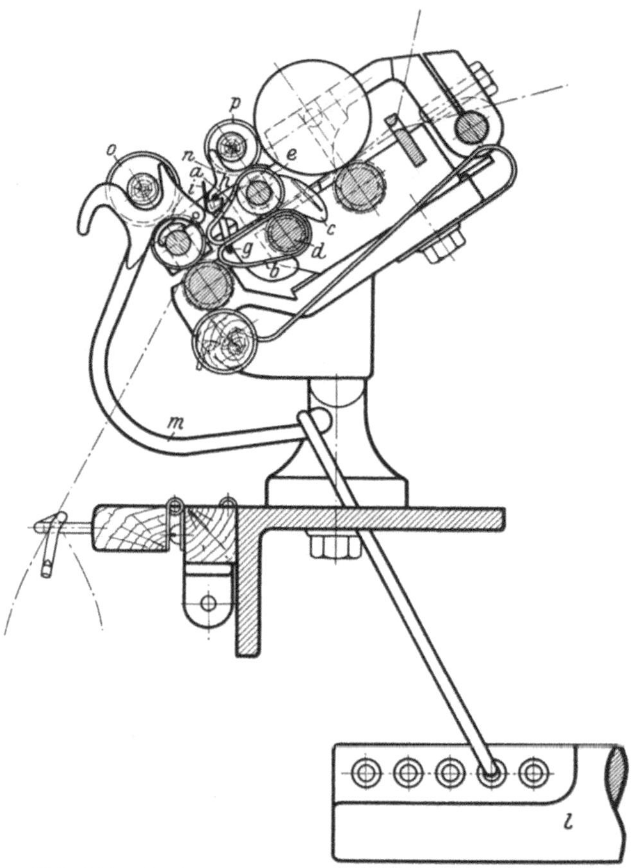

Abb. 166. Casablancas-Streckwerk (Rich. Hartmann A.-G., Chemnitz).

daß sie gleichzeitig als Träger für die Putzwalzen *o* und *p* dienen, welche mit Plüsch überzogen sind.

Eine neuere, der Sächsischen Textilmaschinenfabrik Chemnitz geschützte Belastungsvorrichtung bringt den Vorteil, daß die Maschinenfront gänzlich frei von Haken und die Bedienung der Maschine infolgedessen bequemer wird, ganz abgesehen davon, daß der nach Abb. 166 angebrachte Haken der Ort ist, an dem sich der Flug, der bei allen Hochverzugsstreckwerken stärker als sonst auftritt, festsetzen kann und bei ungenügender Reinhaltung vom Faden periodisch ergriffen wird. Um aber bei der neuen, nach hinten verlegten Hakenlage das bequeme Entlasten der Zylinder, wie dieses bei der Einrichtung nach Abb. 166 möglich ist, zu behalten, hat der Sattel vorn eine Nase erhalten. Soll entlastet werden, so wird der Sattel an dieser Nase gehoben, der Vorderoberzylinder ausgehoben und der Sattel wieder gesenkt, bis der das Gewicht tragende Drahthaken sich mit seiner Öse auf den Zylinderbaum setzt. Dann kann der Sattel mit dem Haken ohne weiteres entfernt werden. Am hinteren Walzenpaar ist die Selbstbelastungswalze beibehalten worden. Um aber den Klemmdruck hier zu vergrößern, ohne größere Walzen gebrauchen zu müssen, ist diese Druckwalze etwas nach hinten verschoben worden. Diese Druckwalzen erhalten, um ein besseres Halten der Baumwolle zu gewährleisten, eine ganz feine Riffelung, die besonders nötig wird, weil der Verzug zwischen dem Hinter- und Mittelzylinder größer als gewöhnlich genommen wird, um eine vollständige Auflösung der Vorgarndrehung zu erreichen. Dieser Verzug wird um so größer zu nehmen sein, je fester gedreht das Vorgarn ist, doch soll er nach Angaben der Erbauerin keinesfalls 1,20 überschreiten, da sonst das Garn schnittig werden kann.

Die Lederriemchen bilden den wichtigsten Teil des Streckwerkes. Die Haltbarkeit guter Riemchen ist sehr groß. Es kann nach den gemachten Erfahrungen ungefähr mit einer Lebensdauer der Riemchen von 6 bis 10 Jahren gerechnet werden. Man rechnet mit etwa einem Riemchen für je eine Maschine und Woche.

Das Einzugswalzenpaar wird nicht verändert und es bleibt auch der normale kleine Verzug zwischen demselben und der Mittelwalze unverändert bestehen.

Nach Angaben der Erbauerin kann im allgemeinen mit folgenden Verzügen gearbeitet werden:

Indische Baumwollen	12—18fachen	Verzug
Amerikanische Baumwollen . . .	15—24 „	„
Ägyptische Baumwollen	18—30 „	„
Sakellaridis	20—35 „	„

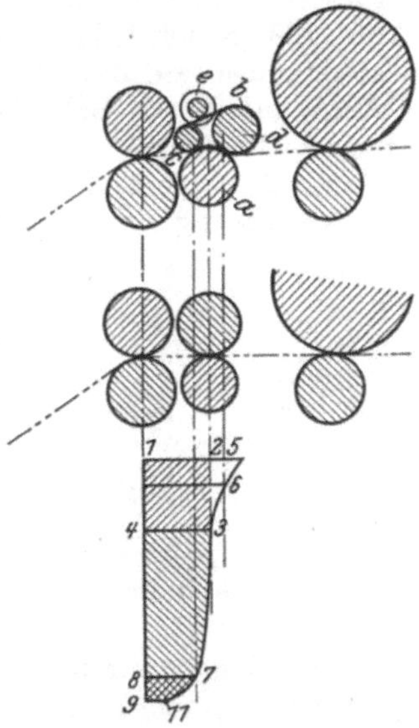

Abb. 167. Vanni-Streckwerk (Nouvelle Société de Constr. ci-devant N. Schlumberger & Co., Guebwiller).

Während bei dem Casablancas-Streckwerk das Faserband oder Vorgespinst zwischen dem mittleren und Auslaufwalzenpaar zwischen zwei endlosen Riemchen gehalten und den letzteren zugeführt wird, kommt bei dem Hochverzugsstreckwerk System „Vanni“, Abb. 167, 168, welches auf dem 12. internationalen Baumwollkongreß in Wien vorgeführt wurde und u. a. von der Nouvelle Société de Construction, ci-devant N. Schlumberger & Co., Guebwiller, gebaut wird, nur noch ein mit der mittleren Riffelwalze *a* zusammenarbeitendes und durch sie in Umlauf versetztes endloses

Riemchen *b* für jedes Fasergebilde zur Anwendung, Abb. 167, das von zwei Druckwalzen *c* und *d* getragen wird und durch eine auf ihr ruhende Putzwalze *e* gegen seitliches Verlaufen geschützt ist. Die Druckwalze *d* liegt je nach der Qualität der zu verarbeitenden Baumwolle mehr oder weniger hinter der Riffelwalze *a* und die Vorderwalze *c* von geringem Durchmesser so nahe als möglich am Auslaufwalzenpaar. Diese Walze *c* wird nur durch ihre glatten Stirnflächen geführt und gegen seitliches Verschieben gesichert und spannt infolge ihres Gewichts im Zusammenwirken mit der Walze *e* die Lederhose so, daß sie sich gut an die Riffelwalze anlegt und von dieser sicher mitgenommen wird.

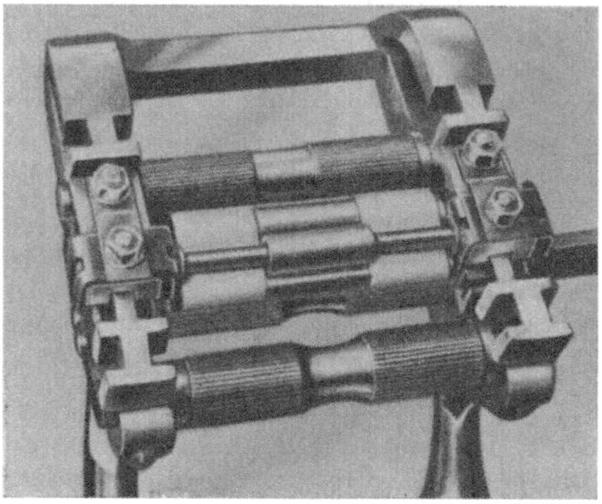

Abb. 168. Walzenstreckwerk für Hochverzug, System Vanni.

Aus der Abb. 167 ergeben sich die Unterschiede hinsichtlich der Wirkung zwischen einem Dreiwalzen- und einem Vanni-Hochverzugsstreckwerk ohne weiteres.

Bei dem Walzen-Schlupfstreckwerk nach D.R.P. 461351 von Guillaume Clement, Laurency in Grant Mc.Lean, dienen für die Zurückhaltung der schwimmenden Fasern Nadelkämme, die in ringartigen Nuten der beiden ersten Unterwalzen vorgesehen sind. In diese Nadelkämme legen sich die wandernden Faserbänder in der aus Abb. 169 ersichtlichen Weise ein, die Fasern werden infolge Reibungswiderstandes an den Nadeln zurückgehalten. Um zu verhindern, daß die Fasern aus den Nadeln heraustreten, ist über der benadelten Unterwalze *B* je eine Oberwalze *E* angeordnet, wie dies die Abb. 169 und 170 erkennen lassen. Aus rein baulichen Gesichtspunkten heraus, und zwar infolge der Abmessung der benadelten Walzen, können diese nicht auf der ganzen

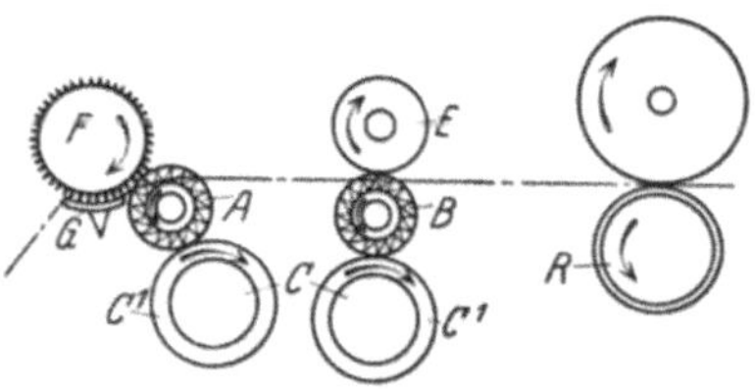

Abb. 169.

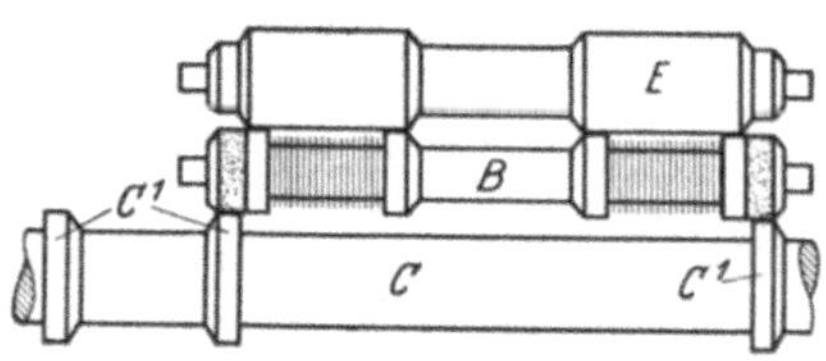

Abb. 170.

Abb. 169 u. 170. Walzenschlupfstreckwerk nach D.R.P. 461351.

Maschinenlänge durchgehend ausgebildet sein, weil sie im anderen Falle zu großen Formänderungen Veranlassung geben würden. Um diese Formänderungen zu vermeiden, sind die Nadelwalzen ähnlich den Oberwalzen aus einzelnen Teilen hergestellt und erhalten ihren Antrieb von einer ihnen gemeinsamen Unterwalze CC_1, Abb. 170, auf welcher sie aufruhen. An Stelle der bisher gebräuchlichen Lieferwalzen ist eine angetriebene Walze *F* mit einer Mulde *G* getreten. Durch diese Anordnung wird es möglich, den von der Spindel herkommenden Draht bis an den Ausgangspunkt der Klemmlinie heranzulegen, so daß eine Verminderung des Reißens der Fäden eintritt, da keine ungedrehte Stelle über dem Unterzylinder liegt. Je nach der Anordnung oder dem Erfordernis können die beiden Nadelwalzen *A* und *B* für sich oder gemeinsam angetrieben werden. Einzeln für sich müssen sie angetrieben werden, wenn zwischen zwei aufeinanderfolgenden Nadelwalzen ein Verzug stattfinden soll. Gemeinsam können sie angetrieben werden, wenn zwischen den Nadelwalzen kein Verzug stattfinden soll. Das Nadelfeld kann durch Nadelkämme oder durch eingesetzte Nadeln gebildet werden. Soll die Dichte eines Nadelfeldes vergrößert werden, so kann dies, wie in Abb. 171 dargestellt, durch Benadelung auch der Oberwalze herbeigeführt werden. Bei Verwendung einer gebrochenen Verzugslinie ist eine Oberwalze zur Hubbegrenzung nicht notwendig, da durch den Bruch in der Verzugslinie die Fasern selbsttätig in die Nadeln der Rückhaltewalze eingebettet werden.

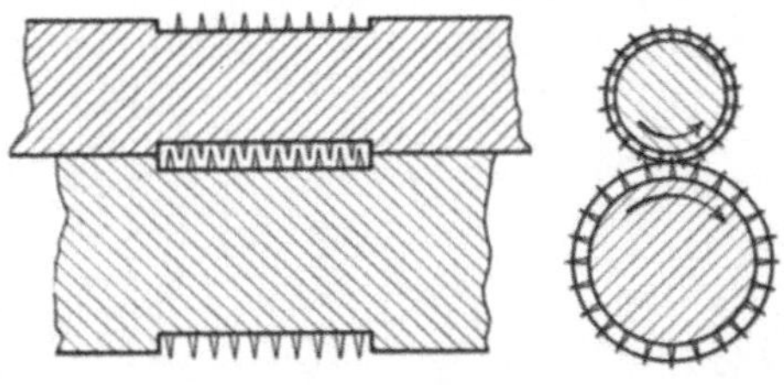

Abb. 171. Walzenschlupfstreckwerk nach D.R.P. 461351.

Antrieb für Hochverzugsstreckwerke. Mit der Entwicklung des normalen Klemmstreckwerkes mit seinem 6- bis 8fachen Verzug zum Hochverzugsstreckwerk mit der doppelten bis dreifachen Verzugsleistung entwickelte sich auch der Antrieb. Er geht bei allen Bauarten der Ringspinnmaschinen, ebenso wie auch an Wagenspinnern, vom Vorderzylinder aus. Das Vorderzylinderrad treibt über ein Bockrad und den Nummerwechsel das Hinterzylinderrad. Die Übersetzung zwischen Vorderzylinderrad und Bockrad ist bei allen Maschinen rund fünffach. Bei achtfachem Verzug müßte demnach der Verzugswechsel

Abb. 172. Differentialgetriebe eingebaut in den Selfactor.

Abb. 173. Differentialgetriebe geschlossen.

Abb. 174. Differentialgetriebe geöffnet.

Abb. 172 bis 174. Walzenantrieb für Streckwerke nach Prof. Reinhardt, Chemnitz.

schon kleiner als das Hinterzylinderrad sein. Bei zehn- und zwölffachem Verzug ergeben sich bereits derart kleine Nummerwechsel (z. B. 20 bis 24 Zähne), daß ein Zahn die Feinheitsnummer um 4% bis 5% verändert. Zwölffache Verzüge sind aber noch keine Höchstleistungen; der höchste Verzug beim Casablancas-

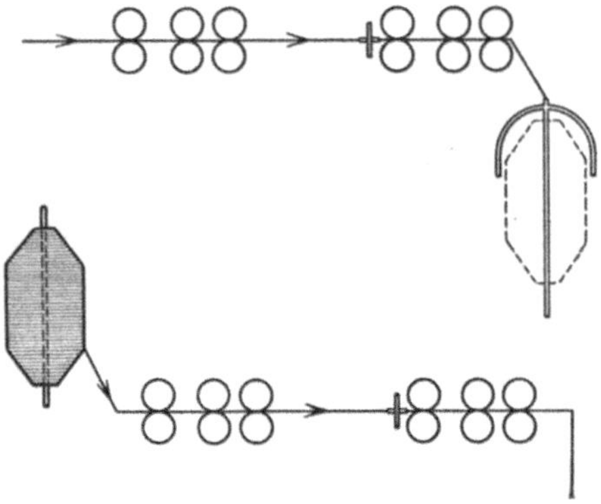

Abb. 175. Verbundstreckwerk nach D.R.P. 104408. (Gustav Adolf Krusche, Wiedzew b. Lodz.)

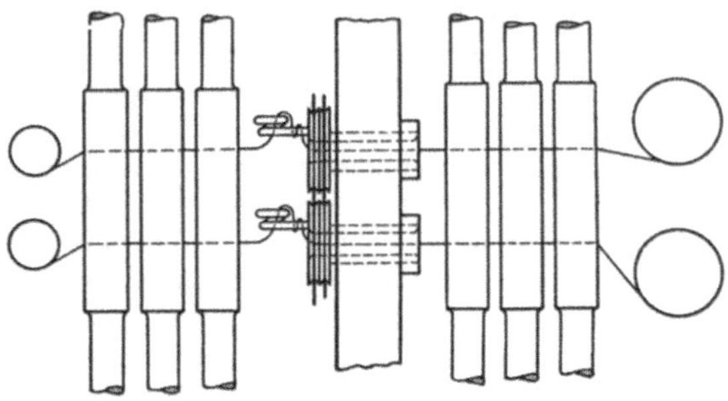

Abb. 176. Verbundstreckwerk nach der brit. Patentschr. 240671. (Leonhard Hemsley u. John Hetherington & Sons Ltd.)

Streckwerk ist je nach der Länge und Güte des Stapels 18- bis 24fach. Werden Ringspinnmaschinen und Wagenspinner auf diese oder ähnliche Verzugsleistungen umgebaut, so muß auch der Antrieb eine zweckdienliche Abänderung erfahren. Ursprünglich griff man zum einfachsten Mittel und schaltete ein oder zwei weitere Rädervorgelege in den Antrieb ein. Solche Behelfskonstruktionen haben aber den Nachteil, daß durch die zahlreichen Zahnräder viel toter Gang entsteht und die zusätzlichen Rädervorgelege sich überhaupt nicht oder nur bei unzureichender Bemessung innerhalb der Gestellwand und unter den vorhandenen Räderverdecken unterbringen lassen.

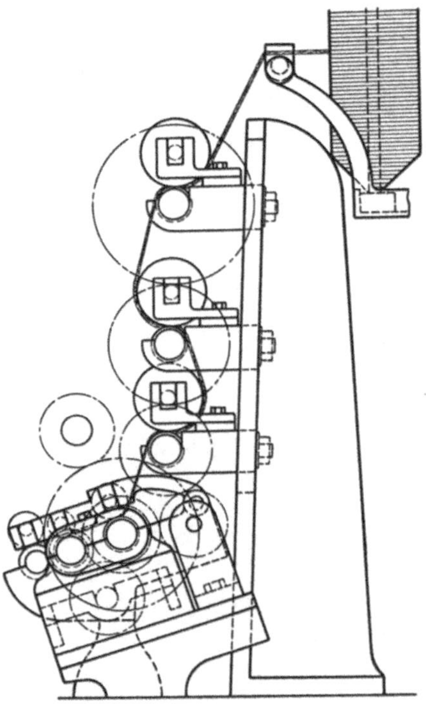

Abb. 177. Hochverzugs-Verbundstreckwerk nach D.R.P. 452977.

Eine ebenso einfache als sinnreiche Lösung des Antriebsproblems bietet der von Reinhardt[1] in Vorschlag gebrachte Differentialantrieb nach D.R.P. 386287, der in Abb. 172 geschlossen, Abb. 173 geöffnet und Abb. 174 in einen Wagenspinner eingebaut dargestellt ist.

Verbundstreckwerke. Das Bestreben, in der Baumwollspinnerei die Zahl der Vorspinnmaschinen herabzumindern oder diese ganz auszuschalten, also die Streckbänder auf ein und derselben Spinnmaschine unmittelbar zu Fertiggarnen zu verspinnen, ist schon Jahrzehnte alt. Es hat im Laufe der Zeit zur Schaffung besonderer Streckwerke geführt, und diese hat man entweder nur in die noch bei-

[1] Mell. Text. Ber. **1928**, 277.

behaltenen Vorspinnmaschinen (Flyer) oder nur in die Feinspinnmaschine eingebaut oder auch in beide zugleich. Alle diese Streckwerke sind **Verbundstreckwerke**. Durch sie will man das ersetzen, was durch Ausschaltung der Flyer mit ihren Streckwerken verloren geht, es wird durch sie auf den beibehaltenen Maschinen die Verstreckung zweimal hintereinander ausgeführt, es wird im Hochverzug verstreckt.

Beispiele für Verbundstreckwerke, die in Vorschlag gebracht worden sind, um die Zahl der Vorspinnmaschinen herabzumindern, finden sich in der deutschen

Abb. 178. Ferrand-Streckwerk, in Verbindung mit dem Ringspinner.

Patentschrift 104408, Abb. 175, und der britischen Patentschrift 240671, Abb. 176. Sie bestehen aus zwei einfachen, in der Vorspinnmaschine hintereinander angeordneten Walzenstreckwerken mit zwischen ihnen angeordneten Verdichtungsvorrichtungen für die Faserbänder in Gestalt von **Durchzugstrichtern** oder **Spinnröhrchen**.

Beispiele für Verbundstreckwerke, durch die die Möglichkeit geschaffen wird, die Vorspinnmaschinen ganz auszuschalten, durch die also die von der Strecke kommenden Faserbänder ausschließlich in der Feinspinnmaschine auf eine solche Feinheit verzogen werden sollen, daß aus ihnen unmittelbar Feingarne gesponnen werden können, bilden den Gegenstand der deutschen Patentschrift 452977, der britischen Patentschrift 21277 vom Jahre 1893 und der deutschen Patentschrift 396620.

Das erstgenannte Streckwerk ist das von der Universal Ring-Spindle Co., 212 Royal Exchange, Manchester, ausgeführte Walzen-Hochverzugsstreckwerk von Ferrand nach Abb. 177 und 178. Es bildet den Gegenstand des D.R.P. 452977. Bei ihm ist einem normalen Dreiwalzen-Hochverzugsstreckwerk ein besonderes Dreiwalzenstreckwerk vorgeschaltet, in dem das Fasergebilde, die Lunte, durch drei vertikal übereinander gelagerte mit Verzug arbeitende Walzenpaare unter teilweiser Umschlingung der Ober- und Unterwalze in der ersichtlichen Weise läuft. Die Oberwalzen sind als Druckrollen ausgebildet und empfangen von den geriffelten und angetriebenen Unterwalzen Antrieb durch Umfangsreibung.

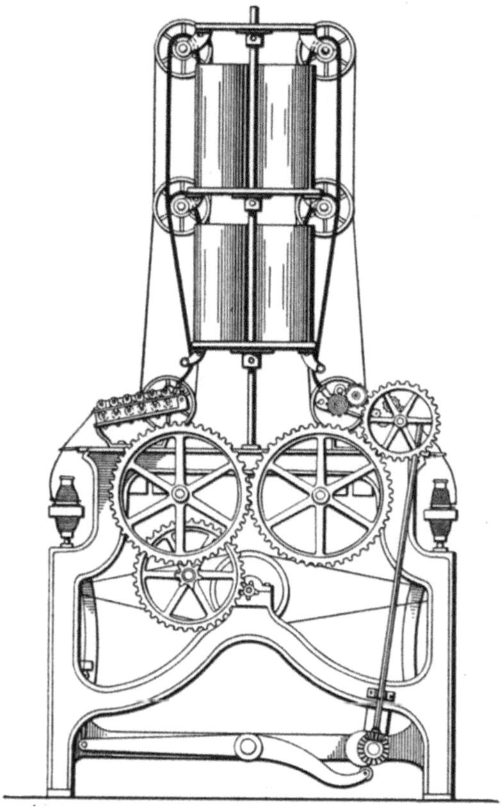

Abb. 179.

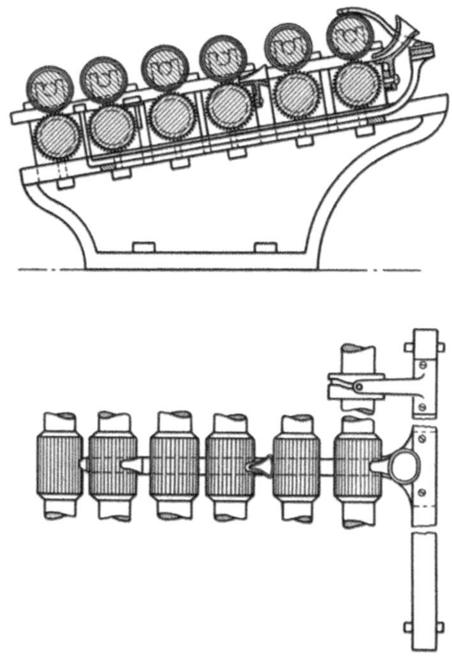

Abb. 180.

Verbund-Streckwerk nach der brit. Patentschr. 21277/1893 (Abel, Thomas, Atherton).

Aus dem untersten Walzenpaar treten die verstreckten Lunten in das normal angeordnete Dreiwalzen-Hochverzugsstreckwerk über. Durch die Umschlingung der Unter- und Oberwalzen wird dem Vorgespinst entsprechend der Umfassungsgröße eine größere oder geringere Reibung gegeben, welche streichend und zurückhaltend auf die Gespinstfasern wirkt. Die aus dem Gespinst vorstehenden kurzen Fasern werden glattgestrichen und können in die Klemmstellen der Walzen mit eintreten.

Bei dem Streckwerk nach der britischen Patentschrift 21277 vom Jahre 1893 folgen, wie die Abb. 179 und 180 erkennen lassen, sechs Walzenpaare in der bei den normalen Dreiwalzenstreckwerken üblichen Weise einander, es ist aber zwischen je zwei Walzenpaaren je eine Verdichtungsvorrichtung für jedes Faserband in Gestalt eines Durchzugstrichters angeordnet. Siehe Abb. 180.

Zwecks Erteilung eines falschen Drahtes für das Vorgespinst während seiner Streckung hat man, wie sich aus obigem ergibt, schon Drehröhrchen zwischen Zufuhrwalzen und Streckwalzen eingeschaltet; das Vorgespinst erhält hierbei an dem der Streckung augenblicklich unterworfenen Teil eine Drehung, welche möglichst nahe vor die Streckwalzen gelangen soll. Gemäß dem Fernando Casablancas, Sabadell, erteilten Patent 396620 soll nun ein sicherer Zusammenhang des Gespinstes und eine einwandfreie Förderung desselben bei der Streckung dadurch erreicht werden, daß das Drehröhrchen zwischen einem Streckwerk an sich bekannter beliebiger Art und einem Durchzugsstreckwerk angeordnet ist. In dem letzteren wird der zweite Verzug des Vorgespinstes unter den günstigsten Bedingungen ausgeführt, da das Gespinst nach Durchlaufen des Drehröhrchens von Förderriemen, Abb. 181, oder von Walzen, Abb. 182, welche Teile dieses Durchzugsstreckwerkes darstellen, erfaßt und weitergeführt wird.

Abb. 183 gibt das Streckwerk nach Abb. 181 in Verbindung mit den wesentlichen Teilen eines Ringspinners wieder. Einer Drucksache der Sächsischen

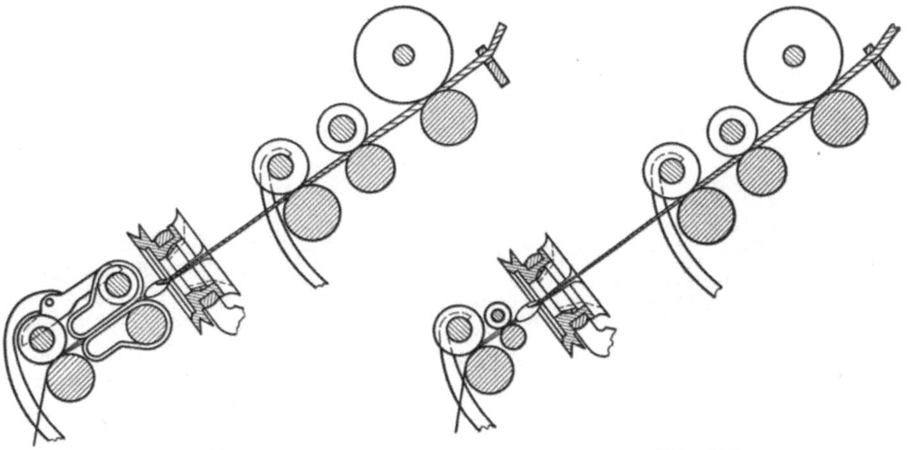

Abb. 181. Abb. 182.
Verbund-Streckwerk nach D.R.P. 396620.

Textilmaschinenfabrik, vorm. Richard Hartmann A.-G., Chemnitz, sei hierzu das Nachstehende entnommen[1].

Die Bandspulen, welche die Bandwickelmaschine oder die entsprechend gebaute letzte Strecke liefert, werden in der für Flyerspulen bisher üblichen Weise auf das Gatter der Ringspinnmaschine aufgesteckt. Von den Spulen laufen die Bänder über feinpolierte Leitstangen in das Verbundstreckwerk. Dieses besteht aus zwei Streckwerken *I* und *II* und zwischengeschalteten Drehröhrchen *III*. Für die erste Stufe der Verfeinerung wird ein Dreiwalzenstreckwerk üblicher Bauart verwendet, dessen Druckwalzen sämtlich durch Gewichtshebel und Drucksättel belastet sind. Die Höhe der Belastung richtet sich nach der Art des verwendeten Rohstoffes und der Stärke des vorgelegten Bandes. Eine leicht zu handhabende Vorrichtung zum Entlasten der Oberwalzen ist vorgesehen. Der erste Streckvorgang liefert ein breites, zartes Faserbändchen, das in dieser Beschaffenheit nicht ohne weiteres dem zweiten Streckwerk zugeführt werden kann. Um eine weitere Streckung zu ermöglichen und um Faserflug und Staub-

[1] Vgl. ferner Johannsen. Leipz. Monatsschr. Textilind. **1929**.

bildung zu verhüten, ist es notwendig, das Band zu verdichten. Verwendet wird hierzu das Drehröhrchen *III*. Es entsteht auf der einen Seite des Spinnröhrchens Rechtsdraht, und dieser wird unmittelbar vor dem Einlauf des Faserbändchens in das zweite Streckwerk durch den sich auf der anderen Seite entwickelnden Linksdraht restlos aufgehoben. In das zweite Streckwerk tritt ein schmales Faserband mit äußerst paralleler Faserlage, jedoch ohne jede Vordrehung ein. Das Drehröhrchen wird von einer durchgehenden Schneckenwelle getrieben; trotzdem kann durch leichten Druck mit dem Finger jedes Drehröhrchen während des Betriebes angehalten werden. Das zweite Streckwerk ist als Hochverzugsstreckwerk ausgeführt, es hat sich an dieser Stelle das Casablancas-Riemchenstreckwerk besonders bewährt. Ein eigentliches Zuführwalzenpaar kann entbehrt werden, weil die Faserbändchen ohne Drehung und die einzelnen Fasern bereits in entsprechender Spannung einlaufen. Das Casablancas-Streckwerk besteht daher nur aus zwei Walzenpaaren. Im übrigen sind beide Streckwerke mit den üblichen Putzwalzen für die Vorderzylinder und für die Oberwalzen versehen.

Die Höhe des Verzuges, die das Verbundstreckwerk unter der Voraussetzung einer guten Gleichmäßigkeit des Gespinstes erteilen kann, hängt, ebenso wie bei allen anderen Streckwerken, von der Länge und der Gleichmäßigkeit des verwendeten Baumwollstapels ab. Die nachfolgende, der obengenannten Druckschrift entnommene Zusammenstellung bietet einige Anhaltspunkte. Es handelt sich um Ergebnisse und Erfahrungen, die im praktischen Spinnereibetrieb gewonnen wurden.

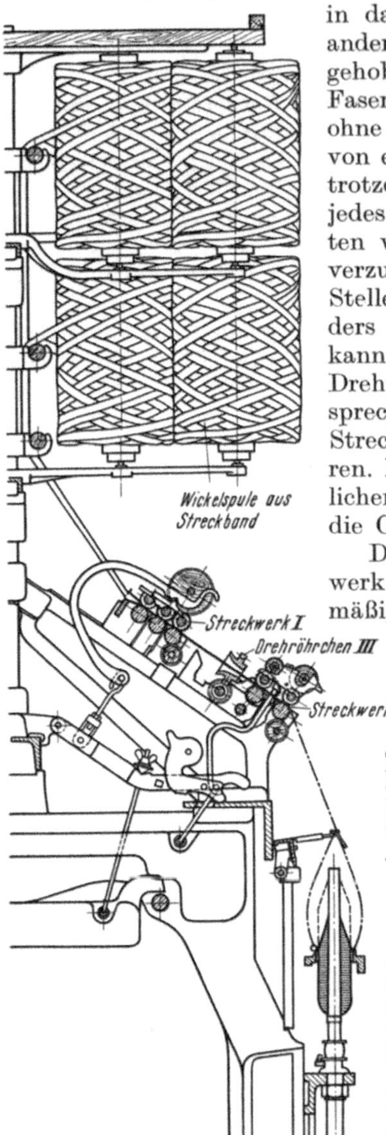

Abb. 183. Ringspinnmaschine mit Verbundstreckwerk nach Casablancas (R. Hartmann A.-G., Chemnitz).

Art der Baumwolle	Mittlere Faserlänge in mm (Stapel)	Zulässiger Gesamtverzug
Kurze ostindische Bengal	16—18	40— 80
Gute ostindische Oomrah	18—22	80—120
Kurze Amerika	22—25	100—140
Mittlere Amerika	25—28	130—180
Gute Amerika	28—32	150—220
Mako, kardiert	30—35	200—250
Mako, gekämmt	32—35	240—300
Sakellarides, gekämmt . .	34—38	300—400

Das erste Streckwerk läßt im allgemeinen einen über das für Walzenstreckwerke übliche Maß hinausgehenden Verzug zu. Diese Erscheinung ist auf die äußerst geringe Streckwalzengeschwindigkeit zurückzuführen, die 20- bis 25mal kleiner ist, als an Ringspinnmaschinen üblicher Bauart.

Bei dem üblichen Baumwollspinnverfahren beträgt die minutliche Liefergeschwindigkeit des Streckwerkes:

am Grobflyer . . . . 20—25 m, am Feinflyer . . . . im Mittel 10 m und
am Mittelflyer . . . im Mittel 15 m, an der Ringspinnmaschine 10 m,

wenn 36er Kettengarn mit 9600 Spindelumdrehungen gesponnen wird.

Für die gleichen Verhältnisse hat der Vorderzylinder des ersten Streckwerkes nur noch 0,45 m minutlich zu liefern. Bei dieser geringen Geschwindigkeit fällt der Verzug bedeutend gleichmäßiger aus, so daß er unbedenklich und ohne den geringsten Nachteil für die Güte und Gleichmäßigkeit des Gespinstes über die den Walzenstreckwerken bisher gesetzten Verzugsgrenzen hinaus gesteigert werden kann. Der Erfolg des Verbundstreckwerkes steht mit dieser Erscheinung und der eigenartigen Wirkung des Drehröhrchens im engsten Zusammenhange.

Die Produktion der Hartmann-Ringspinnmaschine mit Verbundstreckwerk stimmt mit der Leistung jeder anderen Ringspinnmaschine überein. Die übliche Anordnung des Rädergetriebes von der Trommelwelle zum Vorderzylinder ist ungeändert beibehalten worden.

B. Baumwoll-Grobspinnerei.

Von der Baumwoll-Feinspinnerei, bei welcher von der Krempel ein Faserflor geliefert, dieser zu einem Faserband zusammengezogen, aus ihm durch wiederholtes Verstrecken und Duplieren eine Lunte gebildet wird und aus dieser durch weiteres Verstrecken und Drehen nacheinander Vor- und Feingarn erzeugt werden, unterscheidet sich die Baumwoll-Grobspinnerei dadurch, daß der Krempelflor unmittelbar nach seinem Zustandekommen in Streifen geteilt, diese zu Vorgarn gerundet und aus ihm unter Verstrecken und Drehen Feingarne gebildet werden. Das ganze Spinnverfahren ist also wesentlich kürzer und einfacher wie das der Baumwoll-Feinspinnerei, insbesondere sind weniger Maschinen für den Arbeitsplan erforderlich. Da die Florteilung unmittelbar das Vorgarn liefert, muß das Doppeln vorher vorgenommen werden. Es geschieht dies auf der Krempel; sie wird in mehrfacher Folge angewendet, bildet also einen wesentlichen Bestandteil der Baumwoll-Grobspinnerei.

a) Vorbereitung.

Die Reinigung der Rohstoffe ist in der Baumwoll-Grobspinnerei eine der wichtigsten und schwierigsten Aufgaben, da die Trennung der Unreinigkeiten, Schalen usw. von den kurzen Baumwollfasern ganz andere Ansprüche an die Reinigungsmaschinen stellt, als dies bei den längeren, guten Baumwollen der Feinspinnerei der Fall ist. Die Art und Weise der Reinigung ist infolge der überaus großen Verschiedenheit der zur Verarbeitung gelangenden Baumwoll- und Abfallsorten nahezu in jeder Spinnerei eine andere. Meistens findet die Mischung des Rohstoffes vor der Reinigung statt, und zwar in der Weise, daß je nach der zu verarbeitenden Partie entweder verschiedene Ballen ein und derselben Sorte oder Ballen verschiedener Sorten oder Originalbaumwollen mit Abgängen oder endlich auch nur verschiedene Sorten Abgänge miteinander vermischt werden. Die Mischung erfolgt derart, daß die zu verarbeitenden verschiedenen Fasergutsorten schichtenweise, z. B. in Mischfächern, übereinander gestreut werden und das so zusammengestellte Gemisch, nachdem es abgelagert ist, senkrecht zu den Lagen abgestochen und den Reinigungsmaschinen übergeben wird. Wenn ausschließlich oder doch fast ausschließlich Abgänge verarbeitet werden, so empfiehlt es sich, das Reinigen vor dem Mischen vorzunehmen. Ebenso ist dies empfehlenswert, wenn sehr unreine Abgänge mit Originalbaumwollen zusammen verwendet werden. Die einzelnen gereinigten Sorten einer Partie werden hierbei, wie oben beschrieben, in Schichten abwechselnd übereinander gestreut und dann einer besonderen Mischmaschine, dem Krempelwolf, vorgelegt, durch welchen sie nun ein- oder mehreremal, je nach den gestellten Ansprüchen, durchgelassen werden.

Abb. 184 gibt im Schaubild einen Baumwoll-Horizontal-Öffner und -Reiniger wieder. Die Maschine besteht in der Hauptsache aus einem horizontal gelagerten Schlagflügel, der spiralförmig mit einer Anzahl starker Schlägerarme ausgestattet ist und mit etwa 500 Umdrehungen in der Minute läuft. Rund um diesen Schlagflügel bewegt sich entgegengesetzt in langsamer Drehung eine aus starkem und mit Schlitzlöchern versehenem Eisenblech hergestellte Siebtrommel. Oberhalb dieser ist die Maschine durch aufklappbare Hauben überdeckt, und unterhalb befinden sich zwei schräg angeordnete Bleche zum Auffangen des aus der Baumwolle entfernten Schmutzes. Unter diesen Blechen läuft ein Förderband, das die abfallenden Unreinigkeiten selbsttätig aus der Maschine entfernt. An beiden Seiten des Maschinengestelles besitzt die Maschine je einen Ein- und Auslaßstutzen, so eingerichtet, daß zum etwaigen Anschluß an eine pneumatische Rohrleitung eine Verdrehung um 90° stattfinden kann.

Im allgemeinen kommt für die Weiterbehandlung des so vorbereiteten Rohstoffes folgende Maschinenfolge zur Anwendung: Vertikalöffner, Schlagmaschine,

Abb. 184. Baumwoll-Horizontal-Öffner und -Reiniger (Rich. Hartmann A.-G., Chemnitz).

Krempel, Feinspinner. Die Schlagmaschine wird jedoch vielfach auch durch den Reißwolf ersetzt. Öffner und Schlagmaschine gleichen hinsichtlich Einrichtung und Wirkung im wesentlichen den Maschinen der Feinspinnerei. Die Vorbereitung bedarf jedoch nicht der Wickelbildung, die Maschinen für das Öffnen und Reinigen können deshalb das Fasergut in Flockenform abliefern; vgl. Abb. 185. Beim Reißwolf wird das Fasergut mittels eines endlosen, durch Hand oder einen Kastenspeiser beschickten Lattentuches, einem Zuführwalzenpaar oder einer Muldenzuführung übergeben, von denen es eine mit wolfszahnartigen eisernen Spitzen besetzte Trommel abnimmt, die sich auf waagrechter Welle in einem Gehäuse dreht, dessen Boden aus einem Stabrost besteht, während sein Oberteil durch eine abnehmbare Haube gebildet wird. Die Trommelzähne erfassen mit ihren Spitzen das Fasergut und lösen es dabei in Flocken auf. Die mitgenommenen Faserflocken werden über die Kanten des Stabrostes hinweggestrichen und nach dem Verlassen desselben in einen Auswurfkanal geschleudert. Er ist durch ein endloses Lattentuch und eine mit ihm zusammenwirkende Siebtrommel oder zwei zusammenarbeitenden Siebtrommeln abgeschlossen, die unter Wirkung eines Saugers stehen. Infolge der Saugwirkung sammeln sich die von der Reißtrommel abgeschleuderten Faserflocken auf dem Trommelmantel, während gleichzeitig der freigewordene Faserstaub in das Innere der Trommel und von da in den Sauger gelangt, durch den er weiter befördert wird. An der Berührungsstelle zwischen Saugtrommel und Abführlattentuch geht das Fasergut von der Trommel auf das Tuch über, und dieses liefert das Fasergut in losem Zustand ab.

Zwischen die der Vorbereitung der Baumwolle für die Spinnerei dienenden Maschinen und die ihnen folgende Krempel wird vielfach auch eine sogenannte Vor- oder Expreßkarde, nach ihrem Erbauer auch Rieslerkarde genannt, in den Spinnplan eingefügt. Sie hat den Zweck, den zu harten Angriff der Schlagleisten in der Schlagmaschine in einen teilenden und lösenden umzuwandeln und so eine bessere Abscheidung der Schalen, der Samenreste und des Laubes aus dem Fasergut herbeizuführen. Die Auflösung

Abb. 185. Baumwoll-Reinigungsanlage (Rich. Hartmann A.-G., Chemnitz).

des letzten erfolgt durch zusammen und über Rosten arbeitende Stachelwalzen mit schräg eingesetzten Stahlstiften oder mit Sägezahndrahtgarnitur. Die von diesen Walzen aufgelöste und von Fremdkörpern befreite Baumwolle wird, wie bei der Schlagmaschine im freien Flug zwei saugend wirkenden Siebzylindern zugeführt, von diesen verdichtet und so an eine Wickelvorrichtung abgegeben. Diese Einrichtung hat den Nachteil, daß die Baumwolle, nachdem sie die auflösend wirkenden Walzen durchlaufen hat, nicht gleich abgeführt wird, sondern in dem den Walzen folgenden freien Raum (Abflugkanal) umhergewirbelt und dabei von den Walzen teilweise wieder mitgenommen wird. Es entsteht infolgedessen eine grießige Baumwollwatte. Nach einer Erfindung von Werner (D.R.P. 381998) wird der Raum zwischen den beiden Walzen auf der Ausgabeseite durch einen entsprechend gestalteten Körper aus Holz, Blech oder dgl. ausgefüllt und unter diesem Füllkörper ein einstellbares Abstreifblech angeordnet, wie dies Abb. 186 erkennen läßt. Die Baumwolle wird dadurch von der zweiten Walze glatt abgenommen und durch den Luftstrom auf geradem Wege den Siebtrommeln zugeführt. Die Arbeitsweise einer so eingerichteten Vorkarde ist die folgende. Das Fasergut wird durch ein endloses Lattentuch der in einer Speisemulde *c* laufenden Zuführwalze *d* zugeleitet und von dieser durch die Walze *a* abgekämmt. Die Walze *a* führt die Baumwolle an den Messerrost *e, f* und einer Reinigungsklappe vorbei auf die Walze *b*, unter der wieder eine Reinigungsklappe angebracht ist. Zwischen den Walzen *a* und *b* ist nun zu dem oben geschilderten Zweck ein Füllkörper vorgesehen, der die Walzen gegen den hinter ihnen gelegenen Raum vollkommen absperrt. An diesen Füllkörper schließt sich nach unten ein einstellbares Abstreifblech an, das die Baumwolle von der Walze *b* ablöst, worauf sie von dem Luftstrom durch den Kanal den Siebtrommeln zugeführt wird. Die Messer *e* des Rostes der Walze *a*, die den Zweck haben, Un-

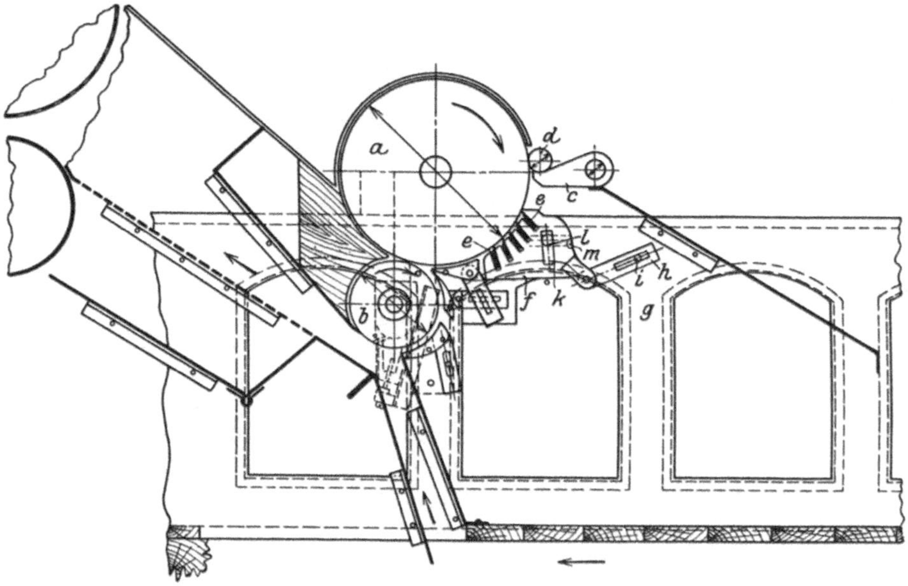

Abb. 186. Vorkarde, Patent Werner (Carl Fleißner & Sohn, Asch).

reinigkeiten aus dem zu behandelnden Fasermaterial auszuscheiden, müssen eine ganz bestimmte Entfernung vom Walzenumfange haben und sind zu diesem Zweck seit jeher einstellbar gemacht, aber nur in einer Richtung. Es hat sich nun gezeigt, daß weit vollkommenere Ergebnisse erzielt und die Maschine dem zu verarbeitenden Material weit besser angepaßt werden kann, wenn die Messer nach jeder Richtung einstellbar sind, d. h. wenn nicht nur die Entfernung der Messer von der Walze, sondern auch der Neigungswinkel der Messer zum Walzenumfange beliebig verändert werden kann.

b) Krempeln.

Wie bereits erwähnt, wird in der Baumwoll-Grobspinnerei die Krempel in mehrfacher Folge angewendet. Es sind zu diesem Zweck sogenannte Krempelsätze vorgesehen. Sie bestehen aus zwei oder drei Krempeln, die entweder einzeln für sich nacheinander zur Anwendung kommen oder teilweise bzw. alle zu gemeinsamer Arbeit verbunden sind. Beim Dreikrempelsatz gilt das letztere für alle drei Krempeln oder nur für die beiden ersten Krempeln. Im ersten Falle spricht man von einem ganz automatischen, im letzteren von einem halbautomatischen Krempelsatz. Für die Verbindung der einzelnen Krempeln miteinander zu gemeinsamer Arbeit sind Lattentücher vorgesehen, welche den von der ersten Krempel (Reißkrempel) gelieferten Faserflor getäfelt der Nachkrempel, siehe z. B. Abb. 187, zuführen. Die Täfelung, durch die eine Ausgleichung in der Faserlage angestrebt wird, ist dabei eine solche, daß eine Längs- oder Querfaserspeisung für die Nachkrempel zustande kommt. Der Dreikrempelsatz kommt dann zur Anwendung, wenn es sich um eine energische Durcharbeitung und Mischung des Fasergutes handelt. Stets sind die Krempeln, im Gegensatz zur Baumwoll-Feinspinnerei, Walzenkrempeln, also solche, bei denen der Tambour nicht mit wandernden Deckeln, sondern mit als Wender und Arbeiter bezeichneten Kratzenwalzen, gewöhnlich 5 oder 6 Paar, zusammenwirkt. Ihnen folgt in der Arbeitsrichtung eine als Volant, Fliegerwalze oder Läufer bezeichnete Walze, welche das Fasergut im Kratzenbeschlag des Tambours so anhebt, daß es eine weitere mit Kratzenbeschlag versehene Walze, der Abnehmer oder Peigneur, aufnehmen kann. Aus dessen Beschlag kämmt es der Hacker als Faserflor heraus. An Stelle eines Abnehmers kommen deren auch zwei nacheinander wirkende zur Anwendung. Man spricht demgemäß von Einflor- und Doppelflorkrempeln. Bei dem letzteren ist auch dem zweiten Abnehmer ebenso wie dem ersten ein Volant vorgeordnet. Er greift mit seinen nachgiebigen Zähnen etwas tiefer in

↑ Feinkrempel — Abb. 187. — ↑ Reißkrempel mit Kastenspeiser
eines Dreikrempelsatzes (Rich. Hartmann A.-G., Chemnitz).

den Tambourbeschlag ein, wie der dem ersten Abnehmer vorgeordnete Volant und hebt die Fasern so an die Beschlagspitzen, daß sie zum Abnehmen durch den unteren Peigneur bereit liegen. Die von beiden Abnehmern durch ihre Hacker gelieferten Flore werden beim Ablauf aufeinander gelegt, gedoppelt. Durch den zweiten unteren Läufer oder Volant wird die Haupttrommel der Zweiabnehmerkrempel vollständig entleert, während bei der Einabnehmerkrempel noch eine Florschicht darinbleibt. Die Haupttrommel der Zweiabnehmerkrempel ist daher bedeutend aufnahme- und arbeitsfähiger und imstande, so viel Fasergut mehr zu verarbeiten, daß mittels der beiden Abnehmer zwei volle Flore abgeliefert werden können. Dadurch wird — bei gleicher Fadeneinteilung des Florteilers — ein beinahe doppelt starkes Vorgespinst als bei der Einabnehmerkrempel erzielt, weshalb die Zweiabnehmeranordnung zur Herstellung starker Garne wegen ihrer großen Leistungsfähigkeit vorzüglich geeignet ist. Es entsteht außerdem auch weniger Abfall, weil der Ausputz fast keine Fasern, sondern meist nur Unreinigkeiten enthält; sie braucht daher nicht so oft ausgeputzt zu werden, wie die Einabnehmerkrempel, was ebenfalls zur größeren Leistung beiträgt. Diejenige Krempel, der das Fasergut zuerst vorgelegt wird, bezeichnet man als Reißkrempel, weil ihr die Aufgabe zufällt, die Faserflocken aufzulösen. Ihre Beschickung erfolgt durch einen Kastenspeiser mit Wage, siehe Abb. 188 u. 187 rechts. Der Reißkrempel folgt beim Zweikrempelsatz die Vorspinnkrempel, Abb. 189. Sie liefert durch Zerlegen des vom Hacker aus dem Peigneur gelösten Faserflors mittels des Florteilers, Abb. 189 links, Faserbändchen und aus diesen durch Runden mittels eines Nitschel- oder Würgelzeugs das Vorgarn. Beim Dreikrempelsatz ist zwischen Reiß- und Vorspinnkrempel die Mittel- oder Feinkrempel, Abb. 187, eingeschaltet. Arbeitet die Reißkrempel für sich, so bildet sie aus dem durch den Hacker aus dem Abnehmer gelieferten Faserflor durch Aufwickeln desselben auf eine Trommel einen Pelz. Er wird der zweiten Krempel (Mittelkrempel) zum Zwecke der Breitenausgleichung quer zu seiner Bildungsrichtung auf der Reißkrempel vorgelegt. Es ergibt sich hieraus für die Mittelkrempel die Querfaserspeisung. Auf ihr muß die Querfaserlage wieder beseitigt werden, dabei wird aber gleichzeitig auch eine bessere Auflösung etwa noch vorhandener Faserflocken erreicht. Die Vorspinnkrempel empfängt das Fasergut unter Längsfaserspeisung ebenfalls in Form eines Pelzes, den die Mittelkrempel jedoch auf einem endlosen Tuch bildet.

Abb. 188. Selbsttätige Auflegemaschine für die Verarbeitung von guten Baumwollabgängen (C. O. Liebscher, Chemnitz).

Die Abb. 190 zeigt im Schnitt einen Zweikrempelsatz mit selbsttätiger Überführung des Fasergutes von der ersten zur zweiten Krempel. Beide Krempeln sind

Abb. 189. Vorspinnkrempel mit Florteiler und Nitschelzeug (Rich. Hartmann A.-G., Chemnitz).

Doppelflorkrempeln. Die Reißkrempel besitzt am Eingange, siehe linke Seite der Abbildung, einen abfahrbaren Selbstaufleger mit Wage und Zuführlattentisch, welcher das Fasergut der Vorkrempel übergibt. Sie besteht aus zwei Einführzylindern, einer Vorreißwalze, einer Vortrommel mit zwei Paar Arbeitern und

Wendern, die aus Eisen hergestellt und mit Sägezahndraht bezogen sind, einer Putzwalze, einer Übertragungswalze, zwischen Vortrommel und Tambour, und einer Fangwalze, sämtlich für Kratzenbeschlag eingerichtet. Unter der Vorreißwalze und der Übertragungswalze ist je ein Stabrost angeordnet, die

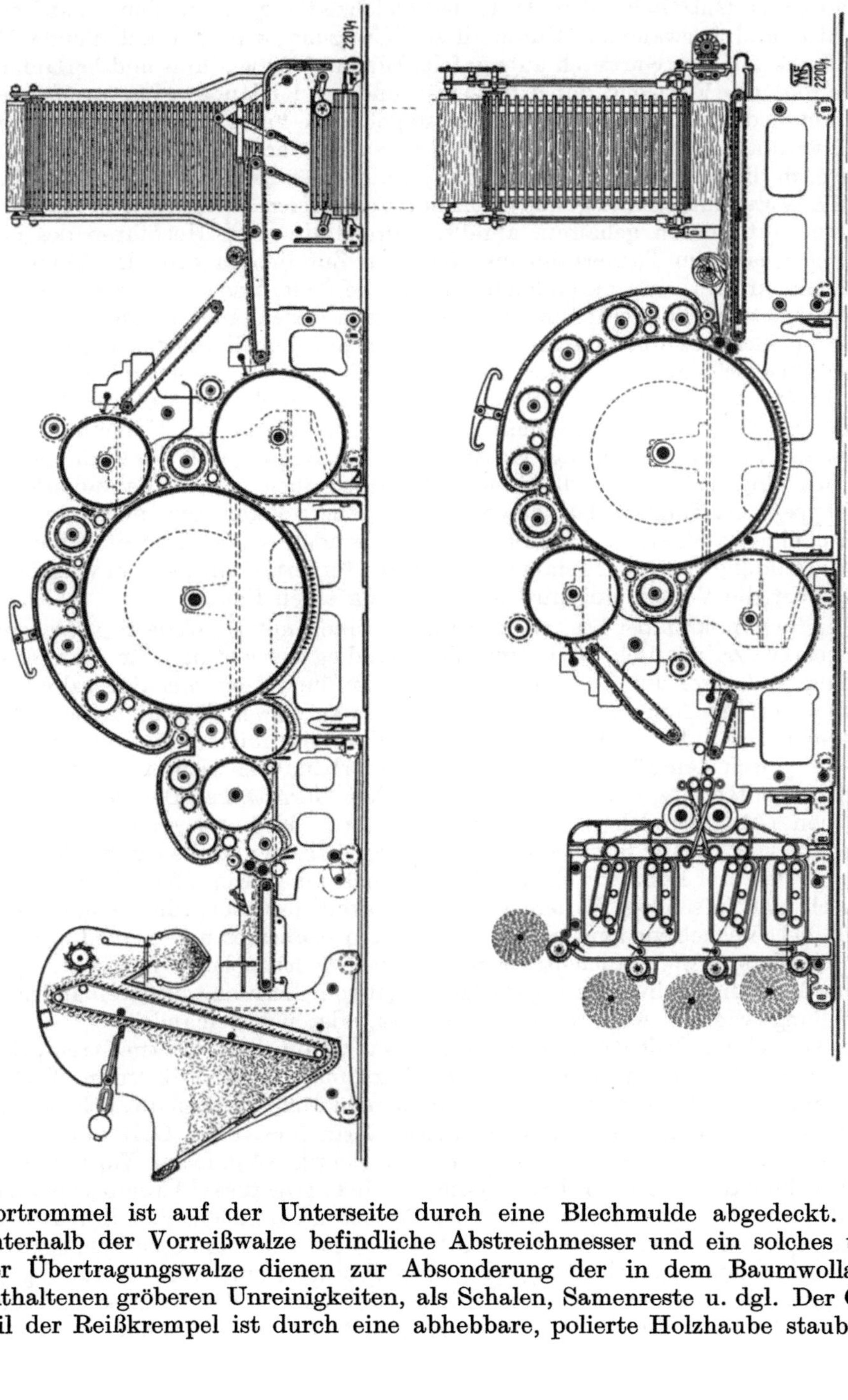

Abb. 190. Zweikrempelsatz in Zweiabnehmerbauart für grobe Baumwollabfallgarne (Rich. Hartmann A.-G., Chemnitz).

Vortrommel ist auf der Unterseite durch eine Blechmulde abgedeckt. Zwei unterhalb der Vorreißwalze befindliche Abstreichmesser und ein solches unter der Übertragungswalze dienen zur Absonderung der in dem Baumwollabfall enthaltenen gröberen Unreinigkeiten, als Schalen, Samenreste u. dgl. Der Oberteil der Reißkrempel ist durch eine abhebbare, polierte Holzhaube staubdicht abgedeckt. Am Ausgange der Maschine befinden sich zwei Florabführtücher, welche die beiden, dem oberen und unteren Abnehmer entnommenen Flore, aufeinander gelegt, einem wagerecht liegenden Lattentuch zuleiten, das an seiner Umkehrstelle den gedoppelten Flor auf einen fortschreitende Bewegung ausführenden Gurttisch fallen läßt, der gleichzeitig quer zu dem zulaufenden Flor hin- und herwandert. Durch diese Bewegung wird der zulaufende Flor in Zickzack auf den Gurttisch aufgetafelt. Eine auf diesem hin- und herlaufende Walze rollt die Florlagen dabei fest, während zwei Klappen eine streifenweise Abtrennung des Flors herbeiführen. Das so gebildete Faservlies von etwa 500 mm Breite wird am Ende des Gurttisches, also seitlich der Krempel, zwischen Stabtüchern, in die Höhe geführt und durch sie auf einer Brücke mit gleichem Stabtuch zur Vorspinnkrempel geführt, auf deren endlosem Zuführtisch es, zwischen gleichen Stabtüchern gehalten, abfällt. Durch Hin- und Herführen des oben gelenkig gehaltenen Tücherrahmens über dem Zuführtisch wird das Band quer auf diesem in hin- und herlaufenden Lagen getäfelt, und es legen sich infolge des gleichzeitigen Fortschreitens des Zuführtisches die Bandschichten schuppenförmig im Zickzack übereinander und ergeben auf dem Zuführtisch eine gleichmäßige Faserschicht, in welcher die Fasern, da das Querfaserband quer gelegt wird, in der Speiserichtung, in letzterer also ihrer Richtung nach in der Länge liegen. Die Übertragung des Fasergutes von der Reiß- zur Vorspinnkrempel erfolgt also mit Längsspeisung. Es ist dabei zu beachten, daß durch die Schichtung des Flors bei der Bandbildung und ebenso auch bei der Bandquerlegung ein Doppeln stattfindet, das, obwohl nicht ganz vollkommen, doch eine Vergleichmäßigung des die Vorspinnkrempel speisenden Vlieses herbeiführt und so auch die Bildung eines gleichmäßigen Vorgarnes fördert, denn aus dem vorgelegten Vlies bildet die Vorspinnkrempel durch Verzug einen Flor.

Die Vorspinnkrempel besitzt am Eingang einen mit Druckwalze versehenen, abfahrbaren Zuführtisch und eine Breitbandlegeeinrichtung für Längsfaserspeisung und zwei am Tambour liegende Einführwalzen mit Sägezahndrahtgarnitur. Am Ausgange der Maschine befinden sich zwei Florabführtücher zum Zusammenführen der beiden Flore und der Florteiler mit 4 Nitschelzeugen. Die Zahl der durch den Florteiler gebildeten Faserbändchen richtet sich nach der Krempelarbeitsbreite und der zu erzeugenden Garnstärke. Die beiden Randbändchen (Abfallbändchen) sind je 40 mm breit und werden durch je zwei Riemchen von 19 mm Breite seitlich vom Flor abgetrennt. Das Florteilergestell ist zweiteilig und kann sowohl geteilt, als auch im ganzen abgefahren werden. Dadurch, daß in seinem Vordergestell die Florteileinrichtung, in seinem Hintergestell die Nitschelzeuge gelagert sind, wird ein bequemes und schnelles Putzen des Florteilers, sowie ein leichtes Einziehen der Teilriemchen ermöglicht.

Die Maschinen eines Krempelsatzes gelangen entweder hintereinander zur Aufstellung, wie aus Abb. 187 ersichtlich ist, oder nebeneinander.

Zu besonderer Bedeutung ist im letzten Jahrzehnt die Gilljam-Krempel gelangt, deren Ausführung die Sächsische Textilmaschinenfabrik vorm. Richard Hartmann, A.-G., Chemnitz i. Sa., übernommen hat und die deshalb auch als Hartmann-Gilljam-Krempel bezeichnet wird. Den Erfinder, Josef Gilljam, hat der Gedanke geleitet, daß in der bisherigen Bauart der gewöhnlichen Walzenkrempel die Ursache dafür zu suchen ist, daß die Arbeitsorgane dieser Krempel sich nach verhältnismäßig kurzer Zeit derart mit Rückständen füllen, daß ihre Arbeitsleistung nachläßt bzw. gleich Null wird. Um diese Übelstände zu beheben, also bei ausreichender Ausscheidung von Fremdkörpern eine volle Auflösung des Fasergutes zu erreichen, hat der Erfinder die Bauart der Krempel geändert. Er hat dabei teilweise die bestehenden Arbeitsorgane miteinander vertauscht oder auch nur in anderer Art zur Anwendung gebracht. Insbesondere hat er den schnellaufenden Tambour durch eine als Kämmtrommel bezeichnete, nach Art des gewöhnlichen Abnehmers (Peigneurs) mit geringer Umlaufgeschwindigkeit arbeitende Trommel mit großem Durchmesser ersetzt, deren Kratzenbeschlagspitzen entgegengesetzt zur Laufrichtung gestellt und für die Speisung dieser Kämmtrommel zwei Zuführwalzen vorgesehen, eine das Arbeitsgut empfangende, nach oben laufende Vorreißwalze und eine mit dieser zusammenarbeitende, in der gleichen Richtung umlaufende gleichartige Zwischenwalze. Von einer teilweise von dieser und von der Vorreißwalze gespeisten, entgegengesetzt zu beiden sich drehenden Streichwalze mit in der Drehrichtung geneigten Zahnspitzen wird das Arbeitsgut auf der Kämmtrommel verstrichen. An der vom Arbeitsgut befreiten Stelle wirkt auf diese Streichwalze eine Reinigungs-

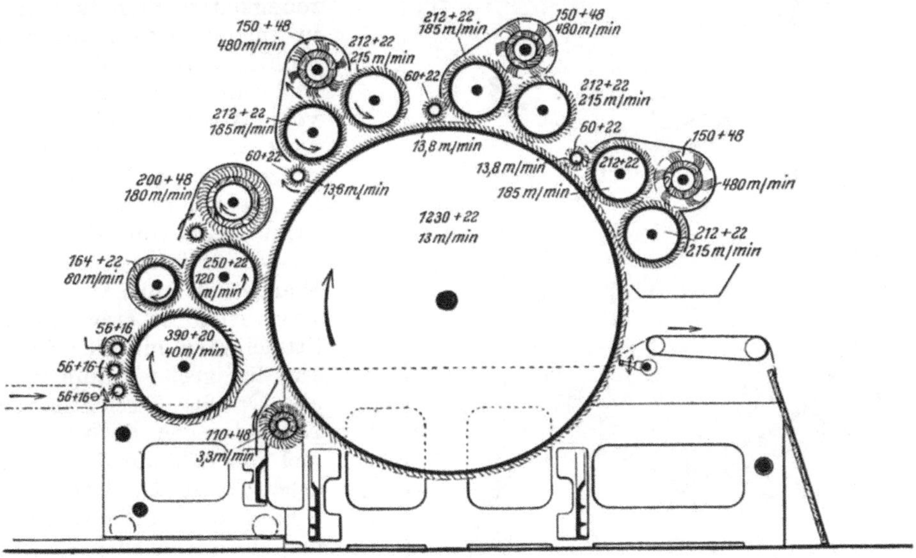

Abb. 191. Hartmann-Gilljam-Reißkrempel (Rich. Hartmann A.-G., Chemnitz).

bürste. Diese Gilljamschen Grundelemente[1] hat die Sächsische Textilmaschinenfabrik nun verwendet für den Bau einer Reißkrempel, einer als Streichkrempel bezeichneten Vorspinnkrempel und eines Zweikrempelsatzes. Abb. 191 zeigt die Reißkrempel, Abb. 192 die Streichkrempel. Bei der ersteren ist die bei der Krempel gewöhnlicher Bauart vorhandene, schnell laufende Haupttrommel in Fortfall gekommen. An ihre Stelle ist eine langsam bewegte Kämmtrommel von 1230 mm Durchmesser getreten, welche bei der üblichen Trommelgröße nur die Umfangsgeschwindigkeit des bisherigen Abnehmers aufweist. Der Kratzenbeschlag steht mit der Spitze entgegengesetzt zur Drehrichtung. Um diese Kämmtrommel ist die ehemalige Haupttrommel in Gruppen aufgelöst angeordnet, und jede Gruppe mit besonderen Reinigungswalzen ausgerüstet. Es sind dies:

7 Streichwalzen	im Durchmesser	von	250	und	212 mm
4 Putzwalzen	„	„	200	„	150 „
3 Übertragungswalzen	„	„	60 mm		

[1] Vgl. hierzu D.R.P. 338217, 345331.

Die Arbeitsweise ist folgende: Das Spinngut gelangt durch die zwei Einführwalzen an die Vorwalze mit einem Durchmesser von 390 mm, wird von dieser mit etwa 40 m/min zerteilt und nach oben an die Streichwalze geführt. Als Zwischenwalze wirkt dabei ein Wender im Durchmesser von 164, welcher entgegengesetzt laufend mit etwa 80 m/min das Spinngut auf der Vorwalze von 390 mm verstreicht, wobei Unreinigkeiten, Fremdkörper usw. in eine unterhalb angebrachte Mulde ausgeschieden werden. Teilweise wird das Spinngut vom Wender erfaßt, teilweise wird es von ihm auf der Vorwalze nur angehoben, so daß die mit etwa 120 m/min laufende Streichwalze von 250 mm Durchmesser das Spinngut sowohl vom Wender als auch von der Vorwalze leicht erfassen kann. Die Streichwalze gibt das Spinngut an die große Kämmtrommel ab. Da die Streichwalze von 250 mm gegen die Kämmtrommel von 1230 mm Durchmesser arbeitet, ist der Übergang des Spinngutes auf die Kämmtrommel außerordentlich erleichtert. Infolgedessen wird die Streichwalze vom Material so weit befreit, daß die Putzwalze vom Durchmesser 200 mm mit großer Voreilung (etwa 50 bis 60%) eine kräftig reinigende Wirkung ausüben kann. Um jeglichen Staub- und Materialauswurf zu verhindern, ist in dieser Gruppe die Putzwalze mit einer Fangwalze versehen. Die Kämmtrommel führt das Spinngut (Zahnstellung nach rückwärts) zur Übertragungswalze vom Durchmesser 60 mm, welche es vor die nächste Walzengruppe legt. Diese Übertragungswalze dreht sich in der gleichen Richtung wie die Kämmtrommel; der Flor soll dabei nicht zerrissen werden, wie dies der Wender an der gewöhnlichen Krempel bewirkt, sondern nur mit etwas Verzug

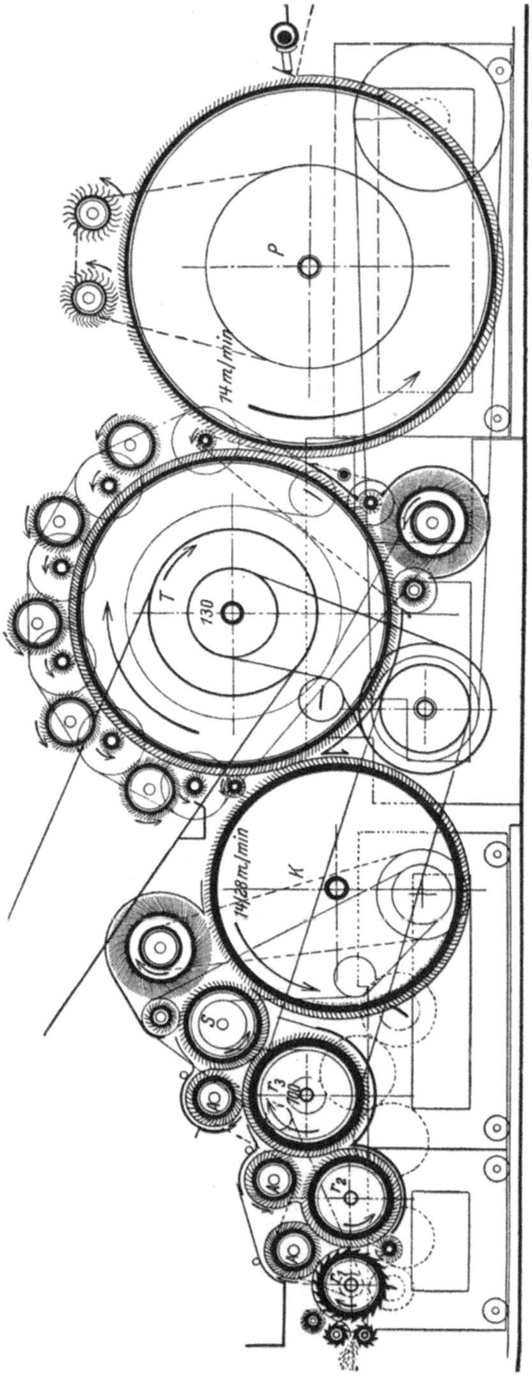

Abb. 192. Hartmann-Gilljam-Streichkrempel.

herumgelegt werden. Die Streichwalzen der nun folgenden drei Walzengruppen arbeiten paarweise gegeneinander und einzeln gegen die Kämmtrommel. Es entstehen so in jeder Gruppe drei wesentliche Arbeitsstellen, zusammen also neun Arbeitsstellen. Werden hierzu die Arbeitsstellen der ersten Gruppe gerechnet, so ergibt sich eine sehr wesentliche Vermehrung der Arbeitsstellen gegenüber denjenigen der gewöhnlichen Krempel.

Die Streichkrempel, Abb. 192, besteht aus einer Vorkrempel und einer Hauptkrempel. Die erste setzt sich zusammen aus einem starken Vorwalzenwerk, einer Streichwalze und einer Kämmtrommel. Die Hauptkrempel ist dagegen ausgestattet mit einem Streichtambour, mit diesem zusammenarbeitenden Arbeiter- und Wenderpaaren, einem unter ihm liegenden Volant und einem großen Abnehmer. Durch das starke, ganz oder nur teilweise mit Sägezahndraht oder auch nur mit Kratzenbeschlag ausgestattete Vorwalzenwerk wird die Faserflocke durchgreifend aufgelöst und gereinigt, durch die schnell laufende Streichwalze auf der langsam laufenden, mit in der Drehrichtung vorwärts gerichteten Kratzenzähnchen ausgestatteten Kämmtrommel zu einem ersten Flor verkämmt, wobei die an die Streichwalze und Kämmtrommel angestellte Putzwalze beide Organe reinhält. Die Kämmtrommel übergibt den Faserflor von unten her an den langsam laufenden Tambour der Hauptkrempel, die bis auf den unter dem Tambour liegenden Volant nichts Neues darbietet.

c) Spinnen.

Das eigentliche Spinnen erfolgt in der Baumwoll-Grobspinnerei auf dem Selfactor oder Wagenspinner, dem Ringspinner, der Dosen- oder Kapselspinnmaschine und der Trichterspinnmaschine. Sie alle arbeiten im allgemeinen ohne Dreiwalzenstreckwerk, denn dieses ergibt keine gleichmäßige Verfeinerung des vom Florteiler der Vorspinnkrempel gelieferten sogenannten Vorgespinstes; der gleichmäßige Verzug auf die durch das Nitscheln in mehr sich kreuzender Lage aneinander gepreßten Fasern wirkt vielmehr ungleichmäßig auflösend auf deren Zusammenhang, schafft also ungleich dicke Stellen im Vorgespinst.

Abb. 193 zeigt einen Wagenspinner. Bei ihm kommen die von der Vorspinnkrempel gelieferten Vorgarnwickel auf Abtreibtrommeln zu liegen, welche ihnen die für das Ablaufen der Fäden erforderliche Drehbewegung erteilen. Die Zuführung der Fäden zu den Spindeln erfolgt durch nur ein Walzenpaar (Zylinderpaar), dessen Unterzylinder meist doppelt vorhanden ist. Man nennt deshalb das auf einem so eingerichteten Wagenspinner gesponnene Garn auch Zweizylinder-Feingarn im Gegensatz zu dem auf dem Wagenspinner mit Dreiwalzenstreckwerk erzeugten Dreizylinder-Feingarn. Der dargestellte Selfactor besitzt dreifache Spindelgeschwindigkeit, gestattet aber die Abstellung der zweiten und dritten Geschwindigkeit, falls nur mit der ersten gearbeitet werden soll. Die Auslösung der einzelnen Spindelgeschwindigkeiten wird mit Hilfe einer an der linken Seitenwandung des Headstockes angeordneten Welle bewirkt, auf welcher zur Auslösung dienende und durch den Selfactorwagen selbst ausgelöste Schuhe angebracht sind. Da diese Schuhe verstellbar sind, ist dem Spinner die Möglichkeit gegeben, sie so einzustellen, daß die höhere Spindelgeschwindigkeit genau im gewünschten Augenblick beginnt. Für die Wagenausfahrt ist eine die Auszugsschnecke tragende Wagenauszugswelle vorgesehen, welche durch den ganzen Selfactor läuft und mit dreifach abgestufter Geschwindigkeit angetrieben wird. Dieser Antrieb erfolgt unmittelbar und unabhängig vom Zylinderantrieb, wobei jede Geschwindigkeit für sich mit Hilfe von Wechselrädern genau einstellbar ist. Der Spinner kann den Wagen mit einer der Vorgarnlieferung gleichen, einer größeren oder geringeren Geschwindigkeit laufen lassen. Durch die eigenartige Arbeitsweise dieses Antriebes wird der Übergang der einzelnen Geschwindigkeiten in vollkommen stoßfreier Weise bewirkt und jedes Schwanken oder ruckweise Ausfahren des Wagens vermieden. Jede einzelne Geschwindigkeit kann dem fortschreitenden Verzuge und der Drehung angepaßt werden, so daß es möglich ist, auch die feinsten Garne zu spinnen. Für die Auslösung der einzelnen Wagenausfahrtgeschwindigkeiten sind auf der Vorgarnzählerwelle zwei verstellbare Schuhe angebracht, welche durch den ausfahrenden Wagen selbst genau an der Stelle ausgelöst werden, an welcher die zweite bzw. dritte Wagenausfahrtgeschwindigkeit beginnen soll. Die Auslösung der Vorgarnlieferung wird in gleicher Weise wie die Auslösung der einzelnen Spindelgeschwindigkeiten in die Wege geleitet. Während für die letztere an der linken Seitenwandung des Headstockes eine mit verschiebbaren Schuhen versehene Welle angeordnet ist, ist für die erstere eine längs der rechten Seitenwandung des

Abb. 193. Streichgarn-Selfactor mit dreifacher Wagenauszugs- und Spindelgeschwindigkeit (G. Josephys Erben, Bielsko).

Headstockes verlaufende Vorgarnzählerwelle vorgesehen, auf welcher eine Skala und außer den beiden zur Auslösung der Wagenausfahrt dienenden Schuhen noch ein dritter verschiebbarer Schuh angebracht ist, welcher ebenfalls durch den ausfahrenden Wagen selbst und genau an der Stelle der Ausfahrt ausgelöst wird, an welcher die Lieferung des Vorgarnes beendet sein soll. Der Antrieb der Lieferwalzen erfolgt unmittelbar von der Hauptwelle, unabhängig von dem Antrieb des Wagenauszuges, und ist durch Wechselräder in zwei Geschwindigkeiten abstufbar, wodurch die Möglichkeit gegeben ist, nach Bedarf normal mit kontinuierlichem Verzuge oder mit halbkontinuierlichem Verzuge zu spinnen, im ersteren Falle ist die Wagengeschwindigkeit größer als die Liefergeschwindigkeit der Lieferwalzen, im zweiten Falle ist die gelieferte Vorgarnlänge kleiner als die Wagenauszugslänge (direkter Wagenverzug) und die Wagengeschwindigkeit größer als die der Lieferwalzen.

Beim Ringspinner für Baumwollgrobgarn wird, wenn das Vorgarn verstreckt werden soll, das Fertigspinnen in zwei aufeinander folgenden Arbeitsvorgängen durchgeführt, ganz wie beim Wagenspinner, und zwar durch Verziehen mit Vordraht und eine sich anschließende Schlußdrehung. Erreicht wird dies entweder durch Anwendung von Spinnröhrchen oder durch eine von der Unterwalze des Lieferwalzenpaares eines Zweiwalzenstreckwerkes periodisch sich abhebende Oberwalze. Das Spinnröhrchen gibt dem Vorgarn dauernd Vordraht, doch ist dieser nur ein falscher, vorübergehender. Beim Abheben der Oberwalze von der Unterwalze des Streckwerklieferwalzenpaares springt ein Teil des Schlußdrahtes auf das zwischen den beiden Streckwerkwalzenpaaren befindliche Vorgarn über, das während dieser Zeit keine Förderung erfährt, also auch keinen Verzug, und festigt dieses.

Ein Spinnröhrchen neuester Konstruktion zeigt Abb. 194. Es besteht aus einem drehbar gelagerten, schräg gebohrten Röhrchen, dessen Eintrittsöffnung genau zentrisch und dessen Austrittsöffnung exzentrisch zur Achse gelegen ist. Durch diese schräge Längsbohrung wird der Faden, nachdem er in die obere Öffnung des umlaufenden Röhrchens eingeführt worden ist, mitgenommen. Infolge der sich ergebenden Zentrifugalkraft sucht der eingezogene Faden sich immer weiter von der Achse des Röhrchens zu entfernen und folgt auf diese Weise der Bohrung bis über die Austrittsöffnung hinaus, wo er sich dann um die Spitze, in welche das Röhrchen ausläuft, schlingt und von den Streckzylindern erfaßt wird. Durch diese leichte Einführungsmöglichkeit des Fadens in das

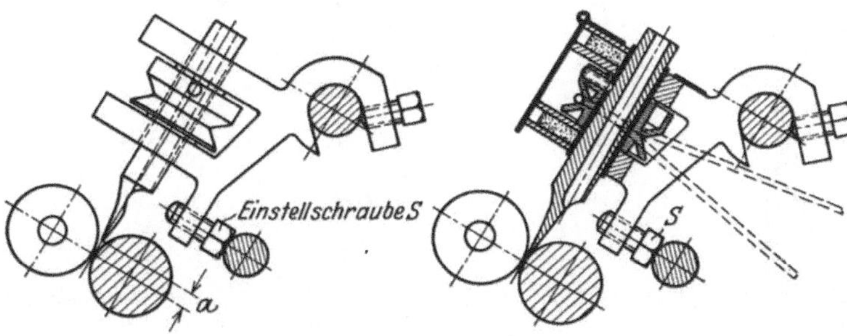

Ansicht Schnitt

Abb. 194. Spinnröhrchen in richtiger Einstellung (Josephy).

Röhrchen wird die Bedienung der Maschine wesentlich vereinfacht. Jedes Spinnröhrchen ist für sich in einem abnehmbaren Halter gelagert, seine Spitze kann durch eine Stellschraube *S* genau zum Streckzylinderpaar eingestellt werden.

Für Garne, welche mit wenig Verzug gesponnen werden, genügt ein einfaches oder Zweiwalzen-Streckwerk. In dieses ist das Spinnröhrchen in der aus Abb. 195 ersichtlichen Weise eingeschaltet. Unter den Unterwalzen sind Putzleisten angeordnet, besonders angetriebene Fangwalzen dienen zum Auffangen gerissener Fäden. Damit sich die Walzen nicht nur an einer Stelle abnützen, gehen sowohl die oberen Fadenführerleisten als auch die Spinnröhrchen hin und her (changieren).

Für besseres Fasergut verwendet man mit Vorteil ein Streckwerk, wie es Abb. 196 darstellt. Es ist ein Dreiwalzenstreckwerk, dessen erstes Walzenpaar mit den Lieferwalzen als einfaches Röhrchenstreckwerk arbeitet. Die Fasern werden durch den ersten Verzug in dem Röhrchenstreckwerk ziemlich parallel gelegt und dadurch wird die Stärke des Fadens ausgeglichen. Das Walzenstreckwerk ist dann imstande, dem Faden noch einen höheren Verzug zu geben. Die Druckwalze des Vorderwalzenpaares ist belastet und beledert, die Druckwalzen der rückwärtigen Walzenpaare wirken durch ihr Eigengewicht, das mittlere Walzenpaar arbeitet dabei zweckmäßig als Durchzugwalzenpaar.

Über der belederten Druckwalze und unter ihrer Unterwalze sind Putzwalzen vorgesehen, außerdem sind noch besonders angetriebene Fangwalzen angeordnet.

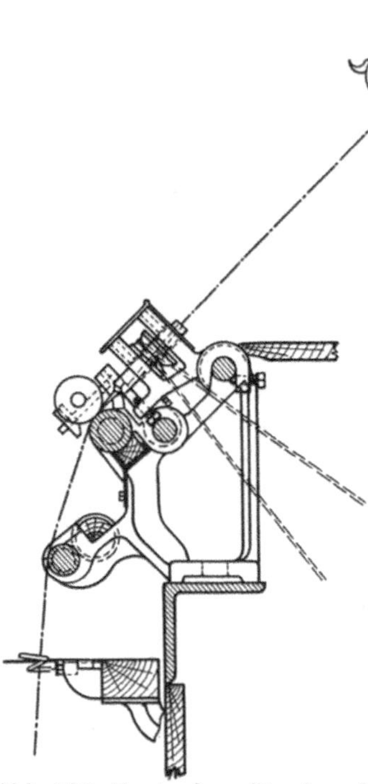

Abb. 195. Zweiwalzen-Streckwerk mit Spinnröhrchen (Josephy).

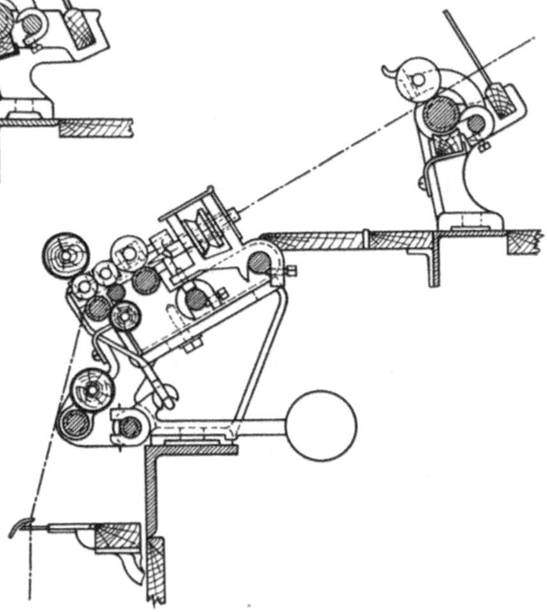

Abb. 196. Dreiwalzenstreckwerk mit Spinnröhrchen (Josephy).

Die Vorgarnlieferung erfolgt durch ein Abtreibzeug, wie beim Selfactor oder unter Verwendung von Einzelaufsteckung. Das Abtreibzeug wird ausgeführt als

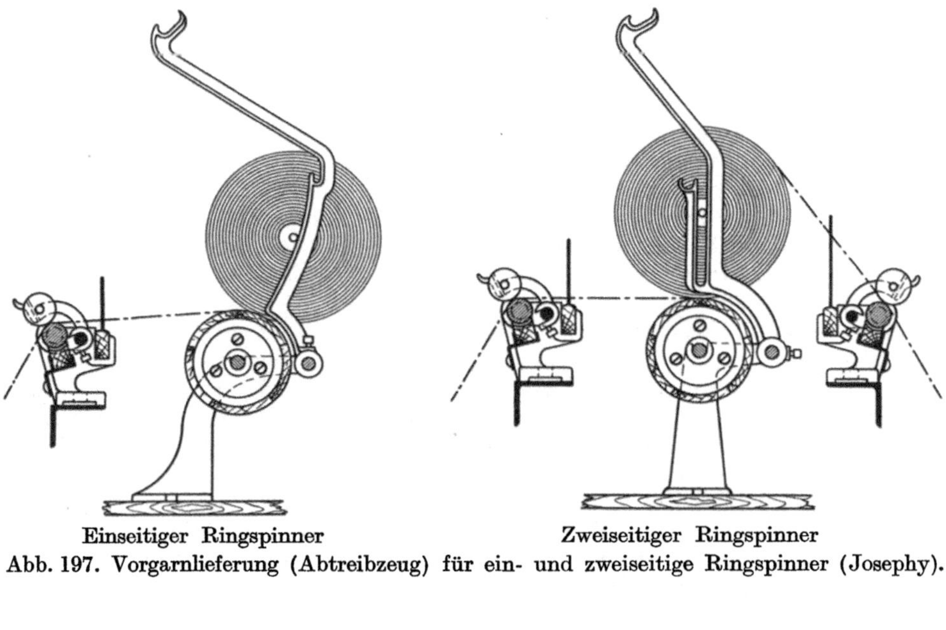

Einseitiger Ringspinner Zweiseitiger Ringspinner

Abb. 197. Vorgarnlieferung (Abtreibzeug) für ein- und zweiseitige Ringspinner (Josephy).

solches für einseitige Maschinen, Abb. 197 links, oder als solches für zweiseitige Maschinen, Abb. 197 rechts. Bei letzterem wird für beide Maschinenseiten nur eine Vorgarnwalze vorgelegt und man läßt abwechselnd einen Faden auf die eine, den nächsten Faden auf die andere Seite der Maschine ablaufen. — Die Praxis hat gezeigt, daß die auf die Abtreibwalze aufgelegten Vorgarnwalzen infolge verschieden fester Nitschelung der Vorgarnfäden nicht immer gleichmäßig ablaufen. Einzelne sind zu stark gespannt und werden infolgedessen beim Abzug verzogen, andere hängen dagegen durch. Diesem Mangel soll durch das Einzel-Aufsteckzeug gesteuert werden. Die von der Vorspinnkrempel gelieferten Vorgarnwalzen werden in Scheiben zerlegt und diese kommen auf Laufteller, wie dies Abbildung 198 erkennen läßt. **Für zweiseitige Maschinen ist das Einzelaufsteckzeug nicht zu verwenden, weil der erforderliche Platz für die Unterbringung der Garnscheiben fehlt.**

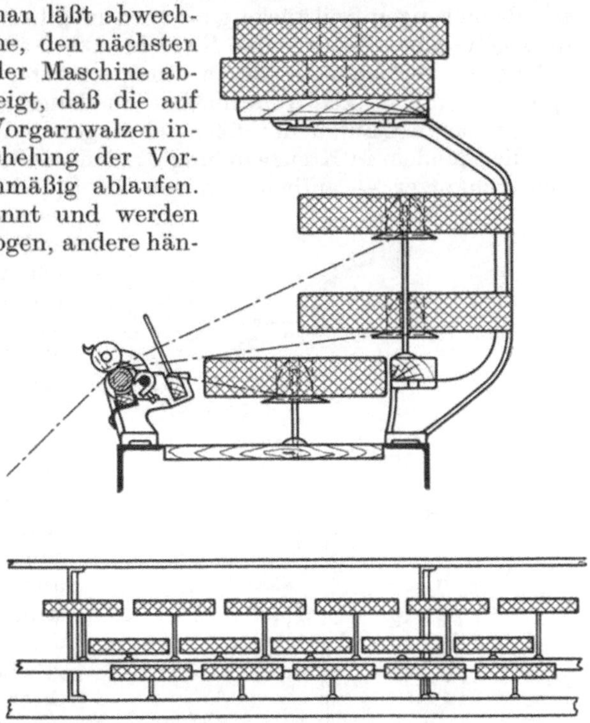

Abb. 198. Einzelaufsteckzeug für Ringspinner (Josephy).

Für die Herstellung ganz starker, lose gedrehter Garne werden zum Fertigspinnen die Dosen- oder Kapselspinnmaschine und die Trichterspinnmaschine benutzt. Beide sind in den Abb. 199 und 200 in je einer Ausführungsform dargestellt.

Abb. 199. Dosen-Spinnmaschine (Rich. Hartmann A.-G., Chemnitz).

Bei der Kapselspinnmaschine wird dem Vorgarnkörper selbst Drehung erteilt und diese Drehung wird von dem von ihm ablaufenden Vorgarn auf seinem

Weg zur Wickelspule aufgenommen. Die Vorgarnkörper werden durch Zerlegen der von der Vorspinnkrempel gelieferten walzenförmigen Vorgarnwickel in ihre scheibenförmigen Teilstücke gewonnen und finden Aufnahme in den von Spindeln getragenen Dosen oder Kapseln. Die Fäden, von innen von den Spulen ablaufend, verlassen die Dosen axial, während diese sich drehen. Die Wickelspindeln sitzen axial verschiebbar in längsgeschlitzten Trichtern. In ihnen erfolgt das Auflaufen der über schwingende Fadenführer zugeführten Fäden auf die Spindeln in Kreuzwindung. In dem Maße, in dem sich der Garnkörper — Schlauchkötzer — aufbaut, steigen die Spindeln im Trichter nach oben. Ist der Garnkörperaufbau im Trichter beendet, so ist auch die Verbindung zwischen Triebmittel und Spindel gelöst. Die Dosenspindeln empfangen ihren Antrieb durch Riemen oder Schnüre, die Mitnehmer für die Wickelspindeln dagegen durch Schraubenräder. Beide Triebmittel wirken jedoch nicht unmittelbar, sondern durch Vermittlung von Reibungskupplungen, durch einen einzigen Handgriff können beide Kupplungen eines einzelnen Spinnganges gleichzeitig gelöst, Spinndose und Wickelspindel also gleichzeitig stillgesetzt werden. Für jede Spinndose ist außerdem eine Bremse vorgesehen, mit Hilfe deren nach Lösen ihrer Mitnehmerkupplung die noch weiter laufende Dose rasch zum Stillstand gebracht werden kann.

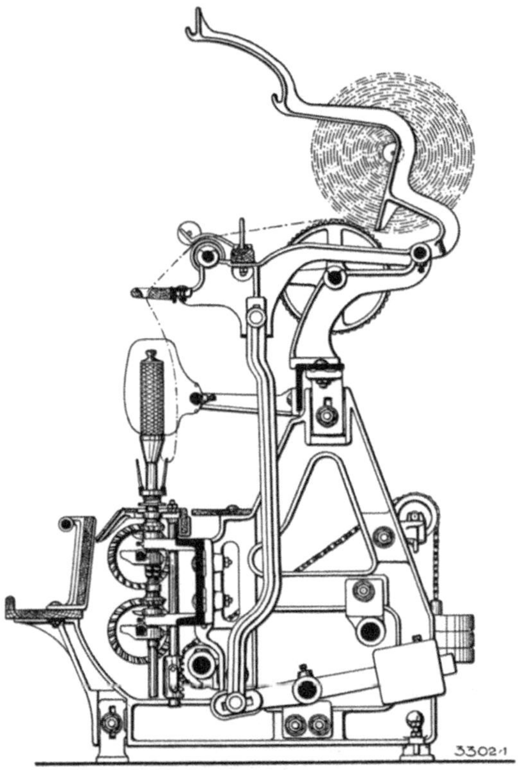

Abb. 200. Trichter-Spinnmaschine (Rich. Hartmann A.-G., Chemnitz).

Die Trichterspinnmaschine erfordert kein Zerlegen der Vorgarnwalzen in Scheibenspulen wie die Dosenspinnmaschine, die Vorgarnwalzen werden vielmehr in voller Länge, so wie sie der Florteiler der Vorspinnkrempel liefert, in die Spinnmaschine eingelegt, siehe Abb. 200, und kommen dabei auf geriffelte Abtreibwalzen zu liegen. Die von den Vorgarnwalzen ablaufenden Fäden werden den in längsgeschlitzten Trichtern sich drehenden Spindeln durch Lieferwalzen mit aufliegenden Druckwälzchen zugeführt. Ebenso wie die Spindeln führen auch die Trichter eine Drehbewegung aus, aber unabhängig von den Spindeln. Durch sie wird den den Spindeln zulaufenden Vorgarnfäden Drehung gegeben und aus der Relativbewegung zwischen Spindel und Trichter, die durch ein Differentialgetriebe regelbar ist, ergibt sich das Aufwinden der Fertigfäden auf die Spindeln. Es erfolgt in Kegelschichten entsprechend dem Innenraum der Trichter, und zwar in Kreuzwindungen infolge Verwendung von sich mit den Trichtern drehenden, vor dem Trichterschlitz rasch auf- und abbewegenden Fadenleitern. Aus der Drehung des Trichters ergibt sich Ballonbildung in dem ihm zulaufenden Faden. Die Form des Fadenballons ändert sich, da der Windungsdurchmesser und die Windungsstelle sich dauernd ändern, beständig. Um dieser Änderung nach Möglichkeit vorzubeugen und so eine möglichst gleichbleibende Fadenspannung zu erreichen, werden die Lieferwalzen mit den Druckwälzchen und dem Fadenleitbrettchen periodisch auf und abbewegt, und sitzen zu diesem Zweck mit ihren Trägern auf Schwinghebeln. Zwischen den Spindeln angeordnete Schutzbrettchen (Antiballonvorrichtung) verhindern eine allzu starke Ausbauchung der Fadenballons und ein Zusammenschlagen dieser.

C. Baumwoll-Buntspinnerei.

Verarbeitet man keine naturfarbene Baumwolle, wie in der Baumwoll-Feinspinnerei und überwiegend auch in der Baumwoll-Grobspinnerei, sondern in der Faser gefärbte Baumwolle, so hat man die Möglichkeit, durch Mischung verschieden gefärbter Baumwollen bei der Vorbereitung durch das Krempeln eine Mischfarbe für das Fasergut zu schaffen, wie sie die Färberei nicht zu erzeugen vermag. Hiervon macht man in der Baumwoll-Buntspinnerei Gebrauch. Ihr Arbeitsplan gleicht im wesentlichen dem der Baumwoll-Grobspinnerei. Diese erzeugt rauhhaarige Garne wie die Wollspinnerei. Man bezeichnet deshalb die Baumwoll-Buntspinnerei auch als Imitatspinnerei, weil sie die Erzeugnisse der Wollspinnerei nachahmt.

D. Baumwoll-Abfallspinnerei.

a) Vorbereitung.

In der Baumwoll-Fein- und Grobspinnerei entstehen Abfälle der verschiedensten Art, auf den Vorbereitungsmaschinen, den Krempeln, den Kämmaschinen, in den Vorwerken (den Duplierstrecken) auf den Vor- und Feinspinnmaschinen und endlich finden sich solche auch im Kehricht der Arbeitsräume. Die reinen Abfälle, wie z. B. Bandabfälle von Krempeln und Strecken, sowie Abrisse von Vorgespinstfäden können in der Feinspinnerei ohne weiteres wieder mit verwendet werden, nur bedürfen sie zuvor einer Auflösung in den flockigen Zustand. Verwendet wird für die Auflösung der Reißwolf, jedoch sind auf seinem Tambour entsprechend der dichten Faserlage in dem aufzulösenden Fasergut die Zähne oder Stifte dichter gestellt. Auch die guten Fasern der Streckwalzenwickel können in der Feinspinnerei wieder verwendet werden, nur müssen auch sie aufgelöst und aus ihnen harte Fäden, Garnreste, ausgelesen werden. Dies geschieht mittels des Fadenklaubers, auf welchem auch der Spinnsaalkehricht zum gleichen Zwecke behandelt wird. Abb. 201 zeigt einen solchen. In ihm wird das Fasergut in einem Gehäuse mit Rost durch wagerecht liegende Wellen mit radial stehenden gekrümmten Stiften (Schlägerwellen) in wirbelnde Bewegung versetzt und dabei von den Fäden befreit. Sie werden von den Stiften aufgegriffen und wickeln sich um diese bzw. die Wellen. Von ihnen werden sie von Zeit zu Zeit nach Stillsetzung der Maschine und Öffnen der Haube durch Abschneiden mittels eines Hakenmessers entfernt. Dabei bleibt die Maschine gegen Wiedereinrücken gesichert. Dies kann erst geschehen, wenn die Haube wieder geschlossen ist. Die Zuführung des zu reinigenden Fasergutes erfolgt am Umfang durch einen Schüttrichter mit vorgeordneter Mulde, Abb. 201 links, das Auslesen grober Unreinigkeiten (Schrauben, Holzstücke usw.), die Abführung des gereinigten Fasergutes dagegen infolge schraubengangartiger Anordnung der Stifte auf ihren Wellen und der Wirkung eines Flügelsaugers in achsialer Richtung. Der frei werdende Staub und dergleichen fällt durch die Roste in eine Sammelmulde. Für das Verarbeiten sehr leichter Abfälle ist die

Maschine mit einem besonderen Staubabzug nebst Lattentuchabführung versehen, wie dies die Abb. 202 erkennen läßt.

Fettige, schmutzige und kurzfaserige Abfälle werden der Feinspinnerei nicht wieder zugeführt, sie bilden den Rohstoff der Abfallspinnerei und werden allein oder in Mischung mit Rohbaumwolle nach dem Spinnplan der Baumwoll-Grobspinnerei, jedoch unter Ersatz von Öffner und Schlagmaschine durch Klopf-, Reiß- und Krempelwolf verarbeitet. Der Klopfwolf oder Willow kommt zur Verwendung, wenn es erforderlich ist, die schmutzigen Abfälle von trockenen Fremdkörpern zu befreien. Ihn zeigen die Abb. 203 und 204 in zwei Ausführungsformen. Er besteht aus einem zylindrischen, auf der Innenwandung mit Schlagbolzen besetzten Gehäuse, dessen Unterteil als Stabrost ausgebildet und in dem eine ebenfalls mit Schlagbolzen besetzte Trommel auf waagerechter Achse drehbar gelagert ist. Die Schlagbolzen der Trommel führen bei Drehung dieser durch Zusammenwirken mit den Schlagbolzen an der Innenwandung des Gehäuses eine Auflösung des Fasergutes herbei. Grobe Unreinigkeiten fallen durch den Rost in die unter ihm befindliche Kammer, aus der sie durch eine Förderschnecke mit sich anschließendem Becherwerk, Abb. 203, oder durch einen Sauger abgeführt werden. Im letzteren Falle ist vielfach auf dem gelochten Scheitel des Klopfraumes eine zweite Kammer vorgesehen, die ebenfalls an den Sauger angeschlossen ist.

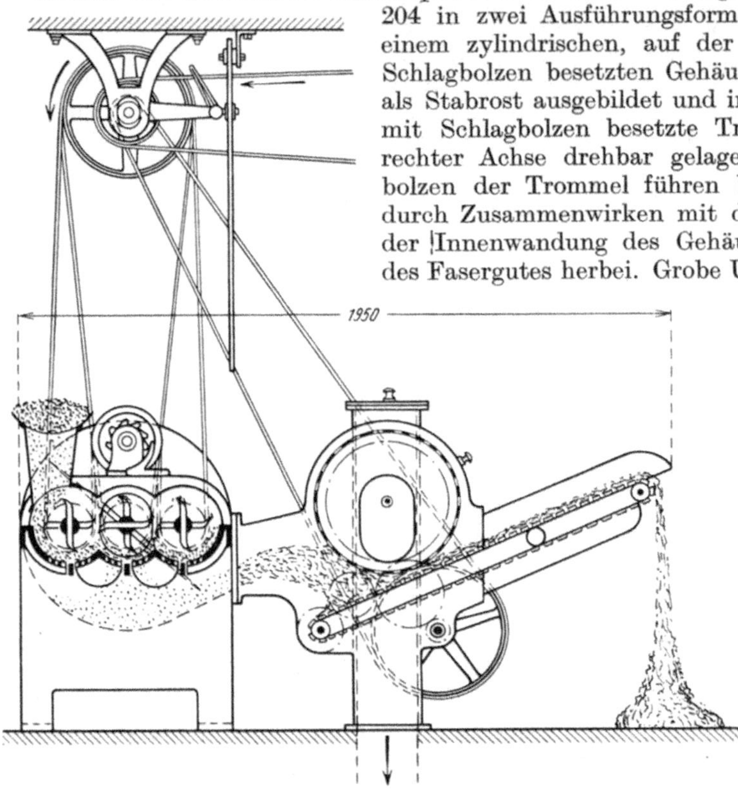

Abb. 201. Fadenklauber (Liebscher, Chemnitz).

Bei den Klopfwölfen wird von der Zuführung aus stets eine gleichbleibende, durch eine gefüllte Mulde in ihrer Größe bemessene Fasergutmenge eingeworfen und dann eine bestimmte Zeitlang bearbeitet, worauf nach dem Auswurf der bearbeiteten Fasergutmenge auf ein endloses Födertuch, Abb. 204 rechts oben, sich dieses Spiel wiederholt. Bei Benutzung einer kippbaren Einschüttmulde muß jedesmal der Schüttelraum geöffnet und wieder geschlossen werden; andernteils kommt die Fasergutmenge plötzlich mit einem Male an den umlaufenden Flügel und wird von diesem als großer Haufen mit herumgeworfen. Dies ist ein Übelstand, welcher durch Anwendung eines der üblichen Zuführtische mit Einführwalzen beseitigt wird. Das Fasergut wird dabei, wie aus Abb. 204 erkennbar, auf dem Lattentisch *z* ausgebreitet und gelangt durch die belasteten Walzen *c* in den Klopfraum. Damit dieser nun gleichmäßig beschickt, also die Wirkung der Maschine eine gleichbleibende wird, ist es erforderlich, daß der Lattentisch und damit die Zuführwalzen jedesmal eine gleichbleibende Länge der aufgelegten Fasergutschicht zuführen. Der absetzend

Abb. 202. Fadenklauber mit Lattentuchabführung (Liebscher, Chemnitz).

arbeitende Antrieb muß also so erfolgen, daß die Zuführwalzen periodisch eine bestimmte Anzahl Umläufe machen. Ihre Zahl kann entsprechend der Bearbeitungsnotwendigkeit des Fasergutes geändert werden. Für die selbsttätige Regelung des Einziehens und Auswerfens des Fasergutes ist nun ein umlaufendes Zählrad vorhanden, welches durch Knaggen die entsprechende Bewegung ausführt. Dieses Zählrad (*a* in der Zeichnung) läuft schneller oder langsamer um, je nachdem die Schütteldauer des Fasergutes eine verschiedene ist. Wenn man nun den periodischen Antrieb der Zuführwalzen durch eine ausrückbare Räderübersetzung bewerkstelligen würde, die einfach durch einen Kamm auf dem Zählrad *a* eingerückt wird, so würde, weil dieser Kamm schneller oder langsamer fortschreitet, dementsprechend auch der Trieb nach kürzerer oder längerer Zeit eingerückt werden, die Reinigungswirkung würde also nie in der gewünschten Weise geregelt werden können. Deshalb ist bei der Ein-

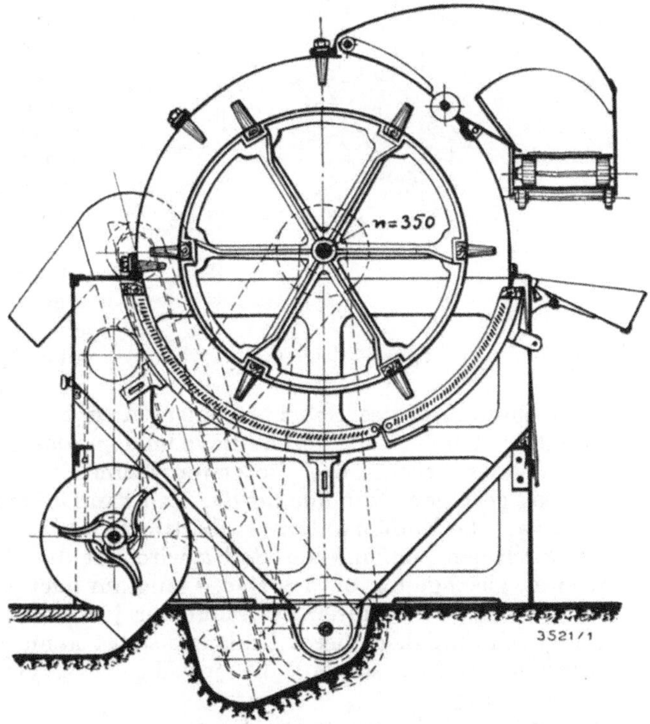

Abb. 203. Reinigungsmaschine mit Zuführmulde (Rich. Hartmann A.-G., Chemnitz).

richtung dieser Schüttelwölfe mit Zuführwalzen unmittelbar an dem Klopfraum eine Betriebseinrichtung vorgesehen, die unabhängig von dem schnelleren oder langsameren Umlauf der Zählscheibe ist. Dies wird nach der den Gegenstand des Patents 279304 bildenden Erfindung, Abb. 204, dadurch erreicht, daß beim Umlauf der Zählscheibe nur der Laufbeginn der Zuführung eingeschaltet wird, der Trieb sich aber nach Zurücklegung eines bestimmten Weges von selbst ausschaltet. Es erfolgt der Antrieb der Zuführwalzen *c* durch ein Rad *r*, das für jede Beschickung immer eine Umdrehung macht, gleichgültig ob das durch eine Schnecke in bekannter Weise in Umdrehung versetzte Zählrad *a* für die Schütteldauer schnell oder langsam läuft. Dies wird dadurch erzielt, daß in dem Kranze des Zahnrades *r* eine Anzahl Zähne ausgebrochen sind. Wenn das kleine Triebrad *t*, das ununterbrochen von der Achse *w* der Schütteltrommel in ersichtlicher Weise angetrieben wird, mit seinen Zähnen in Eingriff mit dem Zahnkranz des Rades *r* tritt, macht dieses Rad eine Umdrehung, weil sein Zahnkranz *r* dann an dem Triebrad *t* ausläuft und damit das Rad *r* zum Stillstand kommt. Dieser Stillstand wird durch eine Einfallklinke *k* gesichert. Um nun nach dieser einen Umdrehung die nächste einzuleiten, muß das Rad *r* etwas vorgesteuert werden, damit die ersten Zähne *i* nach der ausgebrochenen Stelle des Zahnkranzes wieder zum Eingriff mit dem umlaufenden Rad *t* kommen. Hierzu wird von einem Zapfen *b* an dem Zählrad *a* unter Vermittlung des doppelarmigen Hebels *h* der Winkelhebel *e* so gesteuert, daß er mit einem Arm durch eine Stangenverbindung die Klinke *k* aushebt. Gleichzeitig kann nach diesem Ausheben die Klinke *n* an dem senkrechten Arm des Hebels in einem Ausschnitt in einem Kranz des Rades *r* einfallen, damit wird durch die Klinke *n* das Rad *r* so weit in der Pfeilrichtung vorgerückt, daß die ersten Zähne *i* nun in den Bereich des Zahntriebes *t* gelangen. Nun kommt das Rad *r* in Drehung und diese wird durch zwei Räder auf die Einführwalzen *c* übertragen.

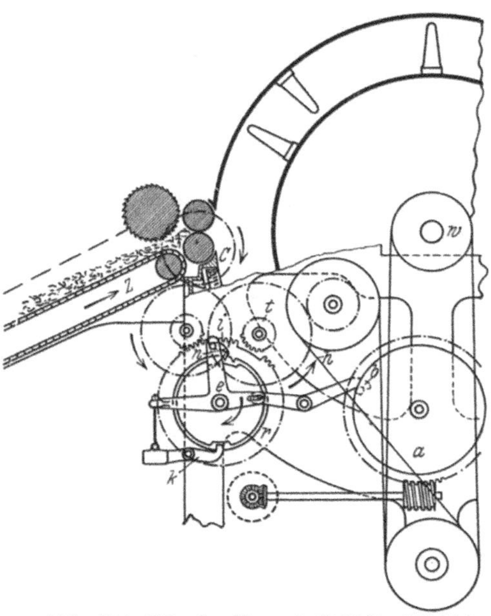

Abb. 204. Klopfwolf nach D.R.P. 279304.

Durch den Zapfen *b* am Rad *a* wird nur die Umdrehung der Walzen *c* eingeleitet, gleichgültig, ob das Rad *a* langsam oder schneller läuft. Die Dauer der Umdrehung der letzteren bestimmt der jedesmalige eine Umlauf des Rades *r*. Die Geschwindigkeit dieses Umlaufes selbst kann natürlich gegebenenfalls auch geändert werden, so daß die jeweilige Fasergutmenge größer oder kleiner werden kann.

Reiß- und Krempelwolf dienen der weiteren Auflösung des Fasergutes, einer weiteren Reinigung und auch einer Mischung, wenn verschiedene Fasergutsorten zur Verarbeitung gelangen. Der Krempelwolf arbeitet wie eine Walzenkrempel, nur sind sein Tambour und die mit ihm zusammenwirkenden Walzenpaare mit einer grobzähnigen Garnitur versehen.

b) Krempeln.

Für das Krempeln kommen Zwei- und Dreikrempelsätze zur Anwendung, deren Krempeln neben oder hintereinander stehen und im allgemeinen durch Überführungslattentücher zu gemeinsamer Arbeit verbunden sind, wie dies z. B. die Abb. 205 und 206 erkennen lassen. Der Dreikrempelsatz wird an Stelle des Zweikrempelsatzes, Abb. 206, benutzt, wenn es sich um eine energische Durcharbeitung des Fasergutes handelt.

Die Reißkrempel besitzt am Eingange einen abfahrbaren Selbstaufleger mit Waage und Zuführlattentisch, welcher das Fasergut der abfahrbaren Vorreißeinrichtung übergibt. Sie besteht aus zwei Einführwalzen, zwei Vorreißwalzen mit vier kleinen Arbeitswalzen oberhalb und einer solchen unterhalb, sämtlich mit Sägezahndraht garniert, einer Putzwalze, einer Übertragungswalze und einer zweiten Putzwalze. Die erste Vorreißwalze und die Übertragungswalze sind unterhalb mit je einem Abstreichmesser und einem Stabrost zum Abscheiden der in dem Fasergut enthaltenen Schalen und sonstigen Unreinigkeiten

Abb. 205. Zweikrempelsatz (Krempeln hintereinander stehend) (Rich. Hartmann A.-G., Chemnitz).

ausgestattet. Am Ausgange der Maschine befindet sich ein Florabführtisch mit Bandbildner, welch letzterer ein Band von etwa 250 bis 300 mm Breite herstellt, das mittels der Überführungslattentücher der nächsten Maschine zugeleitet wird. Die Feinkrempel ist am Eingange mit einem Zuführtisch mit Bandleger ausgerüstet, welcher das von der Reißkrempel kommende Band quer vorlegt, so daß die Faser gekreuzt zur Einführung gelangt; ihm folgen zwei Einführwalzen und eine Vorwalze mit Sägezahndraht nebst einer Putzwalze für den Kratzenbeschlag. Am Ausgange der Maschine befindet sich ein Florabführtisch mit Breitbandbildungsvorrichtung, welche ein Pelzband von etwa 500 mm Breite herstellt, das mittels der Überführungslattentücher der nächsten Maschine zugeleitet wird. Die Vorspinnkrempel besitzt am Eingang einen abfahrbaren Zuführtisch mit Breitbandlegeeinrichtung für Längsfaserspeisung und zwei an der Haupttrommel liegende Einführwalzen mit Sägezahndraht. Der Abnehmer der Vorspinnkrempel wird durch eine Putzwalze, welche die zurückgebliebenen Schalen usw. aufnimmt, ständig reingehalten. Am Ausgange der Maschine befindet sich der Florteiler mit vier Nitschelzeugen, eingerichtet für breite Lederhosen, mit Druckwalzen in den unteren Hosen. Der Antrieb der Nitschelwalzen erfolgt derart, daß die nitschelnden Lederflächen sich beim Arbeiten in straffgespanntem Zustande befinden. Die Fadenzahl des Florteilers richtet sich nach der Krempelarbeitsbreite und der zu erzeugenden Garnstärke. Die beiden Eckfäden (Abfallfäden) sind je 40 mm breit und werden durch je zwei Riemchen von 19 mm Breite seitlich vom Flor abgetrennt. Das Florteiler-

Abb. 206. Dreikrempelsatz (Krempeln nebeneinander stehend) (Rich. Hartmann A.-G., Chemnitz).

gestell ist zweiteilig und kann sowohl geteilt als auch im ganzen abgefahren werden. Dadurch, daß im Vordergestell der Florteiler, im Hintergestell die Nitschelzeuge gelagert sind, wird ein bequemes und schnelles Putzen des Florteilers sowie ein leichtes Einziehen der Riemchen ermöglicht.

c) Spinnen.

Das von der Vorspinnkrempel gelieferte sog. Vorgarn wird, wie bereits ausgeführt, auf den gleichen Maschinen zu Feingarn ausgesponnen, wie das Vorgarn in der Grobspinnerei.

Die sich in der Spinnerei ergebenden guten Abgänge waren bereits gereinigt. Ihre nochmalige Bearbeitung in der Putzerei ist also bis auf wenige Ausnahmen entbehrlich, geschieht sie trotzdem, so ergeben sich nur unnötige Rohstoffverluste. Um sie zu vermeiden, werden sie mit Vorteil mit Hilfe einer selbsttätigen, auflösend wirkenden Auflegevorrichtung einer Krempel zugeführt und in Gestalt der von dieser erzeugten Kardenbänder wieder in den Spinnprozeß eingeführt. Die gewonnenen Kardenbänder können dann ohne weiteres mit den normal erzeugten Kardenbändern auf der Strecke weiter verarbeitet werden.

d) Krempel-Spinnautomaten.

Das Bestreben, aus dem Rohmaterial auf möglichst wenig Maschinen fertiges Garn herzustellen, den Arbeitsprozeß trotz hoher Leistung mit wenig Kraftbedarf und Bedienung durchzuführen und dabei die Maschine selbst bei geringster Raumbeanspruchung von allen Seiten zugängig zu machen, sowie

Abb. 207. Kombinierte Ringspinnkrempel (Norddeutsche Textilmaschinenfabrik Max Meinke, Pollnow i. Pom.).

den Kaufpreis für eine vollständige Anlage so niedrig wie möglich zu halten, hat zum Bau von Kleinspinnereimaschinen geführt. Von diesen verdienen besonders die kombinierten Maschinen Erwähnung, sie stellen im wesentlichen eine Vereinigung von Krempel und Feinspinnmaschine dar. Die Bestrebungen, solche Maschinen zu bauen, reichen mindestens 150 Jahre, also bis etwa zum Jahre 1780 zurück. Die Zeitschrift „Textil-Recorder“ bringt in ihrer Juni-Nummer 1927 die Beschreibung und die Abbildung einer solchen Maschine. Für die Fadenbildung sind Flügelspindeln vorgesehen. Erzeugnisse neuester Zeit sind: die Ringspinnkrempel „System Meinke“, wie sie die Norddeutsche Maschinenfabrik in Pollnow, Bez. Köslin, ausführt, und der Krempel-Spinnautomat von Oskar Naupert, Dresden.

Der Arbeitsgang der erstgenannten, in Abb. 207 dargestellten Maschine ist der folgende: Das gewaschene oder sonst vorgereinigte, durch einen Reiß-

Abb. 208. Krempel-Spinnautomat (Oskar Naupert Nachf., Dresden).

wolf gemischte und vorgelöste Rohmaterial wird in abgewogenen Mengen durch einen Lattentisch den mit Sägezahndraht bezogenen Einzugswalzen zugeführt, welche ihrerseits die ebenfalls mit Sägezahndraht belegte Vorreißwalze speisen, von welcher aus das Fasergut auf den Tambour übergeht. Ein Abstreichmesser an der Vorreißwalze entfernt dabei die groben Unreinigkeiten. Vom Tambour erfaßt wird das Material in bekannter Weise durch mit ihm zusammenarbeitende Arbeiter und Wender aufgelöst und gereinigt, vom Volant im Tambourbeschlag angehoben, vom Peigneur dem Tambour abgenommen und vom Hacker aus dem Peigneur gelöst. Der entstehende Flor wird auf die Pelztrommel aufgewickelt und das gewonnene Vlies wird, sobald es die erforderliche Dicke erreicht hat, gerissen und abgenommen.

Beim Anfertigen von Melangen ist es zweckmäßig, den Pelz noch einmal in Quervorlage durch die Krempel gehen zu lassen. Der in der einen oder anderen Weise gewonnene Pelz kommt nochmals auf die Krempel, der vom Hacker abgenommene Flor wird jedoch nunmehr durch die Teilwalzen des Florteilers geleitet und dort, wie bekannt, in gleichmäßige Streifen geteilt. Diese Florstreifen werden von den Nitschelhosen gerundet und dann einem Streckwerk mit Drehröhrchen zugeführt. Nach Durchlaufen desselben werden die Fäden wie üblich

Abb. 209. Krempel-Spinnautomat (Oskar Naupert Nachf., Dresden).

auf Ringspindeln versponnen und aufgewunden. Copbildung und Copstärke sowie Aufwindung regeln Herzexzenter.

Durch den an der Maschine angebrachten besonderen Florteiler, bei dem der Flor zwangsweise, zwischen zwei Riemchen eingeklemmt, geführt wird, ist es möglich, auch störrisches Material zu verarbeiten sowie die Maschine für verschiedene Teilungen einzurichten, und zwar nur durch Auswechslung der Florteilriemchen. Durch ein Dreizylinderstreckwerk mit zwei Satz Drehröhrchen werden eine gute Egalisierung des Vorgarnes und ein hoher Verzug erreicht. Die Einstellung der Vorreißwalze ermöglicht es, die gleiche Walze als Vorreiß- und auch als Einführwalze zu verwenden. Der obere Teil der Maschine mit

Florteiler, Streckwerk und Nitschelzeug ist abnehmbar, so daß es möglich ist, bequem auch an die Krempel heranzukommen. Durch Anbringung einer Walze über dem Hackerblatt wird der Flor senkrecht zum Florteiler hochgebracht, ohne erst über eine besondere Zuführung zu laufen.

Eine zehnspindelige Maschine besitzt eine Breite von etwa 1300 mm, eine zwanzigspindelige von 1450 mm, eine dreißigspindelige von 1650 mm, eine vierzigspindelige von 1900 mm. Die Gewichte betragen 1100 bzw. 1250, 1600, 2000 kg.

Bei dem Krempel-Spinnautomaten von Naupert, Abb. 208 bis 210, wird das zu verarbeitende Fasergut mit Hilfe eines Kastenspeisers einer Auflösevorrichtung zugeführt, die im wesentlichen aus zusammenarbeitenden, wandernden Kratzenbändern besteht. Diese Auflösevorrichtung gibt das Fasergut an eine mit Vor- und Haupttambour ausgestattete Walzenkrempel ab, Abb. 208 rechts und Mitte.

Abb. 210. Krempel-Spinnautomat (Oskar Naupert Nachf., Dresden).

Der durch einen Hacker aus dem Peigneur ausgelöste Faserschleier wird durch einen Florteiler in Faserbändchen zerlegt und diese wandern durch Spinnröhrchen in mit Streckwalzenpaaren zusammenwirkende Nitschelzeuge, die sie runden und verdichten. Den Nitschelzeugen folgen Streckwalzenpaare mit zwischen diese eingeschalteten Spinnröhrchen. Das durch sie verdichtete und verstreckte Vorgarn gelangt in ein reines Walzenstreckwerk und von diesem schließlich zu den etagenförmig übereinander angeordneten Ringspindelsätzen, Abb. 208 bis 210. Wird ein Feinspinnen bzw. ein Verzug in dem letztgenannten Walzenstreckwerk nicht gewünscht, so wird dieses ausgeschaltet und die Vorgarnfäden werden über eine besondere, den Spindeln vorgelegte und über dem Walzenstreckwerk angeordnete, umlaufende, längsgerippte Leitwalze unmittelbar zu den Spindeln geführt. Die Leitwalze gestattet ein Überspringen der von den Spindeln erzeugten Drehungen und ein Verlaufen dieser bis zur Austrittsstelle der Vorgarnfäden aus dem vorausgehenden, mit Spinnröhrchen ausgestatteten Streckwerk. Um mit der Maschine ein Faservlies (Pelz) zu bilden, wird in sie oberhalb des

Würgelzeugs eine Pelztrommel eingelegt, siehe Abb. 209, und auf sie der vom Hacker aus dem Peigneur ausgekämmte Faserflor aufgelegt. Dabei werden alle nicht benötigten Vorrichtungen, insbesondere der Florteiler und die Spinnvorrichtung, ausgeschaltet. Soll die Maschine für das Zwirnen benutzt werden, so werden in sie Copsträger eingelegt. Von ihnen laufen die zu verzwirnenden Fäden durch die Lieferwalzen des Walzenstreckwerkes zu den Spindeln. Auch in diesem Falle werden alle für das Zwirnen nicht benötigten Vorrichtungen stillgesetzt. — Die beiden übereinander angeordneten Spinnmaschinen sind ganz nach Bedarf unabhängig voneinander der Höhe nach in die für die Bedienung günstigste Lage einstellbar. Der Antriebsmotor, der Kastenspeiser, die Auflösevorrichtung für das Fasergut, die Vorkrempel, die Hauptkrempel mit Peigneur, der Florteiler, das Nitschelwerk und das Streckwerk mit den Spinnvorrichtungen sind mit den zugehörigen Antriebs- und Nebenmechanismen zu in sich geschlossenen, voneinander trennbaren Maschinenaggregaten ausgebildet; siehe Abb. 210. Infolgedessen können die einzelnen Arbeitsvorrichtungen für sich getrennt fertig montiert verschickt werden. Am Aufstellungsort der Maschinen brauchen dann die einzelnen Maschinenaggregate nur in entsprechender Weise aneinander gefügt und die notwendigen Verbindungsketten bzw. Riemen über die Hauptantriebsmechanismen der einzelnen Maschinenaggregate gelegt zu werden.

e) Ausputzen, Schleifen und Abziehen des Kratzenbeschlages in der Baumwoll-Grob- und -Abfallspinnerei.

Die Kratzenbeschläge der Walzenkrempel — Arbeiter, Wender, Läufer usw. des Abnehmers, des Tambours usw. — bedürfen ebenso wie die Kratzenbeschläge der Deckelkrempel der Baumwoll-Feinspinnerei des Ausputzens und ferner eines Nachschleifens, sobald die Kratzenbeschlagspitzen stumpf geworden sind, denn nur eine scharfe Fangkante an der Zahnschnittfläche gibt dem Beschlag die Fähigkeit, die Faserflocken zu erfassen und festzuhalten. Das Putzen erfolgt teils in der Maschine, teils außerhalb derselben mit Hilfe von Handputzkratzen, vgl. Abb. 80, 81. Das Schleifen von Tambour und Abnehmer wird in der Krempel, das Schleifen der Arbeitswalzen durch Einlegen dieser in einen Schleifbock ausgeführt. Als Schleifwerkzeug wird entweder eine rasch umlaufende und sich kurz hin- und herbewegende Schleifwalze oder eine sich drehende und wandernde Schleifscheibe verwendet[1].

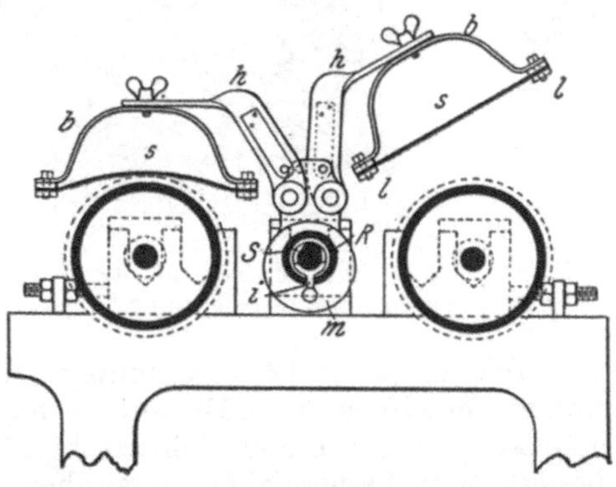

Abb. 211. Schleifmaschine mit Vorrichtung zum gleichzeitigen Abziehen von zwei Krempelwalzen (Rich. Hartmann A.-G., Chemnitz).

Außer dem zeitweisen Schleifen der Kratzenbeschläge ist es zur Erhaltung der vollen Arbeitsfähigkeit der Walzen erforderlich, nach dem Ausputzen des Kratzenbeschlages ein Abziehen des letzteren vorzunehmen. Dies wird gewöhnlich durch ein mit Schmirgel belegtes Leder besorgt, welches der Arbeiter, mittels einer Schleife

[1] Vgl. hierzu L. Baumann: Das Schleifen der Kratzenbeschläge. Mell. Text. Ber. **1930**, 503 u. f. sowie: Über „Kardengarnituren und das Schleifen derselben" aus „The Students Cotton-Spinning von Jos. Nasmith"; abgedr. in deutscher Übersetzung in „Österreichs Wollen- und Leinen-Industrie".

von den Fingern gehalten, mit der hohlen Hand an die in Drehung versetzte Kratzenwalze andrückt und es dabei über die letztere hin- und herbewegt. Nun ist aber dieses Handabziehen einesteils nicht ungefährlich, auch erfordert die Handhabung des Schleifleders einige Geschicklichkeit; andernteils wird leicht eine Ungleichheit in der Schärfe der abgezogenen Drahthäkchen herbeigeführt, weil bei der wendenden Haltung des Arbeiters der gleichbleibende Andruck mit gleicher Umfassung schwer möglich ist. Bei einer größeren Krempelarbeitsbreite wird dieses Handabziehen noch schwieriger, denn die Arme reichen für die Hin- und Herschiebung dann nicht mehr aus, der Arbeiter muß weitertreten, und damit wird die Ungleichheit gesteigert. Man hat deshalb Vorrichtungen zum selbsttätigen maschinellen Abziehen der Krempelwalzen eingeführt.

Abb. 212. Abziehvorrichtung in der Krempelwalzen-Schleifmaschine (Rich. Hartmann A.-G., Chemnitz).

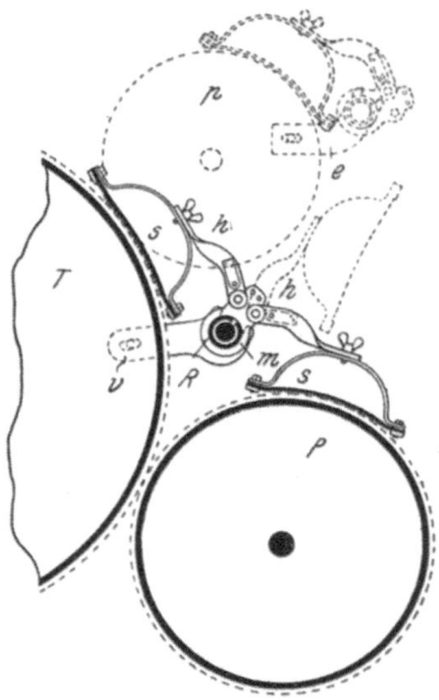

Abb. 213. Abziehvorrichtung in der Krempel (Rich. Hartmann A.-G., Chemnitz).

Die Abb. 211 und 212 zeigen eine solche, eingelegt in den Bock einer Krempelwalzen-Schleifmaschine. Die mit Rechts- und Linksgewinde versehene Schraubenspindel S ist von einem Schutzrohr R umschlossen. Dieses Rohr liegt fest und besitzt einen Längsschlitz, in welchem der Führungsfinger oder Halbmond i des Gewindeganges der Spindel S gleitet. Dieser Finger sitzt in einer Hülse m, die sich durch die Führung des Fingers i bei Drehung der Schraubenspindel S auf dem ruhenden Rohre R verschiebt. An der Hülse m sind drehbare Hebel h gelagert, an denen federnde Bügel b durch Flügelschrauben befestigt sind. Diese Bügel tragen Leisten l zum Festklemmen der Enden der Schleifleder s, welch letztere durch die Spannkraft der Bügel b straff gehalten werden. Das Rohr R mit der Schraubenspindel S nebst Lagerbüchsen und Antriebscheibe sowie der Hülse m mit den beiden Schleiflederbügeln bildet ein Ganzes. Für das gleichzeitige Abziehen der Haupttrommel T und des Abnehmers P wird diese Abziehvorrichtung in die Läuferstelleisen v der Krempel eingelegt, wie in Abb. 213

dargestellt. Zum Zwecke des Heraushebens der abgezogenen Arbeitswalzen aus dem Schleifbock braucht die Abziehvorrichtung nicht aus diesem genommen zu werden, es genügt vielmehr ein Anheben des Halters *h*, Abb. 213 rechts. In seiner ausgehobenen Stellung schnappt ein von einer Blattfeder getragener Stift in ein Loch am Lager der Hülse *m* ein und sichert hierdurch den Halter *h* in seiner Hochlage. Nach Wegnahme des einen Halters kann die Vorrichtung auch einseitig benutzt werden, wie dies z. B. bei Zweiabnehmerkrempeln nötig ist; Abb. 213 zeigt dies punktiert. — Es ist außerdem die Einrichtung vorgesehen, daß eine für größere Arbeitsbreiten bestimmte Abziehvorrichtung auch für schmälere Krempelwalzen benutzt werden kann. Hierzu erhält die Gewindespindel einen Stellring, welcher die Wendung des Führungsfingers für den Übergang desselben aus dem Gewinde-Rechtsgang in den -Linksgang an einer beliebigen Kreuzungsstelle derselben bewirkt.

E. Fachen und Zwirnen.

Die von der Baumwoll-Fein-, Grob- und Abfallspinnerei erzeugten Garne kommen entweder als solche unmittelbar zur Verwendung oder es werden aus ihnen durch Doppeln (Duplieren, Fachen) oder Zwirnen erst neue Fadengebilde geschaffen. Beim Fachen werden einfache Garne in der erforderlichen Zahl nur nebeneinander gelegt, beim Zwirnen werden dagegen duplierte Garne nach dem Duplieren noch zusammengedreht. Duplieren und Zwirnen können dabei in zwei völlig getrennten Arbeitsvorgängen, also auf besonderen Maschinen, durchgeführt werden oder es folgen beide Vorgänge in einem Arbeitsgang unmittelbar aufeinander.

In der Baumwollindustrie ist das erstgenannte Verfahren seit langer Zeit üblich. Seine Vorteile bestehen in dem leichten Ablaufen der Spulen in den Zwirnmaschinen, der Verminderung des Abfalles bei ihnen, der Erzielung eines schönen, gleichmäßigen Zwirnes, der Vermeidung fehlerhafter Zwirne, einer höheren Ausbeute der Zwirnmaschinen, weil mit größerer Spindelgeschwindigkeit gearbeitet werden kann, und endlich in der Ersparnis an Arbeitskräften beim Zwirnen, weil eine Arbeiterin eine große Zahl von Spindeln überwachen kann.

a) Fachen.

Die Fachmaschinen sind Spulmaschinen, bei denen der Wickelspule durch das Fadenleitauge gleichzeitig mehrere Fäden nebeneinander liegend zugeführt werden. Da die Beaufsichtigung einer größeren Zahl von Fadengruppen Schwierigkeiten bietet, hat man die Fachmaschinen mit Fadenwächtern ausgestattet. Reißt ein Faden oder läuft eine Spule leer, so kommt der ihm zugehörige Wächter zur Wirkung und führt eine Stillsetzung der Wickelspindel durch Abheben der Spule von der Triebwalze herbei.

Abb. 214 zeigt eine Kreuzspulmaschine für das Fachen im Schaubild. Sie wird ausgeführt für eine Spindelteilung von 175, 190 oder 220 mm mit einem Spulenhub von 120, 125 oder 150 mm und für eine Hülsenlänge von 145, 150 oder 165 mm. Der größte Spulendurchmesser beträgt 160 mm, die Wicklung kann auf Papier- oder Holzhülsen erfolgen. Die Spulenkästen, in denen die Wickelspindeln drehbar gelagert sind, sind verstellbar. Sie werden so eingestellt, daß die Hülsen beim Beginn der Wicklung auf ihre ganze Länge auf den Treibzylindern aufliegen. Jeder Faden wird in bekannter Weise durch eine Abstellnadel geführt, Abb. 215, welche durch die Spannung des Fadens hochgehalten wird. Reißt ein Faden oder ist ein Cop abgelaufen, so fällt die Nadel herab und kommt in den Bereich einer umlaufenden Flügelwelle, welche einen angelenkten federnden Schieber so beeinflußt, daß eine unbedingt sichere und augenblickliche Abstellung der Spule durch Abheben vom Treibzylinder gewährleistet ist. Der Abstellschieber ist mit zwei

Abb. 214. Kreuzspulmaschine für das Fachen mit selbsttätiger Abstellung bei Fadenbruch (D.R.P. 283579).

löffelartigen Ansätzen versehen und wird in einer Kurve so geführt, daß die Spule auch bei kleinstem Durchmesser sicher vom Treibzylinder abgehoben wird. Durch die gleichzeitige Wirkung von zwei löffelartigen Ansätzen kann ein Zusammendrücken oder Beschädigen der Wicklung der Spule nicht vorkom-

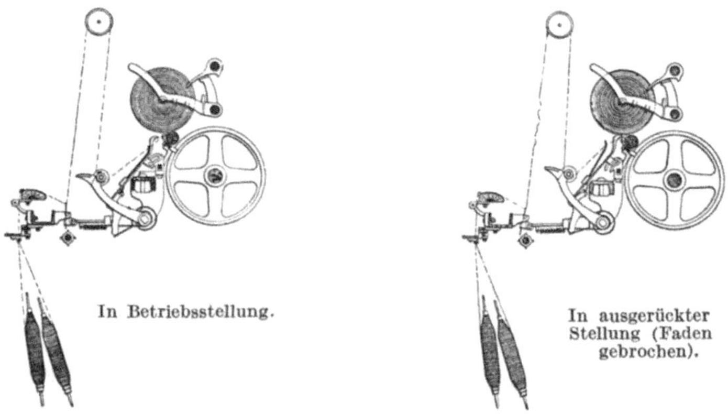

Abb. 215. Ausrückvorrichtung für die Maschine nach Abb. 214 (C. Hamel, Schönau b. Chemnitz).

men, was namentlich bei Herstellung weicher Spulen Vorteile bietet. Um das Suchen eines Fadens und das Wiederanknüpfen eines gebrochenen Fadens zu erleichtern, laufen die Fäden nebeneinander so über eine hochliegende Rolle, daß der Fadenweg so groß wie möglich wird und das gebrochene Fadenende nicht mit auf die Spule aufläuft. Die untere Überlaufrolle ist mit dem löffelartigen Schieber in der Weise verbunden, daß sie beim Anheben der Spule, d. h. beim Bruch oder Ablaufen eines Fadens die unversehrt gebliebenen Fäden entspannt, was namentlich für feine Garne vorteilhaft ist. Beim Wiedereinrücken der Spule, das durch Niederdrücken eines Tasters erfolgt, geht die untere Überlaufrolle gleichzeitig nieder und spannt dadurch die Fäden wieder selbsttätig; etwa vorhandene Schleifen oder Kringeln werden aufgezogen. Das Durch-

Abb. 216. Kreuzspulmaschine für das Fachen mit selbsttätiger Abstellung bei Fadenbruch (C. Hamel, Schönau b. Chemnitz).

hängen der Fäden wird durch einen beim Hochschnellen des Schiebers sich automatisch abhebenden Drahtbügel verhindert. Die aufzuspulenden Fäden laufen durch geschlitzte, doppelte Fadenbleche oder sauber gefräste, gußeiserne Fadenreiniger, welche je nach Stärke der Garne in der Schlitzweite verstellt werden können und verhüten, daß Flocken, Knoten, Schlingen und dergleichen mit auf die Spule laufen. Bevor die Fäden von der Spule aufgenommen werden, gleiten sie über mit Filz oder Plüsch bezogene Bremsleisten, wodurch ihnen die erforderliche Spannung erteilt wird, Abb. 215.

Auf der in Abb. 216 dargestellten doppelseitigen Kreuzspulmaschine für das Fachen erfolgt die Fadenverlegung durch Fadenführer, die auf längs der Maschine angeordneten, hin- und hergleitenden, kräftigen Stahldrähten aufgeklemmt sind. Sie erhalten ihre Bewegung durch Kurvenscheiben, die an der Endwand der Maschine in gut verdeckten Gehäusen untergebracht sind. Die Umlaufgeschwindigkeit der Kurvenscheiben kann, für jede Seite der Maschine getrennt, in vier verschiedenen Abstufungen durch Wechselräder mit 19, 22, 28 und 33 Zähnen eingestellt werden. Die Abstellvorrichtung bei Fadenbruch ist für 2, 3 und 4 Fäden einstellbar. Jeder einzelne Faden wird durch einen Fadenwächter geleitet, der bei Fadenbruch in den Bereich einer umlaufenden Flügelwelle gelangt, durch sie verdrängt wird und dadurch bewirkt, daß ein Lederstreifen sich zwischen Spule und Spulenantriebstrommel schiebt und damit die Spule sofort stillsetzt.

Auch bei der Fachmaschine für Kreuzspulen nach Abb. 217 läuft jeder der zu fachenden Fäden durch eine Wächternadel. Die Nadeln sitzen lotrecht

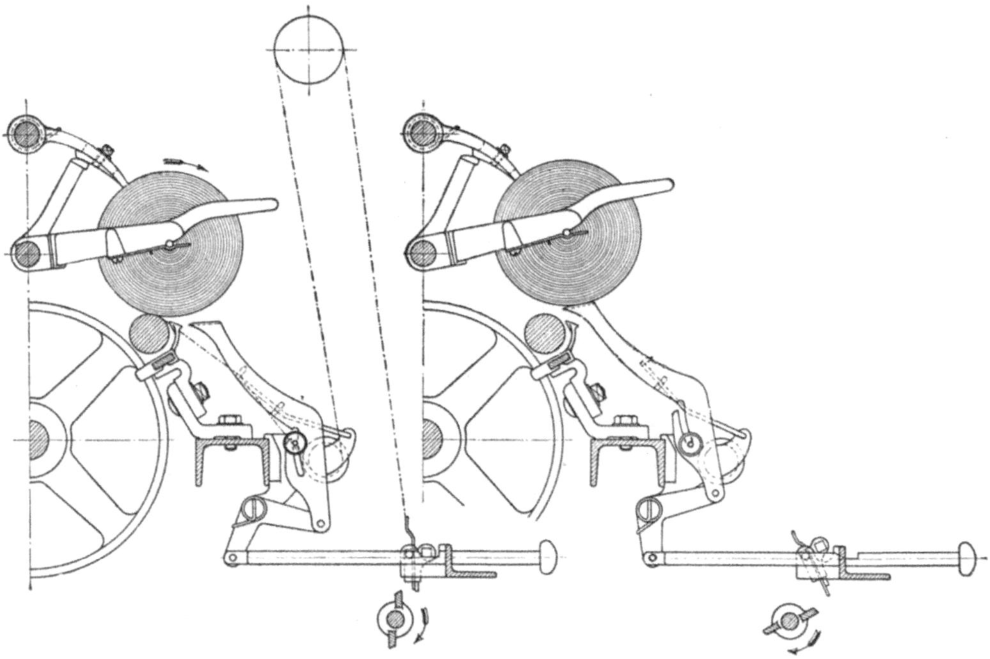

Abb. 217. Kreuzspulmaschine für das Fachen (W. Schlafhorst & Co., M.-Gladbach).

verschiebbar in einem schwenkbar gelagerten Nadelkästchen mit Vierkantzapfen. Dieser ruht bei normalem Gang der Maschine in der aus der linken Seite der Abbildung ersichtlichen Seite in einer Aussparung der Abstellstange. Reißt ein Faden, so fällt die ihm zugehörige Nadel in den Bereich eines umlaufenden Doppelflügels. Er schlägt die Nadeln zur Seite und dies hat zur Folge, daß der Vierkantzapfen aus der Aussparung der Abstellstange gehoben, diese damit frei wird und der Wirkung einer Feder folgen kann, die sie nach vorwärts (rechts der Abbildung) verschiebt. Diese Verschiebung führt das sofortige Abheben der Wickelspule von der Triebtrommel durch einen löffelartigen Finger herbei, Abb. 217, rechte Seite.

Die entgegengesetzte Verschiebung der Ausrückstange durch Druck auf ihren knopfartigen Kopf nach Beseitigung des Fadenbruches bewirkt das Wiedersenken der Wickelspule auf ihre Triebtrommel und damit das Wiedereinrücken des Spulganges.

Abb. 218 zeigt eine Fach- und Kreuzspulmaschine, welche zum Abspulen von Cops bestimmt ist. Die rechte Seite der Abbildung läßt die gewöhnliche Aufsteckung der Cops erkennen, die linke Seite dagegen die Aufsteckung unter Verwendung eines besonderen Aufsteckzeuges. Für jeden Faden ist ein ausschwenkbar gelagerter Halter für zwei Cops vorgesehen. Ihre Fäden sind so miteinander verknüpft, daß nach dem Ablaufen des ersten Cops sofort der zweite sich anschließt. Tritt dies ein, muß also ein neuer Cop aufgesteckt werden, so zieht die Arbeiterin den Cophalter nach vorn in die ausgeschwenkte Lage (siehe die Abbildung), in der er selbsttätig gesperrt wird. Hierauf dreht sie den auf

Abb. 218. Kreuzspulmaschine für das Fachen von Cops ablaufender Fäden (W. Schlafhorst & Co., M.-Gladbach).

dem Halter sitzenden Spindelträger in die Querlage (siehe die Abbildung), schiebt einen neuen Cop auf, knüpft dessen freies oberes Fadenende an das Fadenende des ablaufenden Cops, dreht den Spindelträger wieder zurück in seine Ausgangsstellung und bringt schließlich den Cophalter wieder in Arbeitsstellung, siehe linke Seite der Abbildung.

Für das Spannen der den Wickelspulen zulaufenden Fäden und für das Reinigen dieser von Schalen, Flocken und Flug kommen an Stelle von mit Stoff bezogenen Führungsleisten vielfach auch Kugelbremsen zur Anwendung. Sie stellen einen becherartigen Käfig dar, in welchem eine Kugel frei beweglich ruht und durch den der Faden mit Hilfe von diametral einander gegenüberliegenden, schlitzförmigen Aussparungen in der Becherwand so hindurchgeführt wird, daß er unter der Kugel hinwegläuft und dadurch gebremst wird. Um die Zahl dieser Kugelbremsen bei einer Maschine zu verringern und gleichzeitig auch den Fadenabstand zu kürzen, hat man die Kugelbremsen derart ausgebildet, daß durch jeden Becher zwei Fäden hindurchgeführt werden können.

In Abb. 219 ist eine solche Bremse mit Reinigungsvorrichtung dargestellt. Je zwei der von Cops oder Spulen ablaufenden Fäden a durchlaufen die Fadenösen b b_1, gelangen über den Glasstab c durch die Schlitze d_1 d_2 und das Kugelgehäuse d nach den Abstellnadeln e und werden darauf in bekannter Weise dupliert aufgewunden. In der mit Durchlaufschlitzen d_1 d_2 versehenen becherförmigen Aushöhlung des Kugelgehäuses d liegt die Bremskugel f auf den beiden Fäden auf und belastet so beide gleichmäßig. Der Fadenreiniger g ist entweder rohrförmig ausgebildet, wie die Abbildungen erkennen lassen, mit Reinigungsschlitzen g_1 g_2 versehen und auf das Kugelgehäuse d mit Klemmwirkung aufgeschoben oder er besteht aus einem feststehenden Mittelteil und zwei am Kugelgehäuse verschiebbar angeordneten Seitenteilen. Diese Ausführungsform ermöglicht die Schlitzweite der Fadenstärke entsprechend einzustellen.

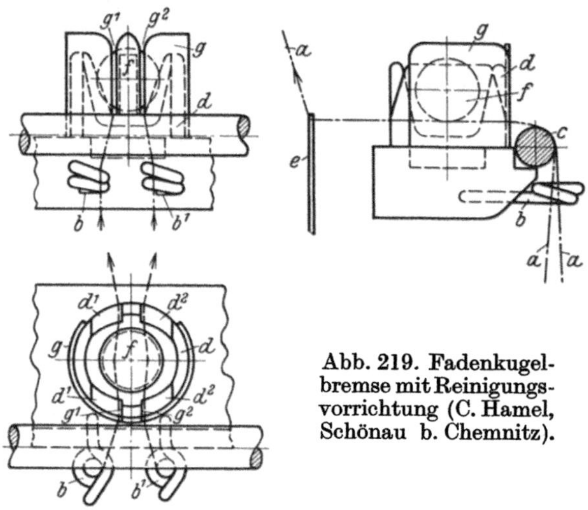

Abb. 219. Fadenkugelbremse mit Reinigungsvorrichtung (C. Hamel, Schönau b. Chemnitz).

Wesentlich abweichend von der vorstehend erläuterten Kugelbremse ist der in den Abb. 220 und 221 dargestellte Fadenspanner „Perfekt“. Die Bedienung ist die denkbar einfachste; der Faden wird mit der rechten Hand durch einen einzigen Griff in den Spanner eingelegt. Die untere Bremsfläche, die mit

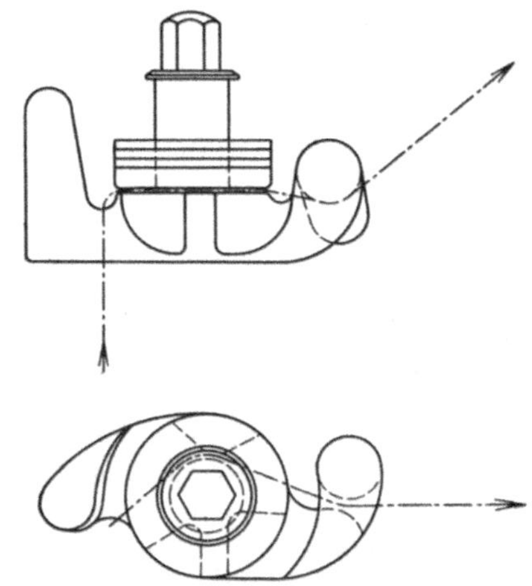

Abb. 220.

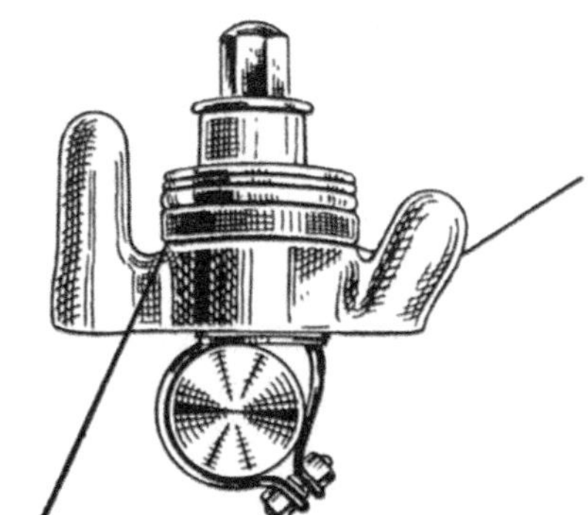

Abb. 221.

Fadenspanner und -Reiniger „Perfekt“ (W. Schlafhorst & Co., M.-Gladbach).

dem eigentlichen feststehenden Fadenspannerkörper aus massivem, widerstandsfähigem Porzellan hergestellt ist, steht fest und hat besondere Kanäle zur Abführung der vom Faden abgestreiften Unreinigkeiten; die obere Bremsfläche besteht dagegen aus einer drehbaren Scheibe, die durch ihr Eigengewicht den Faden spannt, wobei durch die äußeren Begrenzungskanten der Bremsflächen und ihrer Kanäle gleichzeitig die Unreinigkeiten abgestreift werden. Je nach der Garnnummer und der gewünschten Spannung legt man auf diese Bremsscheibe noch eine kleinere oder größere Anzahl Belastungsscheibchen. Damit die Arbeiterinnen deren Anzahl und die Spannung des Fadens nicht verändern können, werden die Scheiben oben am Kopfe des Spannerzapfens durch eine Schraubenmutter mit Unterlagscheibe gesperrt; die Auswechslung der Scheiben, je nach der Garnnummer und der gewünschten Spannung, geht außerordentlich schnell vonstatten.

b) Zwirnen.

Die Zwirne sind entweder einfache, glatte Zwirne oder Zierzwirne (Effektzwirne). Je nach der Zahl der vereinigten Fäden spricht man von zweifachen, drei- usw. fachen oder -drähtigen Zwirnen.

Im allgemeinen gilt als Regel, nur gleiche Garne zusammenzuzwirnen. Der normale Zwirn soll eine ausgeglichene Drehung aufweisen. Ein zweifacher Zwirn, der sich kräuselt, wenn er lose auf den Händen hängt, gilt z. B. nicht als ausgeglichen. Für die Herstellung von Effektzwirnen gibt es eine große Zahl von Verfahren. Es entstehen solche Zwirne z. B. in der einfachsten Form durch Zusammendrehen von zwei und mehr an sich gleichen Fäden in verschiedenen Farben. Ein weiterer Effekt wird durch Zusammenzwirnen von Fäden mit verschiedener Drehung erzielt. Zwei Fäden, von denen der eine Rechts-, der andere Linksdraht aufweist, ergeben beim Zwirnen Spiralwirkungen, weil der eine Faden mehr zu-, der andere aufgedreht wird. Einfaches, grobes Garn und feines, hartgedrehtes Garn liefern beim Zusammendrehen Perlgarne oder -zwirne, die eine scharfgedrehte Seele und ein weiches Garn als Decke aufweisen. Durch eine Unterbrechung des Zulaufes eines Fadens oder eine Änderung der Zulaufgeschwindigkeit eines der Fäden oder bei gleichmäßiger Anwendung hartgedrehter Fäden ergeben sich Knotenzwirne, Schleifenzwirne u. dgl.

Für die Herstellung der Zwirne kommen in erster Linie die Flügel- und die Ringzwirnmaschinen zur Anwendung. Sie unterscheiden sich von den Flügelspinn- und Ringspinnmaschinen im wesentlichen nur dadurch, daß sie kein Streckwerk, sondern lediglich Lieferwalzenpaare für die Zuführung der zu verzwirnenden Fäden haben. Die Flügelzwirnmaschine liefert kräftigere, festere und gleichmäßigere Zwirne als die Ringzwirnmaschine. Da jedoch die Flügelspindel in ihrer Drehzahl begrenzt ist und außerdem das Abziehen der gefüllten Spulen von den Spindeln wegen Abnahme und Wiederaufbringen der Flügel auf die Spindeln umständlich ist, ergibt sich für den Flügelzwirner gegenüber dem Ringzwirner eine geringere Lieferung. Endlich benötigt die Flügelzwirnmaschine auch mehr Triebkraft als der Ringzwirner. Dieser wird deshalb, da er zudem weniger Raum beansprucht als der Flügelzwirner, im allgemeinen bevorzugt.

Festigkeit, Glanz und Glätte lassen sich durch Anfeuchten der Fäden vor dem Zwirnen in beträchtlichem Maße steigern. Wird dies angestrebt, so verwendet man Zwirnmaschinen mit Feuchtvorrichtung, Naßzwirnmaschinen, im Gegensatz zu den Trockenzwirnmaschinen. Bei den Naßzwirnmaschinen erfolgt das Feuchten der Fäden entweder dadurch, daß sie über eine in einem Flüssigkeitstrog angeordnete und aus diesem ausschwenkbare Glasstange geführt und nach dem Verlassen des Troges durch ein Walzenpaar abgequetscht werden (englisches System), Abb. 222, rechte Seite, oder dadurch, daß sie mittels einer in der Trogflüssigkeit sich drehenden Walze durch die Flüssigkeit geleitet und dabei unmittelbar nach dem Austritt aus der Flüssigkeit zwischen dieser Leitwalze und einer auf ihr ruhenden Druckwalze im Trog selbst abgequetscht werden (schottisches System), Abb. 222, linke Seite. Das englische System kommt vorwiegend dann zur Anwendung, wenn es sich um das Zwirnen mittlerer und stärkerer Baumwollgarne handelt, weil diese bei Anwendung des schottischen Systems mehr Feuchtigkeit aufsaugen, als nötig ist. Soll bei Anwendung des schottischen Systems den Fäden die Möglichkeit gegeben werden, in stark feuchtem Zustand zur Zwirnstelle zu laufen, so erfolgt ihre Führung um die beiden Trogwalzen so, daß sie zuerst durch diese und dann über die Feuchtwalze durch den Trog laufen, den sie unmittelbar hierauf über eine Glasstange verlassen.

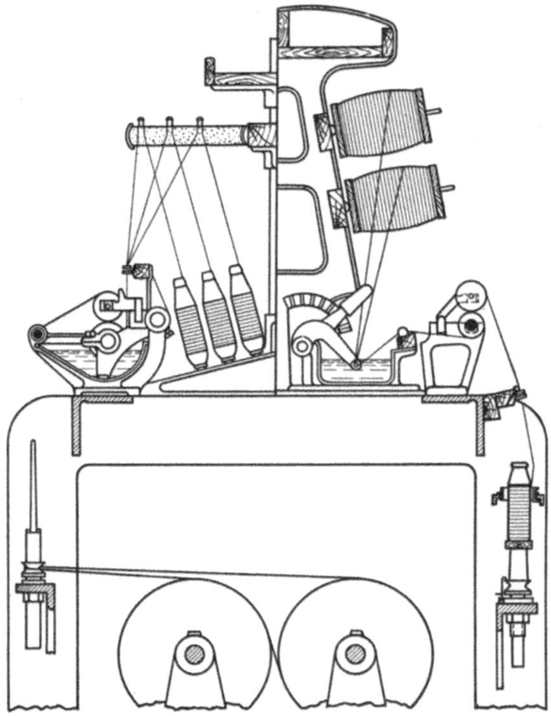

Abb. 222. Ringzwirnmaschine (Platt Brothers & Co. Limited, Oldham).

Die Zwirnmaschinen sind ebenso wie die Fachmaschinen mit Fadenwächtern ausgestattet, mit Hilfe deren beim Bruch eines Fadens einer Fadengruppe der in Betracht kommende Gang selbsttätig stillgesetzt wird. Im allgemeinen geschieht dies durch die Oberzylinderabstellung, d. h. das Abheben der Oberwalze des Lieferwalzenpaares von der Unterwalze, allein oder in Verbindung mit einer Ausrückung des Spindelantriebes.

Eine bekannte Abstellvorrichtung der letzteren Art ist diejenige von Boyd, wie sie z. B. die Firma „Platt Brothers & Co., Ltd. Oldham“ ausführt. Bei ihr sind die Fadenwächter hinter den Zuführwalzen angeordnet, fallen bei Fadenbruch, kommen hierdurch in den Bereich einer Nasenwelle, werden durch diese verdrängt. Dies hat ein Abheben der Oberwalze von der Unterwalze des Lieferwerkes sowie gleichzeitig ein Entspannen und Festhalten der Spindeltriebschnur zur Folge. Die gerissenen Fäden hängen infolge Unterbringung der Fadenwächter hinter den Lieferwalzen hinter diesem frei herab und können somit leicht wieder angeknüpft werden. Vor den Zuführwalzen laufen die zu verzwirnenden Fäden durch eine von einem Gelenkhebel getragene Leitöse. Sobald die Spannung eines Fadens sich lockert oder ein Faden sich auf die Lieferwalzen aufwickelt, führt der Ösentraghebel eine Stillsetzung der in Betracht kommenden Spindel herbei.

Die Abb. 223 und 224 veranschaulichen eine Oberzylinderabstellung für Zwirnmaschinen zur Herstellung zweifacher Zwirne und Abb. 225 gibt eine Oberzylinderabstellung mit Spindelbremse bei Fadenbruch für Maschinen zur Erzeugung von 4- bis 6fachen Zwirnen wieder.

Die Wirkungsweise der Oberzylinderabstellung nach Abb. 223 und 224 ist folgende: In Abb. 223 befindet sich der Oberzylinder in eingerückter Stellung und die Maschine ist in Tätigkeit. Reißt nun einer der beiden Fäden, so wird durch die Spindeldrehung der andere Faden aufgedreht und gleichfalls zum Bruch gebracht. In demselben Augenblick fällt der vom Fadenzug entlastete Fadenführer *a* herab und zwingt die Brücke *b*, in welche er eingenietet ist, um die Achse *c* nach rückwärts zu schwingen, wodurch der bei *e* auf Brücke *b* aufliegende Finger *d* seinen Stützpunkt verliert. Der Zylinder wird durch das Übergewicht seines Rahmens *f* und des Unterteiles *g* nach hinten auf die gehobelte Fläche *h* gezogen, wodurch die Fadenzuführung unterbrochen wird. Wenn die Wirkung der Abstellvorrichtung aufgehoben werden soll, namentlich vor dem Ausrücken der Maschine, so muß ein in einem Hebel gelagerter und über die ganze Länge der Maschine reichender Draht hochgeschlagen werden, damit die Fadenführer *a* auf demselben aufliegen und nicht zurückschwingen können; siehe die Abbildungen, rechte Seite.

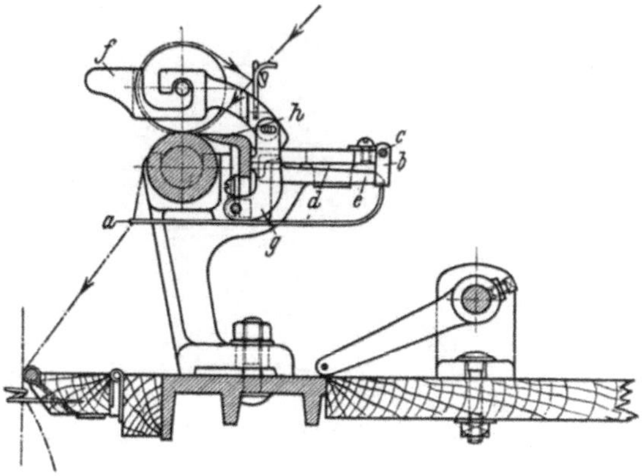

Abb. 223. Oberzylinderabstellung für Zwirnmaschinen, ausgerückt (C. Hamel, Schönau b. Chemnitz).

Bei der Oberzylinderabstellung mit Spindelbremse, Abb. 225, durchlaufen die zu verzwirnenden Fäden zunächst die Ösen des Fadenführers *a*, gehen nach dem Unterzylinder *b*, werden um den Oberzylinder *c* herumgelegt, durchlaufen die Fadenösen *d* und passieren sodann nochmals den Unterzylinder *b*. Von hier läuft der gezwirnte Faden nach der Klappe *g*, hält den zwischen Unterzylinder und Klappe angeordneten Fadenführer *f* hoch und wird dann durch den Läufer *h* auf den Cop *i* aufgewunden. Der Oberzylinder *c* liegt in einem Zylinderkästchen c^1, welches durch Stift l^1 mit dem Auslegehebel *l* gelenkartig verbunden ist, der auf dem Stift l^2 drehbar ruht. Der Auslegehebel *l* liegt mit einer Nase l^3 auf einer Kerbe m^1 des Fadenführerkästchens *m*, und wird so gestützt. Das Fadenführerkästchen *m* trägt die um m^3 drehbar angeordneten Fadenführer *a* und ist um m^2 drehbar aufgehängt. Bricht nun einer der zu zwirnenden Fäden, so fällt der Fadenführer *a* zurück und das andere Ärmchen a^1 des Fadenführers *a* kommt in den Bereich einer stetig schwingenden Schiene *k*; letztere drückt a^1 in Verbindung mit *m* nach vorn, l^3 verliert seinen Stützpunkt auf m^1 und fällt, da *l* auf l^2 drehbar angeordnet ist, nieder. Der Zylinder *c* mit Zylinderkästchen c^1 wird nach hinten gezogen und rollt auf Fläche *n*, wodurch die Fadenzuführung unterbrochen wird. Bricht der gezwirnte Faden, so fällt der Fadenführer *f* nieder und der

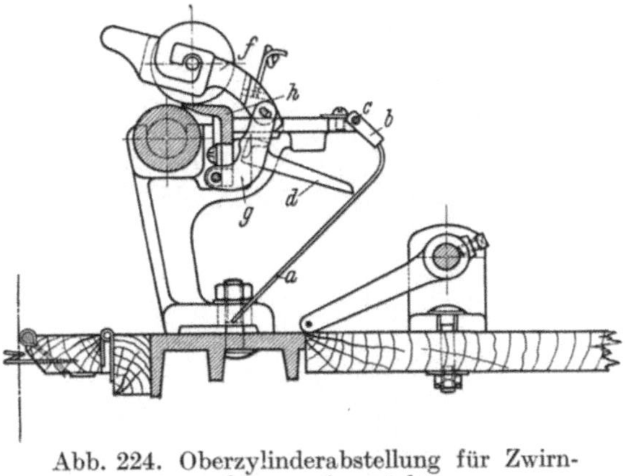

Abb. 224. Oberzylinderabstellung für Zwirnmaschinen, eingerückt.

hintere Teil des Fadenführers f^1 kommt, da er um m^3 drehbar angeordnet ist, ebenfalls in den Bereich der schwingenden Schiene k. Dadurch wird gleichfalls das Stillsetzen des Oberzylinders bewirkt. Gleichzeitig wird jedoch auch die Spindel in Stillstand versetzt. Zu diesem Zwecke ist im Auslegehebel l eine Drahtöse o eingehängt, welche mit der Zugstange p in Verbindung steht und an

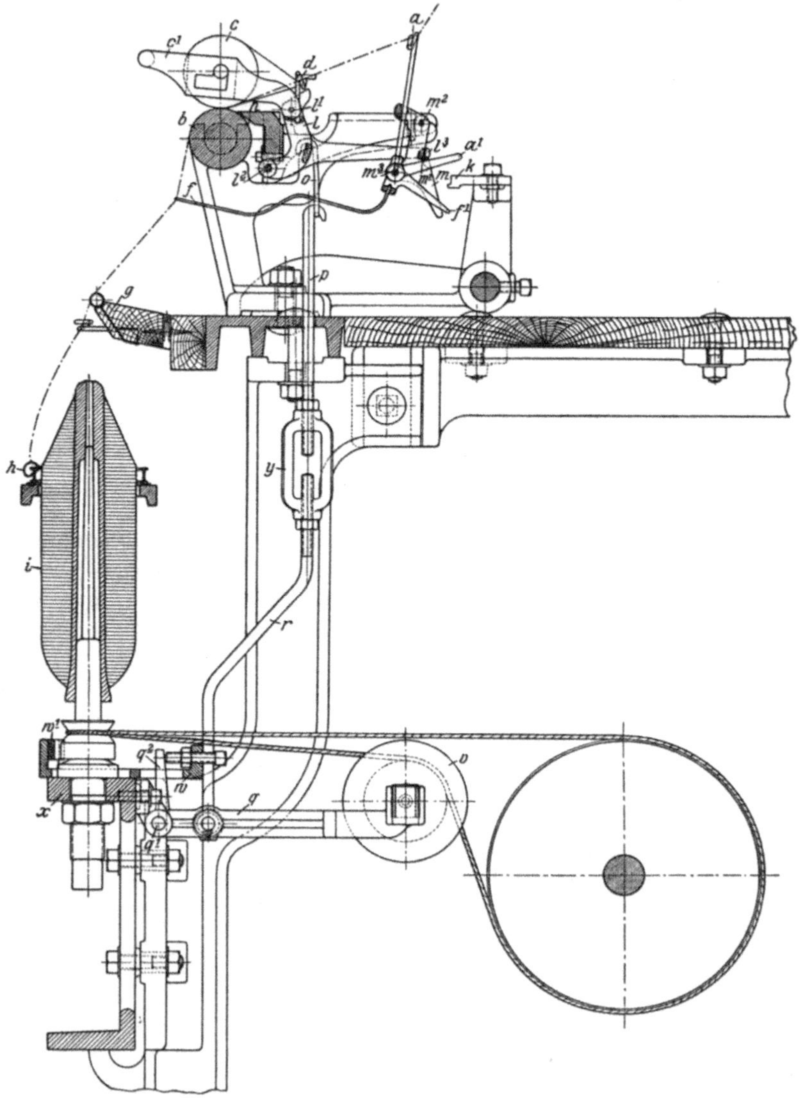

Abb. 225. Oberzylinderabstellung mit Spindelbremse (C. Hamel, Schönau b. Chemnitz).

welch letzterer der Hebel q mit Rolle v hängt. Hierdurch wird der Rollenhebel q in horizontaler Lage gehalten und dadurch die Spindelschnur gespannt. Der Rollenhebel q ist mit seinem Drehpunkt q^1 an der Spindelbank gelagert und Knagge q^2 greift in einen Ausschnitt der Bremse w ein. Bremse w ist mit einem Bremsleder w^1 versehen und liegt, lose zwischen der Spindel geführt, auf der Spindelbank x. Die Lage des Hebels q kann durch den Spannkloben y eingestellt werden. Stellt nun die Oberzylinderabstellung ab, so gleitet die Zugstange *p*, da sie mit dem Auslegehebel *l* in Verbindung steht, nach unten, Rollenhebel *q* dreht sich um q^1, die Rolle *v* geht nieder und lockert die Spindelschnur. Gleichzeitig wird aber auch die Bremse *w* durch Knagge q^2 nach hinten gezogen, und die Spindel wird gebremst. Die Spindelschnur läuft dann in gelockertem Zustande weiter. Nach Anknüpfen der gebrochenen Fäden wird durch einen Zug am Griff des Zylinderkästchens c^1 der ganze Mechanismus in die Arbeitsstellung zurückgebracht. Die schwingende Schiene *k* ist für jede Spindel mit einer Aussparung versehen und seitlich verschiebbar, so daß sie für zwei-, drei- oder mehrfache Abstellung eingestellt werden kann.

Für den Baumwollringzwirner macht die Firma Carl Hamel A.-G., Schönau-Chemnitz, folgende Angaben:

Spindelteilung	60	65	70,3	75,3	83	88	95,5	101,6	mm
Lichte Ringweite	38	45	51	57	63	70	76	76	„
Spulenstärke	33	40	45	52	58	64	70	70	„
Hub f. zylindrische Aufwindung (auf Spulen mit 2 Köpfen)	100	100	115	115	125	125	150	150	„
Hub f. konische Aufwindung (Kötzerform)	145	150	165	175	185	185	200	200	„

Die Art der Aufwindung richtet sich nach dem Zweck, für welchen die Garne bestimmt sind. Für die Herstellung von Webzwirnen und Stickereizwirnen, welche nicht nachgezwirnt, sondern zur Weiterverarbeitung auf Weifen oder Spulmaschinen gebracht werden sollen, ist z. B. der Aufwindung in Kötzerform der Vorzug zu geben. Kommt dagegen die Herstellung von Nähfaden und Netzgarnen in Frage, welche nachgezwirnt werden, so ist zylindrische Aufwindung anzuwenden. Für feine Garne bevorzugen manche Zwirner die Aufwindung auf einköpfige Spulen, unter Anwendung der sogenannten Archimedeswindung. Bei zylindrischer Windung und bei Archimedeswindung können die Maschinen ununterbrochen laufen, weil die Spulen während des Ganges abgezogen und neu aufgesteckt werden können. Bei Aufwindung in Kötzerform müssen die Maschinen dagegen zum Aufstecken und Abziehen der Spulen stillgesetzt werden. Beim Aufwinden auf Kötzer ist vor dem Abziehen ein Unterwinden des Fadens erforderlich. Dies besteht darin, daß die Ringschiene, noch während die Maschine sich im Gange befindet, wieder in ihre tiefste Stellung gebracht wird, was zur Folge hat, daß sich die Fäden in langen Spiralen um den Garnkörper legen und dann auf die Spindeln unterhalb der Hülse in einigen Lagen aufwickeln, Abb. 226. Diese Windungen bilden eine Fadenreserve beim Abziehen der Kötzer von den Spindeln. Die sofort aufgesteckten leeren Hülsen halten diese Fadenenden fest, wodurch die Fäden im Ringläufer bleiben und nicht erst wieder angeknüpft zu werden brauchen.

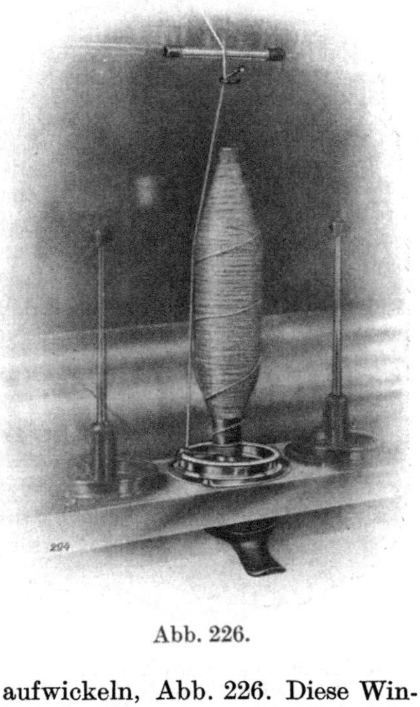

Abb. 226.

Als Spindeln für die Ringzwirnmaschine kommen neben der Rabbethspindel vorzugsweise die Gravityspindeln zur Verwendung. Sie sind mit Kniebremsen versehen, damit ein bequemes Anhalten während des Ganges, z. B. bei Fadenbrüchen, möglich ist.

Abb. 227. Stufenscheibenvorgelege, eingebaut in den Antriebbock (C. Hamel, Schönau b. Chemnitz).

Abb. 228. Doppelter Querspulentrieb (C. Hamel, Schönau b. Chemnitz).

Der Antrieb der Spindeln einer doppelseitigen Maschine erfolgt durch zwei parallel nebeneinander liegende Reihen von Trommeln, und zwar entweder so, daß jede Trommelreihe die ihr zugehörige Spindelreihe treibt, oder so, daß jede Trommelreihe den auf der entgegengesetzten Seite der Maschine sich befindenden Spindeln Bewegung erteilt. Der Antrieb der Maschine erfolgt entweder für jede der beiden Spindelseiten getrennt, oder so, daß nur eine Seite Antrieb empfängt und durch sie auch die zweite Bewegung erhält. Im ersteren Falle kann jede Seite vollkommen unabhängig von der anderen arbeiten, auch können zu gleicher Zeit zwei verschiedene Spindelgeschwindigkeiten angewendet werden. Es erfolgt dann der Antrieb in der Regel mittels zweier Stufenscheibenvorgelege. Sie werden entweder als Deckenvorgelege geliefert oder direkt in den Antriebsbock eingebaut, Abb. 227. An Stelle von Stufenscheibenvorgelegen kann die Maschine auch doppelten Querseilbetrieb, Abb. 228, erhalten. Einen unmittelbaren Antrieb durch Elektromotoren zeigt Abb. 229.

Abb. 229. Motorantrieb (C. Hamel, Schönau b. Chemnitz).

Bei dem Antrieb der Maschine auf nur eine Trommelwelle wird diese entweder mit Fest- und Losscheibe versehen, oder sie empfängt ihren Antrieb unmittelbar durch einen Elektromotor. Für den Betrieb der zweiten Trommelreihe ist in die Endwand ein Seilbetrieb eingebaut, der mit einer Spannvorrichtung versehen ist. Wird auf ganz genaue Drehungszahlen beider Trommelreihen großer Wert gelegt, so wird Räderübertragung an Stelle des Seilbetriebes angewendet.

Beschickt werden die Ring- und Flügelzwirnmaschinen im allgemeinen entweder mit den von den Spinnmaschinen gelieferten Garnkörpern (Cops, Kötzer) oder mit Spulen, welche erst durch Abspulen der letzteren gegebenenfalls unter gleichzeitiger Fachung gewonnen worden sind. Die Spulen sind Doppelscheiben- oder Kreuzspulen und haben den Vorteil einer weit größeren Garnlänge gegenüber den Spinnspulen, deren Abzwirnen ein öfteres Anknoten der Fäden mit sich

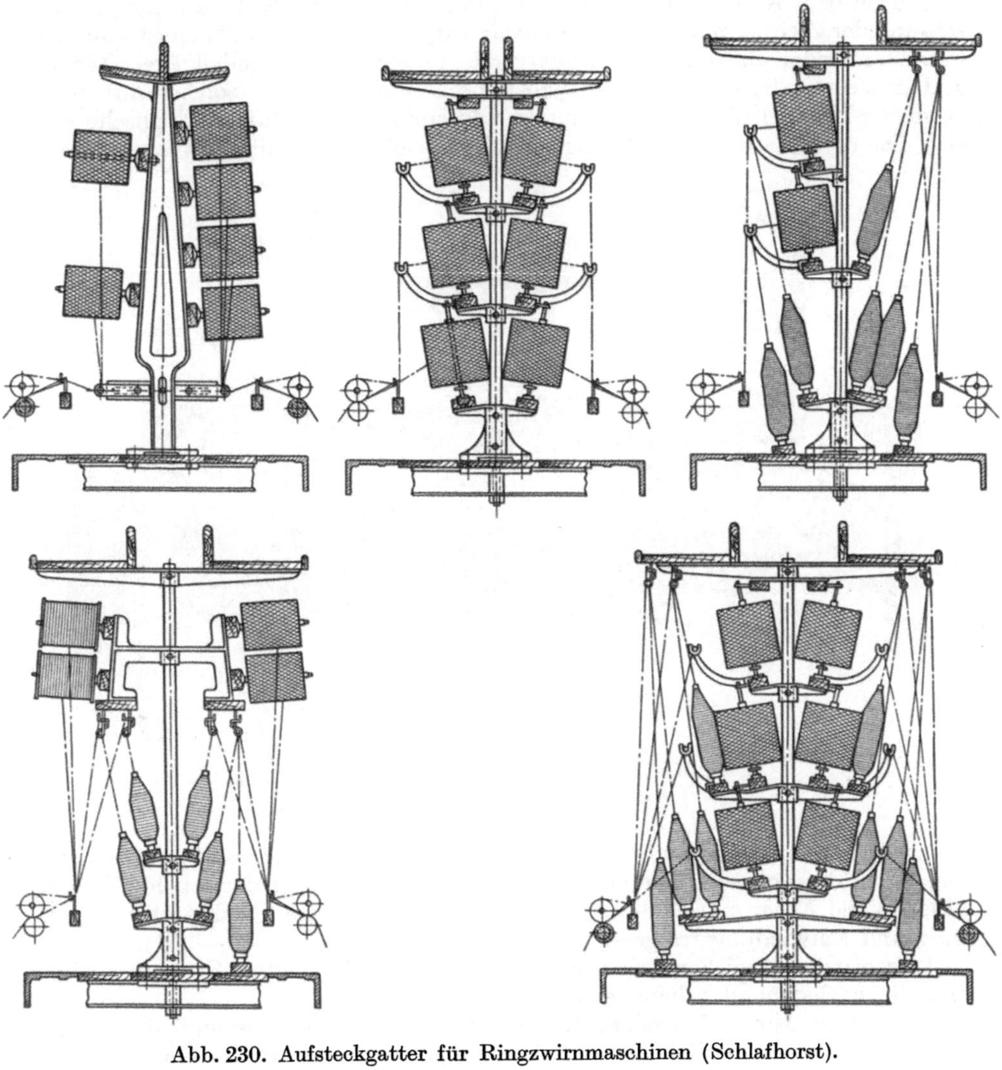

Abb. 230. Aufsteckgatter für Ringzwirnmaschinen (Schlafhorst).

bringt. Das Aufsteckgatter wird im allgemeinen für je eine Scheiben- oder Kreuzspule oder für je zwei Cops je Spindel ausgeführt; es kann aber natürlich auch für jede andere Art Aufsteckung eingerichtet werden. Abb. 230 zeigt Ausführungsbeispiele für Aufsteckgatter.

Eine wesentliche Abweichung hinsichtlich der Beschickung zeigen diejenigen Ring- und Flügelzwirnmaschinen, bei denen die Garne von Kettbäumen ablaufen und bei ihrem Ablauf in der durch den herzustellenden Zwirn bedingten Zahl gruppenweise durch besondere trichterartige Fadenführer zusammengefaßt werden. Maschinen dieser Art sind entweder lediglich mit einem Garnbaumträger ausgestattet, Abb. 231, oder sie weisen neben diesen auch noch ein Spulengatter auf. Im letzteren Falle bilden Garnbaum- und Spulenträger mit dem Gestell der Zwirnmaschine ein einheitliches Ganze, oder es kann jeder von ihnen, falls er nicht gebraucht wird, entfernt werden.

Neben dem Ring- und Flügelzwirner kommt auch der Selfactor für die Herstellung der Zwirne in Betracht, und zwar wird er in zwei Ausführungsformen benutzt, entweder als solcher mit aus- und einfahrendem Spindelträger (Wagen) und ortsfestem Spulengatter (Französische Bauart) oder als solcher mit einem ortsfesten Spindelträger und einem aus- und einfahrenden Gatter (Englische Bauart). Die erstgenannte Ausführungsform entspricht dem heutigen Wagenspinner,

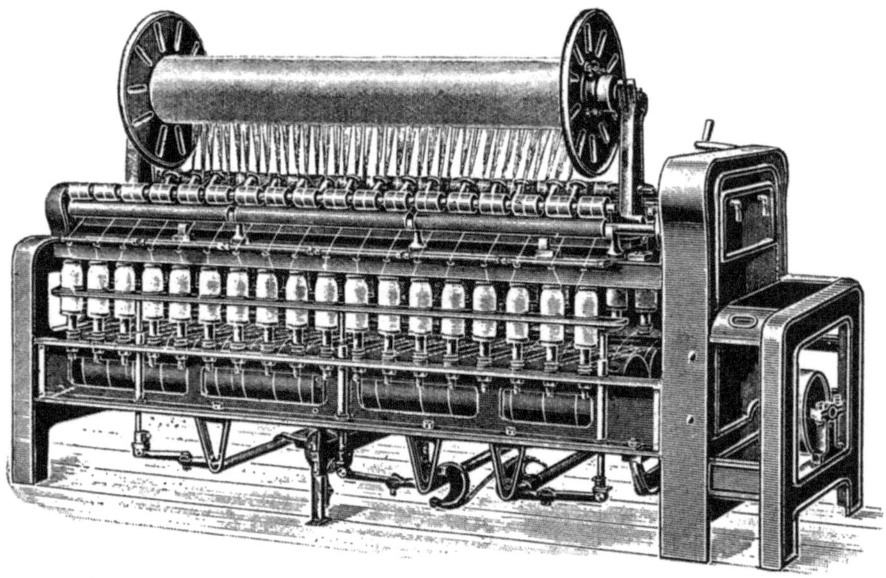

Abb. 231. Ringfach- und Zwirnmaschine mit Garnbaum (Howard & Bullough Ltd., Accrington).

die zweitgenannte dagegen der alten Hargreaveschen „Spinning Jenny“. Sie ist ebenso, wie diese es war, mit einer „Presse“ versehen, zwischen deren beide Klemmschienen die Fäden nach dem Ausfahren des Spulengatters während der Zwirnung und Aufwindung festgelegt werden, Abb. 232.

Wesentlich abweichend von den vorstehend behandelten Zwirnmaschinen sind die nachstehend gekennzeichneten.

Bei der in Abb. 233 wiedergegebenen Flügelzwirnmaschine sind die Flügelspindeln nicht wie bei der gewöhnlichen Flügelzwirnmaschine in einer Geraden nebeneinander, sondern im Kreise zwischen zwei Stirnwänden angeordnet. Die von einem Spulengatter ablaufenden Fäden werden gruppenweise durch Registerplatten geleitet, deren Zahl der Zahl der Zwirnspindeln entspricht. Auf jede Registerplatte folgt eine Preßbüchse, in der die zu verzwirnenden Fäden dicht zusammengeführt werden und nach deren Verlassen sie als Zwirne über Abzugsrolle und die hohlen Arme der Flügel zu den Spulen laufen. Die Flügel und die Abzugsrollen für die Fadengruppen erhalten gemeinsam von einem Stirnrad aus in einem vollständig geschlossenen Gehäuse Antrieb. Die Spulen für die Aufnahme des entstehenden Zwirnes sitzen auf Messingröhrchen, die mit Bremsscheiben versehen sind. Gegen sie liegen Bremsbacken an, deren Druck durch Feder und Schraube so geregelt werden kann, daß ein regelrechtes Aufwinden des Zwirnes infolge Re-

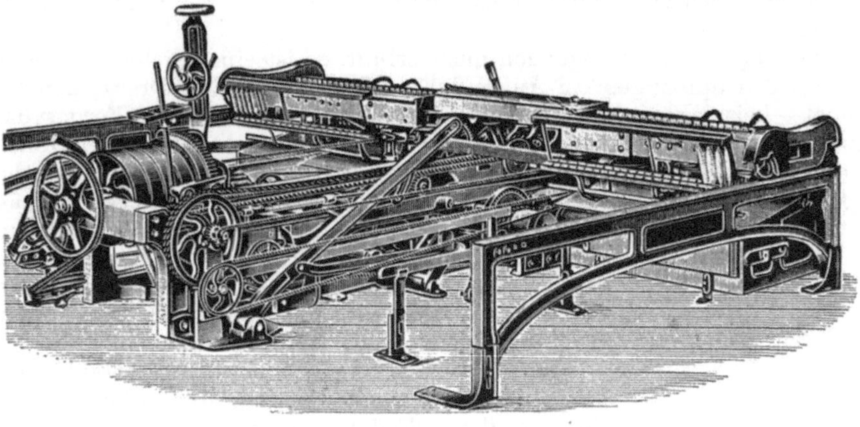

Abb. 232. Zwirnselfactor mit ortsfestem Spindelträger (Platt Brothers & Co. Ltd., Oldham).

lativbewegung zwischen Flügel und Spule gewährleistet ist. Der die Spulenspindeln mit den Messingröhrchen tragende ringförmige Rahmen führt eine Hin- und Herbewegung in Richtung der Flügelspindeln aus, und diese hat ein Aufwinden der Zwirne auf die Spulen zur Folge. Je nach dem Verwendungszweck der Zwirne können die Fäden trocken oder naß verzwirnt werden. Im letzteren Falle laufen die Fadengruppen durch den Registerplatten vorgeordnete Feuchttröge. Sollen Seelen- oder Kernfäden eingezwirnt werden, so werden diese durch zentrale Bohrungen der Registerplatten den Zwirnstellen zugeleitet.

Abb. 233. Flügelzwirnmaschine (C. Hamel, Schönau b. Chemnitz).

Bei der durch das deutsche Patent 445312 geschützten Zwirnmaschine nach Abb. 234 werden gefachte Fäden von sich um ihre Längsachse drehenden Spulen in Richtung der genannten Achsen im freien Lauf über Leitteller abgezogen und als Zwirne aufgewickelt. Sie bietet bei größter baulicher Einfachheit der für die Zwirnbildung in Betracht kommenden Mittel die Möglichkeit, eine große Arbeitsgeschwindigkeit zur Anwendung zu bringen. Um letzteres zu erreichen, müssen zwei Bedingungen gleichzeitig erfüllt werden. Es muß erstens dafür gesorgt werden, daß der Abzug der duplierten Fäden von der Spule stets ein solcher ist, daß in der Zeiteinheit immer die gleiche Fadenlänge gefördert wird, und zweitens müssen die duplierten Fäden von der Spule stets ohne wesentliche Spannungsänderungen nach dem Abzugswerk laufen können.

Wird eine dieser Bedingungen nicht erfüllt, so ist eine regelrechte Durchführung des Zwirnprozesses bei Anwendung hoher minutlicher Drehzahlen für die Spindel — beispielsweise solchen von 12 bis 15000 — nicht möglich. Fördert das Abzugswerk nicht in der bezeichneten Weise, so kommen leicht zu viel Drehungen auf die Längeneinheit, der Zwirn wird abgedreht, oder es ergeben sich mindestens starke Schwankungen in der Windungszahl für die einander folgenden Längeneinheiten. Treten starke Schwankungen in der Spannung der von der Spule ablaufenden duplierten Fäden ein, so ergeben sich Fadenbrüche. Beide Bedingungen werden durch die dargestellte Zwirnmaschine bei gleichzeitig größter Einfachheit in der Bauweise erfüllt.

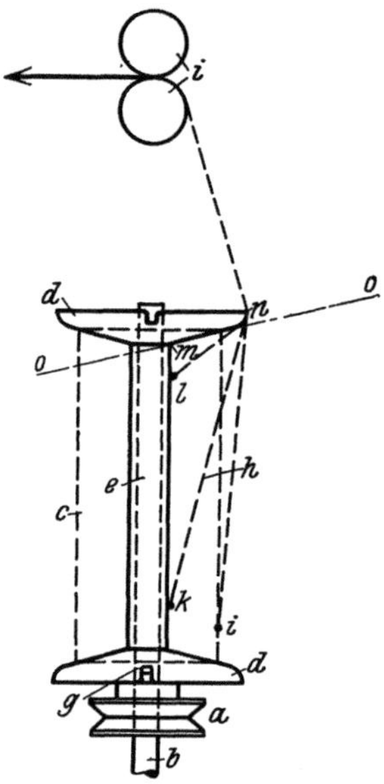

Abb. 234. Zwirnmaschine nach D.R.P. 445312 (Küderli & Dr. Hürlimann, übertragen auf Küderli, Staadt b. Rorschach).

Die mit Wirtel *a* versehene Spindel *b* trägt in an sich bekannter Weise die aus den duplierten Fäden gebildete Spule *c*, deren Fadenträger in Gestalt einer mit zwei Randscheiben *d* versehenen Hülse *e* durch eine Kupplung *g* mit der Spindel auf Drehung verbunden ist. Von der Spule laufen die duplierten Fäden *h*, unmittelbar gegebenenfalls durch ein Leitauge zu dem Abzugswerk *i*. Durch die Drehung von Spindel und Spule wird das von dieser abgezogene Fadenbündel unter Ballonbildung zu einer kreisenden Bewegung veranlaßt und dieses führt eine Verzwirnung der duplierten Fäden herbei.

Um nun der ersten Bedingung gerecht zu werden, d. h. in der Zeiteinheit immer die gleiche Längeneinheit zu fördern, muß das Abzugswerk entsprechend eingerichtet sein, d. h. es muß jede Gleitbewegung zwischen dem entsprechenden Zwirn und den auf ihn wirkenden Fördermitteln ausgeschlossen bleiben.

Beim Abzug der duplierten Fäden von der Spule wandert der Ablaufpunkt der Fäden vom Kopf der Spule nach deren Fußpunkt und umgekehrt, und weiter mit der Abnahme des Spulendurchmessers auch in radialer Richtung von außen nach innen. Die Folge davon ist, daß der Winkel, unter welchem die duplierten Fäden von der Spule nach der Zwirnstelle laufen, sich ständig ändert und die Fäden mehr oder weniger an der Spule entlang schleifen, dies besonders dann, wenn ihr Ablauf am Spulenunterteil erfolgt. Durch dieses Entlangschleifen der ablaufenden Fäden auf der Spule kommen ihre Fadenwindungen leicht in Unordnung, was besonders von den obersten Windungen gilt. Empfindliche Garne leiden darunter. Um diesen Übelständen nach Möglichkeit vorzubeugen, hat man auf die die Spule tragende Spindel einen Fadenleitteller oder eine Glocke aufgesetzt, welche den Spulenkopf übergreift, oder eine Spulenhülse mit Stirnscheibe zur Anwendung gebracht, die einen Durchmesser aufweist, welcher größer ist als der der Fadenspule. Durch alle diese Mittel werden die Fäden beim Ablauf von der Spule nach außen abgelenkt und hierdurch wird ihre Ablösung vom jeweiligen Spulenmantel günstig gestaltet. Erfindungsgemäß wird eine Spulenhülse *e* mit zwei Randscheiben verwendet, die beide die Spule im Durchmesser überragen. Die symmetrisch ausgebildete Spulenhülse bietet gegenüber bekannten Hülsen den Vorteil der Umkehrbarkeit. Soll das angewendete Fadenleitmittel, die Randscheibe *d*, seinen Zweck erfüllen, so muß es mit seiner der Spule zugekehrten Fläche die ablaufenden Fäden so führen, daß im Fadenlauf, auch bei ungünstigem Ablauf, plötzliche Widerstände nicht auftreten. Zu diesem Zweck ist die Fläche so gestaltet, daß die duplierten Fäden an der Ablaufstelle mit der Spulenachse niemals einen Winkel von 90° bilden können; weiter ist der Rand der Randscheibe so ausgebildet, daß die duplierten Fäden bei der kreisenden Bewegung um die Spule ohne jeden Widerstand auf ihm gleiten können. Die Zeichnung läßt den Lauf des Fadenbündels von der Spule nach dem Abzugswerk für vier Ablaufstellen erkennen. Sie sind mit den Buchstaben *i*, *k*, *l* und *m* bezeichnet. Aus dieser Darstellung geht hervor, daß bei dem Fadenlauf *i*, *n* der obere Fadenleitteller *d* nur mit seiner Kante *n* zur Wirkung kommt, bei dem Fadenlauf *k*, *n* dagegen schon mit einem Teil seines gewölbten Umfanges wirkt und daß seine untere Leitfläche mehr und mehr ausgenutzt wird, je mehr sich die Ablaufstelle dem Spulenkopf nähert und je weiter sie nach innen wandert, vgl. *l* — *n* und *m* — *n*. Zweifellos ist der Punkt *m* die ungünstigste Ablaufstelle, aber auch hier bildet der Fadenlauf keinen rechten Winkel mit der Spulenachse, wie sich aus der Linie 0 — 0 ergibt. Es braucht nun die untere Leitfläche des Tellers bis zu dessen gewölbtem Rand nicht, wie dargestellt, eine gerade Kegelfläche zu sein, sondern sie kann auch gewölbte Form haben, ja sie kann sogar die Gestalt einer Kugelschale erhalten. Würde der Fadenablauf im Punkt *m* unter Bildung eines rechten Winkels mit der Spulenachse erfolgen, so würde durch die aus der Ballonbildung sich ergebende Fliehkraftwirkung ein ungünstiger Zug auf die Fadenspule ausgeübt werden. Dadurch, daß der Ablaufwinkel stets unter 90° bleibt, kommt ein Abschälen der Fadenwindungen nach oben im Sinne des Fadenabzuges zustande, und, weil der Rand des Fadenleittellers gewölbt und völlig glatt ist, kann das Fadenbündel leicht auf ihm entlanggleiten.

F. Antrieb der Spinnmaschinen.

a) Allgemeines.

Für den Antrieb von Spinnereimaschinen kommen in Betracht der Massenantrieb, der Gruppenantrieb und der Einzelantrieb. Der Massenantrieb hat zwar den Vorteil der Billigkeit in der Anlage, aber den Nachteil, daß der Antrieb der Transmission unnötig viel Kraft verbraucht, die langen Riemenzüge ständig viel Staub aufwirbeln, bei Überarbeit einzelner Maschinen die ganze Transmission mitlaufen muß und jede Störung im Hauptantrieb den ganzen Betrieb in Mitleidenschaft zieht. — Beim Gruppenantrieb arbeitet jede Gruppe unabhängig von der anderen, etwaige Störungen wirken sich nur in der betreffenden Gruppe aus. Die Anlagekosten sind niedriger als beim Einzelantrieb. Dagegen wirken auch hier die langen Riemenzüge und die mehr oder weniger langen Transmissionen nachteilig. Außerdem müssen die Motoren ständig in Betrieb sein, verbrauchen also auch Kraft, ob sie voll, nur zum Teil oder vorübergehend gar nicht belastet sind. — Die Vorteile des Einzelantriebes sind: Fortfall der Transmission und der Riemenzüge, Ersparnis des Kraftverbrauches für den Leerlauf der Transmission, Ersparnis des Kraftverbrauches bei dem Stillstand der Maschine, völlige Unabhängigkeit in der Aufstellung und der Benützung der Maschine, größere Reinlichkeit gegenüber dem Transmissionsantrieb, größere Leistungsfähigkeit und Ersparnis an Baukosten infolge Wegfalles der Transmission und der Möglichkeit, besonders bei Flachbauten die Dachkonstruktion leichter zu halten. Als Nachteile des Einzelantriebes werden die hohen Anlagekosten und die der Reparaturen angeführt. Im allgemeinen eignet sich nach Schmidt[1] für den elektrischen Einzelantrieb der Drehstrommotor mit Kurzschlußanker am besten, weil er vollständig gekapselt werden kann, die Gefahr der Staubentzündung also beseitigt ist, keine Bedienung erforderlich ist, Nacharbeit und Pflege der Kollektoren und Bürsten entbehrlich ist, der Motor leicht gereinigt werden kann und im Betrieb dauerhafter ist.

In der Ausbildung der Motoren für den Antrieb der Arbeitsmaschinen der Textilindustrie, insbesondere hinsichtlich ihrer Anpassung an die Eigenarten der Arbeitsmaschinen, die so grundverschieden sind, haben die führenden Firmen der Elektrotechnik im Wettstreit erhebliche Fortschritte erzielt. Genannt seien hier die Allgemeine Elektrizitäts-Gesellschaft, Berlin; die Bergmann-Elektrizitätswerke A.-G., Berlin; Brown, Boveri & Co. A.-G., Mannheim; Sachsenwerk, Niedersedlitz/Sa.; Siemens-Schuckertwerke G. m. b. H., Berlin-Siemensstadt, und Schorch-Werke A.-G., Rheydt. Die Erzeugnisse dieser Firmen ausreichend zu würdigen, ist hier nicht der Platz; es seien jedoch die nachstehenden, sich lediglich auf den Antrieb der Spinnmaschinen beziehenden Ausführungen gemacht, auch sei insbesondere auf die angeführten Abhandlungen[2] verwiesen.

b) Antrieb der Flügelspinnmaschinen.

Während bei der Flügelvorspinnmaschine (Flyer) wegen der Empfindlichkeit der Faserbänder bzw. Lunten sowohl die mit den Flügeln ausgestatteten Spindeln als auch die Spulen angetrieben werden und die Regelung der Umdrehungsgeschwindigkeiten beider zueinander zwecks Fadenaufwindung durch ein Riemenkegelgetriebe stattfindet, empfangen bei den Flügelfeinspinnmaschinen nur die Spindeln Antrieb. Die Spulen werden durch den Fadenzug nachgeschleppt und bleiben dabei infolge Reibung auf der sie tragenden Spulenbank gegenüber den Flügeln zurück, was das Aufwickeln der Fäden zur Folge hat. Aus diesen Unterschieden in der Betriebsweise der beiden Arten von Flügelspinnmaschinen ergeben sich grundlegende Forderungen für den Antrieb, wenn die hochempfindlichen Faserbänder bzw. Lunten sowie die Fäden nicht gefährdet und gleichmäßige Vor- bzw. Feingarne gewonnen werden sollen. Läuft der Flyer nicht sanft an und nicht gleichmäßig weiter, so tritt ein Gleiten des Kegelriemens auf, wodurch sich nicht gewollte Geschwindigkeitsänderungen zwischen Flügel- und Spulenantrieb ergeben. Das Anlassen der Feinspinnmaschine hat ebenfalls sehr langsam und ohne Ruck zu erfolgen, da die Spulenmassen durch den Fadenzug beschleunigt werden müssen und beim ruckweisen Vorwärtseilen der Spindeln die Fäden reißen. Außerdem muß nach dem Anlassen ein gleichmäßiger Antrieb gewährleistet werden, wenn Ungleichmäßigkeiten im Gespinst nach Möglichkeit verhindert werden sollen. All diesen Bedingungen genügt weder der alte Riemenantrieb mit Fest- und Losscheibe, noch der elektrische Gruppenantrieb, wohl aber der moderne elektrische Einzelantrieb.

Der Gruppenantrieb ist nach Nullau (Bergmann-Elektrizitätswerke) in den letzten Jahren bei Neueinrichtungen oder Umstellung vorhandener Anlagen fast ganz verlassen worden. Durch eingehende Vergleichsmessungen des Kraftverbrauches von in Gruppen und durch Einzelmotoren angetriebenen Flügelspinnmaschinen, besonders aber des Eigenverbrauches belasteter Transmissionswellen

[1] Schmidt: Mell. Text. Ber. **1924**, 93; Centmaier: Mell. Text. Ber. **1926**, 109 u. Schmitz: Mell. Text. Ber. **1926**, 889.

[2] Hildebrandt: Der moderne Spinn- und Zwirnmaschinenantrieb. Mell. Text. Ber. **1930**, 349. Oertel: Über die Wirtschaftlichkeit und Geschwindigkeitsregelung bei Ringspinnmaschinen. Mell. Text. Ber. **1930**, 589. Baltz: Der Selfactor-Antrieb. Mell. Text. Ber. **1930**, 8.

konnte die bedeutende Überlegenheit des Einzelantriebes nachgewiesen werden. Die Übersichtlichkeit im Arbeitssaal, das bessere Licht, der Fortfall der Transmissionen und der vielen Riemen, die Ersparnisse an laufenden Ausgaben für Riemen, Öl und dergleichen sprechen in den meisten Fällen für Anschaffung von Einzelantriebsmotoren.

Wo beim Einzelantrieb die Verwendung eines die Spinnmaschinenwelle direkt antreibenden Motors infolge Platzmangels oder besonderer Konstruktion der Flügelspinnmaschine zunächst nicht möglich war, hat man sich dadurch beholfen, daß man die Einzelantriebsmotoren unter Verwendung einfacher Vertikalwippen auf den Antriebsstock setzte und von dem Motor mittels Riemen der Maschine Antrieb erteilte. Man benutzte dabei die auf der Maschinenwelle sitzenden beiden Riemenscheiben des alten Transmissionsantriebes und versah den Motor zunächst mit doppelt breiter Riemenscheibe. Das Aus- und Einschalten der Maschine beim Reißen der Fäden bewirkte man durch Verschieben des Riemens mittels der an der Maschine vorhandenen Ausrückstange. Zu diesem Antrieb mit durchlaufendem Motor mit doppeltbreiter Riemenscheibe gesellte sich später der Antrieb mit durchlaufendem Motor und einfach breiter Riemenscheibe. Er machte ein Verschieben des Riemens entbehrlich, verlangte aber eine Riemenspannrolle. Auch sie wurde an die Steuerstange der Maschine angeschlossen.

Abb. 235. Elektrischer Einzelantrieb für Flügelvorspinnmaschinen mit Dreiphasen-Kurzschlußanker-Motoren unter Verwendung einer Riemenspannrolle (BBC).

Abb. 235 zeigt einen elektrischen Einzelantrieb für Flyer, bei dem der auf einer Konsole sitzende, mit doppeltbreiter Riemenscheibe versehene Motor durch einen Riemen auf Los- und Festscheibe treibt. Wesentlicher Bestandteil des Antriebes ist eine mit Seitenscheiben versehene Riemenspannrolle, die frei drehbar auf einer verschiebbaren Führungsstange angeordnet ist und gleichzeitig als Riemengabel dient. Die Führungsstange ist in einem am Triebstock befestigten Bügel gelagert und mit der Abstellstange des Flyers verbunden. Im Augenblick des Anlaufs der Maschine ist der Riemenzug wesentlich größer als im normalen Betrieb, was zur Folge hat, daß die Spannrolle selbsttätig zurückweicht und ein Schlüpfen des Riemens zuläßt, so daß die Maschine sanft anläuft und allmählich auf die Arbeitsgeschwindigkeit kommt.

An Stelle der mit Stirnscheiben versehenen Riemenspannrolle ist seitens der benannten Firma in neuester Zeit eine stirnscheibenfreie Spannrolle mit Riemenführungslappen gesetzt worden.

Die Abb. 236 und 237 geben den unter dem Namen „Sawa-Reglofix" bekannten Spannrollenantrieb in einer Ausführungsform wieder. Seine vorteilhafte elastische und geräuschlose Wirkung beruht auf der Verwendung einer auf dem Spannrollenträger wirkenden Spiralfeder, die in einem staubdichten Gehäuse so untergebracht ist, daß sie eine elastische und nachstellbare Verbindung zwischen dem Gehäuse A einerseits und einem in diesem drehbar gelagerten Achsbolzen B andererseits herstellt. Fest verbunden mit dem Achsbolzen B ist durch Klemmen mittels einer Kopfschraube C der Rollenarm D, der die auf Kugellagern laufende Rolle E trägt. Ist die Feder gespannt, so wird ihre Kraft durch Achsbolzen und Hebel auf die Leitrolle übertragen und diese drückt auf das schlaffe Riementrum. Das Spannen der Feder geschieht durch Drehen des Achsbolzens mittels eines Schlüssels. Der hinter der Nockenscheibe F einfallende Sperrbolzen H verhütet eine Rückdrehung. Während des Betriebes steht dieser Sperrbolzen in der Mitte zwischen zwei Nocken der Nockenscheibe, Abb. 236, diese Einrichtung dient alsdann als Sicherheitsvorkehrung, indem sie die Spannrolle vor einem Empor- bzw. Herabschnellen bewahrt, wenn einmal der Riemen reißen sollte. Ferner ermöglicht dieselbe Einrichtung bei Betriebsstillständen ihr Abheben vom Riemen, so daß dieser dann vollkommen lose auf den Riemenscheiben liegt und sich

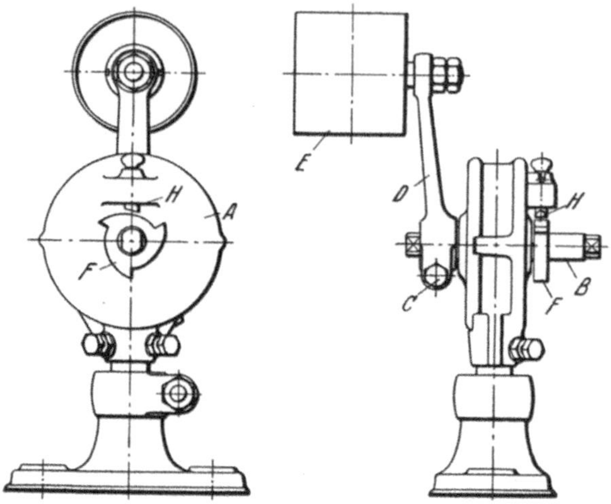

Abb. 236. Spannrollenantrieb (Sawa-Reglofix) (Fritz Sauerwald, Barmen).

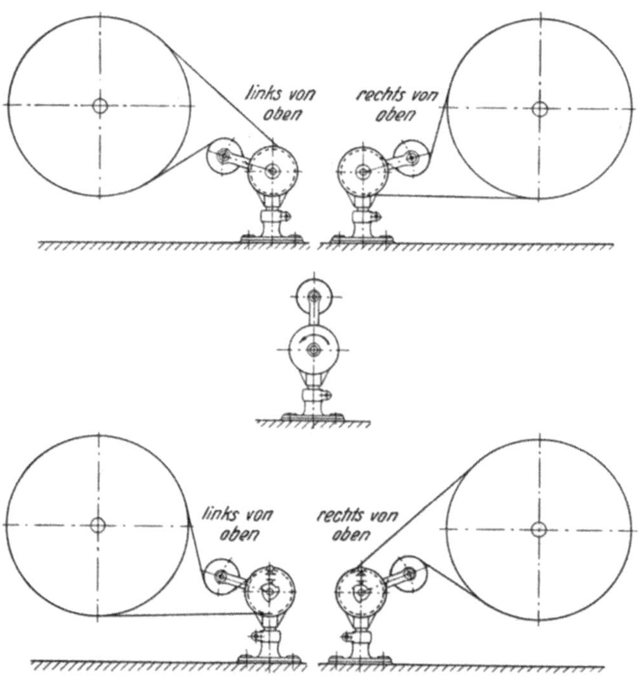

Abb. 237. Spannrollenantrieb (Sawa-Reglofix) (Fritz Sauerwald, Barmen).

wieder erholen kann. Trotz der stets in einer Richtung drückenden Feder kann mit ein und derselben Spannrolle durch geeignetes Drehen des Gehäuses und Versetzen des Rollenarmes der Druck von links unten, rechts oben oder rechts unten und links oben erreicht werden, Abb. 237. Dadurch, daß die Spannrolle möglichst nahe der kleinen Scheibe auf das schlaffe Riementrum (ablaufender Riemen der treibenden Scheibe) so einwirkt, daß der Umschlingungswinkel größer wird, kann der Riemen vollkommen lose auf die Scheiben des Triebes aufgelegt werden, und zwar am besten so, daß schon von vornherein ein gewisser Umschlingungswinkel auftritt. Bei einer Vergrößerung der Umfangskraft, also Dehnung des ziehenden Trums, nutzt die Spannrolle das entsprechende Längen des schlaffen Trums dazu aus, die Scheibe auf einen größeren Bogen zu umspannen. Dadurch wird eine bessere Mitnahme des Riemens erreicht, ohne daß die Spannung

Abb. 238. Flügelspinnmaschine mit regelbarem Motor (Bergmann A.-G.).

im schlaffen Trum vergrößert wird. Das Spannrollengehäuse kann auf einem Normalständer, siehe die Abb. 236 bis 237, an der Wand, mit dem Motor auf gemeinsamer Grundplatte, vor dem Motor oder auch an der Maschinenwand, sowie endlich auch unmittelbar am Motor befestigt werden.

Zwecks Entbehrlichmachung des Treibriemens ging man zu dem direkten Einzelmotorenantrieb, Abb. 238, über, auch verband man dessen Schalter mit der Einrückstange, Abb. 239. Heute kommen nicht regelbare und regelbare Motoren zur Anwendung, ihre Drehbewegung wird im allgemeinen durch Riemen oder Rädergetriebe auf die Maschine übertragen. Um dabei einen ganz besonders sanften Anlauf zu erzielen, schaltet man vielfach eine Gleitkupplung ein, wie solche u. a. von der AEG Berlin gebaut wird.

Für stufenlose Drehzahlregelung findet dabei vielfach das von der Magdeburger Werkzeugmaschinenfabrik A.-G., Magdeburg, eingeführte Lauf-Thoma-Getriebe Anwendung[1]. Es ist ein Flüssigkeitsgetriebe, das aus einer Kolbenpumpe und

[1] Vgl. Lato: Lauf-Thoma-Getriebe in der Textilindustrie. Mell. Text. Ber. **1929**, 111.

einem Kolbenmotor besteht. Die Pumpe — der Primärteil — wird mit gleichbleibender Drehzahl angetrieben und saugt Öl aus einem Behälter an. Der Hub der Pumpenkolben kann verändert werden. Die von der Pumpe geförderte Ölmenge entspricht der Antriebsdrehzahl und dem eingestellten Hube. Das so geförderte Öl wird dem Sekundärteil zugeführt, der als Motor wirkt und durch das zugeführte Drucköl in Bewegung gesetzt wird. Die Drehzahl des Sekundärteiles hängt von der zugeführten Ölmenge ab; es kann aber auch eine Hubveränderung bei dem Sekundärteil vorgesehen werden, wodurch sich eine Erweiterung des Regelbereiches ergibt.

Der Energiebedarf der in der Baumwollspinnerei verwendeten Flyer hängt von der Anzahl der Spindeln und der Art der Maschine ab. Mit dem Feinerwerden des Materials nimmt der Energiebedarf für eine Spindel ab, während ihre Umdrehungszahl steigt. Nach Angaben der AEG kann man annehmen:

Für Grobflyer	bei	650	Spindeldrehungen,	40 Spindeln	1 PS
„ Mittelflyer	„	750	„	50 „	1 „
„ Feinflyer	„	1000	„	60 „	1 „
„ Doppelfeinflyer	„	1200	„	80 „	1 „

Das Durchziehen der Fäden durch die Flügelschenkel oder das Einziehen in die Flügelösen kann nur erfolgen, wenn die Flügel im Stillstand der Bedienung zugewendet stehen. Bei Flügelspinnmaschinen mit Riemenantrieb erfolgt die entsprechende Einstellung der Flügel durch ruckweises Verschieben der Einrückstange und eine daraus sich ergebende kurzzeitige Bewegung des Riemens. Für den direkten Antrieb der Flyer durch Einzelmotoren ist für den gleichen Zweck von den Bergmann-Elektrizitätswerken A.-G., Berlin, ein Spezialschalter mit drei Schaltstellungen, einer Mittel- und zwei zu beiden Seiten dieser liegenden Seitenstellungen, in Vorschlag gebracht worden, bei dem der Schalter durch die Einrückstange zwischen den beiden Seitenstellungen so lange hin- und herbewegt wird, bis die Flügel die richtige Stellung erhalten haben, Abb. 239 und 240. Diese Einstellung der Flügel von Hand ist umständlich und zeitraubend und erfordert besondere Geschicklichkeit der Bedienung. Bei langen und von größeren Motoren angetriebenen Flügelspinn-

Abb. 239. Flügelspinnmaschine mit Kurzschlußankermotor und Flyerschalter (Bergmann A.-G.).

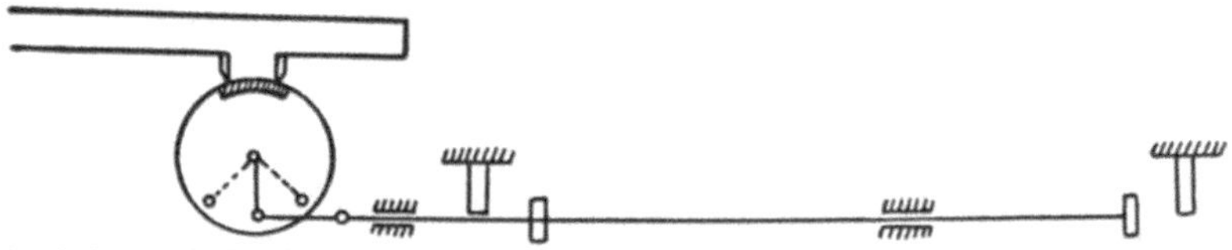

Abb. 240. Schematische Anordnung des Flyerschalters mit Einrückstange (Bergmann A.-G.).

maschinen und bei solchen, die mit regelbaren Motoren ausgestattet sind, ist nach Angaben der vorgenannten Firma zudem das Einstellen von Hand nicht mehr möglich, weil die Bedienung der Einrückstange zu schwierig wird. Nullau hat deshalb einen Einzelantrieb entwickelt, der das Einstellen der Flügel vollständig unabhängig von der Aufmerksamkeit und Geschicklichkeit der Bedienung gewährleisten soll.

Abb. 241 zeigt diesen Antrieb in Verwendung für einen nicht regelbaren Motor in einer Ausführungsform. Das Arbeitspersonal hat nur noch durch Verstellen der Einrückstange den Antrieb einzuschalten, während die Einstellung der Flügel in die gewünschte Stellung ohne weiteres selbsttätig erfolgt. *a* ist der zum Antrieb der Spinnmaschine dienende Elektromotor und *b* die durchgehende Spindeltriebwelle der Maschine, welche mittels der Kegelräder *c*, *d* die Flügelspindeln *e* antreibt. Die Ein- und Ausschaltung des Antriebes erfolgt mittels des elektromagnetischen Schalters *f*, dessen Einschaltspule *g* gleichzeitig dazu dient, den Schalter in der eingeschalteten Stellung festzuhalten. Mit dem Schalter *f* ist ein Schaltkontakt *h* verbunden, der in einem durch Ausschwenken des Schalthebels *i* in die Stellung *I* zu schließenden, über die Spule *g* führenden Stromkreise liegt. Durch Ausschwenken des Hebels *i* nach der entgegengesetzten Richtung, in die Stellung *II*, kann aber auch die Spule unter Umgehung des Kontaktes *h* eingeschaltet werden. Die jeweilige Einstellung des Hebels *i* erfolgt durch die Einrückstange *k*. Sie besitzt einen Arm *l*, der in der Stellung *I* des Hebels *i* der Wirkung einer auf der Welle *b* oder einer Flügelspindel sitzenden Nockenscheibe *m* unterliegt, so daß durch das Auftreffen des Nockens auf den Arm *l* die Einrückstange *k* selbsttätig verstellt und dadurch die Schaltstellung des Hebels *i* unterbrochen wird. Wenn die Einrückstange *k* die in der Zeichnung in ausgezogenen Linien veranschaulichte Stellung einnimmt, befindet sich der Schalthebel *i* in seiner Nullstellung, der Motor *a* ist abgeschaltet. Für den Dauerbetrieb wird die Einrückstange nach rechts verschoben, was zur Folge hat, daß der Schalthebel *i* in die Stellung *II* gelangt, der Schalter *f* in die Schaltstellung übergeführt und in dieser festgehalten wird, bis wieder eine Zurückverstellung der Einrückstange *k* erfolgt. Wenn es sich dagegen nur um die Einstellung der Flügel *e* zwecks Einziehens der Fäden handelt, so erfolgt eine Verschiebung der Stange *k* nach links, bis der Schalthebel *i* in die Stellung *I* gelangt ist. Dadurch wird gleichfalls ein Einlegen des Schalters *f* herbeigeführt, mit dem Einlegen dieses Schalters aber wird sogleich der Kontakt *h* unterbrochen und damit die Spule *g* stromlos gemacht. Der Schalter *f* wird infolgedessen sofort wieder ausgeschaltet, schaltet aber wieder von neuem ein, weil die Spule *g* Strom über Kontakt *h* erhält; dieses abwechselnde Ein- bzw. Ausschalten wiederholt sich, solange der Schalthebel *i* die Stellung *I* einnimmt. Der Antriebsmotor erhält dabei kurze Stromimpulse und arbeitet ruckweise auf die Spinnmaschine, bis schließlich die Welle *b* so weit verstellt ist, daß die Nockenscheibe *m* mittels des Armes *l* die Einrückstange *k*

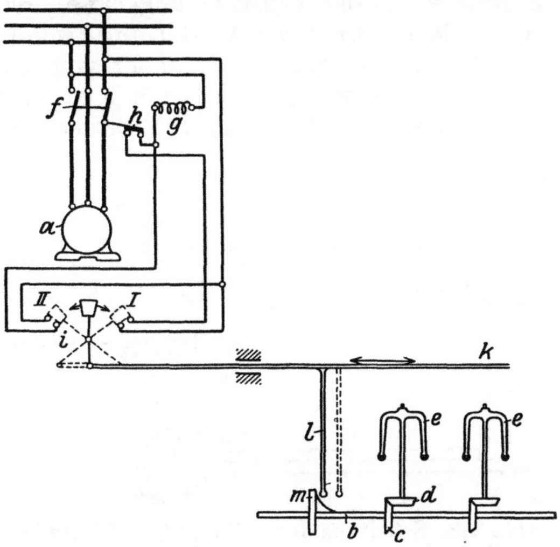

Abb. 241. Schaltung für das selbsttätige Einstellen der Flügel bei Antrieben mit nicht regelbaren Motoren (Bergmann A.-G.).

zurückschiebt und damit den Kontakt des Schalthebels *i* in der Stellung *I* unterbricht. In einer ganz bestimmten Stellung der Welle *b* kommt also der Antrieb zur Ruhe, und zwar in der Stellung, in welcher sich die Spinnflügel *e* in der für das Einziehen der Garne gewünschten Stellung befinden.

Wenn das Übersetzungsverhältnis von der Spindeltriebwelle *b* zur Flügelspindel nicht 1 : 1 ist, muß die Nockenscheibe *m* statt auf die Spindelwelle unmittelbar auf eine der Flügelspindeln gesetzt werden. Diese Anordnung hat den Nachteil, daß durch die Nockenscheibe *m* ein seitlicher Druck auf die Lagerung der betreffenden Flügelspindel ausgeübt wird. Dieser Druck kann so groß werden, daß eine Durchbiegung der Spindel eintritt, die unter Umständen teilweise nachbleibt und somit zum Schlagen des betreffenden Flügels Veranlassung gibt. Das Zurückstellen der Einrückstange kann daher an langen Flügelspinnmaschinen oder solchen schwerer Ausführung, wenn die Flügel in die richtige Lage eingestellt werden sollen, nicht mehr vom Nocken selbst erfolgen.

Sehr zweckmäßig ist es nach Nullau, für den besonderen Flyerantrieb, an dem Arm *l* der Schaltstange *k*, Abb. 241, einen Druckknopf so anzubringen, daß bei der für das Einziehen der Fäden richtigen Flügelstellung die Nockenscheibe auf diesen Druckknopf drückt und dadurch den Kontakt öffnet. Die zur Einschaltspule *g* des Schalters führende Stromleitung wird hierdurch unterbrochen und damit der Motor stillgelegt. Ein unzulässig großer seitlicher Druck auf die Flügelwelle wird vermieden. Auch braucht die Einrückstange zum Abschalten des Antriebes nach Einstellung der Flügel nicht mehr verstellt zu werden, wie bei der Vorrichtung nach Abb. 241. Wird für den Betrieb des Flyers die Einrückstange *k* nach *II* verstellt, dann wird auch der Druckknopfträger von der Nockenscheibe entfernt, Störungen oder Stromunterbrechungen können nicht eintreten. Außerdem ist der Stromschluß über den Kontakt *h* aufgehoben. Die Spule *g* erhält von den Anschlußleitungen über den Kontakt *II* direkt den Strom, der Schalter *f* bleibt geschlossen und der Motor *a* läuft solange, bis der Stromschluß bei *II* wieder aufgehoben wird.

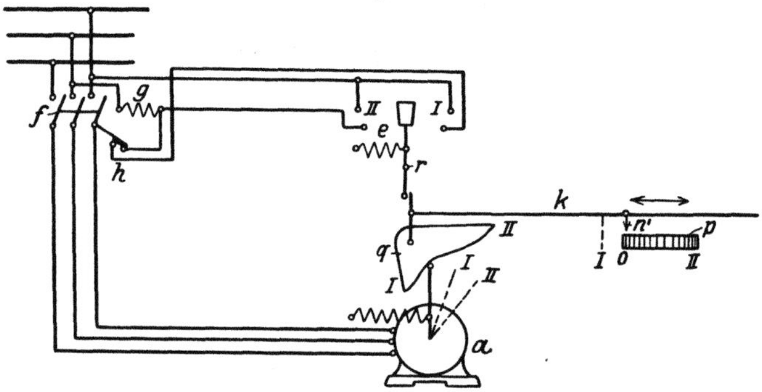

Abb. 242. Schaltung für selbsttätiges Einstellen der Flügel bei Antrieben mit regelbaren Motoren (Bergmann A.-G.).

Für verschiedene Flyerkonstruktionen ist es vorteilhaft, den Arm *l*, Abb. 241, nicht fest mit der Einrückstange *k* zu verbinden, sondern als zweiarmigen Hebel auszubilden, dessen eines Ende den Druckknopfschalter trägt und dessen anderes Ende von einem auf der Einrückstange *k* befindlichen Ansatz bewegt wird. Der genannte Hebel wird durch die Einrückstange so verstellt, daß der Druckknopfschalter der Flügelspindel genähert wird. Die auf der Flügelspindel befestigte Nockenscheibe drückt in der richtigen Flügelstellung auf den Schalter, wodurch der Antrieb in der vorbeschriebenen Weise stillgesetzt wird. Diese Einrichtung bedingt aber, daß die Einrückstange für selbsttätige Flügeleinstellung erst umgelegt wird, wenn der Flyer stillsteht.

Bei Flyerantrieben mit regelbaren Motoren erfolgt die Verstellung der Bürstenbrücke der Motoren oder der Einstellhebel für einen sonstigen Drehzahlregler durch ein mittels der Einrückstange *k* drehbares Kurvenstück *q*, Abb. 242. Die

Einrückstange *k* bewegt das Kurvenstück zum selbsttätigen Einstellen der Flügel nach links. Die Bürstenbrücke des Motors wird dabei durch das Kurvenstück in die Stellung *I* gebracht, in welcher der Motor das für das kurzzeitige Einrücken zum selbsttätigen Einstellen der Flügel erforderliche Moment besitzt. Durch den Schalter *r* wird der Kontakt *I* geschlossen und der Schalter *f* selbsttätig solange ein- und ausgeschaltet, bis die Flügel sich in der für das Einziehen der Fäden günstigsten Stellung befinden. Soll der regelbare Motor den Flyer in Betrieb setzen, so wird die Einrückstange nach rechts verschoben. Das hat zur Folge, daß der Kontakt *II* geschlossen, der Schalter *f* dadurch eingeschaltet, die Bürstenbrücke durch das Kurvenstück in Richtung nach *II* verschoben und damit der Motor angelassen wird. Auf der Stange *k* befinden sich an verschiedenen Stellen Zeiger *n*, welche an Skalen vorbeigleiten, die eine Drehzahlteilung haben. Es kann also zu jeder Zeit abgelesen werden, mit welcher Drehzahl die Spinnmaschine arbeitet.

Die Flügelvorspinnmaschinen (Flyer) besitzen, wie bereits früher erwähnt, ein Riemenkegelgetriebe, durch welches bei steigendem Wickeldurchmesser der Unterschied zwischen der Flügeldrehzahl und der Drehzahl der Garnspulen so geändert wird, daß die beim Anspinnen eingestellte Fadenspannung auch während der weiteren Spinnperiode annähernd erhalten bleibt. Diese mechanische Vorrichtung zur Erhaltung gleicher Fadenspannung bei wechselndem Wickeldurchmesser besitzen die Flügelfeinspinnmaschinen nicht. Bei Einstellung der Flügeldrehzahl von Feinspinnmaschinen muß aber ebenfalls Rücksicht auf den beim kleinsten Wickeldurchmesser auftretenden Fadenzug genommen werden. Er ändert sich bei gleichbleibender Drehzahl mit dem Wickeldurchmesser der Spulen, er wird kleiner, je mehr Fadenschichten aufgelegt sind. Also wird ein wirtschaftliches Arbeiten auch bei Antrieben mit regelbaren Motoren, wenn sie mit gleichbleibender Drehzahl während des ganzen Spinnvorganges laufen, nicht erreicht.

Hier haben die Einrichtungen zur Konstanthaltung der Fadenspannung bei sich änderndem Wickeldurchmesser Abhilfe geschaffen. Sie bestehen in einer Regelvorrichtung, mit Hilfe deren die Flügeldrehzahl dem jeweiligen Wickeldurchmesser angepaßt wird. Antriebe mit nicht regelbaren Motoren erhalten Einrichtungen, durch welche bei steigendem Wickeldurchmesser die Drehzahl in einer oder zwei Stufen erhöht wird, um damit die Fadenspannung annähernd der maximal zulässigen gleich zu halten.

Die selbsttätige Regelung der Arbeitsgeschwindigkeit der Flügelspinnmaschine in Abhängigkeit von der Fadenlagenzahl auf den Spulen wird in besonders einfacher Weise dadurch erreicht, daß die auf- und abgehende Bewegung der Spulenbank benutzt wird, um ein Schaltrad zu verstellen, welches dann den die Arbeitsgeschwindigkeit einstellenden Regler beeinflußt. Durch das Schaltrad wird unter Überwindung einer Feder ein Zugseil oder eine Kette aufgewickelt, die an den Regler so angreift, daß dieser entsprechend der Drehung des Schaltrades verstellt wird.

Abb. 243 zeigt beispielsweise eine derartige Regelung für konstanten Fadenzug bei Verwendung eines stufenlos regelbaren Motors. Die Spule *b* ruht auf der Spulenbank *d*, die abwechselnd gehoben und gesenkt wird. An dieser Spulenbank sind Mitnehmer e^1 und e^2 angebracht, welche auf eine Klinke *f* wirken. Diese Klinke *f* steht mit dem Schaltrad *g* in Eingriff, das mittels eines Seiles *h* an einem die Bürstenbrücke eines regelbaren Antriebmotors *i* verstellenden Arm *k* angreift. Auf diesen Arm *k* wirkt andererseits eine Feder *l*, so daß das Zugseil *h* immer straff gespannt gehalten wird. Das Schaltrad *g* ist in seiner jeweiligen Stellung durch eine Klinke *m* gesperrt. Durch das Antreffen des Mitnehmers e^2 gegen die Klinke *f* beim Aufwärtsgang der Spulenbank wird das Schaltrad *g* je nach den gewählten Verhältnissen um ein oder mehrere Zähne vorwärts gedreht. Die auf diese Weise erreichte Einstellung bleibt unter der Wirkung der Sperrklinke *m* auch bestehen, da beim folgenden Abwärtsgang der Spulenbank *d* die Klinke *f* von dem Mitnehmer e^2 freigegeben wird. Wenn die Spulenbank *d* sich ihrer untersten Stellung nähert, trifft aber der Mitnehmer e^1 gegen die Schaltklinke *f* und hebt diese aus, so daß sie wieder die gezeichnete Stellung einnimmt und dann beim Anheben der Spulenbank erneut zum Fortschalten des Schaltrades *g* benutzt werden kann. Jedesmal nachdem die Spulenbank eine Ab- und Aufwärtsbewegung ausgeführt, also die Spule zwei neue Lagen erhalten hat, tritt eine Verstellung des Schaltrades ein. Mit dieser Verstellung ist zugleich eine solche der Bürstenbrücke und damit eine Regelung der Arbeitsgeschwindigkeit verbunden. Damit hat man es ohne weiteres in der Hand, die Arbeitsgeschwindigkeit dem jeweiligen Durchmesser der Spule anzupassen. Vor jeder neuen Spinnperiode muß natürlich das Schaltrad *g* in seine Ausgangsstellung zurückgeführt werden, was sich nach Ausheben der Sperrklinke *m* einfach von Hand bewerkstelligen läßt.

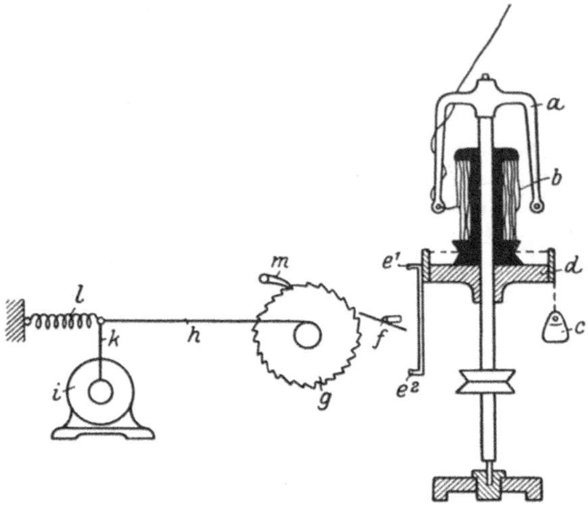

Abb. 243. Regelung für konstanten Fadenzug bei Antrieben mit regelbaren Motoren (Bergmann A.-G.).

c) Antrieb für den Wagenspinner (Selfactor).

Der Kraftbedarf eines Baumwollselfactors während eines Arbeitsspieles, das nur wenige Sekunden dauert, ist ein außerordentlich stark schwankender, wie sich aus dem untenstehenden Diagramm, Abb. 244, ergibt[1]. Er erreicht in kürzester Zeit sein Maximum beim Beginn der Wagenausfahrt, mit der die Vorgarnlieferung durch das Streckwerk und die Vorwärtsdrehung der Spindeln mit großer Geschwindigkeit zwecks Drahterteilung verbunden sind, und fällt dann rasch wieder, sobald der ausfahrende Wagen zum Stillstand kommt und die Spindeln nur noch eine Vorwärtsdrehung mit gesteigerter Geschwindigkeit zwecks Nachdrahterteilung erhalten. Ein weiteres Sinken des Kraftbedarfes tritt beim nunmehr folgenden Abschlagen durch langsame Rückwärtsdrehung der Spindeln ein, ihm folgt aber beim Beginn der Wageneinfahrt mit langsamer Wiedervorwärtsdrehung der Spindeln für das Aufwinden der

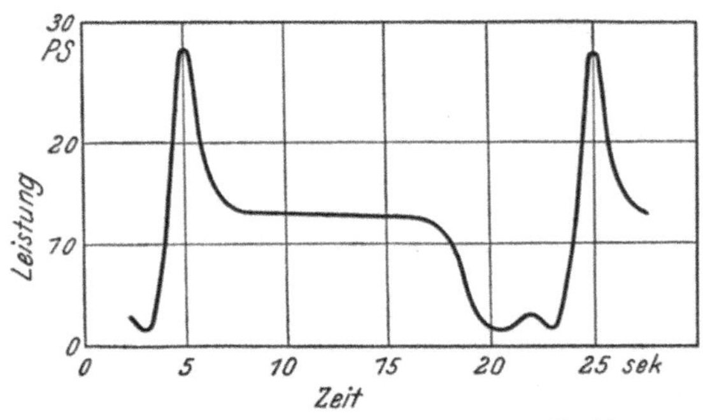

Abb. 244. Kraftbedarf eines Baumwollselfactors.

[1] Schmitz: Mell. Text. Ber. **1928**, 727; das. Baltz, **1930**, 8.

Fäden eine Steigerung des Kraftbedarfes und schließlich fällt dieser bei Stillsetzung der Massen am Ende der Wageneinfahrt wieder fast auf Null.

Charakteristisch für die heute noch vorwiegend gebauten Selfactoren mit während eines Wagenspiels hin- und herbewegter Hauptwelle ist die Verwendung eines Vorgeleges, von dem aus die Maschine durch Riemen und Seil Antrieb empfängt. Eine große Schwierigkeit im Antrieb liegt in der Beseitigung des Riemenschlupfes, der sich aus der Überanstrengung der Antriebriemen bei Beginn der Wagenausfahrt ergibt. Er ist abhängig von der Luftfeuchtigkeit, der Temperatur und dem Betriebszustand, also veränderlich; infolgedessen ergeben sich in den Wagenspielen Ungleichmäßigkeiten, die einen ungünstigen Einfluß auf den Spinnvorgang haben. Um das Trägheitsmoment der periodisch zu beschleunigenden Massen nach Möglichkeit herabzusetzen, hat man vorgeschlagen, alle auf der Hauptwelle sitzenden Scheiben sowie die Spinntrommeln aus Leichtmetall herzustellen. — Die stark wechselnde Beanspruchung des Antriebes ist die Ursache der immer noch herrschenden Meinungsverschiedenheit in den Fachkreisen über die Anwendung des Gruppen- oder Einzelantriebes. Läßt man eine Mehrzahl von Selfactoren gleichzeitig von einem Wellenstrang (Gruppenantrieb) antreiben, so ist wahrscheinlich, daß die gleichen Arbeitsabschnitte eines Arbeitsspieles der angetriebenen Maschinen nicht zusammenfallen und demgemäß ein gewisser Kraftausgleich für den Motor eintritt. Es wird also der Gruppenantrieb um so gleichmäßiger belastet, je mehr Maschinen gleichzeitig von derselben Welle aus Antrieb empfangen. Die Anzahl der anzuschließenden Maschinen ist jedoch wegen der Raumbeanspruchung und der erforderlichen großen Wellenleitungen eine beschränkte. Infolgedessen muß man auch beim Gruppenantrieb mit einer stark wechselnden Belastung des Motors rechnen. Sie fordert die Wahl eines ausreichend großen Motors und wirkt sich nachteilig in der durch die schwankende Drehzahl der Wellenleitung hervorgerufenen Ungleichmäßigkeiten der Garne aus.

Abb. 245. Elektrischer Einzelantrieb mit Schwungscheibe für den Sefactor (AEG).

Auch beim elektrischen Einzelantrieb, bei dem man das Vorgelege unmittelbar mit dem Motor kuppelt, wenn nicht unzulässige Scheibenabmessungen zur Anwendung einer Übersetzung zwingen, rufen die oben gekennzeichneten Belastungsänderungen eine stark wechselnde Drehzahl hervor, wenn ein normaler Motor verwendet wird. Da diese Drehzahländerungen aber sich periodisch regelmäßig wiederholende sind, wie auch das Diagramm erkennen läßt, kann man ihnen Rechnung tragen. Der Motor muß eine reichliche Leistung bei großer Überlastbarkeit und außerdem zwecks guter Wirtschaftlichkeit einen Wirkungsgrad besitzen, der zwischen Überlastung und geringster Teilbelastung möglichst hoch und gleichbleibend ist. Um dabei eine möglichst gleichbleibende Drehzahl des Motors zu erzielen, die hohen Belastungsspitzen im Kräftediagramm also nach Möglichkeit zu beseitigen, hat man in Vorschlag gebracht, eine Schwungscheibe auf die Motorwelle aufzusetzen, wie dies die Abb. 245 erkennen läßt. Sie soll in Zeiten geringer Belastung Arbeit aufspeichern und diese dann bei starker Inanspruchnahme des Motors wieder abgeben. — Die Firma Brown, Boveri & Co. empfiehlt die Anwendung eines Motors mit eingebautem Zentrifugalanlasser, der ein hohes Kippmoment aufweist und die Eigenschaft besitzt, plötzliche Belastungsstöße rasch zu überwinden, sowie die Maschine in kürzester Zeit auf die verlangte Arbeitsgeschwindigkeit zu bringen. Er überwindet die Belastungsspitze bei der Wagenausfahrt, ohne daß er starke Überdimensionierung erhalten muß. — Abb. 246 zeigt die Betriebskurven eines Spezialmotors mit 1000 minutlichen Umdrehungen der Firma Schorch-Werke A.-G., Rheydt, für den Einzelantrieb von Baumwollselfactoren zu 1000 Spindeln. Der Wirkungsgrad beträgt nach der obengenannten Arbeit von Schmitz schon bei 4 PS Belastung 80%, bei Belastungen zwischen 8 und 27 PS bleibt der Wirkungsgrad über 90%, bei einer Belastung von etwa 15 PS erreicht derselbe einen Höchstwert = 92,5%. Im Durchschnitt ist der Wirkungsgrad des Motors bei dem Antrieb eines Selfactors mit einem Arbeitsdiagramm, gemäß Abb. 244, = 89%. Sein Antrieb besitzt das normale Vorgelege, es sind zwei Riemen vorhanden, die bei der Spitzenbelastung sich beide etwas dehnen und schlüpfen können. Der Motor wird mit elastischer Riemenwippe ausgerüstet, damit der Riemenschlupf bei der Spitzenbelastung vergrößert wird; außerdem erhält der Motor selbst möglichst große Schlüpfung. — Um das Gleiten des Riemens möglichst zu verhindern, hat man vorgeschlagen, während der Beschleunigungsdauer die Vorgelegedrehzahl wenigstens zeitweilig zu vermindern und so der nacheilenden Haedstockdrehzahl entgegenzukommen. Praktisch wird dies nach Nowotny[1] durch die Verwendung eines mit dem Vorgelege gekuppelten Drehstrommotors erreicht, dessen Drehzahl stark mit steigender Belastung abfällt. Diese Antriebsart verwenden nach Genanntem die Siemens-Schuckertwerke, Berlin-Siemensstadt.

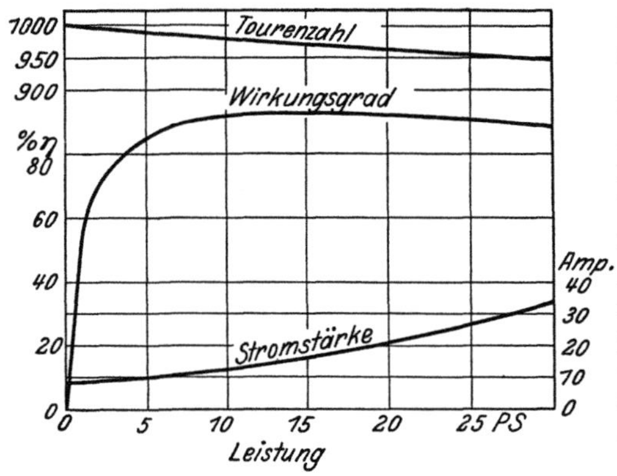

Abb. 246. Betriebskurven für einen Selfactormotor.

[1] Vgl. Nowotny: Mell. Text. Ber. **1927**, 129.

d) Antrieb des Ringspinners.

Der Antrieb des Ringspinners ist ein Mittel- oder Seitenantrieb. Er erfolgt mittels einer Schnurtrommelwelle; bei einer zweiseitigen Maschine sind zwei parallel zueinander gelagerte und sich von der einen bis zur anderen Stirnwand erstreckende Wellen vorgesehen. Diese Wellen empfangen bei Anwendung des Riementriebes direkten Antrieb von oben oder von unten durch gerade (offene), halbgeschränkte oder über Leitrollen geführte Riemen. Bei Ringspinnern, deren Spindelgeschwindigkeiten für das Spinnen grober und weit auseinander liegender Nummern öfters gewechselt werden müssen, wird der Riemenantrieb nicht unmittelbar, sondern durch einen Seiltrieb auf die Schnurtrommelwellen zur Wirkung gebracht, Abb. 247 und 248. Seine Wirtel können leicht ausgewechselt und die sich hierbei ergebenden Änderungen in der Seilspannung durch eine verstellbare Rillenscheibe ausgeglichen werden. Bei dem in Abb. 248 dargestellten Antrieb mit parallel zu den Trommelwellen liegender Riemenscheibenvorgelegewelle sitzen Fest- und Losscheibe *a* und *b* auf der in der Stirnwand *c* des Maschinengestelles gelagerten Vorgelegewelle *d*, welche ihre Drehbewegung durch einen Zweirillenwirtel *e* mittels eines in der Pfeilrichtung geführten Treibseiles auf die beiden Trommelwellen *g* überträgt. Durch den verstellbar gelagerten Wirtel *h* werden Spannungsänderungen im Treibseil ausgeglichen. — Bei dem Antrieb nach Abb. 247 ist die Riemenscheibenvorgelegewelle quer zu den Trommelwellen angeordnet.

Abb. 247. Seilantrieb für die Spindeltrommeln des Ringspinners (Nouvelle Société de Construction vorm. N. Schlumberger & Co., Guebwiller).

An Stelle des Riemenantriebes ist in letzterer Zeit mehr und mehr der elektrische Antrieb getreten. Es empfangen bei seiner Verwendung die Schnurtrommelwellen entweder unmittelbar durch einen mit der einen Trommelwelle gekuppelten Motor Antrieb, siehe Abb. 249, oder von einem am Boden oder auf dem Kopfgestell des Ringspinners angeordneten Motor durch einen Riemen. Müssen beim elektrischen Antrieb die Spindeldrehzahlen für die verschiedenen Garngüten und Garnnummern geändert werden, so muß zwischen Motor und

Trommelwelle eine Vorrichtung eingeschaltet werden, die eine Änderung des Umsetzungsverhältnisses zuläßt.

Für den Antrieb der Maschine mit veränderlicher Drehzahl kommt folgendes in Betracht. Die auf den Ballonfaden wirkende Fliehkraft, der auf ihn wirkende Luftwiderstand, die auf den Läufer wirkende Fliehkraft, sowie der sich aus ihr ergebende Reibungswiderstand am Ring sind alle proportional dem Quadrat der Drehzahl, demgemäß sind es auch alle Fadenzüge von den Streckzylindern bis zur Spule. Die Gesichtspunkte, nach denen man die Veränderung der Drehzahl vornimmt, können verschieden sein. Man versucht entweder eine gleiche Fadenspannung für alle Windungsdurchmesser zu erreichen oder sie an die sich ändernde Ballonform anzupassen oder beides zugleich. Die Gleichmäßigkeit der Fadenspannung kann dabei entweder zwischen Streckwerk und Öse oder zwischen Läufer und Spule angestrebt werden, je nachdem man mehr Wert auf unveränderliche Bruchgefahr und gleichmäßige Garnqualität oder auf ein durchaus gleichmäßiges Winden der Spule legt. Soll die Drehzahl mit Rücksicht auf die Ballongröße geändert werden, so empfiehlt es sich nach Brown, Boveri & Co., für die obersten Ringbanklagen die bei konstantem Antrieb zugelassene Drehzahl beizubehalten, sie dagegen in allen übrigen Lagen zu erhöhen und nur für das Spinnen des Ansatzes eine geringere Geschwindigkeit anzuwenden.

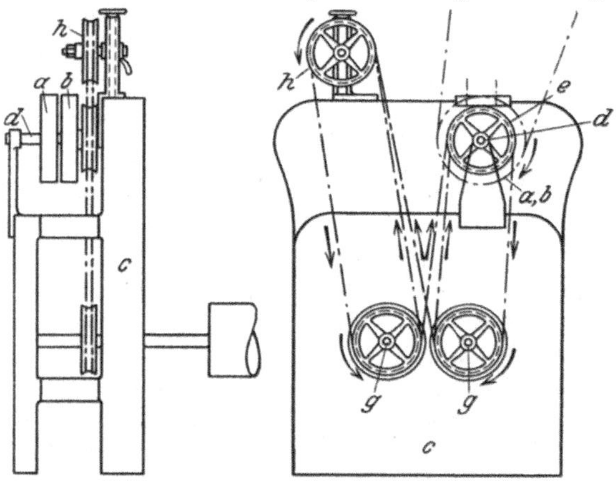

Abb. 248. Seilantrieb für die Spindeltriebtrommeln des Ringspinners, auf dem Maschinengestell angeordnet. (Nach Prof. Brüggemann, Die Ringspinner der Deutschen Werke.)

Die Regelung der Drehzahl des Ringspinners hat man auf verschiedene Weise versucht[1].

Zunächst hat man den Stufenscheibenantrieb in den verschiedensten Ausführungsformen zur Anwendung gebracht. Weiter hat man Stufenrädergetriebe nutzbar gemacht und schließlich vorgeschlagen, den Riemenführer von der Ringbank aus so zu steuern, daß der Riemen mehr oder weniger von der Festscheibe auf die benachbarte Losscheibe gleitet und umgekehrt und damit der Schlupf des Riemens, also auch die Drehzahl der Spindel geändert wird.

Als Stufenscheibenantriebe seien beispielsweise ein solcher von Carl Hamel A.-G., Chemnitz, und ein solcher der Firma W. Schlafhorst & Co., M.-Gladbach, genannt. — Die erstgenannte Firma baut den Elektromotor auf die Anfangs- und Hauptantriebswand auf und versieht seine verlängerte Achse mit einer Scheibe mit drei Abstufungen, von denen die Stufe mit dem kleinsten Durchmesser in doppelter Scheibenbreite ausgeführt ist. Bei der Gegenscheibe auf der Trommelwelle haben die drei Abstufungen zwar gleiche Breite, es ist aber neben der Stufe von größtem Durchmesser noch eine Losscheibe angeordnet. Dadurch wird erreicht, daß bei Ingangsetzung des Motors der Riemen zunächst auf die

[1] Vgl. hierzu G. Stein: Untersuchungen für die Geschwindigkeitsregelung der Ringspinnmaschine und ihr Einfluß auf die Produktion. Leipz. Monatschr. Textilind. **1927**, Nr 9. Oertel: Über die Wirtschaftlichkeit und Geschwindigkeitsregelung bei Ringspinnmaschinen. Mell. Text. Ber. **1930**, 589; Leipz. Monatschr. Textilind. **1927**, Nr 9.

genannte Losscheibe treibt und, erst nachdem er seine volle Geschwindigkeit erreicht hat, auf die niedrigste Drehzahl der Maschine umgeschaltet wird. Damit die Änderung der Spindelumlaufzahlen während des Betriebes nach Belieben durchgeführt werden kann, sind die Stufenscheiben so geformt, daß die Riemenverschiebung von Stufe zu Stufe ohne weiteres möglich ist. — Bei dem Antrieb von Schlafhorst ist die Losscheibe in Wegfall gebracht und infolgedessen eine Erbreiterung des Antriebsgestelles entbehrlich. Die Zweistufenriemenscheibe dient sowohl als Fest- wie als Losscheibe; es ist deshalb in ihrem Innern eine ein- und ausrückbare Kupplung angeordnet. Sie besteht aus einer inneren, mit der Antriebsachse der Ringspinnmaschine fest verbundenen Kupplungshälfte mit radial ausspreizbarem Mantel und der als Gegenkuppel ausgebildeten Stufenscheibe, welche sich bei Leerlauf auf einer Nabe des festen Kupplungsteiles als Losscheibe dreht. Das Ein- und Ausrücken der Kupplung und damit das An- und Abstellen der Ringspinnmaschine selbst erfolgt mittels eines Handhebels. Ein Verschieben des Riemens auf die Fest- oder die Losscheibe beim An- und Abstellen der Maschine ist nicht erforderlich. Hieraus ergibt sich eine einfachere Bedienung der Maschine und größere Schonung des Riemens, vor allen Dingen aber wird verhütet, daß der bedienende Arbeiter beim Wiederingangsetzen der Maschine den Riemen auf eine Stufe schiebt, die der augenblicklichen Stellung der Ringbank nicht entspricht. Zur selbsttätigen Verschiebung des Antriebsriemens ist ein Getriebe vorgesehen.

Abb. 249. Ringspinnmaschinen, angetrieben durch Bergmann-Kollektormotoren mit Drehzahlregelung durch Kurvenscheiben-Spinnregler.

Einen Antrieb des Ringspinners unmittelbar durch einen Elektromotor in Verbindung mit einem zwischen diesen und die Trommelwelle eingeschalteten Stufenrädervorgelege bauen die Wotanwerke A.-G., Chemnitz.

Die Tatsache, daß ein Riemen beim Laufen sich stets die höchste Stelle der Riemenscheibe sucht, z. B. bei ballig gedrehten Scheiben, hat die Rheydter Maschinen- und Spindelfabrik, Rheydt, zum Bau einer Antriebsvorrichtung veranlaßt, bei der die Riemengabel durch eine oder mehrere Riemenführungsrollen ersetzt ist, welche auf einer winklig zur Antriebswelle der Maschine mittels Handrad verstellbaren Achse laufen. Diese Rollen drücken von außen gegen die Ablaufseite des Riemens und werden durch ein Handrad oder sonstige Vorrichtung für jede Antriebsscheibe, d. h. für die Losscheibe, für die größere und für die kleinere Festscheibe eingestellt.

Abb. 250. Spinnregler (BBC).

Die vorstehend gekennzeichneten Hilfsmittel ermöglichen nur eine Regelung der Spindelgeschwindigkeit des Ringspinners in weiten Grenzen.

Eine vollkommene Regelung der Arbeitsgeschwindigkeit der Maschine ergibt sich durch Anwendung eines in den erforderlichen Grenzen regelbaren Motors in Gestalt eines feinstufig regelbaren Gleichstrom- oder Drehstrom-Kollektormotors. Die Geschwindigkeitsregelung erfolgt von Hand durch Verstellung des Bedienungshebels, in vollendeter Form aber durch einen Spinnregler, eine von der Maschine aus betriebene Vorrichtung, die die Verstellung der Motorabnehmerbürsten in Abhängigkeit vom Spinnprozeß bewirkt. Die beiden Hauptvertreter der Spinnregler sind der Kurvenscheibenregler und der Linealregler[1]. Der erstere besitzt gewöhnlich zwei Kurvenscheiben, von denen die eine von der das Heben und Senken der Ringbank bewirkenden Herz- oder Exzenterwelle Antrieb empfängt, während die andere von der Schaltachse für das Versetzen der Ringbank in der Höhenrichtung durch eine biegsame Welle bewegt wird. Die Herzkurvenscheibe hat den Zweck, die Bürstenbrücke des antreibenden Motors so zu verstellen, daß die Drehzahl dem sich ändernden Aufwickeldurchmesser angepaßt wird. Die von der Schaltradachse bewegte Kurvenscheibe soll den von der ersten Scheibe eingeleiteten Drehzahlunterschied während der An- und Abspinnperiode so weit begrenzen, daß keine unzulässige Fadenbeanspruchung

Abb. 251. Drehstrom-Kollektormotor mit rückseitig angebautem Kurvenscheiben-Spinnregler (Bergmann A.-G.).

[1] Vgl. hierzu Oertel: Über die Geschwindigkeitsregelung bei den Ringspinnmaschinen. Z. V. d. I. 1929, Nr 9 und Mell. Text. Ber. 1929, 595.

eintritt. Die beiden Kurvenscheiben übertragen ihre Bewegung mittels eines Zugorganes (Drahtseil, Kette, Stange) auf die Bürstenbrücke und diese wird dadurch synchron mit der Ringbankbewegung verschoben, was eine Drehzahländerung des Motors zur Folge hat. Die beiden Kurvenscheiben werden von Fall zu Fall so ausgefeilt, daß sich für eine bestimmte Garnnummer und Spulenbewickelung die entsprechenden Drehzahländerungen ergeben. Diese Arbeit ist außerordentlich langwierig und muß sorgfältig ausgeführt werden. Abb. 250 zeigt einen Kurvenscheibenregler, wie ihn die Firma Brown, Boveri & Co., Mannheim, baut. — Abb. 251 veranschaulicht einen Drehstrom-Kollektormotor mit rückseitig angebautem Kurvenscheiben-Spinnregler, der Bergmann-Elektrizitätswerke A.-G., Berlin; vgl. auch Abb. 249. — Ein Linealspinnregler

Abb. 252. Drehstrom-Kollektormotor mit auf den Antriebstock aufgebautem Lineal-Spinnregler (BergmannA.-G.).

Abb. 253. Drehstrom-Kollektormotor mit aufgebautem Lineal-Spinnregler (Bergmann A.-G.).

ist der vorgenannten Firma durch Patent 433134 geschützt[1]. Er wird nach den Ausführungen Nullaus in den Bergmann-Mitteilungen auf den Antriebsstock, Abb. 252, der Spinnmaschine oder den Motor selbst, Abb. 253, aufgebaut; er besitzt zur Einstellung des Verstellwinkels der Bürstenbrücke des Motors ein Lineal mit ausgearbeiteter Form, die den äußeren Abmessungen des zu spinnenden Fadenkörpers (Cop) angepaßt ist, siehe hierzu Abb. 254. Der Aufbau des Spinnreglers auf den Antriebsmotor (durch DRGM 1010364 geschützt) bedeutet gegenüber der bisherigen Aufstellung auf dem Fußboden neben dem Motor einen bedeutenden Fortschritt. Nicht nur, daß dieser Platz frei wird und die jeden Werkleiter störenden Schmutzecken wegfallen, sondern der auf den Motor aufgebaute Spinnregler gestattet bessere Wartung und, wenn der vordere Deckel eine Glas-

[1] Vgl. hierzu Nullau: Der Lineal-Spinnregler. Z. V. d. I. **1929**, Nr 9.

platte erhält, ungehinderte Beobachtung des Regelvorganges. Abb. 255 zeigt, in welcher Weise die Drehzahländerung des Motors beim Weiterschreiten des Spinnprozesses erfolgt. Das Ändern der Drehzahl geschieht im Gegensatz zu den bisher bekannten Spinnreglerbauarten unmittelbar vom Ringbankhebel *b* aus auf das Verstellorgan *i* des Motors *k* (Bürstenbrücke, Nebenschlußregler) durch Seil oder Kette *g*. Die Spannfeder *l* hat den Zweck, das Verstellorgan *i* in die Stellung für die größte Drehzahl zurückzuführen. Wird der Ringbankhebel *b* durch die Herzscheibe *a* nach unten bewegt, dann zieht das Seil *g* das Verstellorgan *i* nach links, so daß der Motor schneller läuft. Wird aber der Ringbankhebel *b* nach oben bewegt, so läuft der Motor *k* langsamer. Der Verstellwinkel von *i* entspricht dem Drehzahlunterschied, wenn auf die volle Form der Spule gesponnen wird. Durch Änderung des Angriffpunktes von *r* an *i* wird der Verstellwinkel von *i* und damit der Drehzahlunterschied des Motors geändert. Der Antriebsmotor ändert also in gleicher Weise seine Drehzahl mit der Stellungsänderung des Ringbankhebels. In ausgeführten Anlagen wird die Kette *g* nach oben über eine feste Rolle und dann nach *i* geführt, um den Ringbankhebel *b* an die Herzscheibe *a* zu ziehen und damit die Gegengewichte der Ringbank zu entlasten.

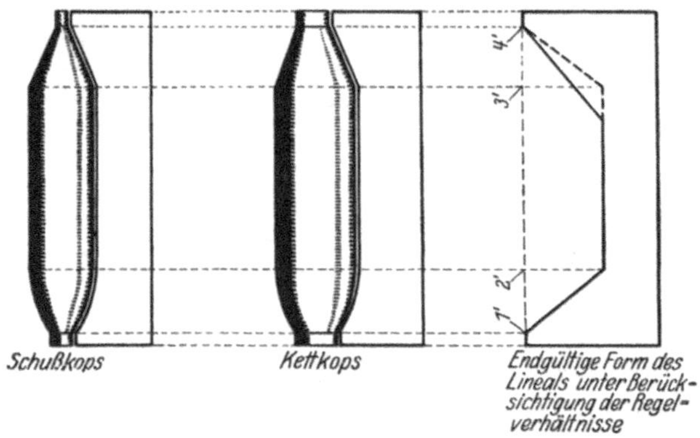

Abb. 254. Reglerlineal.

Es dauert eine bestimmte Zeit, bis der Motor die der Stellung des Regelorganes entsprechende Drehzahl angenommen hat. Je schneller der Ringbankhebel hin- und herbewegt wird, um so größer wird die Zeit (Nacheilung), bis der Motor mit der entsprechenden Geschwindigkeit läuft. Diese Drehträgheit (Massenträgheit) ist bei verschiedenen Motorfabrikaten sehr wechselnd und wirkt bei Überschreitung von 2 Sekunden störend auf die Fabrikation dadurch, daß beim Aufwinden auf die Hülse die Fadenspannung vergrößert und beim Aufwinden auf den größten Durchmesser die Fadenspannung ungenügend groß wird. Die Drehträgheit des Motors wird beseitigt, wenn man, wie nach Abb. 256, neben dem Ringbankhebel *b'* einen zweiten, den leeren Ringbankhebel *b* anordnet, der durch eine zweite verstellbar angeordnete Herzscheibe *a* gesteuert wird. Entsprechend der vorhandenen Drehträgheit wird diese Herzscheibe voreilend eingestellt; man erreicht hierdurch, daß der Wechsel der Drehzahl des Motors mit dem Wechsel der Ringbankbewegung zusammenfällt. In der oberen Stellung der Ringbank hat dann die Spindel die kleinste und in der unteren Stellung bei jedem Ringbankhebelhub die größte eingestellte Drehzahl. Solange beim Anspinnen nicht auf den vollen Durchmesser gesponnen wird und wenn beim Abspinnen durch den kürzer werdenden, ballonartig umlaufenden Faden die Fadenspannung ansteigt, muß der Drehzahlunterschied entsprechend geändert

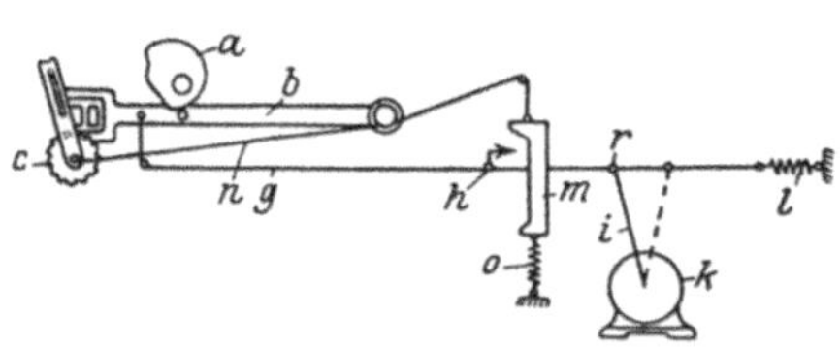

Abb. 255. Prinzipanordnung des Lineal-Spinnreglers.

(verkleinert) werden. Auf einfachste Weise wird dies erreicht, indem die äußere Form der Spule als Anhalt für den Drehzahlwechsel genommen wird. Eine derartige Form negativ in ein Lineal eingetragen, siehe Abb. 254, gestattet dann, das Drehzahlverhältnis des Motors für das An- und Abspinnen richtig zu ändern. Nach Abb. 255 wird auf die Achse des sich bei jedem Ringbankhub drehenden Schaltrades *c* das Zugorgan *n* aufgewickelt, wodurch das Lineal *m* senkrecht zur Bewegungsrichtung von *g* verstellt wird. Sobald bei der Hin- und Herbewegung von *g* die Anstoßklinke *h* an das Lineal *m* kommt, wird die Weiterbewegung von *i* aufgehalten und damit auch die Drehzahländerung begrenzt. Das ist vollständig der Fall, wenn die obere Kante des Lineals *m* sich in gleicher Höhe mit der Klinke *h* befindet, wie es beim Anspinnen der Fall sein soll. Das Verstellorgan für die Motordrehzahlregelung kann sich dann nicht bewegen und der Motor läuft, solange die Wulst gewickelt wird, mit kleinster Drehzahl. Bei jedem Auf- und Niedergang des Ringbankhebels *b* wird auch das zugehörige Schaltrad *c* gedreht, somit das Seil *n* auf die Achse gewickelt und das Lineal *m* gehoben. Beim Fortschreiten der Anspinnperiode wird die Klinke *h* mehr und mehr nach rechts frei und damit der Drehzahlunterschied des Motors größer und größer bis zum eingestellten Höchstwert, solange die Hauptspinnperiode dauert. Bei Beendigung der Hauptspinnperiode kommt die Klinke *h* auf die untere schräge Fläche des Lineals *m* und verkleinert, je weiter das Abspinnen fortschreitet, den Drehzahlunterschied mehr und mehr. Wird nun die Ringbank um den vollen Hub zum Abspinnen neuer Spulen zurückgestellt, so wird gleichzeitig auch das Lineal durch Abwickeln des Seiles nach unten bewegt, bis die Klinke *h* wieder vor der oberen Kante des Lineals steht. Bei den ausgeführten Anlagen wird das Lineal von der Achse des Schaltrades *c* aus durch eine biegsame Welle über eine Schnecke hin- und herbewegt. Sollen Spulen mit größerer Länge hergestellt werden, so muß lediglich ein neues Lineal von größerer Länge und sonst passender Form eingesetzt werden, um mit gleichbleibender Fadenspannung spinnen zu können.

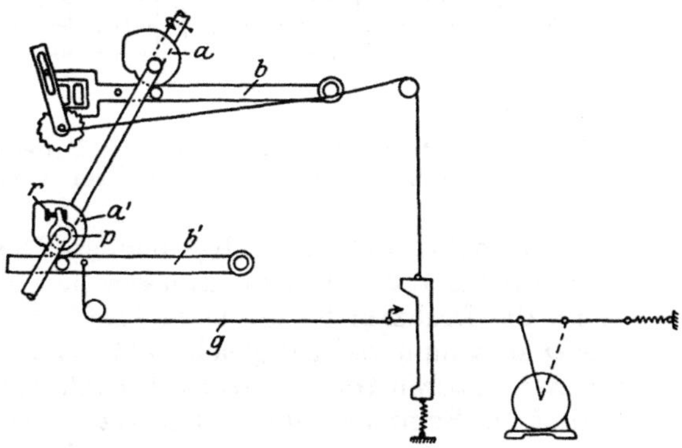

Abb. 256. Anordnung einer zweiten verstellbaren Herzscheibe zur Einstellung der Voreilung des Motorreglers.

Der Vorteil des neuen Linealspinnreglers liegt weiter darin, daß die Leistungssteigerung in größeren Grenzen einstellbar ist; der Regler ist mit wenigen Handgriffen und leicht sichtbar für andere Spinnverhältnisse umstellbar. So kann z. B. der regelbare Spinnmaschinenantrieb mit Linealspinnregler nach Abb. 252 schnell umgestellt werden in bezug auf:

1. die Drehzahl, wenn auf die Hülse gewickelt wird, durch Änderung der Stellung des Regelorgans für den Motor *k*;

2. verschiedene Drehzahlunterschiede vom Mindest- bis zu dem durch die Zerreißfestigkeit des Fadens begrenzten Höchstwert, durch Änderung des Angriffspunktes von *g* an *i* mit anderer Hebellänge;

3. die verschiedensten Größen der Garnkörper durch Austausch des Lineals *m*.

In Abb. 257 ist beispielsweise ein auf Grund von Leistungsversuchen entworfenes Spindeldrehzahlregeldiagramm bei Einstellung des Linealspinnreglers auf geringsten Fadenbruch dargestellt. Das Diagramm ist aufgenommen an einer Ringspinnmaschine, auf der Baumwollschußgarn Nr. 30 hergestellt wird.

Mit dem Anspinnen wurde bei etwa 7700 Spindelumdrehungen begonnen, um Fadenbruch beim Herstellen der Wulst zu vermeiden. Nach etwa 1½ Minuten Spinndauer begann der Linealspinnregler die Drehzahl zu beeinflussen, und der Drehzahlunterschied vergrößerte sich nach und nach. Nach weiteren etwa 10 Minuten stieg der Drehzahlunterschied rasch an, ein Zeichen, daß jetzt nach und nach auf die volle Kötzerform gesponnen wurde. Die Linie *b* gibt die Drehzahl an, mit der bei den verschiedenen Kötzerhöhen auf die Hülse aufgewunden wird. Man erkennt, daß die Steigerung auf 8500 Spindelumdrehungen sehr allmählich erfolgt. Schon vor dem Abspinnen wird die Drehzahl wieder herabgesetzt und für den kleinen Copdurchmesser bei etwa 8250 Spindelumdrehungen abgesponnen. Die Linie *c* zeigt an, mit welcher Spindeldrehzahl der äußere Copdurchmesser hergestellt wird. Während des Anspinnens steigt die Drehzahl bis auf etwa 11500; während der Hauptspinnperiode bleibt der Drehzahlunterschied gleich. Während der Abspinnzeit wird beim Aufwinden auf den äußeren Durchmesser die Drehzahl bis auf etwa 9500 herabgesetzt und darauf die Spinnmaschine stillgesetzt. Die Spindeldrehzahl ändert sich mithin während der Hauptspinnperiode bei jedem Ringbankhub von 8500 bis 11500 und zurück. Hieraus ergibt sich, daß während dieser Zeit, nach Linie *d*, mit einer mittleren Drehzahl von 10000 aufgewunden wird. Gegenüber einer Spinnzeit von 118 Minuten bei gleichbleibender Drehzahl (Transmissionsantrieb) wurde der Cop bei Verwendung des Linealspinnreglers in 109 Minuten fertig aufgesponnen, wodurch eine Zeitersparnis von 9% erreicht wird, abgesehen von einem Mehrgewicht der Spulen von etwa 5% und der besseren Garnqualität durch das Aufwinden mit gleichbleibendem Fadenzug.

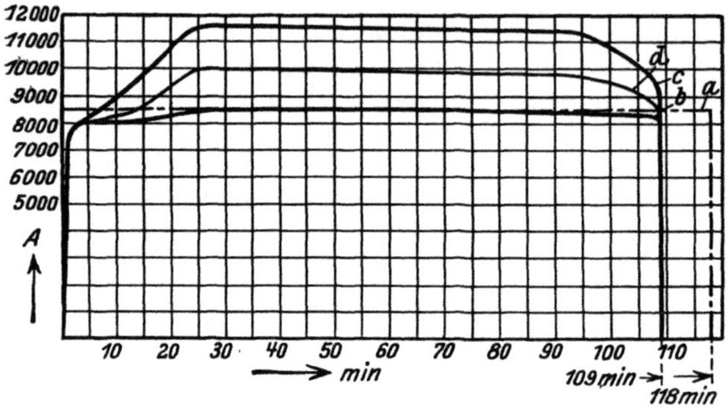

Abb. 257. Drehzahlregeldiagramm bei Verwendung eines Lineal-Spinnreglers (Bergmann A.-G.).

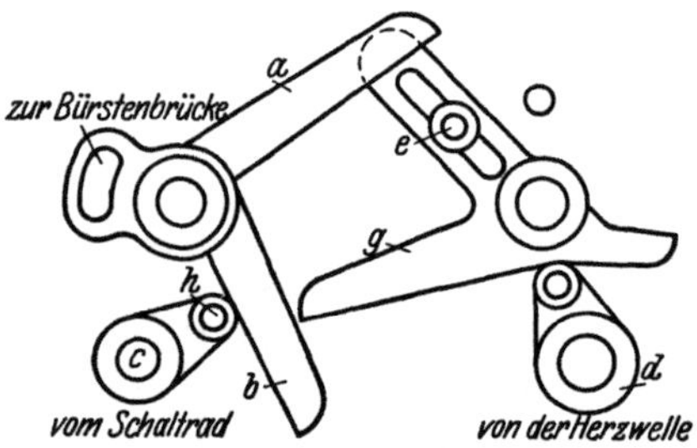

Abb. 258. Spinnregler (AEG).

Die Allgemeine Elektrizitäts-Gesellschaft, Berlin, hat ihre regelbaren Motoren mit einem Spinnregler ohne Kurvenscheiben und Lineal ausgestattet. Seine Einrichtung ergibt sich aus Abb. 258. Die Bürstenbrücke ist mit den auf gemeinsamer Welle sitzenden beiden Wickelhebeln *a* und *b* verbunden, während das Schaltrad der Spinnmaschine über eine elastische Welle und ein Schneckenvorgelege die Kurbelwelle *c* und die Herzwelle mittels einer Kette und eines Kettenrades die Kurbelwelle *d* dreht. Denkt man sich zunächst die Kurbel *c* fort, so wird der Hebel *a* auf der Rolle *e* des Winkelhebels *g* aufliegen. Der letztere und mit ihm die Rolle *e* nimmt bei Drehung der Kurbel *d* verschiedene Lagen ein, welche die Hebel *a* und *b* bzw. die Bürstenbrücke mitmachen. Es entsteht also mit der Bewegung der Herzwelle bzw. mit periodischem Hub der Ringbank eine regelmäßige Drehzahlerhöhung oder Verminderung des Antriebes. Steht nun die mit dem Schaltrad verbundene Kurbel *c* in der gezeichneten Lage, so ist die Bewegung der verbundenen Hebel *a* und *b* durch die Rolle *h* dieser Kurbel gehemmt und die Bürstenbrücke ist unbeeinflußt von der Herzwellenbewegung. Die Drehzahl des Kollektormotors bleibt also gleichmäßig, was dem Beginn des Spinnprozesses entspricht. Beim Drehen der Kurbel *c* folgen auch die Hebel *a* und *b*, wodurch der Hebel *a* allmählich in den Bereich der sich in der vorgenannten Weise bewegenden Rolle *e* kommt, so daß sich die Bewegung derselben immer mehr und mehr auf *a* überträgt, bis die Rolle *h* die Bewegungen der Hebel *a* und *b* überhaupt nicht mehr hemmt. In dieser dem Anspinnen entsprechenden Periode ist also die Drehzahl zuerst konstant und wird dann mit dem allmählichen Steigen der Ringbank in immer größeren Grenzen verändert, bis die beim Hauptspinnen erwünschten höchsten und niedrigsten Drehzahlen auftreten. An den letzteren verändert sich dann nichts mehr, bis das Schaltrad die Kurbel *c* so weit bewegt hat, daß dieselbe von der anderen Seite die Bewegung des Hebels *b* wieder hindert, wodurch die Regulierung sich im umgekehrten Sinne wieder verkleinert, was dem Abspinnen entspricht. Die Form der Drehzahlkurve kann in einfachster Weise der Spinnmaschine an Ort und Stelle angepaßt werden, und zwar hauptsächlich durch Verstellung der Hebel *a* und *g* mittels Schrauben bzw. durch Verschiebung der Rolle *e*. Der Spinnautomat braucht hierzu nicht auseinandergenommen zu werden, die Bedienung ist also sehr einfach.

e) Sicherung der Antriebsmotoren[1].

Mit der fortschreitenden Durchführung der Einzelantriebe in Textilfabriken tritt die Frage der Sicherung der Antriebsmotore immer mehr in den Vordergrund. Die Schmelzstöpsel, die bisher allgemein als Sicherung in Kraftanlagen verwendet wurden, haben sich als ungenügend und unzweckmäßig erwiesen, da ihre Zeitkonstante zu sehr von der der Kurzschlußankermotore abweicht. Eine Sicherung schmilzt etwa bei dreifacher Nennstrombelastung sofort durch; bei Kurzschlußankermotoren, wie sie zum Antrieb der Textilmaschinen verwendet werden, muß aber durchschnittlich mit dem 6- bis 8fachen Einschaltstrom gerechnet werden. Daraus ergibt sich naturgemäß die Notwendigkeit der Übersicherung, so daß die Schmelzstöpsel den Motor nur noch bei Kurzschluß, nicht aber bei Überlastung oder beim Ausbleiben einer Phase schützen können. Zwecks Behebung dieses Übelstandes hat die elektrotechnische Industrie in den letzten Jahren verschiedene neue Sicherungen in Gestalt von Kleinautomaten auf den Markt gebracht. Die Firma Stotz G. m. b. H., Mannheim-Neckarau, stellt einen solchen in Stöpsel- und Elementform her. Als Stöpselautomat kann er in bereits vorhandene normale Sicherungselemente ohne weiteres an Stelle der Schmelzstöpsel eingeschraubt werden. Sitzen die Elemente im Motorschalter, so genügt meist eine Aussparung im Schalterdeckel, um die Automaten unterbringen und bedienen zu können. Zweckmäßig wird jedoch in solchen Fällen auch das Element ausgewechselt und an dessen Stelle der in seinen Ausmaßen sehr klein gehaltene Einbau-Element-Automat montiert. Der Automat enthält einen kräftig durchgebildeten Schalter mit massiven Kupferkontakten, der — bei Kurzschluß durch eine elektromagnetische Auslösevorrichtung betätigt — automatisch eine sofortige Unterbrechung des Stromkreises herbeiführt. Eine zweite, thermische Abschaltvorrichtung tritt bei Überlastung in Funktion und bewirkt — ebenfalls selbsttätig — eine zeitlich verzögerte, jedoch Momentauslösung des Schalters. Die Einschaltstromstöße von Kurzschlußankermotoren bringen die elektromagnetische Abschaltvorrichtung nicht zum Ansprechen, da die Spule so bemessen ist, daß erst Belastungen von etwa dem 8- bis 10fachen des Nennstromes ein genügend starkes Kraftlinienfeld erzeugen, um die Anziehung des Ankers und damit die Auslösung zu bewirken. Andererseits sind die Stromstöße von so kurzer Dauer, daß die in dem Heizwiderstand durch sie hervorgerufene Wärme nicht auf das Bimetall übergeht. Erst bei länger anhaltenden Überlastungen biegt sich das Bimetall durch die indirekte Wärmeübertragung leicht nach außen und gibt einen Auslösehebel frei, der über ein Kniehebelgelenk die Abschaltung bewirkt. Durch die Vereinigung dieser beiden Auflösesysteme in einer Vorrichtung wird erreicht, daß die Motore ohne Berücksichtigung der Einschalt-

[1] Vgl. G. A. Schmidt: Mell. Text. Ber. **1929**, 496.

ströme ihrem Nennstrom entsprechend abgesichert werden können. So wären z. B. für einen Webstuhlmotor 380 Volt Drehstrom, 1,5 PS, 1,1 kW 1500 n, 2,5 Amp., Stotz-Automaten 2,5 Amp. Nennstrom zu verwenden. Die Automaten schützen den Motor dann nicht nur bei Kurzschluß, sondern verhindern zuverlässig ein Verbrennen der Wicklung bei Überlastung, bei Ausbleiben einer Phase oder bei den so häufig zu beobachtenden Fehlschaltungen.

G. Spindeln, Spindelantrieb, Drehzahlprüfer.

Außer dem Streckwerk haben die Spindeln mit ihrer Lagerung, ihrem Antrieb und ihrer Schmierung die weitgehendste Ausbildung gefunden und bieten infolgedessen die Möglichkeit, sie mit außerordentlich hoher Drehzahl (bis zu 15000 in der Minute) laufen zu lassen. Es ist ausgeschlossen, im Rahmen dieser Arbeit die große Zahl der für die verschiedenen Spinn- und Zwirnmaschinen in Vorschlag gebrachten Spindelkonstruktionen zu beschreiben und zu würdigen. Deshalb sollen nur einige Beispiele vor Augen geführt werden, wie sie heute zur Anwendung kommen.

a) Spindeln für den Wagenspinner (Selfactor).

Die Spindel des Wagenspinners, auch Koppen- oder Mulespindel genannt, wird im allgemeinen in Längen von etwa 350 bis 450 mm ausgeführt, ist in ihrem oberen Teil, etwa von der Längenmitte ab bis zur Spitze, kegelförmig verjüngt, besitzt eine abgerundete Spitze, trägt auf ihrem zylindrischen Unterteil etwa in seiner Längenmitte einen Wirtel für den Antrieb und läuft in ihrem unteren Ende in einen Spurzapfen aus, Abb. 259. Mit diesem Spurzapfen ruht die Spindel in einem Fußlager, während sie oberhalb des Wirtels mit dem zylindrischen Teil in einem Halslager gehalten wird.

Abb. 259. Mulespindel.

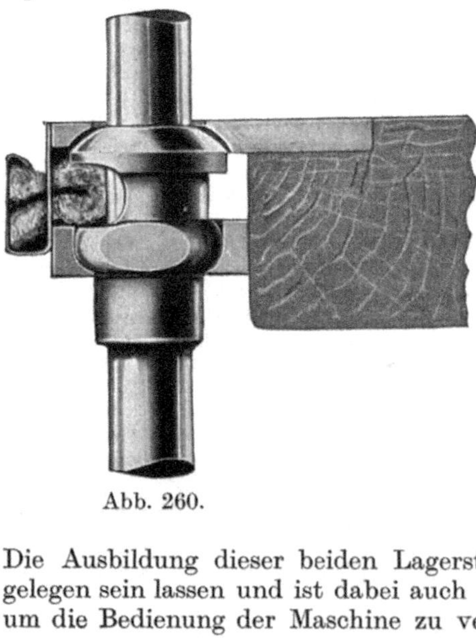

Abb. 260.

Abb. 261.

Abb. 262.

Die Ausbildung dieser beiden Lagerstellen hat man sich ganz besonders angelegen sein lassen und ist dabei auch auf Dauerölschmierung bedacht gewesen, um die Bedienung der Maschine zu vereinfachen und an Öl zu sparen.

Eine Lagerung für die Wagenspinnerspindel, wie sie die Firma Triemer & Forkert, Schweinsburg-Pleiße, liefert, zeigen die Abb. 260 bis 262. Sie ist eine

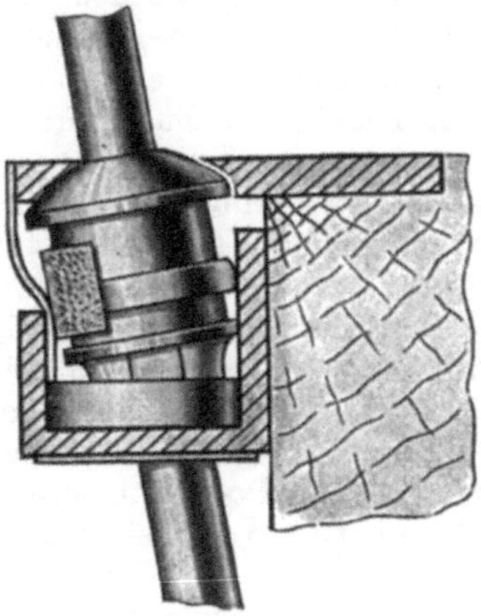

Abb. 263.

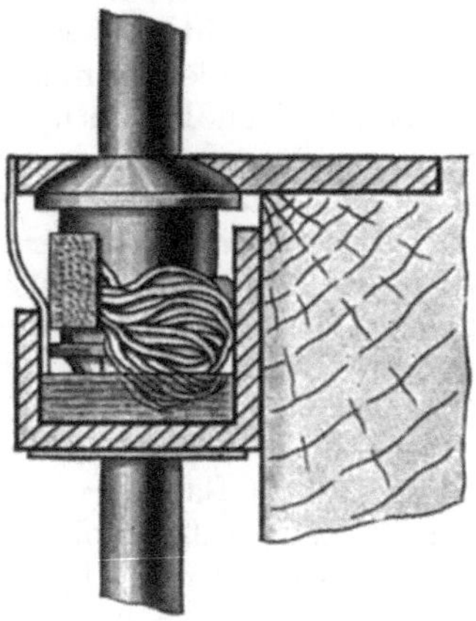

Abb. 264.

solche mit beweglichem Halslager und Dauerölschmierung. Die das Halslager bildende Büchse ist mit einem kugelzonenartigen Kopf ausgestattet, mit dem sie in einer entsprechend gestalteten Ausfräsung auf der Unterseite des Plattbandes Aufnahme findet, Abb. 260. In etwa der Mitte ihrer Länge ist die Lagerbüchse mit einem kugelringartigen Wulst versehen, der seitlich an zwei diametral einander gegenüberliegenden Seiten abgeflacht ist, siehe Abb. 260 und 261. Mit diesen Abflachungen kommt die Lagerbüchse beim Einsetzen in die Lagerbüchsenbank zwischen zwei an dieser angeordnete federnde Widerlager zu liegen, welche die Mitnahme der Büchse durch die sich drehende Spindel verhindern, ihr aber in ihrem Sitz in Richtung der Spindelbank eine gewisse elastische Nachgiebigkeit geben. Mit den auf der Vorder- und Rückseite der Lagerbüchse noch vorhandenen Ringwulstteilen kommt die Büchse nach dem Einsetzen auf zwei in der Lagerbüchsenbank vorgesehene, ihnen entsprechend gestaltete Sitz-

Abb. 265. Wagenspinner mit S.K.F.-Norma-Rollenlagerspindeln (Rich. Hartmann A.-G., Chemnitz).

flächen zur Auflage. Ist die Spindel in die Lagerbüchse eingeschoben und mit ihrem Fuß in das ihn aufnehmende Fußlager eingesetzt, so wird sie durch den kugelkalottenartig ausgebildeten Kopf der Lagerbüchse zunächst zentriert; er ermöglicht der Lagerhülse aber auch, sich ohne weiteres dem jeweiligen Stand der Spindel anzupassen, sobald diese im Betrieb ihre normale Stellung verläßt, und endlich läßt der Kopf der Lagerbüchse im Zusammenwirken mit dem sie stützenden Ringwulst eine kreispendelartige Ausschwenkung der Spindel zu, sobald diese aus dem Fußlager ausgehoben ist. Abb. 262. Die Schmierung der Halslager erfolgt in der aus Abb. 260 ersichtlichen Weise. Diese Schmierung sowie die Ausbildung des Fußlagers bieten nichts wesentlich Neues.

Die Firma Otto Eifert in Crimmitschau i. Sa. bringt unter dem Namen „Eco" eine Lagerung für Selfaktorspindeln in den Handel, die in den Abb. 263 und 264 wiedergegeben ist. Ihr Wesen besteht darin, daß das Plattband als Ölbehälter ausgebildet ist, in dem die kugelgelagerten, beweglichen Spindelhalslager, das Öl und die für die Schmierung der Lager vorgesehenen Dochte untergebracht sind und der nach außen vollkommen abgeschlossen ist, so daß ein Eindringen von Schmutz und Gespinstabgängen in den Ölkanal und zu den Lagern unmöglich ist. Das Ölen geschieht mittels einer nach vorn zurückziehbaren, an der Plattbanddeckplatte anliegenden, sich selbsttätig wieder schließenden rinnenartigen Klappe, auf deren Oberkante nach dem Zurückziehen von der Plattbanddeckplatte die Ölkanne entlang geführt wird und über die das Öl gleichmäßig verteilt in den Ölkanal fließt.

Abb. 265 läßt die Anwendung der von der S.K.F.-Norma, Stuttgart-Cannstatt, ausgebildete, ursprünglich nur für Ringspinner bestimmte Rollenlagerspindel für Selfactoren erkennen.

b) Spindeln für Flügelspinner.

Die Spindeln der Flügelspinner sind entweder solche für die Vorspinnmaschine (Flyer) oder solche für die Feinspinnmaschine. In beiden Fällen tragen sie auf ihrem Kopf einen abnehmbaren, U-förmigen Flügel mit nach unten gerichteten Schenkeln. Bei den Flyerspindeln, Abb. 266 und 267, ist der eine dieser Schenkel als Rohr ausgebildet und trägt am freien Ende einen zweiarmigen, in waagrechter Ebene drehbaren Hebel (Preßfinger). Der eine nach innen gerichtete Arm dieses Preßfingers läuft in eine Platte aus, mit der sich der Preßfinger bei der Drehung der Spindel infolge Massenwirkung seines zweiten äußeren Armes nachgiebig gegen die Spule legt. Die Lunte tritt am Kopf des Flügels in den rohrartigen Schenkel ein, geht in ihm, gegen Fliehkraftwirkung geschützt, nach abwärts bis zum Preßfinger und dann über diesen zur Spule, auf die sie infolgedessen unter Druck aufgewickelt wird, Abb. 267. Dem Flügel der Feinspinnmaschine fehlt der Preßfinger und der rohrartig ausgebildete Schenkel. Beide Schenkel sind massiv und enden in einem Fadenleitauge, Abb. 268.

Der Antrieb der Flyerspindel erstreckt sich nicht nur auf die den Flügel tragende Spindel, sondern auch auf den frei drehbar auf ihr sitzenden Spulenträger. Sowohl für den Antrieb der Spindel als auch für den des Spulenträgers ist je ein Hyperboloidenräderpaar vorgesehen, wie dies Abb. 267 erkennen läßt. Der Umlauf beider Räderpaare wird zum Zwecke einer richtigen Aufwindung des Fadens auf die Spule durch ein Riemenkegelpaar in Verbindung mit einem Differentialräderwerk in der an anderer Stelle — siehe S. 86 u.f. — bereits erläuterten Weise geregelt. Die Spindel läuft mit konstanter Geschwindigkeit, die Spule dreht sich dagegen mit einer dem jeweiligen Wickeldurchmesser angepaßten Geschwindigkeit. Dabei ist der Antrieb für Spindel und Spule so eingerichtet, daß zum Zwecke des Aufwindens entweder die Spule dem Flügel oder dieser der Spule voreilt. Abb. 266 zeigt bei 1. die Anordnung des Preßfingers gegenüber der Spule, sofern diese voreilt, während sie bei 2. die Lage des Preßfingers gegenüber der Spule bei voreilendem Flügel veranschaulicht. Die Flügelspindel des Flyers steht, wie Abb. 267 erkennen

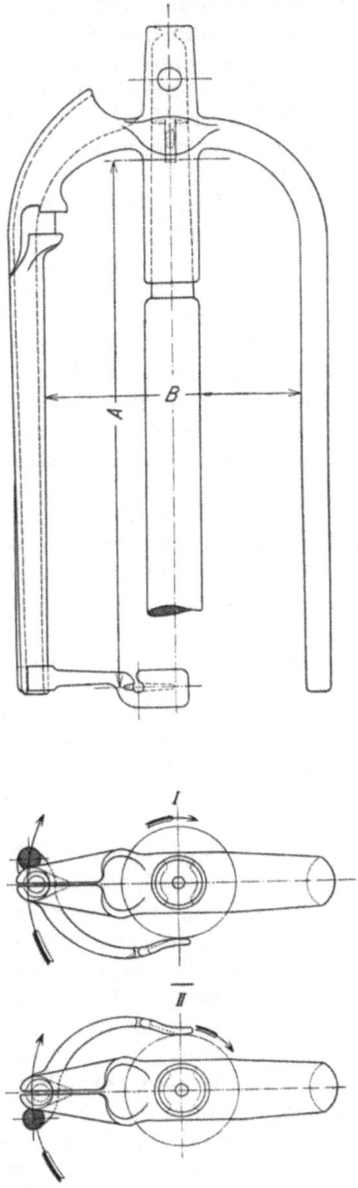

Abb. 266. Flügel für Flyerspindeln.

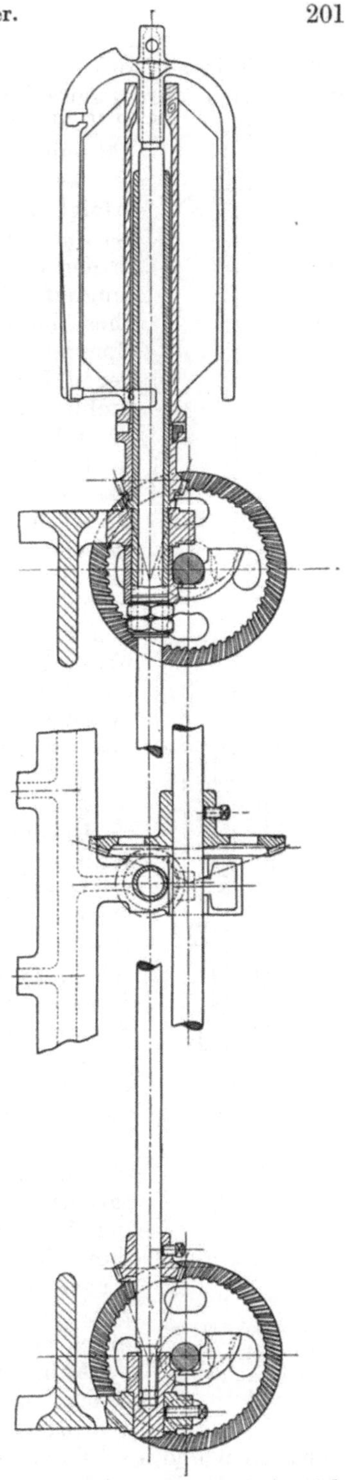

Abb. 267. Flyerspindel mit Antrieb.

(Mit Gen. der Firma Nouvelle Société de Constr. ci-devant N. Schlumberger, Guebwiller.)

läßt, mit ihrem Fuß in einem normalen Fußlager und empfängt dicht über ihn Antrieb. Ihre zweite Stützung findet die Spindel in einem Halslager mit Hilfe der lose auf der Spindel sitzenden Spulenträgerbüchse, die unmittelbar oberhalb der Lagerstelle verzahnt ist.

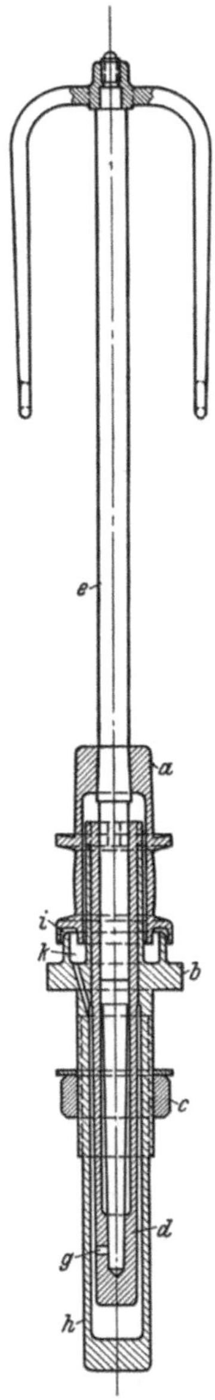

Abb. 268. Flügelspindel (Württbg. Spindelfabrik G. m. b. H., Süssen a. d. Fils).

Der Antrieb der Flügelspindel der Feinspinnmaschine erfolgt durch Schnur oder Band. Die Spindel nach Abb. 268 ist für Bandantrieb eingerichtet und zu diesem Zweck etwa in der Längenmitte mit einem Bandwirtel *a* ausgestattet. Er umgreift glockenartig den Oberteil des Spindelgehäuses *b*, welches durch Verschraubung *c* in der üblichen Weise in der Spindelbank gehalten wird. In dem Spindelgehäuse sitzt, gegen Drehung gesichert, die Spindelbüchse *d* und in dieser drehbar die Spindel *e*. Der das Fußlager *g* bildende Unterteil der Büchse *d* ist mit einer Bohrung *g* versehen, durch die das in der Ölkammer *h* des Spindelgehäuses *b* befindliche Öl in das Spindelfußlager gelangen kann. Von hier aus steigt das Öl bei der Drehung der Spindel infolge der Fliehkraftwirkung zwischen der zylindrischen Innenwand der Spindelbüchse *d* und dem konisch gestalteten Unterteil der Spindel nach oben in das als Gleitlager ausgebildete Halslager, aus dem es schließlich in den Raum zwischen Wirtel *d* und Spindelgehäuse *b* übertritt, das für seine Aufnahme mit einer unmittelbar unter dem Wirtel liegenden, durch diesen abgedeckten Ringkanal *i* versehen ist. Von ihm aus läuft das Öl durch eine schräg nach abwärts gerichtete Bohrung *k* wieder zurück in die Ölkammer *h*.

c) Spindeln für Ringspinner.

Die erste brauchbare Ringspindel für hohe Drehzahl war die Rabbeth-Spindel. Bei ihr sitzt die Spindel mit ihrem Unterteil in einer durch Verschraubung in der Spindelbank gehaltenen Büchse. Sie enthält im Boden das Fußlager und ist in ihrem Oberteil mit einem als Gleitlager ausgebildeten Halslager versehen. Zwischen diesen beiden Lagerstellen ist die Büchse im Innern kammerartig ausgespart, um Raum zur Aufnahme des Schmiermittels zu schaffen. Der Schnurwirtel für den Antrieb umschließt mit seiner nach oben verlängerten, auf die Spindel gepreßten und als Spulenhalter dienenden Nabe glockenartig das freie Ende der Spindelbüchse.

Einen bedeutsamen Fortschritt im Spindelbau brachte die Einführung der Gravity-, flexiblen oder sich selbst in die Rotationsachse einstellenden Spindel an Stelle der ortsfesten Spindel. Weitere Erfindungen von Wichtigkeit waren die Anwendung des Ölkreislaufes, der Ersatz des Gleitlagers durch die Kugel- und Rollen- oder Wälzlager, sowie die Einführung des zwangsweisen Antriebes und des Antriebes mehrerer Spindeln durch ein Triebband.

Abb. 269 veranschaulicht im Schnitt eine normale flexible Spindel mit Gleitlager für Pincops, Abb. 270 eine solche für Warpcops. In der in der Spindelbank durch Verschraubung gehaltenen und als Ölkammer dienenden Lagerbüchse sitzt mit einem geringen radialen Spiel pendelnd aufgehängt die Spindelhülse. Sie ist durch eine auswechselbare Flachfeder seitlich etwas verspannt und wird durch sie infolge Eingriffes in eine Längsnut der Lagerbüchse gegen Verdrehung gesichert. Hals- und Fußlager sind in die Hülse starr eingebaut. Das in der Ölkammer der Lagerbüchse befindliche Öl gelangt durch Längsschlitze in der Wandung der Spindelbüchse zur Spindel. Unmittelbar über der Büchse ist die Spindel mit

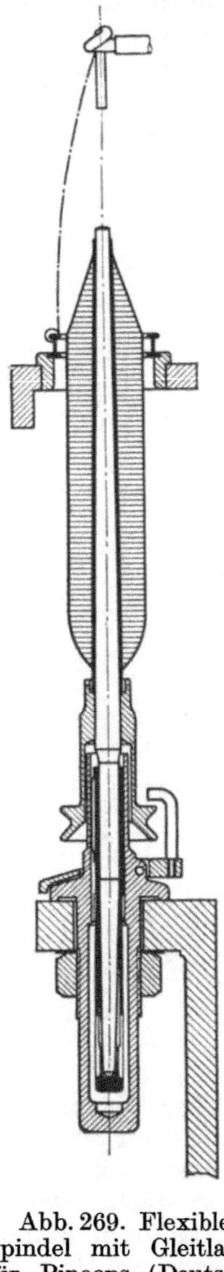

Abb. 269. Flexible Spindel mit Gleitlager für Pincops (Deutsche Spinnereimaschinenbau A.-G., Ingolstadt).

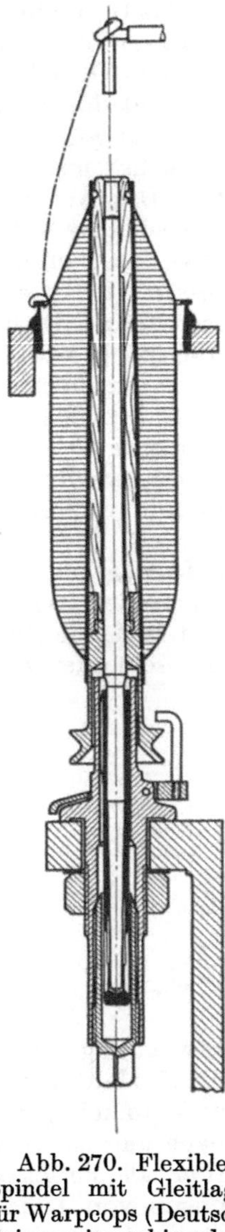

Abb. 270. Flexible Spindel mit Gleitlager für Warpcops (Deutsche Spinnereimaschinenbau A.-G., Ingolstadt).

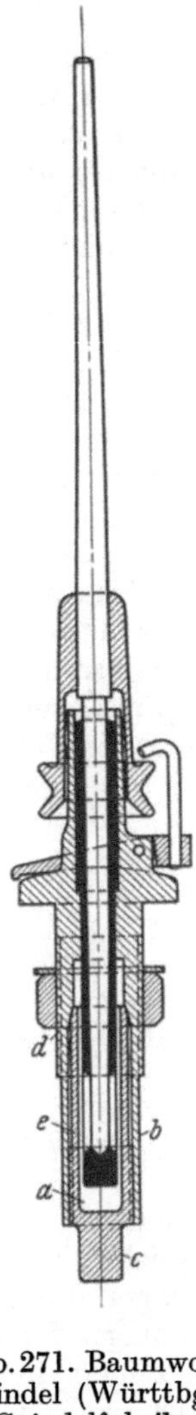

Abb. 271. Baumwollspindel (Württbg. Spindelfabrik G. m. b. H., Süssen a. d. Fils).

einer Einschnürung versehen. Dreht sich die Spindel, so steigt das zu ihr gelangende Öl unter dem Luftdruck zwischen ihr und der Wandung der Spindelbüchse nach oben bis zur Spindeleinschnürung. Hier fließt das Öl über den vom Lagerbüchsenhals überragten Rand der Spindelbüchse und dann an der Innenwandung der Lagerbüchse wieder nach abwärts in die Ölkammer. Es findet also ein ständiger Kreislauf des Öles statt, wobei allmählich seine flüchtigen Bestandteile verdunsten. Ein Teil des Öles tritt trotz der Einschnürung und des sie überragenden oberen Randes der Lagerbüchse über diesen und gelangt an der Innenwand des Wirtelhalses nach außen. Dieser Ölverlust wird von dem unteren Teil des Spindelschaftes saugend aus dem Raum zwischen Lagerbüchse und Spindelbüchse genommen, wobei das Öl durch deren Schlitze geht. Der schmutzige Ölsatz folgt wegen seiner Schwere dieser Ansaugung nicht und lagert sich, mit der Zeit harzig werdend, auf dem Grunde der Lagerbüchse ab. Von Zeit zu Zeit müssen deshalb Spindel und Spindelbüchse aus der Lagerbüchse entfernt, das Öl aus dieser mit einer Pumpe herausgesogen und dessen Inneres sowie die Spindelbüchse mit Benzin oder Petroleum gereinigt werden. Das Auspumpen des Öles ist eine zeitraubende Arbeit, weshalb bei besseren Spindeln die Lagerbüchse unten offen und mit einem Ölbecher abgeschlossen ist, wie dies Abb. 270 und 271 erkennen lassen. Der Ölbecher *a*, Abb. 271, wird von unten in die Büchse *b* eingeschraubt und ist zu diesem Zweck mit einem prismatischen Zapfen *c* versehen. Die Öldichtung erfolgt zwischen dem Rand der Lagerbüchse *b* und den Schrägflächen *d* des Bechers *e*. Das Reinigen des Bechers und das Ölnachfüllen kann während der Arbeit der Maschine erfolgen.

Die Ursache des Spindelschlupfes liegt nicht allein im Spindelantrieb, sondern zum großen Teil auch bei der Spindel selbst. Eine leicht laufende Spindel wird kaum die Fehler des Spindelschlupfes zeigen,

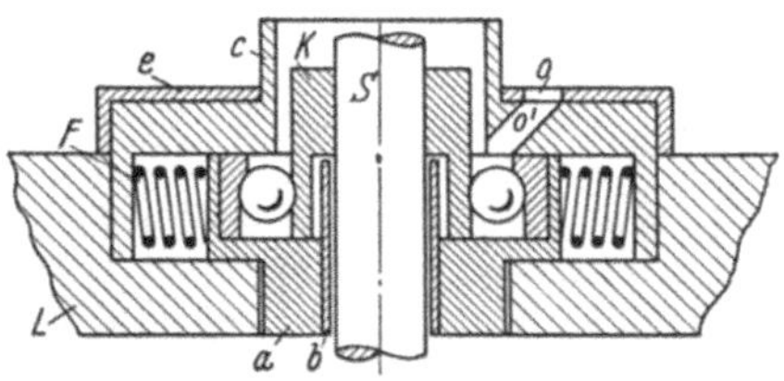

Abb. 272. Halslager der Perfektspindel (Perfekt-Spindel A.-G., Windisch, Schweiz).

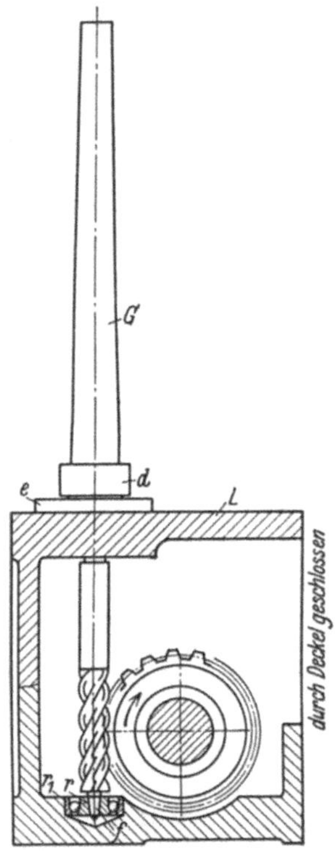

Abb. 273. Schraubenradantrieb für die Perfektspindel.

dies gilt ganz besonders bei Verwendung des Bandantriebes. Zwecks Erzielung eines möglichst leichten Spindellaufes hat man deshalb nicht nur der Ausbildung der Gleitlager die größte Aufmerksamkeit gewidmet, sondern auch die Kugel- und Rollenlager für die Spindellagerung zur Anwendung gebracht. Die Abb. 272 und 273 zeigen die Lagerung der als Perfektspindel bekannten Spindel. Die Spindel ist nach den Ausführungen von Johannsen[1] eine an Hals und Fuß auf Kugeln laufende flexible Stahlspindel ohne inneren Pendelkäfig, die Konstruktion weicht also ab von der üblichen Erfassung des Spindelkörpers in einer pendelnd aufgehängten Innenlagerhülse, die Federung (Flexibilität) wird gegeben durch Radialflexion des Halskugellagers und Pendelschwingung um das Fußlager. Es handelt sich demnach um ein stehendes, nicht um ein hängendes Pendel. Das Halslager wird dadurch gebildet, daß auf den schwach

[1] Johannsen: Leipz. Monatschr. Textilind. **1926**, Heft 4.

konischen oberen Stahlkörper S der Spindel der Käfig K aufgeklemmt ist, der — zum Unterschied von anderen Kugellagerspindeln — infolge des Wegfalles der den Raum außerordentlich beschränkenden, sonst üblichen, inneren Pendelhülse in normaler Größe gewählt ist, d. h., es ist ein normales Kugellager der Norma A.-G. (Cannstatt) eingesetzt. (Für die Spinnspindel hat das Halslager 24 mm, für die Zwirnspindel 28 mm äußeren Durchmesser, das Fußlager hat 22 mm.) Über den Schulterteil von K ist der Teil a geschoben, der auf dem Lagerbalken oder Spindelkasten L aufliegt und innen eine dünne, aufgeklemmte Blechhülse b trägt, deren oberer Rand über die Ebene der Kugeln emporreicht. Dadurch entsteht für den Lagerraum ein Abschluß, der es nicht gestattet, daß das Schmiermittel ausläuft. Bei stärkerer Schmierung würde der Überschuß wohl oben über b der Spindel entlang in den geschlossenen Spindelkasten ablaufen, die Senkung der Schmierschichte könnte jedoch nie so tief herabgehen, daß die Kugellagerung ungeschmiert bliebe, denn der Kugelraum liegt unter der Ablaufkante von b, wodurch der Standard der Schmierung (Öl mit Kugellagervaselin) gesichert ist. In das Bett des Lagerbalkens L ist konzentrisch zu a der glockenförmige Körper c eingesetzt, und zwischen a und c befindet sich in Form von 8 Radialfedern F die Abfederung des Halslagers. Die Federn sind durch Nasen in käfigartige Abteilungen geteilt und gegen seitliche Verschiebungen geschützt. Die Spindelglocke bildet demnach im unteren Teil den Federkäfig, während sie oben über den Kugelkäfig emporragt und für diesen als Abschluß dient. Über der Glocke c ist auf den Spindelkonus der Spulenkonus G geklemmt (Abb. 273), der mit seinem unteren Ende d deckelartig über c greift. Die konische Form von G nimmt die Spinnhülse oder Spule auf, der Teil d liegt also annähernd dort, wo sich bei der alten Gleitlagerspindel der Wirtel befindet. In c ist die Schmierbohrung o_1 ausgespart (Abb. 272), die durch einen Schiebedeckel e, der auf c drehbar ist, geschlossen und geöffnet werden kann. Der Aufsatz G für die Aufnahme der Hülse oder Spule kann aus Leichtmetall, Holz, Preßpapier oder auch Guß hergestellt sein; es ist möglich, ihn in Länge und Form allen Bedürfnissen anzupassen. Die Schmierung ist durch den Deckel e vollkommen gegen Flug abgedichtet, nur für das Schmieren ist seine Ölöffnung über o_1 zu stellen. Die Einrichtung gestattet das Schmieren während des Betriebes, wobei die laufenden Teile das Schmiermittel durch ihre Bewegung sofort an sich ziehen. Ein Ausheben der Spindel oder das Abnehmen eines Ölbechers ist nicht erforderlich. Das Schmiermittel, das Halbkonsistenz hat, befindet sich in dem Käfig wie in einem abgeschlossenen Gefäß, oben über b — bei Überschmierung — etwa vordringendes Öl läuft direkt in den unteren Spindelkasten, ohne daß deshalb, wie schon angedeutet wurde, der tiefer liegende Kugelring mangelhaft geschmiert werden würde. — Statt der Radialfederung des Halslagers kann auch eine elastische Abfederung durch besonders geformte Gummiringe mit Erfolg angewendet werden. Die Glocke c ist in den Lagerbalken L genau passend eingeschliffen und von rückwärts durch eine tiefgreifende Stahlklemmschraube festgehalten. Da der Kugelkäfig in der Richtung nach unten auf dem konischen Spindelteil S festgeklemmt ist, der Käfig aber durch die Teile a und c im Lagerbalken festliegt, ist die Spindel durch das Halslager im Lagerbalken in lotrechter Richtung nach aufwärts festgelegt. Das Fußlager besteht aus einem Kugelring r (Abb. 273), in dem der konische Spindelfuß f festsitzt; die Kugeln stützen sich gegen den im Lagerbock L sitzenden Schulterring r_1. Die Spindel ist demnach in der Richtung lotrecht nach unten durch f in rr_1 festgelegt, und zwar, da sie sich mit dem Konus f in r festzieht, axial zwischen Hals- und Fußlager. Die Verbindung zwischen f und r ist eine Reibungsverbindung, die unter dem Einfluß des Gewichtes der Spindel und des konischen Anzuges sicher wirkt und sich nicht lösen kann, weil sich der ruhende Konus *f* nicht abnutzt. Diese axiale Feststellung der Spindel zwischen Hals- und Fußlager gestattet ohne weiteres den Antrieb nach beiden Richtungen, d. h. es kann durch einfaches Wechseln im Getriebe Rechts- oder Linksdraht gegeben werden, wobei der Axialschub des Schraubenantriebes nach ab- und aufwärts durch Fuß- und Halslager aufgenommen wird. Nach Abb. 272 liegt der äußere Schulterring des Halslagers über, der des Fußlagers, Abb. 273, unter den Laufkugeln, die Spindel ist also zwischen beiden axial festgelegt. Da das Halslager radial durch den Federkasten abgefedert ist, ist der Spindelkörper in ausreichendem Maße befähigt, den Schleudereinflüssen nachzugeben. Dabei ist die Einstellung nicht wie bei der alten Gleitspindel durch die Einwirkung der Schwerkraft auf den senkrecht hängenden Pendel der Innenhülse — die hier ganz fehlt — bewirkt, sondern sie ist — was für ein stehendes Pendel notwendig war — ersetzt durch eben diese reichliche und gut abgestimmte Radialfederung des Halslagers, die für den Gummiring möglicherweise noch günstiger ausfällt als bei Anwendung der Federn.

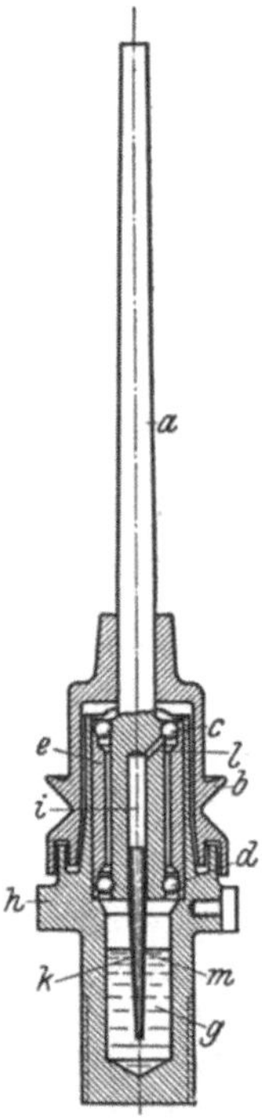

Abb. 274. Spindel mit Kugellagerung (Schweinfurter-Präzisions-Kugellager-Werke).

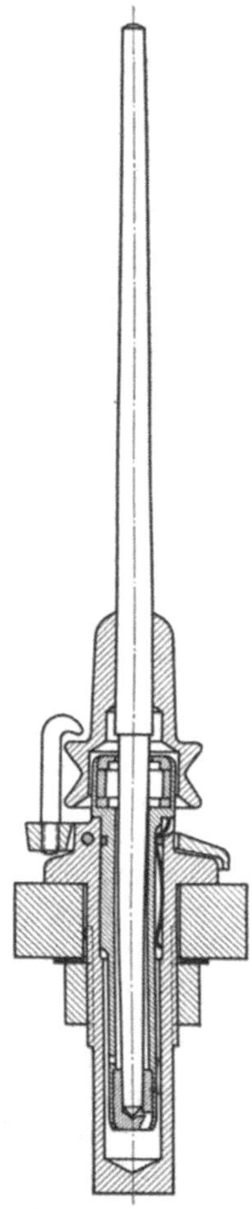

Abb. 275. Schnitt durch eine S.K.F.-Norma-Rollenlagerspindel (S.K.f.F. Norma A.-G., Stuttgart-Cannstatt).

In Abb. 274 ist eine Kugellagerung für Spindeln dargestellt, bei der die Spindel an ihrem, von dem glockenartig ausgebildeten Wirtel *b* umschlossenen, verstärkten unteren Ende mit Laufbahnen für zwei Kugelringe *c* und *d* versehen ist, deren Kugeln in Rillen einer Büchse *e* gehalten werden, welche in dem Hals der in der Spindelbank Aufnahme findenden, mit Ölkammer *g* ausgestatteten Lagerbüchse *h* eingesetzt ist. Im Fuß der Spindel *a* ist eine axiale Bohrung *i* vorgesehen, die nach unten hin durch ein Röhrchen *k* verlängert ist, das in das Schmieröl taucht und am oberen Ende in eine oder mehrere Querbohrungen *l* ausläuft, die in der Nähe der Kugellager *c* ausmünden. Das Saugrohr *k* ist vorzugsweise kegelförmig gestaltet oder wenigstens mit einer kegelförmigen Bohrung ausgestattet, deren engere Mündung sich unten befindet. Durch diese Mündung fließt das Schmieröl dauernd in das Saugrohr ein, wird beim Umlaufen der Spindel von ihm mitgenommen und durch die Schleuderkraft an den geeigneten Wänden der Bohrung und in den Kanälen *i* und *l* aufwärts bewegt. Es gelangt auf diese Weise während des Arbeitens der Spindel in ununterbrochenem Strom auf die Kugellager, die deshalb reichlich geschmiert werden, und fließt an der Lagerbüchse *e* entlang schließlich wieder in den Vorratsbehälter *g* herab. Wenn die Spindel stillsteht, ist die das Öl aufwärts drückende Kraft nicht mehr vorhanden.

Um die durch die Schleuderkraft veranlaßte Aufwärtsströmung des Schmiermittels zu verstärken, können im Innern des Saugrohres *k* rippenartige Vorsprünge, Schraubenflächen, z. B. Gewindegänge *m* usw. vorgesehen sein.

Aus Abb. 275 ergibt sich die Durchbildung einer flexiblen Spindel, deren Halslager als Rollenlager ausgebildet ist. Die zylindrischen Rollen werden an ihren planparallelen Stirnflächen zwischen geschliffenen Bunden geführt und durch einen Massivkäfig in den richtigen gegenseitigen Abständen gehalten. Als Innenlaufbahn dient der geschliffene Mantel des Spindelschaftes. Das Fußlager besteht in einer Spurpfanne, in der die gehärtete Spindelfußspitze spielfrei geführt wird.

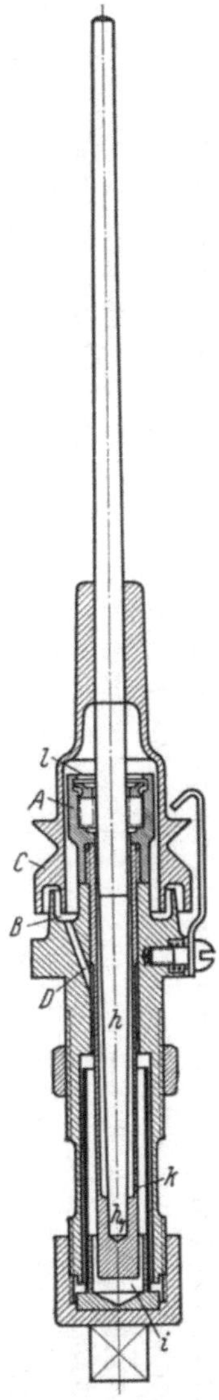

Abb. 277. Spinnspindeln mit Rollenlagerung (Maschinenfabrik „Rheinland" A.-G., Düsseldorf).

Nach Johannsen[1] beträgt die Kraftersparnis bei Spinnmaschinen mit Norma-Rollenlagerspindeln etwa 30 bis 35% gegenüber Maschinen mit sehr guten Gleitlagerspindeln. Nach einer druckschriftlichen Veröffentlichung der Norma beträgt auf Grund durchgeführter praktischer Versuche die Zahl der auf 1 PS zulässigen Spindeln:

	Bandantrieb	Schnurantrieb
Gleitlagerung	50	60
Rollenlagerung. . . .	72	82

Ein weiteres Beispiel für eine Rollenlagerspindel zeigen die Abb. 276 und 277. Die Rollen wälzen außen auf der gehärteten, geschliffenen und polierten Laufbahn *a* des hülsenartigen Lagers *A* und erhalten dabei mit ihrer unteren Stirnfläche Führung auf der Fläche *b* des Lagers. Sie können sich bei ihrem Lauf nicht schränken, d. h. sich nicht schräg zur Spindelachse stellen. Im Inneren laufen die Rollen auf der Spindel *h*. Da sie hierbei auf einer langen Mantellinie wälzen und die Spindel gehärtet und geschliffen ist, findet, praktisch genommen, kein Verschleiß statt. Die Aussparung *c* im Lagerkörper dient zur Aufnahme des Rollenkäfigs *e* mit Kragen *d*. Der Käfig *e* hält die Rollen in ihrer Lage im richtigen Abstand voneinander und verhindert gleichzeitig durch den Kragen *d*, daß beim Herausziehen der Spindel die Rollen aus ihrem Lager herausfallen können. Die Rollenlagerhülse ist mittels des normierten Gewindes *f* auf den Kopf der Spindelbüchse aufgeschraubt und damit mit der ganzen Spindellagerung verbunden. Die Rollen bilden somit mit dem Käfig *e* und der Hülse *A* ein in sich geschlossenes Halslager, an dem sowohl bei der Montage als auch Reparatur und Reinigung der Spindel usw. kein Teil sich lösen oder verloren gehen kann. Das Öl tritt aus dem unteren Ölbehälter *i* in der Spindellagerbüchse durch eine Bohrung *k* an den Spurzapfen h_1 der Spindel *h*. Von hier aus wird infolge der konischen Ausbildung der Spindel das Öl bei der hohen Drehzahl der Spinnspindel in das Rollenlager mit Hilfe der Zentrifugalkraft gepumpt. Ein Teil des Öles tritt durch die stete

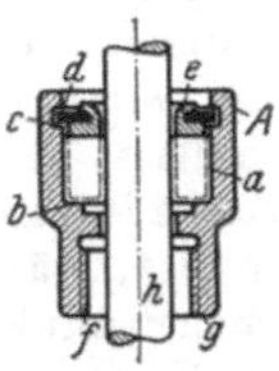

Abb. 276. Rollenlagerung für Spinnspindeln (Maschinenfabrik „Rheinland" A.-G., Düsseldorf).

[1] Vortr. vor d. Verb. d. Süddeutschen Textilindustriellen, Augsburg, gehalten in Baden-Baden (vgl. auch Mitteil. d. deutsch. Forschungs-Instituts f. Textilindustrie in Reutlingen-Stuttgart, Januar 1928. S. 4).

Bestimmung des Kraftbedarfes bei Rollenlager- und Gleitlagerspindeln nach Versuchen der Maschinenfabrik Rheinland A.-G., Düsseldorf.

Geprüft wurden: 5 Rollenlager-Zwirnspindeln ZZ 1, 5 Gleitlager-Zwirnspindeln ZZ 1.

Versuch 1.
Spindeln mit Öl „P 30“ geschmiert.

Umdrehungen der Spindeln	9000 i.d.min
Eingefüllte Ölmenge je Spindel	2 ccm
Ölsorte „P 30“ Viskosität bei 50° C	1,9
Abgelesener Kraftverbrauch.	
Motor	64 Watt
Motor + Trommel	84 „
Motor + Trommel + 5 Rollenlg.-Spindeln	144 „
Motor + Trommel + 5 Gleitlg.-Spindeln	180 „
Motor + Trommel + 5 Gleitlg.- + 5 Rollenlg.-Spindeln	240 „
Ergebnis.	
Kraftverbrauch	
von 5 Rollenlg.-Spindeln = 144—84	60 Watt
von 1 Rollenlg.-Spindel	**12** „
von 5 Gleitlager-Spindeln = 180—84	96 „
von 1 Gleitlager-Spindel	**19,2** „

Kraftersparnis bei Rollenlagerspindeln ~ 35%

Versuch 2.
Spindeln mit Öl „O“ geschmiert.

Umdrehungen der Spindeln	9000 i.d.min
Eingefüllte Ölmenge je Spindel	2 ccm
Ölsorte „O“ Viskosität bei 50° C	2,2
Abgelesener Kraftverbrauch.	
Motor	64 Watt
Motor + Trommel	84 „
Motor + Trommel + 5 Rollengl.-Spindeln	150 „
Motor + Trommel + 5 Gleitlg.-Spindeln	196 „
Motor + Trommel + 5 Gleitlg.- + 5 Rollenlg.-Spindeln	280 „
Ergebnis.	
Kraftverbrauch	
von 5 Rollenlg.-Spindeln = 150—84	66 Watt
von 1 Rollenlg.-Spindel	**13,2** „
von 5 Gleitlager-Spindeln = 196—84	112 „
von 1 Gleitlager-Spindel	**22,4** „

Kraftersparnis bei Rollenlagerspindeln ~ 40%

Die Viskosität des Öles beeinflußt den Kraftbedarf bei Gleitlagerspindeln mehr als bei Rollenlagerspindeln.

Nachfuhr über den oberen Rand *l* der Rollenlagerhülse *A* und läuft außen an derselben wieder herunter. In einer Mulde *B*, die durch die Wirtelglocke *C* labyrinthartig gegen Schmutz- und Staubzutritt von außen geschützt ist, wird das Öl wieder gesammelt und fließt durch die seitlich in der Mulde angebrachten Bohrungen *D* in den unteren Sammelbehälter zurück. Zur Schmierung kann, wie es allgemein üblich ist, flüssiges, säurefreies Spindelöl verwendet werden. Während nach Angaben der genannten Firma bei einer Gleitlagerspindel 10 ccm Öl in etwa 450 Stunden verbraucht werden, reicht die gleiche Ölmenge bei der Rollenlagerspindel 550 Stunden. Es ergibt dieses gegenüber der Gleitlagerspindel eine Ersparnis von etwa 20%. Die Kraftersparnis beträgt, wie sich aus nebenstehendem Versuchsergebnis ergibt, nach weiteren Angaben der benannten Firma bis zu 40%.

d) Spindeln für Zwirnmaschinen.

Die Spindeln für Zwirnmaschinen entsprechen in ihrer Durchbildung und Lagerung im wesentlichen denjenigen der Spinnmaschinen, nur sind sie etwas kräftiger gehalten. Beispielsweise zeigt Abb. 278 eine solche ohne Kniebremse, während Abb. 279 eine Zwirnspindel mit Kniebremse für Warpcops auf harten Papierhülsen wiedergibt.

e) Ölen der Spindeln.

Die hohen Tourenzahlen, mit denen die Spinn- und Zwirnspindeln heute betrieben werden müssen, um die Maschinen leistungsfähig zu machen, erfordern neben einer guten Lagerung auch eine vorzügliche Schmierung, die nach Möglichkeit frei von der Bedienung ist. Aus den Abb. 200 bis 264 ergibt sich, in welcher Weise dies bei den Mulespindeln angestrebt wird. Sowohl die Spurzapfen als auch die Halszapfenlager einer Reihe Spindeln werden von je einem ihnen gemeinsamen Ölkanal aus mit dem Schmiermittel versehen. Bei den Spindeln der Ringspinner und Ringzwirner kommen zwei Arten der Schmierung zur Anwendung. Entweder wird jede Spindel für sich geschmiert, oder es werden alle Spindeln gleichzeitig von einer Stelle aus mit dem Schmiermittel versehen. Im ersteren Falle dient die in der Spindelbank festsitzende Spindellagerbüchse einer jeden Spindel als Ölkammer, im zweiten Falle werden die genannten Lagerbüchsen dagegen von einem ge-

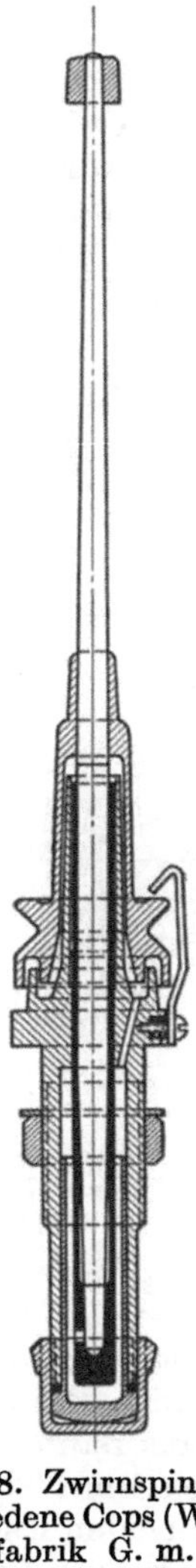

Abb. 278. Zwirnspindel für verschiedene Cops (Württb. Spindelfabrik G. m. b. H., Süssen a. d. Fils).

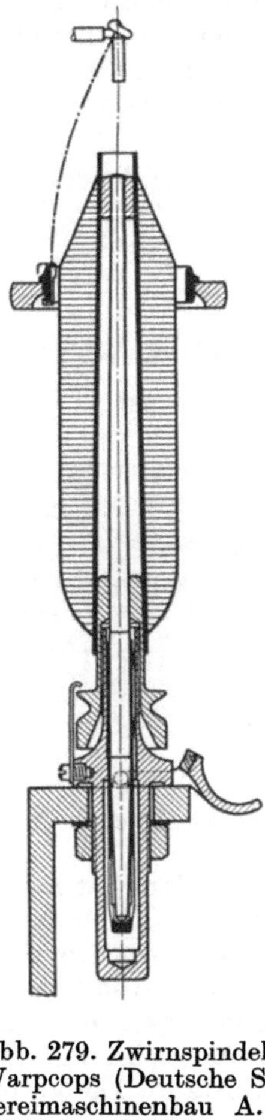

Abb. 279. Zwirnspindel für Warpcops (Deutsche Spinnereimaschinenbau A.-G., Ingolstadt).

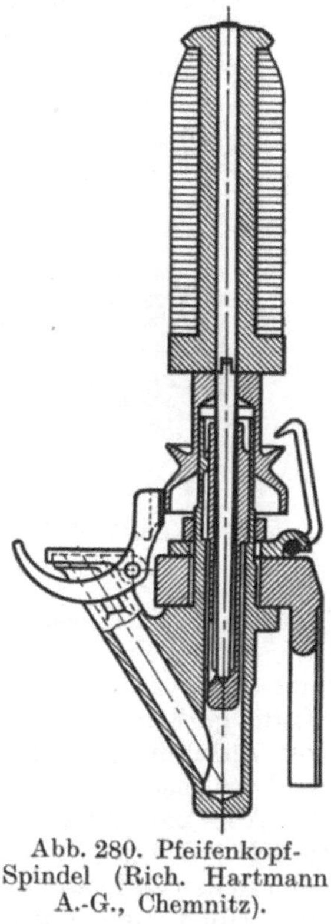

Abb. 280. Pfeifenkopf-Spindel (Rich. Hartmann A.-G., Chemnitz).

meinsamen Ölgefäß aus gespeist. Zweifellos müssen hinsichtlich der Schmierung diejenigen Spindellagerungen als die vollkommensten angesprochen werden, bei denen das Schmiermittel eine kreisende Bewegung ausführt. Es steigt aus der Lagerbüchse infolge der durch die Spindeldrehung hervorgerufenen Saugwirkung zwischen Spindelunterteil und Spindelbüchse nach oben bis über das Halslager und fließt zwischen Spindelbüchse und Spindellagerbüchse wieder nach abwärts in diese. Um die Ölkammer in der Lagerbüchse wieder mit Öl füllen zu können, müssen die Spindeln mit der Spindelhülse in den Lagerbüchsen angehoben bzw. ganz herausgenommen oder es müssen die Bodenverschlüsse, sofern solche vorhanden und als Ölkammern ausgebildet sind, abgenommen werden. — Die „Pfeifenkopfspindel", Abb. 280, macht beides überflüssig. Aber auch hier muß jede Lagerbüchse für sich gefüllt werden. Dies entfällt bei der „Zentralölung", bei welcher sämtliche Spindeln von einem gemeinsamen Ölgefäß aus gespeist werden.

f) Spindelantrieb.

Der Antrieb der Spindeln erfolgt durch Schnuren, Bänder oder Zahnräder.

Obwohl der Schnurantrieb mit seinen Verbindungsstellen technisch keineswegs als einwandfrei bezeichnet werden kann, hat er sich doch wegen seiner Preiswürdigkeit und Einfachheit in der praktischen Anwendung bis auf den heutigen Tag in großem Umfange erhalten. Viele Anstrengungen sind gemacht worden, den

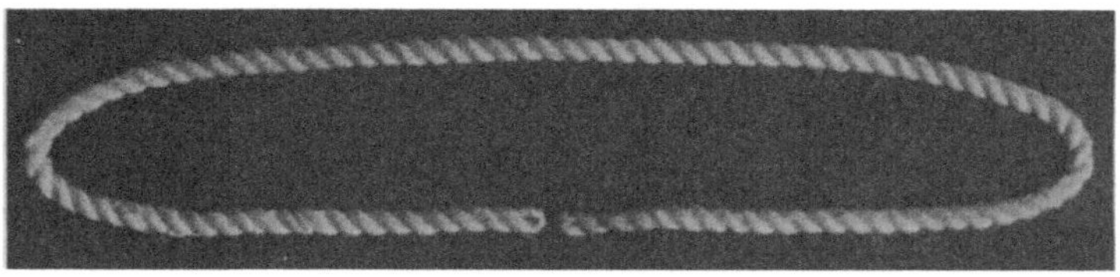

Abb. 281.

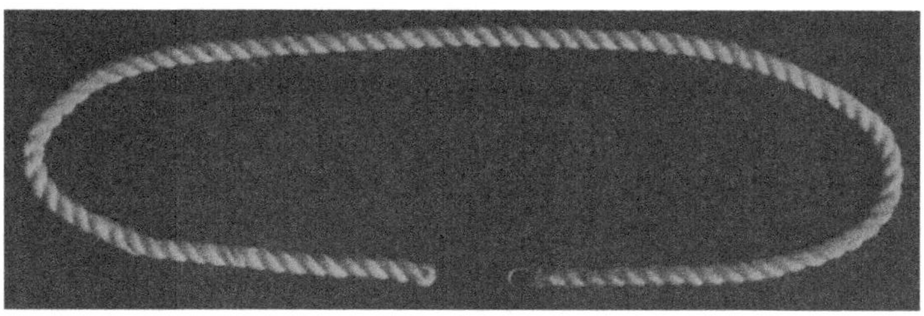

Abb. 282.

Abb. 281 u. 282. Gedrehte knotenlose Spindelschnur (Franz Roland, Leipzig-Lindenau).

Schnurantrieb zu verbessern, insbesondere hat man die einfach gedrehte Schnur durch die gezwirnte und die geflochtene Schnur ersetzt und Vorschläge gemacht, die zur Verbindung der freien Enden der Spindelschnur verwendeten Knoten entbehrlich zu machen. Die nachfolgenden Abbildungen geben einige Beispiele.

Die Abb. 281 und 282 zeigen eine gezwirnte, knotenlose, aus Baumwollgarn hergestellte Schnur, die unter der Bezeichnung „Hakenspindelschnur" bekannt ist, im offenen und geschlossenen Zustand. Die Verbindung der beiden Enden der Schnur erfolgt durch einen U-förmig gebogenen Haken, der in die bei der Zwirnung der Schnur gebildeten, ösenartig ausgebildeten Enden eingehakt wird, wie dies die Abbildungen erkennen lassen.

In den Abb. 283 bis 289 sind Ausführungsformen geflochtener Spindelschnuren veranschaulicht[1]. Nach Abb. 283 wird zum Schließen der hohlgeflochtenen Spindelschnur das mit einer Metallspitze *1* versehene Ende *2* der Schnur in das hohle Gegenende *3* der Schnur eingeführt. Die Spitze *1* wird in geeigneter Ent-

[1] Prof. Brüggemann, Der Ringspinner der Deutschen Spinnereimaschinenbau A.-G., Ingolstadt.

fernung von der Einführstelle seitlich wieder nach außen geführt, Abb. 284, und abgerissen, worauf durch Zurückstreifen des umschließenden Hohlgeflechtes das zugespitzte Schnurende *2* in dem Innern des Geflechtes *3* verschwindet. Statt der Metallspitze *1* kann auch eine Spicknadel oder eine Hakennadel nach Abb. 285 verwendet werden, in deren Öse das zugespitzte Schnurende eingeführt wird.

Abb. 283.

Abb. 284.

Abb. 285.

Abb. 286.

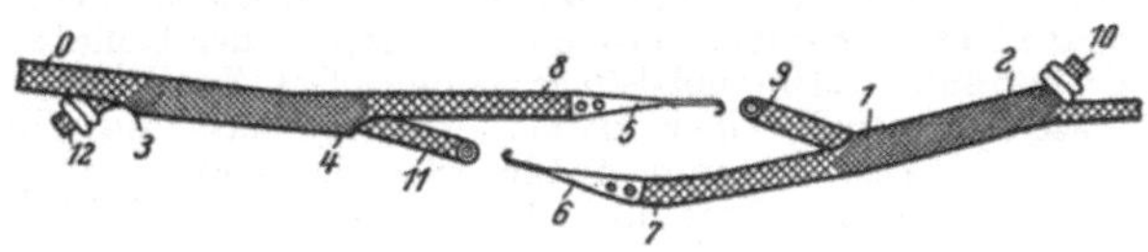

Abb. 287.

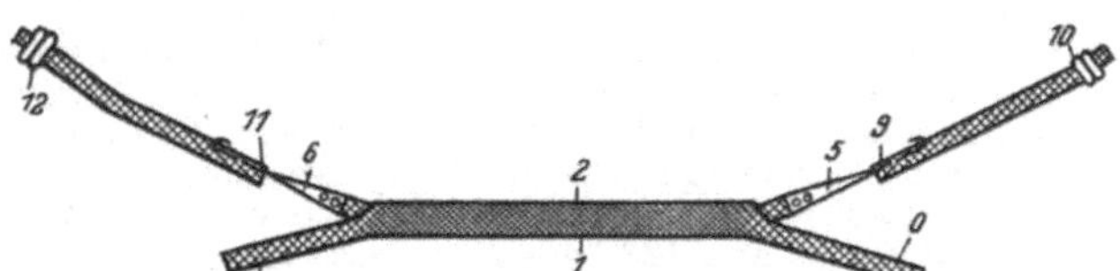

Abb. 288.

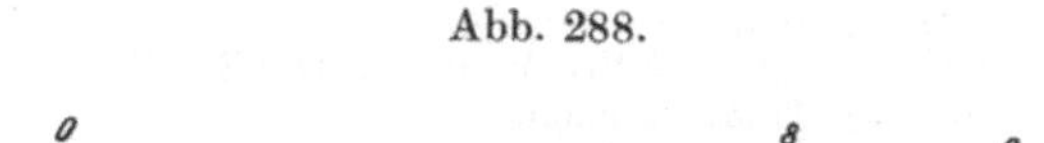

Abb. 289.

Abb. 283 bis 289. Geflochtene knotenlose Spindelschnur.

Nach Abb. 286 erfolgt das Einführen seitlich. Beide Schnurenden *2*, *3* werden zugespitzt; sie können mit Metallspitzen ausgerüstet sein oder sie werden mittels einer Spick- oder Hakennadel in einer bestimmten Entfernung seitlich (bei *6* und *8*) in das Innere des Rundgeflechtes gebracht und bei *7* und *9* wieder seitlich nach außen geführt. Bei dem in den Abb. 287, 288 dargestellten Verfahren werden an den Stellen *1*—*2*, *3*—*4* (Abb. 287) der Spindelschnüre *0*, wo die zugespitzten, mit Metallhaken *5*, *6* versehenen Enden *7*, *8* in das Hohlgeflecht der Schnur eingezogen werden müssen, geflochtene Schnurstückchen *9*—*10* und *11*—*12* mit Endknoten eingezogen, deren Knoten *10* und *12* ein Herausgleiten der Schnurstückchen bei der Beförderung zur Maschine und beim Einziehen der Spindelschnur verhindern. Nach dem Auflegen der Schnur *0* auf die Spindeltrommeln werden die Haken *5* und *6* in die Schnurstücken *9*—*10* und *11*—*12* eingehängt, durch nacheinander erfolgendes Ziehen an den beiden Knoten *10* und *12* die zugespitzten Enden *7* und *8* mit ihren Haken *6* und *5* seitlich in das Hohlgeflecht eingezogen und in genau festgelegter Entfernung wieder seitlich herausgeführt (Abb. 288), dann werden die Haken *5*, *6* abgerissen, und durch Vorwärtsstreichen des umschließenden Geflechtes verschwinden die Enden *7*, *8* in seinem Innern (Abb. 289). Das Einhängen und Einziehen der zugespitzten Enden ist leicht selbst im kleinsten, dunkelsten Raum und ohne Verschiedenheiten in den Spannungen der Spindelschnüre von Spindel zu Spindel auszuführen, weil alle Schnurstückchen auf allen gleich langen Spindelschnüren genau im selben Abstande von den Enden eingezogen sind.

Die Herstellung der geflochtenen Spindelschnuren erfolgt auf den Schnellflechtmaschinen, wie sie in Band II, 3 dieser Technologie auf Seite 386—387 u. f. beispielsweise zur Darstellung gebracht sind.

Beim üblichen Schnurantrieb können die Schnüre einer Maschine nie gleich gespannt sein. Schnurenschlupf und ungleichmäßig gedrehte Garne sind die Folgen davon, die besonders dann auftreten, wenn schwer laufende Spindeln verwendet werden. Die Schnurgleitung kann nach Johannsen bei den Spindeln einer Maschine zwischen 5 und 20% abweichen, demgemäß weicht natürlich auch der Draht ab. Dazu kommt, daß die Schnurverbinder (Knoten usw.) im Wirtel eine Stoßwirkung ausüben, die sich auf die Läufer fortpflanzt, was Fadenbrüche zur Folge hat[1]. Um den Schnurenschlupf nach Möglichkeit auszuschalten, hat man in den letzten Jahren für den Schnurentrieb, Abb. 290, den an sich alten Bandtrieb wieder mehr und mehr eingeführt und durch Anwendung einer Spannrolle wesentlich verbessert. Vielfach geht man auch durch Umbau von dem Schnurantrieb zu dem Bandantrieb über; Abb. 290 und 291. Vgl. auch[2].

Der Bandantrieb mit Spannrolle bietet die Gewähr, daß durch die gleichbleibende Spannung des Bandes alle Spindeln mit der gleichen Drehzahl laufen und somit die durch verschiedene Schnurspannung verursachte ungleiche Garndrehung vermieden wird, was sich im Nutzeffekt der Spulerei und Weberei auswirkt. Es kann bei Berechnung der Spindeltouren aus den Tambourtouren bei 10 Zoll Tambourdurchmesser und 1 Zoll Wirteldurchmesser, 2% Verlust für das Gleiten und Bandstärke angenommen werden, wogegen bei Schnurantrieb durchschnittlich mit 7% zu rechnen ist. Das wirkt sich in der Lieferung insofern aus, als bei gleichen Maschinen, Drahtkonstanten und Hauptachstouren mit Bandantrieb ein um 5% höherer Drahtwechsel genommen und eine 5%ige Produktionssteigerung erreicht werden kann. Die neuzeitlichen Ausführungen mit Spannrolle gestatten eine sehr leichte und genaue Einstellung derselben, so daß Störungen so gut wie vermieden sind. Flug- und Staubansetzungen sind nicht vorhanden und eine Schmierung der Rollenzapfen ist nicht nötig, da diese in mit Öl getränkten Hartholzlagern laufen. Das Zusammennähen der Bänder geschieht an der Maschine mittels einer kleinen Handnähmaschine, für das Einziehen des Bandes (über 4 Spindeln) und Zusammennähen sind nur 2 Minuten erforderlich. Erfahrungsgemäß braucht man für eine Maschine nur 3 bis 4 Minuten zum Abziehen; es ergibt sich also keinerlei Zeitverlust für das Anbringen eines neuen Bandes. Berücksichtigt man ferner, wie aus nachstehender Berechnung ersichtlich, daß ein Band gegenüber der Schnur eine 40fache Lebensdauer hat, so besteht der Vorteil in weniger Spindelstillständen und geringem Zeitverlust. In nachfolgender Berechnung ist ferner der Beweis erbracht, daß die Materialkosten beim Bandantrieb wegen deren längerer Haltbarkeit weit geringer sind als beim Schnurantrieb. Die Ergebnisse, jeweils auf 1000 Spindeln bezogen, sind praktische Verbrauchsziffern, welche bei sorgfältiger Überwachung gesammelt wurden. Die Schnüre wurden auf einer Schnellflechtmaschine von Guido Horn mit 16 Spulen geflochten, aus Kettgarn Nr. 36, 8fach dupliert, also 128 Faden, und sind gut. Die Bänder sind 14 mm breit und wurden von einer Bandweberei bezogen, das Meter zu 9,5 Pf.

1. Bandantrieb: Der Verschleiß an Bändern für 1000 Spindeln beträgt 90 Stück jährlich, bei 300 Arbeitstagen 0,3 Stück täglich. Die Bandlänge für 4 Spindeln ist 3 m. 90 × 3 = 270 m à 9,5 Pf. = 26,65 M. jährlich.

2. Schnurantrieb: An Spindelschnüren werden für 1000 Spindeln jährlich 3600 Stück verbraucht (Durchschnitt aus etwa 7000 Spindeln), also täglich (300 Arbeitstage im Jahr) 12 Stück. 3600 Spindelschnüre wiegen 19,44 kg, hierfür ein Garnpreis von nur 3 M. für 1 kg eingesetzt = 58,32 M. Garnwert für 1000 Spindeln jährlich. Für das Spulen und Flechten von 19,44 kg Spindelschnüren sind 25 Stunden erforderlich, hierfür einen Stundenlohn von 23,5 Pf. eingesetzt, ergibt 5,87 M. Arbeitslohn. Zusammen 58,32 M. und 5,87 M. = 63,19 M. Gesamtunkosten bei Schnurantrieb für 1000 Spindeln und Jahr, wobei Kraftverbrauch, Verzinsung und Amortisation, Reparaturen und andere kostenverursachende Begleitumstände nicht berücksichtigt sind. Jährliche Ersparnisse 63,10 M. — 25,65 = 34,45 M., somit ist der

[1] Vgl. hierzu Johannsen u. Krauter: Das Kriterium der Fadenbrüche. Forschungsinstitut für Textilindustrie, Reutlingen-Stuttgart. Leipz. Monatschr. Textilind. **1924**, H. 5.

[2] Mell. Text. Ber. **1929**, 87.

Schnurantrieb im Materialverbrauch um fast 150% teurer als Bandantrieb. — Aus alledem ist ersichtlich, daß der Bandantrieb in jeder Hinsicht Vorteile bietet, und deshalb sollte er bei allen Neuanschaffungen von Maschinen bevorzugt werden.

Abb. 290. Normaler Schnurenantrieb.

Abb. 291. Umgebaut auf den Vierspindelbandantrieb.

Abb. 290 u. 291. Spindelantrieb für Ringspinnmaschinen (Württbg. Spindelfabrik G. m. b. H., Süssen a. d. Fils).

Die einer Druckschrift der S.K.F.-Norma A.-G., Stuttgart-Cannstatt, entnommene Abb. 292 läßt einen Bandantrieb erkennen, bei dem jedes Band, von einer Trommel T ausgehend, 4 Spindeln, 2 auf jeder Seite treibt und dabei durch eine unter Gewichtshebelwirkung stehende Spannrolle *s* gleichmäßige Spannung erhält. Die breite Auflegefläche zwischen Band und Wirtel auf der Spindel verhindert, zumal bei leichtlaufenden Spindeln, praktisch jeden Schlupf. Von besonderer Bedeutung ist aber die durch Verwendung der Spannrollen erzielte dauernd gleichbleibende Bandspannung.

Der Vierspindelbandantrieb nach Abb. 293 zeichnet sich durch einfache und genaue Einstellung der Leitrollen aus, was durch Anordnung einer Kugelbewegung für die Leitrollenhalter erreicht wird. Da der Schwerpunkt des Gewichtshebels vor und nach der Dehnung des Bandes sich zu beiden Seiten der durch seinen Drehpunkt gehenden Wagerechten befindet, ist die Spannung des Bandes praktisch gleichbleibend. Der Gewichtshebel ist so bemessen, daß die Spannung des Bandes gerade ausreicht, um eine sichere Mitnahme der Spindel zu gewährleisten, andererseits aber gestattet er, die Spindel zum Ansetzen des Fadens ebenso leicht wie bei Schnurantrieb anzuhalten. Die Leitrollen sind aus Aluminiumblech gedrückt und laufen trotz der hohen Tourenzahl unbedingt ruhig. Die Form der Leitrollen ist so gewählt, daß sich kein Staub daran festsetzen kann. Die gehärteten Stahlzapfen der Leitrollen laufen in Holzlagern, die mit Öl durchtränkt sind, so daß sie keiner Ölung und daher auch keiner Wartung bedürfen. Die Form der Holzlager kann sich nach dem Zapfen einstellen, wodurch ein Klemmen der Zapfen ausgeschlossen ist. Die Bänder müssen, um ein plötzliches Auflaufen der Nahtstelle der ganzen Breite nach und die dadurch entstehenden Stöße zu vermeiden bzw. abzuschwächen, schräg abgeschnitten und sorgfältig am Rande und übers Kreuz mit bestem Zwirn zusammengenäht werden. Es ist besonders darauf zu achten, daß das Band nicht gegen den Stoß läuft. Für gewöhnliche Spindeln werden normalerweise 12 mm breite Bänder und nur für besonders schwere Spindeln solche von 14 mm Breite verwendet.

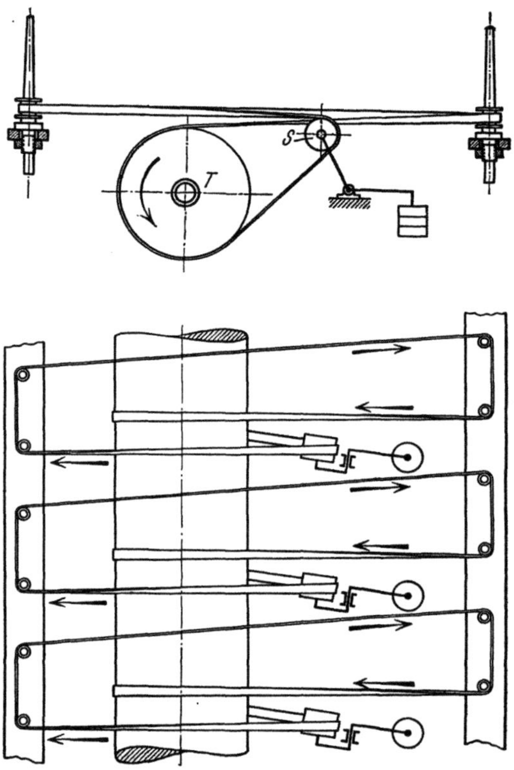

Abb. 292. Bandantrieb für Spindeln.

Bei dem Bandantrieb nach Abb. 294 ist der senkrechte Bandauflauf in jeder Spannrollenlage gesichert und ein Herabgleiten des Bandes vom Wirtel oder ein Streifen auf der Antriebstrommel unmöglich. Der untere Teil des Rollenträgers ist nach einem Kreisbogen geformt, dessen Mittelpunkt die Spannrollenachse bildet; er bewegt sich auf dem Unterlagstück wippenartig so, daß der Bandlauf zwangsläufig unveränderlich in seiner richtigen Stellung bleibt; zwei Ansatzstücke dienen als Führung und Hubbegrenzung. Die Spannrolle ist in einem offenen Rahmen gelagert, der am Spannrollenträger für beliebige Höhen- und

Schräglage der Spannrolle verstellbar angeordnet ist. Das Auflegen des Bandes ist dadurch äußerst bequem gemacht. Die Wirkungsweise des neuen Antriebes läßt sich aus den zwei Abbildungen leicht erkennen. Die Spannrolle verbleibt von ihrer äußersten Links- bis zur äußersten Rechtslage stets in der gleichen wagerechten Höhenlinie. Ein Klemmen oder Ecken ist ausgeschlossen.

Auch der verbesserte Bandantrieb ist noch ein Reibungsantrieb, er weist also auch dessen Mängel, allerdings im geringeren Umfange auf, wie der Schnurenantrieb. Frei von diesen Mängeln ist der Antrieb, wie er von Johann Jakob Keyser, Aarau (Schweiz), in Vorschlag gebracht worden ist und wie ihn die Perfekt-Spindel A.-G. in Windisch, Kt. Aargau (Schweiz), verwendet.

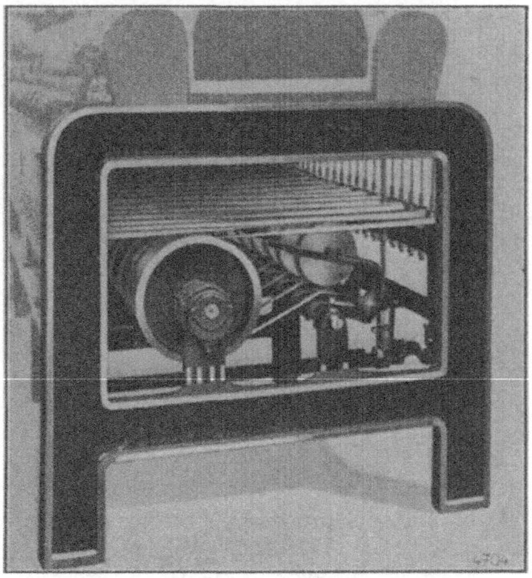

Abb. 293. Vierspindelbandantrieb für Ringspinnmaschinen (Rich. Hartmann A.-G., Chemnitz).

Wichtig ist bei dem zwangsläufigen Spindelantrieb die Frage des Anhaltens der Spindeln bei Fadenbruch, beim Wechseln der Cops oder Spulen usw. Um dies zu ermöglichen, müssen zweiteilige Spindeln verwendet werden, deren Oberteil mit dem Unterteil lösbar so verbunden ist, daß der Oberteil festgehalten werden und der Antrieb weiter laufen kann oder es kommen ungeteilte Spindeln zur Anwendung, deren Antrieb unlösbar ist, aber unter Zwischenschaltung einer Reibungskupplung erfolgt. Die Anwendung der letzteren ermöglicht, die Spindel in der üblichen Weise mit der Hand anzuhalten. Die dargestellten Antriebe be-

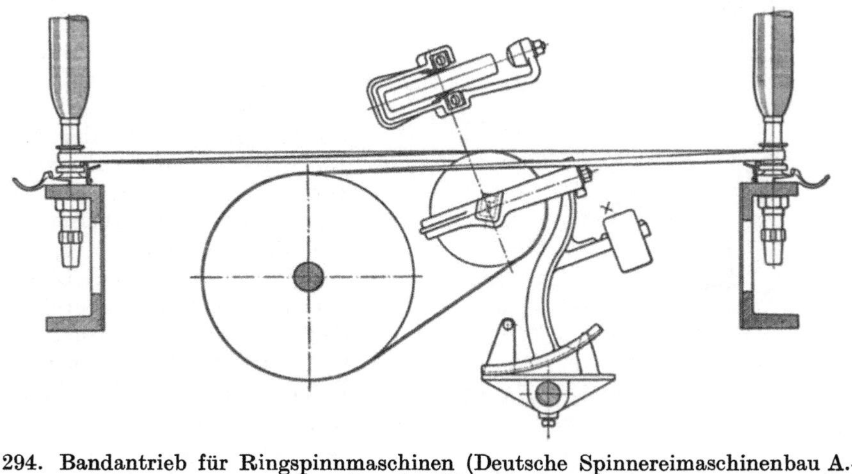

Abb. 294. Bandantrieb für Ringspinnmaschinen (Deutsche Spinnereimaschinenbau A.-G., Ingolstadt).

sitzen die letztgekennzeichnete Einrichtung. Nach Abb. 295 wird die Spindel *a* mittels des Schraubenrades *b* aus gepreßter Fiber angetrieben. Das Schraubenrad sitzt lose drehbar auf einer Büchse *c*, die ihrerseits auf der Antriebwelle *d* befestigt ist. Die Büchse *c* trägt eine Scheibe *e*, die mittels Stifte *g* auf der Büchse *c* gegen

Drehung gesichert ist und gegen welche sich das Schraubenrad *b* anlegt. An der gegenüberliegenden Seite der Nabe des Schraubenrades *b* ist auf der Buchse *c* lose dreh- und verschiebbar eine Scheibe *h* angeordnet, die unter der Wirkung der Feder *i* steht, deren Spannung durch die Mutter *k* geregelt werden kann und die mit ihren beiden Enden *l* in die Scheibe *h* und die Mutter *k* eingesetzt ist. Der Gewindeteil *m* der Büchse *c* ist mit einem oder mehreren Längsschlitzen versehen und sitzt mit etwas Spiel so auf der Welle *d*, daß er durch die Spannmutter *k* federnd zusammengepreßt wird. Hierdurch wird ein straffer Gang für die Mutter *k* erreicht, während ihre jeweilige Stellung auf der Büchse *c* durch Stellschrauben *n* gesichert wird.

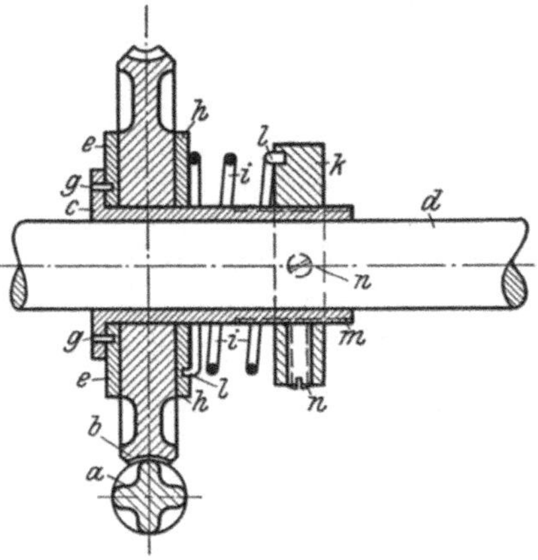

Abb. 295. Spindelantriebvorrichtung nach D.R.P. 3718757 (Johann Jakob Keyser, Aarau).

Bei der vorstehend erläuterten Spindelantriebsvorrichtung ist das die Spule antreibende Schraubenrad zwischen zwei Reibscheiben drehbar auf einer auf der Antriebswelle befestigten Büchse angeordnet und es werden Scheiben und Schraubenrad durch eine Feder aneinander gepreßt. Die eine Reibscheibe, gegen welche die Feder unmittelbar drückt, sitzt lose drehbar auf der Büchse und wird bei deren Drehung durch die Feder mitgenommen. Abweichend hiervon ist bei der Ausführungsform nach Abb. 296 die Reibscheibe gegen Drehung auf der Büchse gesichert. Das die Spindel *a* antreibende Schraubenrad *b* sitzt wieder lose drehbar auf der Büchse *c*, die ihrerseits auf der Antriebswelle *d* befestigt ist. Die Büchse *c* trägt eine Scheibe *e*, welche mittels der Stifte *g* an dem Büchsenflansch befestigt und so gegen Drehung der Büchse *c* gegenüber gesichert ist. Sie kann auch aus einem Stück mit der Büchse *c* bestehen. Auf der gegenüberliegenden Seite der Nabe des Rades *b* sitzt auf der Büchse *c* längsverschiebbar eine Scheibe *h*, jedoch gegen Drehung auf der längsgeschlitzten Büchse *m* durch eine Nase *i* gesichert, die in eine Längsnut *n* der Büchsennabe eingreift. Diese Scheibe *h* wird durch die Schraubenfeder *k* mittels der Mutter *l* nach Bedarf gegen die Schraubenradnabe angepreßt, hierdurch wird diese auch gegen die Reibscheibe *e* zur Anlage gebracht. Dreht sich die Welle *d*, so nehmen die beiden Scheiben *e* und *h* das Schraubenrad mit und dieses setzt die Spindel *a* in Drehung. Wird dieser ein Widerstand entgegengesetzt, etwa durch Aufhalten der Spindel mit der Hand, so gleitet das Rad *b* zwischen den beiden von der Welle *d* zwangsläufig mitgenommenen Scheiben *e* und *h*. Ein Gleiten der Feder *k* auf der Scheibe *h* findet dabei aber nicht statt.

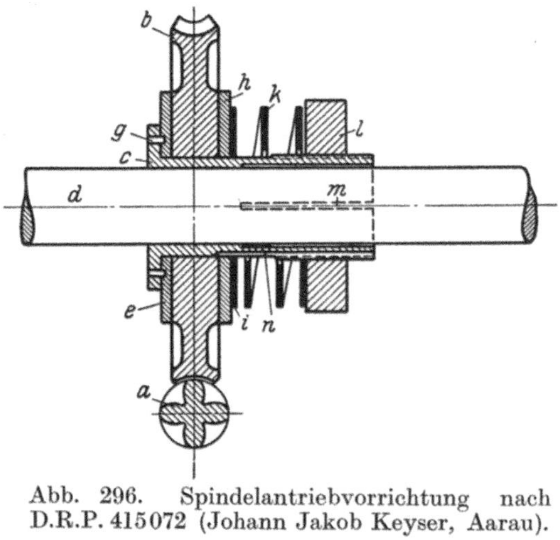

Abb. 296. Spindelantriebvorrichtung nach D.R.P. 415072 (Johann Jakob Keyser, Aarau).

Der von der Perfekt-Spindel A.-G., Windisch, Kt. Aargau, Schweiz, verwendete zwangsläufige Schraubenantrieb, Abb. 272, 273, arbeitet nach Johannsen[1] mit der Übersetzung 1:5, die Triebwelle macht 2000 Umdrehungen für 10000 Spindeltouren. Die doppelgängige, in den verstärkten Spindelkörper geschnittene Schraube hat auf Grund eingehender Versuche einen Steigungswinkel von 54° erhalten, für den sich die günstigste Beanspruchung ergab. Für diese Steigung erhält man versuchsgemäß die beste Auswirkung der Antriebskräfte bei geringster Abnutzung. Der Winkel stimmt aber selbstverständlich nur für den Sonderfall der verwendeten Materialien. Die Spindelschraube besteht aus gehärtetem und geschliffenem Stahl. Das Antriebsrädchen ist aus einer Masse hergestellt, die äußerlich wie Fiber aussieht, aber nicht mit Fiber identisch ist. (Fiber enthält bekanntlich nebst anderen Stoffen auch Papier, das in Öl quillt und deshalb für diesen Zweck — das Antriebsrad wirkt als Ölfördermittel — nicht verwendbar ist.) Die Masse wird im vorliegenden Falle aus einer Mischung von gemahlenen Seidenabfällen mit Mica (Glimmer) und einem Bindemittel hergestellt, besitzt hohe Elastizität und Zähigkeit, quillt nicht in Öl und hält 250° ohne nennenswerte Ausdehnung aus. Die Rädchen sind nicht mit Kehlung geschnitten, sie laufen, indem sie durch die am Boden des Lagerkastens ausgesparte Ölrinne gehen und dabei bis etwa 1,5 mm Abstand an den Boden herantreten, pflugartig — schräg durchschneidend — durch das zähe Schmiermaterial (z. B. Ambroleum mit etwas Spindelöl gemischt), das sie mitschleppen und an die Laufstelle abgeben. Bei Rechtsantrieb liegt die Eingriffsstelle zwischen Rad und Spindelschraube so nahe an der Stelle, wo das Rad das Öl erfaßt, daß eine sehr reichliche Schmierung stattfindet. Bei Linksantrieb kann das Rädchen zwar etwas Öl unterwegs verlieren, die an den Zähnen hängende zähflüssige Ölmenge ist aber so groß, daß eine gute Schmierung unbedingt gesichert bleibt. Der an sich kleine Axialdruck, den das Rad auf die Spindel ausübt, wird von der zwischen Hals- und Fußlager fixierten Spindel ohne Erzitterungen aufgenommen. Das Micaniträdchen *b*, Abb. 296, sitzt lose auf einer mittels Klemmschraube mit der Antriebswelle *d* fest verbundenen Büchse *c* zwischen zwei Friktionsscheiben, deren eine als Druckscheibe lose über *c* geschoben, während die andere mit *c* aus einem Stück hergestellt ist. Beim Anhalten der Spindel bleibt *b* stehen, die Reibscheiben rotieren weiter. Der Spindel- oder Lagerkasten ist in Abschnitte geteilt, die Zwischenwände sind mit dem Kasten, der aus Stahl hergestellt ist, aus einem Stück gegossen und tragen Kugellager für die Triebwelle. Die Länge eines Abschnittes umfaßt 12 bis 15 Spindeln, die einzelnen Wellenabschnitte sind durch geschliffenen Vierkant und Gabel verkuppelt. Nach Abschrauben der vorderen Kastenwand kann mit wenigen Handgriffen das Wellenstück herausgenommen und ein Rad, das schadhaft geworden ist, gewechselt werden, die hierfür erforderliche Zeit beträgt nur wenige Minuten. Da, wie oben schon angedeutet wurde, die Zähne ohne Schraubenkehlung gerade durchlaufen, ist die Einstellung des Rades sehr leicht zu bewerkstelligen, weil es ohne Bedeutung ist, wenn das Rädchen seitlich etwas aus dem Mittel steht.

Der Kraftbedarf ist selbstverständlich wie bei allen Kugel- und Rollenlagerspindeln ein wesentlich günstigerer als bei der Gleitlagerspindel. Vom Städtischen Elektrizitätswerk in Brugg ausgeführte, amtliche Vergleichsmessungen ergaben, daß bei 10000 Spindeltouren 141 Perfektspindeln auf 1 PS entfielen (auf die ganze Maschine gerechnet). Daß die Spindelschnüre und Trommeln wegfallen, ist ein Vorteil. Der Wegfall der Trommeln bedingt eine Verringerung der Flugbildung durch Luftströmung, auch die Zahl der Reparaturen wird durch ihn ver-

[1] Leipz. Monatsschr. **1926**, H. 4.

mindert. Der Schraubenantrieb macht die beiden Maschinenhälften vollständig unabhängig voneinander. Dies ist nicht nur deshalb von Bedeutung, weil es dadurch möglich wird, auf derselben Maschine gleichzeitig zwei verschiedene Garnnummern und Qualitäten zu spinnen, sondern es wird auch eine Vereinfachung in der Bedienung erzielt, weil es nun nicht mehr notwendig ist, beide Seiten der Maschine zugleich voll laufen zu lassen und absetzen zu müssen. Selbstverständlich macht der unabhängige Betrieb jeder Maschinenseite gesonderte motorische Antriebe und Schalteinrichtungen erforderlich; die motorische Trennung gestattet aber die Anwendung verschiedener Drehzahlen für die beiden Maschinenseiten.

g) Spindeldrehzahlprüfer.

Will man tadellose Ware aus einfachen Garnen oder Zwirnen herstellen, so muß vor allen Dingen die Drehung der Fäden eine gleichmäßige sein, d. h. der Faden muß auf jede Längeneinheit die gleiche Zahl von Windungen aufweisen. Um dies zu erreichen, müssen bei gewissenhafter Betriebsleitung die Spindeldrehzahlen dauernd nachgeprüft werden. Im allgemeinen hat man sich hierzu bis jetzt des Handtachometers bedient, das bei seiner Verwendung auf die Spitzen der zu prüfenden Spindeln aufgesetzt wird. Die Durchführung dieser Arbeit erfordert, sobald es sich um große Betriebe handelt, sehr viel Zeit; es können deshalb nur Stichproben ausgeführt werden, die Prüfung bleibt also unvollkommen. Dazu kommt noch, daß die Fäden derjenigen Spindeln, die geprüft werden, abgerissen werden müssen.

Abb. 297. Rotoscop (A. J. Ashdown Ltd., London).

Alle diese Übelstände werden im wesentlichen beseitigt durch die in den letzten Jahren unter dem Namen „Rotoscop“ und „Stroborama“ eingeführten Spindeldrehzahlprüfer.

Das Rotoscop, Abb. 297, veranschaulicht periodisch schnell wiederkehrende Bewegungsvorgänge (in der normalen Ausführung bis zu 20000 in der Minute) dem menschlichen Auge „zeitlupenartig“ und bietet so die Möglichkeit, diese Vorgänge zahlenmäßig zu erfassen, ohne daß der Apparat mit dem zu prüfenden Gegenstand in Berührung kommt. Seinen wichtigsten Bestandteil bildet ein Schlitzverschluß in Form eines auf Saphirlagern laufenden, in der Längsrichtung mit 2 Schlitzgruppen versehenen Zylinders von etwa 1 Zoll Durchmesser und 4 Zoll Länge. Dieser Zylinder wird mittels eines Übersetzungsgetriebes von einem Uhrmechanismus aus angetrieben und läuft mit einer Geschwindigkeit bis zu 20000 Umdrehungen in der Minute in dem normalen Modell und beträchtlich mehr bei Spezialausführungen, wobei diese sehr hohe Geschwindigkeit äußerst fein reguliert werden kann. Selbstverständlich kann die Vorrichtung auch mit elektrischem Antrieb ausgerüstet werden. Jede Umdrehung des Zylinders gestattet einen

Durchblick auf das zu beobachtende Objekt von einer Dauer bis zu etwa 0,00033 sec, eine Zeitspanne, die bei der hohen Frequenz dieser Durchblicke dem menschlichen Auge das Erfassen des zu beobachtenden Gegenstandes ermöglicht, sofern die Geschwindigkeit dieses Gegenstandes der Drehzahl des Verschlusses entspricht. Spindeln, Flügel, Spulen, Läufer usw. können so beobachtet werden, als ob sie sich nur mit einem Tausendstel ihrer tatsächlichen Geschwindigkeit bewegten. Der Arbeitsgang kann daher unter tatsächlichen Arbeitsverhältnissen wahrgenommen werden, als ob er zeitlupenartig auf der Projektionsfläche eines Kinos gesehen wäre. Das alles kann ohne Unterbrechung der Arbeit und ohne irgendwelche Vorbereitungen erfolgen.

Die Hauptbestandteile des auf einem Fahrgestell untergebrachten Stroboramas[1], siehe Abb. 298, bestehen in einem Elektromotor, einem Generator, einem Kondensator und einem Tachometer. Ein regelbarer Rheostat ermöglicht die Verwendung sowohl durch Gleich- als auch durch Wechselstrom mit Spannungen zwischen 95 und 240 Volt. Durch ein mit Steckkontakt ausgerüstetes Kabel kann die fahrbare Vorrichtung leicht an die elektrische Leitung angeschlossen werden. Bei der praktischen Verwendung des Stroboramas genügt es, den Wagen an der zu überprüfenden Spinnmaschine entlang zu fahren und die laufenden Spindeln der Reihe nach mittels des erzeugten Flimmerlichtes zu bestrahlen. Mühelos kann dabei jede Unregelmäßigkeit der Umdrehungsgeschwindigkeit erkannt werden. Das einer Röhrenlampe entstrahlende und dem menschlichen Auge vollkommen gleichmäßig erscheinende Licht wird von dem Stroborama durch eine dauernde Folge außerordentlich kurzer Lichtblitze hervorgebracht, deren Tempo durch einen kleinen Elektromotor bestimmt wird. Die Anzahl der in 1 Minute erzeugten Lichtblitze kann an dem mit dem Stroborama vereinigten Tachometer abgelesen und auf beliebige Größe durch eine Stellschraube eingestellt werden. Alle rasch umlaufenden Körper, deren Drehzahl mit der Anzahl dieser Lichtblitze übereinstimmt, erwecken, sobald sie vom Licht des Stroborama getroffen werden, den trügenden Anschein, als ob sie gänzlich bewegungslos sich im Zustand vollkommener Ruhe befänden. Wenn also das auf die ordnungsmäßige Spindeldrehzahl einregulierte Stroborama so an einer arbeitenden Spinnmaschine

Abb. 298. Stroborama (Patente L. u. A. Seguin).

[1] Über die Verwendung des Stroboramas in Deutschland erteilt Auskunft die Firma Romain Talbot, Berlin S 42.

entlang gefahren wird, daß deren Spulen vom Flimmerlicht bestrahlt werden, dann erscheinen sämtliche mit richtiger Drehzahl umlaufenden Spulen dem Auge des Beobachters als stillstehend. Dieser erkennt somit rasch und mühelos an dem scheinbaren Stillstand der Spulen deren ordnungsmäßiges Arbeiten, während jede in langsamer Drehung erscheinende Spindel der Nachregulierung bedarf.

H. Spinnspannungsmesser.

Beim Spinnen der Garne hat sich herausgestellt, daß nicht bloß die Drahtgebung und der Grad der Feuchtung, sondern auch die Spinnspannung von wesentlichem Einfluß auf die Festigkeitseigenschaften der Gespinste ist. Spinnspannungsmesser, welche die jeweilige Spinnspannung genau anzeigen, sind bislang nicht bekannt geworden, nur Weitspannungsmesser sind in Vorschlag gebracht worden. Bei ihnen wird der Faden über zwei Stützrollen und über eine Spannrolle so geführt, daß die beiden Fadentrume parallel zueinander laufen. Das setzt voraus, daß der lichte Abstand der beiden Stützrollenränder kleiner ist als der Durchmesser der Spannrolle, und daraus ergibt sich, daß die Spannrolle sich nicht frei zwischen den Stützrollen bewegen kann. Diese Einrichtung des Spannungsmessers gestattet infolgedessen seine Verwendung innerhalb beliebiger Grenzen nicht, da die Spannrolle bei größeren Spannungen auf die Stützrollen aufstoßen würde. Seine Verwendung als Spannungsmesser innerhalb beliebiger Grenzen wird erst dann möglich, wenn die lichte Entfernung der beiden Stützrollen größer ist, als der Spannrollendurchmesser. Eine solche Ausführungsform eines Spinnspannungsmessers ist von Prof. Ernst Müller, Dresden, im Patent 313564 in Vorschlag gebracht worden.

I. Prüfung von Schlägerwickeln, Faserbändern und Vorgarnen auf Gleichmäßigkeit.

Es gibt kein Hilfsmittel, welches praktisch und einfach anzeigt, wie groß die Dickenunterschiede eines Garnes sind.

In den meisten Fällen windet man das zu prüfende Garn auf eine schwarze Tafel (Spinnerschrecken) und beurteilt die Gleichmäßigkeit der Fadendicke mit dem Auge; ein Verfahren, welches bestenfalls nur Vergleichswerte bieten kann; siehe Abb. 299.

Es erscheint auch berechtigt, aus den Abweichungen der Drehungen vom Mittel einen Schluß zu ziehen auf die Unterschiede in der Fadendicke; sie schwanken jedenfalls in einem ganz ähnlichen Verhältnis wie die Drehungen.

Die Ursache eines „verschnittenen“ Garnes kann zum Teil am Streckwerk und den sonstigen spinntechnischen Verhältnissen der Spinnmaschine liegen, zum weitaus überwiegenden Teil aber ergibt sich die Ungleichmäßigkeit aus der Ungleichmäßigkeit des Vorgarnes. Sie ist eine derart große, daß die Spinner kein Mittel unterlassen sollten, hier umfassende Maßnahmen zu ergreifen, die sich rückwärts durch die Vorbereitung bis auf die Wickel der Schlagmaschinen erstrecken.

Die modernen Bestrebungen, die Verzüge an Baumwollspinnmaschinen zu steigern, haben eine große Anzahl von Streckwerkskonstruktionen auf den Markt gebracht, welche trotz ihrer besseren Wirkungsweise für sich allein nicht die Möglichkeit geben, ein gleichmäßiges Garn zu erzeugen, wenn ein ungleichmäßiges Vorgarn zur Verwendung kommt. Weniger die Durchbildung des Streckwerkes, als vielmehr die Gleichmäßigkeit des verwendeten Vorgarnes bedeuten für den Spinner jenen Fortschritt, den er erstrebt.

Ein sorgfältig ausgeglichenes Faservlies als Vorlage für die Krempel ist die Grundlage des ganzen Spinnprozesses. Sie wird mittels sorgfältiger Speiseregelung und mehrmaliger Duplierung angestrebt. Die Schlagmaschinen besitzen selbsttätige Abstellung bei vollen Wickeln, welche für jeden Wickel eine genau gleiche Länge abmessen. Bei gleicher Vliesdicke müssen deshalb auch alle Wickel das gleiche Gewicht haben; eine Wägekontrolle der vollen Wickel wird wohl heute in allen Spinnereien streng durchgeführt. Viele Spinner dulden nur eine Schwankung des Wickelgewichtes von 1% bis höchstens 1,5%.

Abb. 299. Sog. Spinnerschrecken.

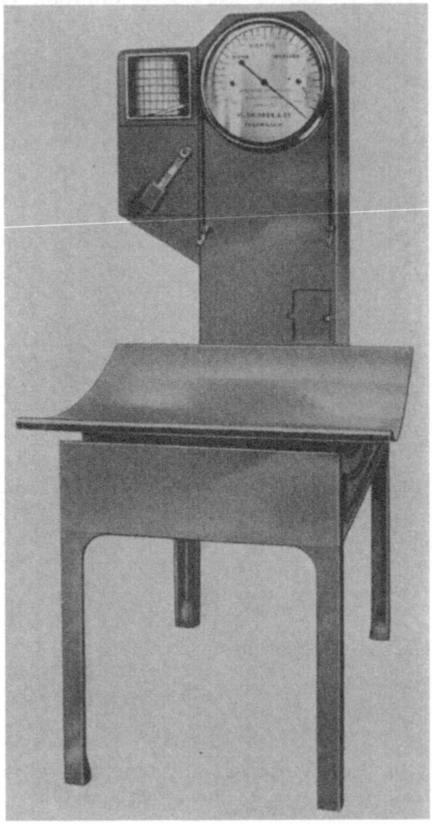

Abb. 300. Wickelwage System Morival.

Weniger bekannt ist aber die Wägekontrolle des Faservlieses, der sog. Wickelwatte für jede Längeneinheit; z. B. einen Fuß englisch.

Eine gute Wickelwatte von beispielsweise 370 g für 1 m (engl. Nr. 0,00159 oder 12 Unzen für 1 Fuß engl.) soll höchstens ¼ Unze für 1 Fuß mehr oder weniger als Schwankung anzeigen, also eine Ungleichmäßigkeit für 1 laufenden Fuß von + 2 und — 2% gleich 4% im ganzen aufweisen.

Bei mangelnder Sorgfalt und ungenau wirkender Speiseregulierung kann diese Ungleichmäßigkeit leicht das Doppelte und mehr betragen. Werden beide Verfahren zusammen angewandt, so ergänzen sie sich und bieten Gewähr für Gleichmäßigkeit der Wickelwatte.

Das Wiegen der Schlägerwickel wurde bisher mit Wickelwagen durchgeführt, die nicht einwandfrei und unabhängig vom Arbeiter waren. Diese Übelstände sollen durch die automatische Anzeige- und Registrier-Wickelwage, System Morival, beseitigt werden[1]. Die neue Wickelwage registriert in Form eines Diagrammes das Gewicht eines jeden kontrollierten Wickels. Zu gleicher Zeit zeigt der an einem Zifferblatt befindliche Zeiger das richtige Gewicht des Wickels bzw. „mehr“ oder „weniger“ an. Aus der Anzahl der Ausschläge auf dem Diagrammpapier kann die Anzahl der von einem Batteur gelieferten bzw. gewogenen Wickel ohne weiteres abgelesen werden. Die Änderung des richtigen Gewichtes entsprechend dem theoretischen Gewicht der zu prüfenden Wickel wird bewerkstelligt entweder durch Gewichtsscheiben (Prüfung von Wickeln von gleichem theoretischen Gewicht während eines gewissen Zeitraumes) oder durch ein drehbares Zifferblatt (Kontrollieren von Wickeln von verschiedenem theoretischen Gewicht). Es ist dabei aber unbedingt zweckmäßig, wenn jeder Schlagmaschine eine Wickelwage zugeordnet wird. Werden alle Batteurwickel auf einer einzigen Wickelwage gewogen, so lassen sich die Fehler der einzelnen Maschinen auf dem Diagrammpapier schwer erkennen, da nicht festgestellt werden kann, welche Maschine fehlerhaft arbeitet. — Die automatische Anzeiger- und Registrier-Wickelwage, System Morival, kommt entweder für sich, also getrennt von der Arbeitsmaschine, zur Verwendung, Abb. 300, oder sie wird direkt an die Schlagmaschine angeschlossen, Abb. 301. Im letzteren Fall ist sie mit Scheinausgabe ausgestattet, wobei nur bei richtigem Gewicht ein Schein ausgegeben wird. Es können also nur Wickel in die Spinnerei kommen, die einen Schein tragen. Diese Wage wird auch ohne Scheinausgabe hergestellt. Endlich kann die Wage auch ohne Registriervorrichtung geliefert werden.

Abb. 301. Wickelwage System Morival in Verbindung mit der Schlagmaschine.

Für die Prüfung von Bändern und Vorgarn ist in den Spinnereien meist nur eine solche auf größere Längen üblich.

Es ist jedoch auch eine Prüfung von Bändern und Vorgarn auf kurze Strecken möglich, und zwar durch das Drallen. Wenn man ein Stück Lunte oder Vorgarn stark zusammendreht, so erhalten alle Querschnitte eine gleichmäßige radiale Pressung, und man kann dünne und dicke Stellen ziemlich gut voneinander unterscheiden. Hängt man in der Mitte des zusammengedrehten Stückes auf dieses ein

[1] W. Gruber & Co. Kdt.-Ges., Feuerbach-Stuttgart.

entsprechend schweres Gewicht und vereinigt man dann seine beiden Enden so, daß das Gewicht frei nach unten hängen kann, dann läuft das doppelte Stück von selbst zu einem bleibenden Zwirn zusammen. Legt man solche Zwirnstücke — Drallproben — auf eine schwarze Unterlage, so kann man mit bloßem Auge einwandfrei beobachten, ob die Banddicke eine gleichmäßige ist, oder ob dünne oder dickere Stellen vorhanden sind. Auch feine Unterschiede werden sehr gut sichtbar.

Drallproben von Hand ausgeführt sind jedoch mangelhaft und ihre Herstellung ist zeitraubend. Es ist deshalb von Ingenieur Paul Laetsch, Zürich, eine Vorrichtung konstruiert worden, vgl. Abb. 302, mittels der Drallproben zu-

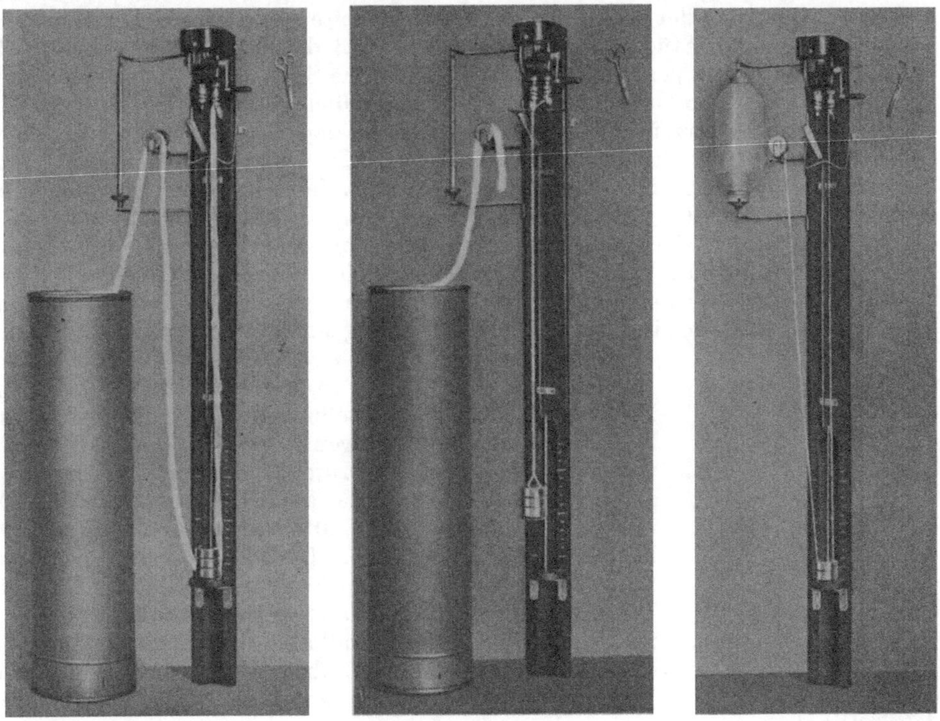

Abb. 302. Drallprüfer.

verlässig und schnell ausgeführt werden können. Durch sie wird ermöglicht, im praktischen Spinnereibetrieb die jetzige Nummersortierung wirksam zu ergänzen, indem man sie häufig genug ohne merklichen Zeitaufwand ausübt. Für eine Drallprobe sind ungefähr 2 m Band oder Vorgarn erforderlich, sie ergeben im gedoppelten, gezwirnten Zustand ungefähr 1 m.

Die Praxis hat gezeigt, daß Krempelbänder auf kurze Strecken im allgemeinen fast ideal gleichmäßig sind. Die Krempeln erzeugen wohl dünnere oder dickere Bänder im frisch ausgestoßenen oder gefüllten Zustand, aber diese Unterschiede erstrecken sich bei richtiger Wickelauflage immer auf größere Längen. Genaue Wägungen von Krempelbändern in kurzen Stücken von zum Beispiel 50 mm Länge haben ergeben, daß eine Ungleichmäßigkeit von 5% heute als normal betrachtet werden darf, während 7 bis 8% schon als unregelmäßig bezeichnet werden muß und durch geeignete Maßnahmen behoben werden kann.

Die Drallproben zeigen die kleinen Unterschiede von wenigen Prozenten ganz deutlich an und bieten hier eine wichtige Handhabe, um das gleichmäßige Arbeiten einer Krempel oder die Qualität eines Wickels hinsichtlich Gleichmäßigkeit zu prüfen.

Die Gleichmäßigkeit der Lunten vermindert sich erfahrungsgemäß nach dem Durchlaufen von Walzenstreckwerken. Das Verziehen der Lunten in Streckwerken bietet eine Menge von Fehlerquellen und ist um so gefährlicher, je größer die Fasermenge ist, welche das Streckwerk durchläuft. Nur ein peinlich sachgemäß eingestelltes und behandeltes Streckwerk erzeugt Lunten, deren Gleichmäßigkeit nicht merklich mehr als beim einlaufenden Krempelband schwankt. Trotz 6- bis 8facher Duplierung von guten Krempelbändern zeigen die Drallproben der meisten Streckenbänder noch deutliche Ungleichheiten, und genaue Auswägungen von 50 mm langen Stücken haben bewiesen, daß die Schwankungen sehr oft 10 bis 12% betragen, ja sogar 15 bis 20% sind keine Seltenheit. Mittels der Drallproben werden solche Unterschiede in der Luntendicke deutlich und anschaulich nachgewiesen. Sie setzen den Vorwerksmeister in den Stand, die Wirkung einer Änderung, die er am Streckwerk vornimmt, an der Gleichmäßigkeit der Lunte festzustellen und festzuhalten. Jetzt erst ist er in der Lage, sein Streckwerk so sachgemäß einzustellen, bis ihm die darauf vorgenommenen Drallproben den Höchstgrad von Gleichmäßigkeit ergeben. Wenn man bedenkt, daß 1 Zoll Streckenband ungefähr 1000 bis 1500 Zoll, gleich $^1/_{30}$ bis $^1/_{20}$ Schneller fertiges Garn ergeben, so erscheint es wichtig genug, die neue Prüfungsmethode anzuwenden, um Streckenbänder von möglichst wenig Fehlern zu erzeugen.

Die Ungleichmäßigkeit in den Flyerlunten nimmt von Maschine zu Maschine zu, trotz der üblichen Duplierung. Es kann z. B. zu weite Stellung der Zylinder im Streckwerk sehr unheilvolle Folgen haben und Schwankungen in der Luntendicke hervorrufen, welche erfahrungsgemäß an Grobbänken bis zu 20%, an Mittelbänken bis zu 30% und an Feinbänken bis zu 40% betragen. Wägungen von kurzen Stücken von 50 mm Länge haben sogar Schwankungen von 50 bis 60% an Feinbanklunten ergeben. Die Prüfung durch Drallen bietet auch hier wieder die einfachste und sicherste Handhabe, die Fehler im Vorgarn einwandfrei zu erkennen, ihre Anwendung hilft dem Vorwerksmeister, den vorhandenen Übelständen wirksam zu begegnen.

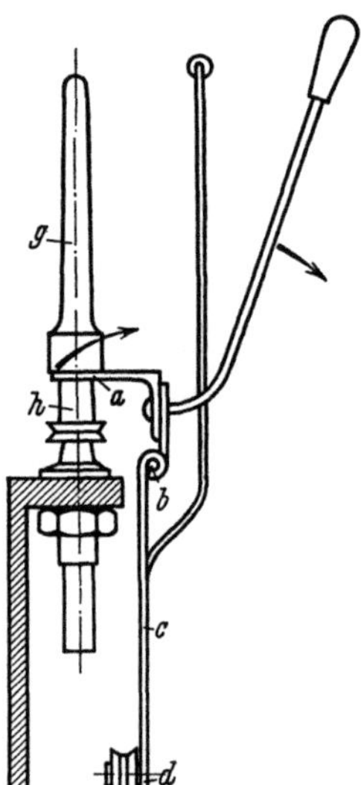

Abb. 303. Abdrückvorrichtung für Spulen usw.

K. Auswechseln der vollen Hülsen, Spulen oder Garnkörper auf den Spindeln und Wiederaufpressen leerer Hülsen oder Spulen auf diese.

Das Auswechseln der vollen Spulen oder Hülsen bei Spinn- und Zwirnmaschinen gegen leere geschieht bis heute vorwiegend noch von Hand durch „Abzieh-Kolonnen". Je nach der Geschicklichkeit und der Anzahl der zur Verfügung stehenden Arbeiter benötigt man für eine z. B. 500spindlige Maschine 2 bis 5 Minuten. Mit diesem Zeitverlust kommt eine gut geleitete Spinnerei aus. Fehlt es aber, wie dies sehr oft der Fall ist, an der richtigen Verwendung der zur Verfügung stehenden Leute, so steigt der Zeitverlust rasch auf das Doppelte und darüber. Da nun der Nutzeffekt der Maschine stark von den Stillständen für das Abziehen beeinflußt wird, so muß diese Arbeit so rasch als möglich durchgeführt werden. Wichtig ist jedoch, daß trotz aller Eile das „Abziehen“ sorgfältig erfolgt. Geschieht dies nicht, so ist die Folge, daß beim Abnehmen der gefüllten Hülsen oder Spulen von den Spindeln diese durch seitlichen Druck nachteilig beansprucht und beim Aufsetzen der leeren Hülsen oder Spulen auf die Spindeln diese nicht alle so gleichmäßig auf die Spindeln aufgeschoben werden, daß sie nach dem Wiedereinrücken der Maschine alle an der Drehung der Spindeln regelrecht teilnehmen, vielmehr mehr oder weniger auf ihnen rutschen. Um diesen Übelständen zu steuern, ist von Ernst Toenniessen, München, eine Abdrück- und Aufdrückvorrichtung in Vorschlag gebracht worden, welche die Abb. 303 bis 306 wiedergeben und Gegenstand der D.R.P. 439533 und 443158 sind.

Abb. 304. Abdrückvorrichtung für Spulen usw.

Die erstgenannte Vorrichtung, Abb. 303 und 304, besteht aus einem Rechen *a*, dessen Zinkenabstand der Spindelteilung angepaßt ist, der in *b* drehbar auf einem Rahmen *c* gelagert ist und mit Rädern *d* auf eine Schiene *e* aufgesetzt werden kann, die auf dem Unterteil der Spindelbank sitzt. Auf dieser Schiene *e* kann der Rahmen *c* mittels eines Handgriffes der Spindelreihe entlang bewegt werden, mittels eines zweiten Handgriffes kann der Rahmen *a* um seine Achse *b* geschwenkt werden. Erfolgt die Schwenkung gegen die Spindeln *h*, so treten die Rahmenzinken unter die Hülsen oder Spulen, wie dies Abb. 303 erkennen läßt, erfolgt dagegen die

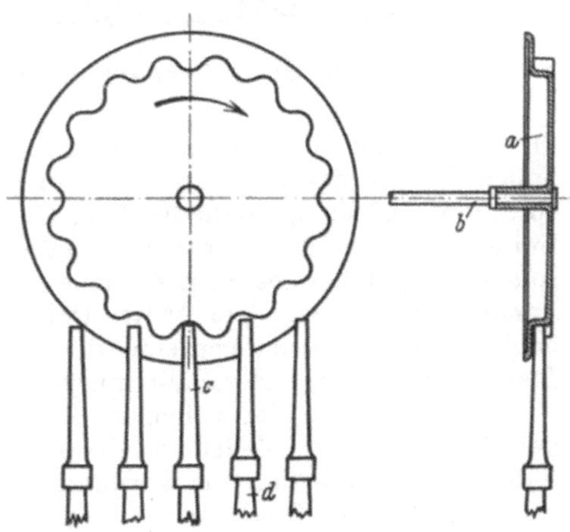

Abb. 305. Hülsen-Aufdrückvorrichtung.

Schwenkung nach außen in der Pfeilrichtung, so heben die Rechenzinken die Hülsen oder Spulen, etwa 20 bis 25, von den Spindeln ab, Abb. 304.

Für das Aufpressen der leeren Hülsen oder Spulen auf die Spindeln kommen im Interesse der Zeitkürzung vielfach mehr oder weniger lange Brettchen zur Anwendung. Sie erfüllen zwar den angestrebten Zweck, es wird dabei aber vergessen, daß die Hülsen oder Spulen im lichten Durchmesser stets etwas verschieden sind, also nach dem Aufsetzen auf die Spindeln mehr oder weniger hoch auf diesen sitzen. Der Arbeiter wird infolgedessen bei Verwendung eines Brettchens durch dieses zunächst nur die hochstehenden Hülsen oder Spulen treffen und diese sehr fest auf die Spindeln drücken, um später auch die tiefer stehenden Hülsen oder Spulen treffen zu können. Hieraus ergibt sich leicht eine Beschädigung der ersteren und ein zu festes Aufpressen derselben. Diese Übelstände werden durch

Abb. 306. Hülsen-Aufdrückvorrichtung bei der Verwendung.

die in den Abb. 305 und 306 dargestellte Aufdrückvorrichtung Toenniessens behoben. Mit ihr kann der Arbeiter in 6 Sekunden 250 Hülsen jede ihrem Sitz entsprechend auf die Spindeln drücken. Das vorteilhaft aus Leichtmetall hergestellte, frei drehbar auf einer Achse *b* sitzende Aufdrückrad *a* ist in seinem Durchmesser so gehalten, daß es bei seinem Hinwegrollen über die Hülsen- oder Spulenköpfe *c* immer nur zwei derselben trifft. Der Umfang des Rades ist wellenförmig ausgebildet, die Wellenlängen sind der Spindelteilung angepaßt. Ein Überzug aus Leder verhütet eine Beschädigung der Hülsen- oder Spulenköpfe.

Beim Abziehen der vollgewundenen Spulen oder Hülsen von den Spindeln der Ringspinn- und Zwirnmaschinen usw. kann die Arbeiterin je nach Spindelteilung und Größe der Garnkörper mit einer-Hand nur immer deren zwei gleichzeitig abnehmen. Diese Arbeit erfordert infolgedessen viel Zeit und beeinflußt somit den Nutzeffekt der Maschine wesentlich. Man hat deshalb Abzugsvorrichtungen eingeführt. Die bekannten Vorrichtungen dieser Art sind mit zangenartigen Werkzeugen ausgestattet, haben sich aber, da sie unhandlich und kompliziert waren, nicht bewährt. Bei ihrer Ausbildung hat man nicht berücksichtigt, daß der abzuziehende Garnkörper an mehreren Stellen zugleich gefaßt werden muß, um eine Beschädigung des Körpers und der Hülse zu vermeiden. Sie arbeiten ferner mit einer Zange, deren Teile senkrecht zur Spulenreihe liegen, klemmen deshalb einerseits die vom Streckwerk zu den Spulen laufenden Fäden leicht ein und reißen sie ab. Andererseits ist ihre Ausladung infolge der wagerecht angeordneten Zange so groß, daß hierdurch der bedienende Arbeiter stark behindert wird.

Diese Übelstände weist die in der Abb. 307 wiedergegebene Abzugsvorrichtung Toenniessens nicht auf. Die Zange ist beibehalten. Sie wird in geöffnetem Zustand, in dem sie sich infolge Federwirkung befindet, von oben über eine Reihe voller Spulen, 20 bis 25, geschoben. Der der Maschine zugekehrte Zangenteil drängt dabei die Fäden von den Spulen nach hinten ab. Hierauf wird mittels zweier Handgriffe die Zange geschlossen. Dies hat zur Folge, daß sich auf den einander zugekehrten Seiten der Zangenbacken versetzt zueinander angeordnete Schienen von vorn und hinten gegen die Garnkörper legen, wie dies Abb. 307 erkennen läßt. Hierauf wird die geschlossene Zange mit den auf der ganzen Länge gefaßten Garnkörpern in der Richtung der Spindeln nach oben bewegt, und damit werden die Garnkörper von den Spindeln abgezogen.

Abb. 307. Toenniessen-Abzugzange bei der Verwendung.

Ist die Maschine mit Schleiertrennern ausgestattet, so kommt eine Zange zur Anwendung, deren hinterer Backen im Unterteil unterteilt ist. Bedingung für die Verwendung der Abzugszange ist, daß vor dem Abziehen unterwunden wird und die Fadenleiterbretter nach oben umgelegt werden. Sitzen die Spulen oder Hülsen fest auf den Spindeln, so kommt zunächst der Abdrückrechen, Abb. 303, 304, zur Anwendung. Das Entleeren der Zange erfolgt in der aus Abb. 308 ersichtlichen Weise. Werden die Handgriffe freigegeben, so öffnet sich die Zange infolge Federwirkung und die Garnkörper werden frei.

Die Zeitersparnis beträgt nach Angaben des Erfinders ungefähr 40% gegenüber dem Abziehen von Hand, während gleichzeitig ca. 50% an Arbeitskräften gespart werden.

L. Weifen, Docken, Bündeln.

a) Weifen.

Das Haspeln oder Weifen hat den Zweck, aus den von der Spinnerei gelieferten Fadenspulen durch Umwinden auf einem Haspel oder einer Weifkrone Strähne zu bilden. Erforderlich wird dies vielfach für den Versand, das Bleichen, Färben, Bedrucken, Schlichten, Mercerisieren usw.

Der mit wagrechter Achse drehbar gelagerte Haspel ist gewöhnlich eine sechsseitige, bisweilen aber auch eine achtseitige Lattentrommel von bestimmtem Umfang. Dieser beträgt für Baumwollgarne engl. Numerierung 1½ Yard = 1,371 m. Soll beim Weifen eine Teilung des Strahnes in Gebinde erfolgen, so werden von einem auflaufenden Faden 80 Windungen dicht nebeneinander gelegt. Das Gebinde enthält infolgedessen einen Faden von 80 × 1½ = 120 Yard Länge. Nach dem Aufwinden von 80 Fadenwindungen auf die Weifkrone wird die Fadenführung um ein kleines Stück seitlich verschoben, und es erfolgt die Bildung eines zweiten Gebindes usw., bis 7 nebeneinander liegen. Sie enthalten insgesamt 7 × 120 = 840 Yards = der Länge des Fadens eines Strahnes. Bei metrischer Numerierung ist diese Länge = 1,428 (Haspelumfang) × 70 (Windungen) × 10 (Gebinde) = 1000 m. Um die Gebinde im fertigen Strahn auseinander zu halten, werden sie vor der Abnahme der Strähne von dem Haspel gegeneinander abgebunden, gefitzt.

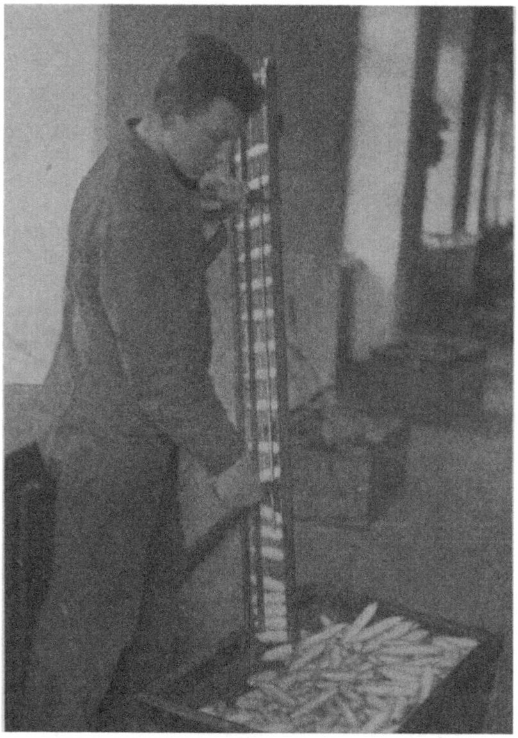

Abb. 308. Toenniessen-Abzugzange bei der Entleerung.

Für zu bleichende und zu färbende Garne benützt man vielfach Kreuzhaspelung, bei der nicht in Gebinde geteilt wird. Die Fäden kreuzen sich im Strahn in steilen Schraubengängen.

Da viele Garne, besonders aber scharf gedrehte, sich beim Abziehen vom Kötzer usw. verkürzen und auch Schlingen bilden, dämpft man sie vor dem Haspeln.

Die Haspelmaschinen oder Weifen werden ein- oder zweiseitig gebaut, mit 30 bis 50 Spindeln versehen und erhalten vielfach für die Reinigung und Bremsung der den Weifkronen zulaufenden Fäden Bürsten oder Plüschleisten. Bei handbetriebenen Haspeln ertönt nach Fertigstellung der Strähne ein Klingelzeichen für das Stillsetzen des Haspels, bei Haspeln mit Kraftbetrieb erfolgt dagegen die Stillsetzung selbsttätig nach beendeter Strahnbildung durch Vermittlung eines Zählwerkes. Ebenso wird auch die Weife bei Fadenbruch und Ablauf eines Kötzers selbsttätig stillgesetzt.

Das Zählwerk der Weife ist für eine bestimmte oder für eine veränderliche Windungszahl eingerichtet. Im ersten Falle besteht das Zählwerk meist in einem Zählrad für 70 Fadenwindungen. Ein Zählwerk für veränderliche Windungszahlen zeigt Abb. 309. Durch die zwei konischen Räder *A* und *B*, von denen das treibende auf der Achse der Weifenkrone sitzt, wird die Zählspindel *Z* angetrieben, die dadurch bei je einer Haspelumdrehung ebenfalls eine Umdrehung ausführt. In das spitze Trapezgewinde der Spindel *Z* greift ein Läufer *L* ein, dessen beweglicher Teil mit Muttergewinde versehen ist und welcher durch die Umdrehungen der Spindel *Z* an der runden Gleitstange *G* entlang in die Höhe geführt wird. Oben angelangt, stößt der vorspringende Teil *C* des Läufers *L* gegen den Hebel *H* und hebt ihn hoch. Diese Bewegung wird durch die Zugstange *S* auf die Fortschaltklinke *K* übertragen, welche den Gebindeteiler *T* um ein Gebind weiterschaltet. Gleichzeitig aber (d. h. durch das

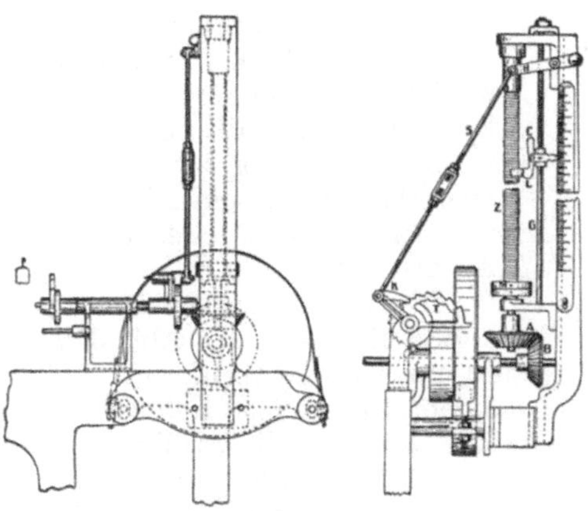

Abb. 309. Zählwerk für Weifen, System Förster (C. Hamel A.G., Schönau b. Chemnitz).

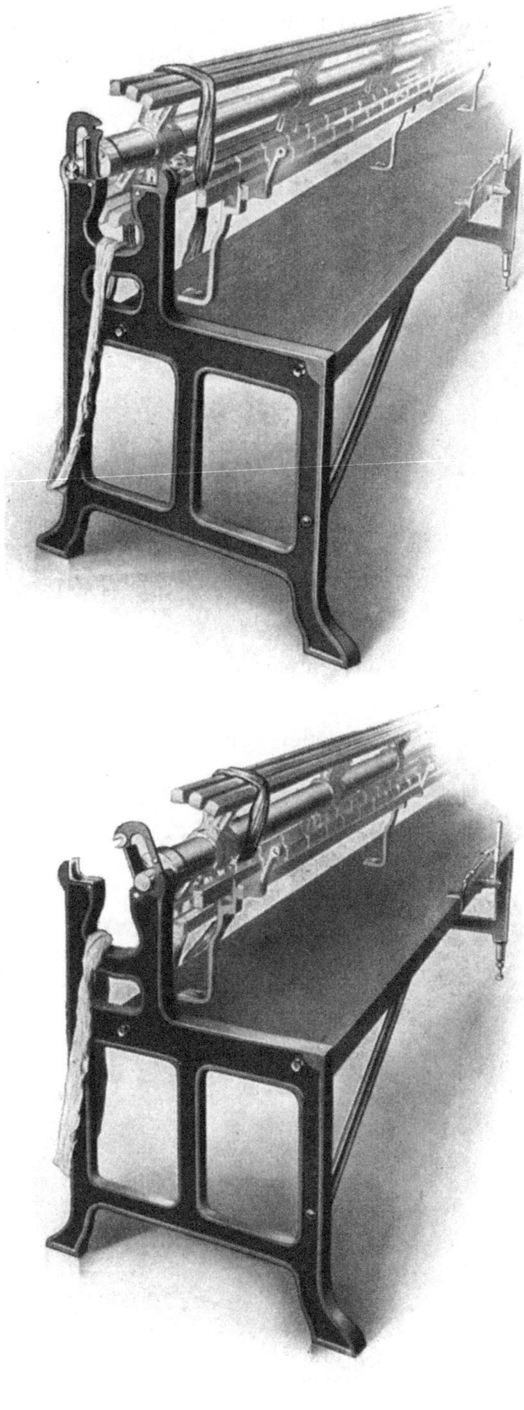

Abb. 310. Einfachweife mit Brückenabnahmevorrichtung (C. Hamel, Schönau b. Chemnitz).

Abheben des Hebels *H*) wird die Mutter des Läufers *L* außer Eingriff mit der Zählspindel *Z* gebracht. Dadurch fällt er in seine tiefste Stellung zurück und

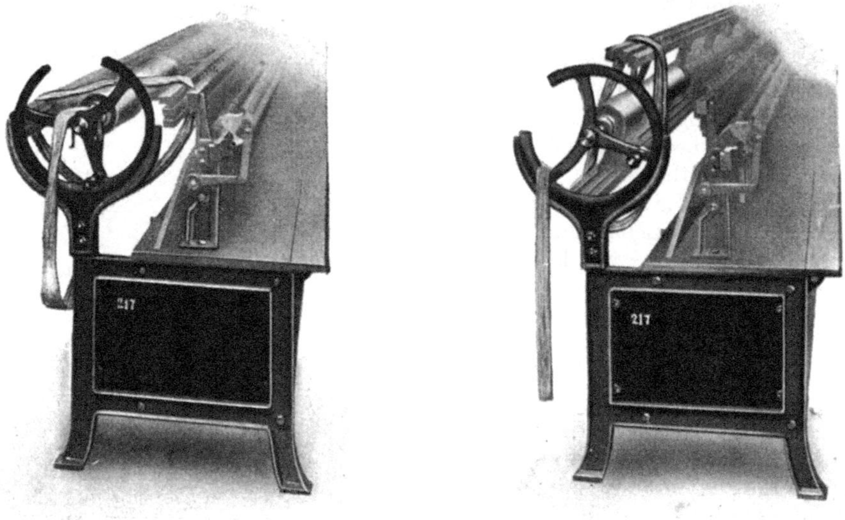

Abb. 311. Ausdrehrad für das Abnehmen der Strähne von der Weifkrone (C. Hamel A.G., Schönau b. Chemnitz).

wird sofort wieder von der Zählspindel *Z* erfaßt und hochgeführt. Die Anzahl der Fäden, welche auf ein Gebind kommen sollen, wird durch die Fallhöhe des Läufers bestimmt und mit Hilfe der Skala, welche die Fadenzahl angibt, durch die Stellmuttern *M* eingestellt. Nach Beendigung des letzten Gebindes rückt die Weife selbsttätig aus.

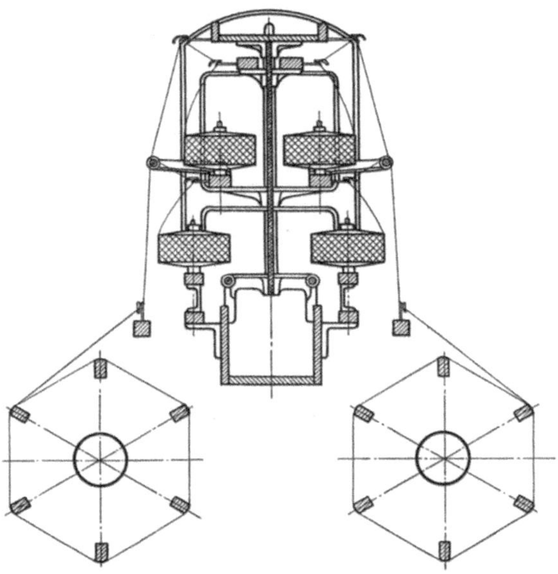

Abb. 312. Doppelweife mit Aufsteckgatter für Kreuzspulen (C. Hamel A.G., Schönau b. Chemnitz).

Um die abgefitzten Strähne von der Weifkrone abnehmen zu können, ist diese zusammenklappbar und mit einer Abnahmevorrichtung versehen. Diese besteht aus einer Brücke, der sog. „Acht", oder einem Ausdrehrad.

Die Einrichtung der Brücke ergibt sich aus der Abb. 310. In ihr ist die Weifkrone mit einem Endzapfen drehbar gelagert. Sollen die Strähne abgenommen werden, so werden sie von der Krone abgestreift und in den Bügel der Endwand eingelegt, Abb. 310, oberes Bild. Hierauf wird das Ende der Krone in der Pfeilrichtung verschoben und damit die Brücke umgelegt und hochgeklappt. Die Strähne sind für die Abnahme frei, Abb. 310, unteres Bild.

Das Ausdrehrad sitzt auf dem Ende der Kronenwelle, siehe Abb. 311, ist in einem Segment drehbar gelagert und weist in seinem Kranz eine Aussparung auf. In sie werden die von der Krone abgestreiften Strähne eingelegt und dann wird das Rad in der Pfeilrichtung so weit gedreht, Abb. 311, linke Seite, bis es die Stellung Abb. 311, rechts einnimmt. Hierdurch werden die Strähne für die Abnahme frei.

Für das selbsttätige Stillsetzen der Weife bei Fadenbruch und Fadenablauf sind Fadenwächternadeln vorgesehen. Sie verändern, sobald der Faden fehlt,

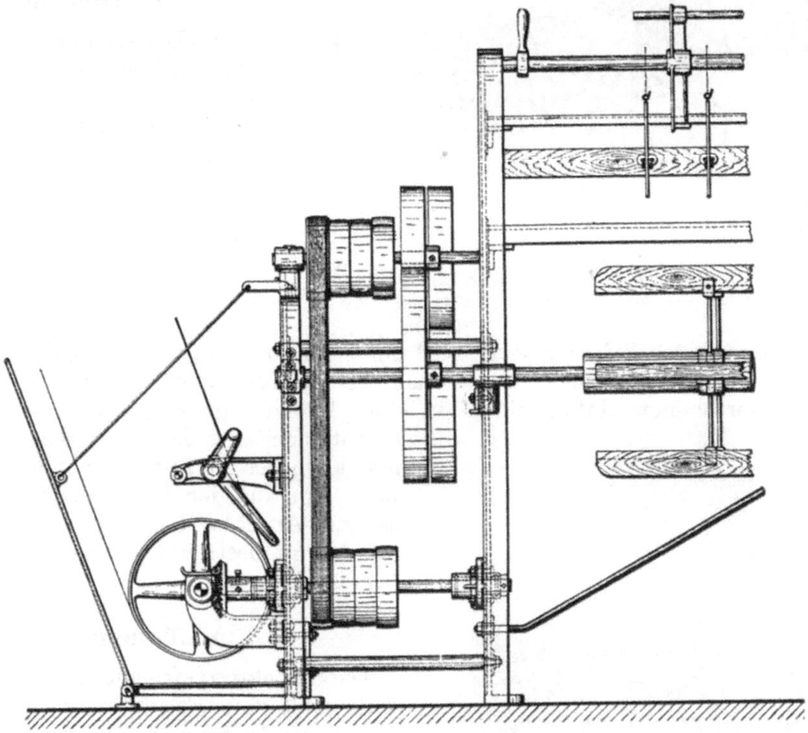

Abb. 312a. Querbetrieb für Weifen (C. Hamel, Schönau b. Chemnitz).

ihre Stellung und kommen dadurch in den Bereich einer Flügelwelle. Diese wird angehalten und bewirkt durch Auslösen einer Kronenkupplung die sofortige Stillsetzung der Weife, indem die Friktionsantriebscheibe von der auf der Kronenachse sitzenden Scheibe abgezogen und diese durch ein Bremsband abgebremst wird.

Das Ablaufzeug besitzt konische oder kreuzweise geschlitzte Holzstifte für die Aufnahme von Ringspinn- oder Ringzwirnhülsen oder Knöpfchen für die Aufnahme von Stahlspindeln für Selfactorcops. Für das Abarbeiten von Kreuzspulen erhält das Aufsteckgatter die aus Abb. 312 ersichtliche Einrichtung.

Die zweiseitige Weife (Doppelweife), Abb. 312, ist hinsichtlich ihres Antriebes so eingerichtet, daß jede Seite für sich betriebsfähig ist, die beiden Weifenkronen also unabhängig voneinander arbeiten können. Die Kronen erhalten ihren Antrieb durch Friktionsscheiben, welche mittels Stufenscheibenvorgelege von der Fest- und Losscheibe aus durch Riemen in Betrieb gesetzt werden. Die gebräuchlichste Ausführung ist so, daß auf den unteren, parallel zur Weife liegenden Antriebswellen die Fest- und Losscheiben freiliegend angeordnet sind, Abb. 312a.

Für das Weifen von Garnen, die nicht nur in Strähnform gebracht, sondern gleichzeitig auch einen losen Drall erhalten sollen, wird die sog. Zwirnweife verwendet. Bei ihr erhalten die Fäden beim Ablauf von ihren Spulen Drehung vermittels der sie tragenden Spindeln.

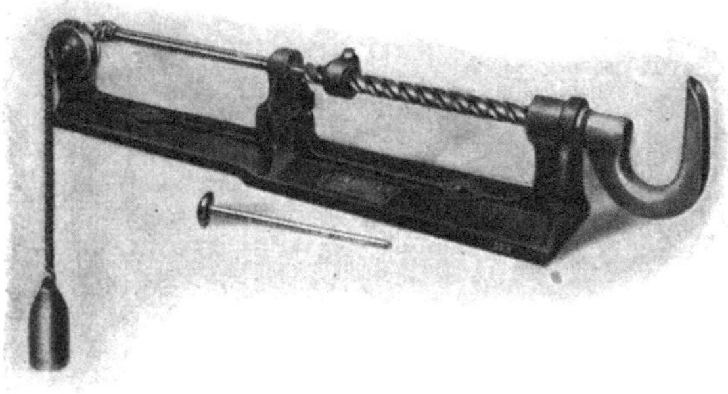

Abb. 313. Dockvorrichtung mit Vielgewindespindel (C. Hamel, Schönau b. Chemnitz).

b) Docken.

Das Docken hat den Zweck, die von der Weife kommenden Strähne zusammenzudrehen und dann durch Zusammenlegen auf die Hälfte der Länge des gedrehten Strahnes zur Docke umzubilden. Für das Drehen kommt der Dockapparat zur Anwendung, wie ihn Abb. 313 in einer Ausführung erkennen läßt. In den ersichtlichen Haken wird der zu drehende Strahn eingehängt und dann einem Zug ausgesetzt. Dieser hat die Axialverschiebung der mit Flachgewinde versehenen Hakenspindel in einer Mutter zur Folge, und aus dieser ergibt sich eine Drehung des Hakens, also auch des in ihm hängenden Strahnes. Ein auf der Hakenspindel vorgesehener Anschlag begrenzt den Spindelschub und bestimmt damit die Anzahl der Drehungen.

Abb. 314. Garnbündelpresse mit Antrieb durch direkt gekuppelten Motor (C. Hamel, Schönau b. Chemnitz).

c) Bündeln.

Die gedockten Garne werden für den Versand gebündelt. Es geschieht dies auf der Garnbündelpresse, die in Abb. 314 in einer Ausführungsform wiedergegeben ist. Ihre Handhabung ist die folgende. Der Boden des Preßkastens wird auf den tiefsten Stand eingestellt, dann wird der Kasten, dessen Deckel mit Gelenken befestigt ist, geöffnet, die Docken werden eingelegt, der Kasten wird geschlossen und die Maschine wird eingerückt. Der Boden beginnt sich alsdann zu heben und wird selbsttätig stillgesetzt, sobald das Paket genügend gepreßt ist. Zu diesem Zwecke steht der Preßkasten mit einem Finger in Verbindung, der bei einem bestimmten Hub das Ausrücken der Riemengabel veranlaßt. Im gleichen Augenblick legt sich eine Klinke in das Sperrad ein, so daß der Boden des

Kastens nicht zurückgehen kann; hierauf werden die Pakete mit Hilfe der in die geschlitzten Wandungen des Preßkastens vor dem Füllen desselben eingelegten Schnüren geschnürt und herausgenommen. Beim Ausschalten der Sperrklinke geht der Boden von selbst wieder in die tiefste Stellung zurück.

M. Luftbefeuchtung[1].

a) Allgemeines über absolute sowie relative Luftfeuchtigkeit und Taupunkt.

Je wärmer die Luft ist, um so mehr Feuchtigkeit vermag sie in Form von Wasserdampf aufzunehmen. Die Wasserdampfmenge in Kilogramm, die in einem

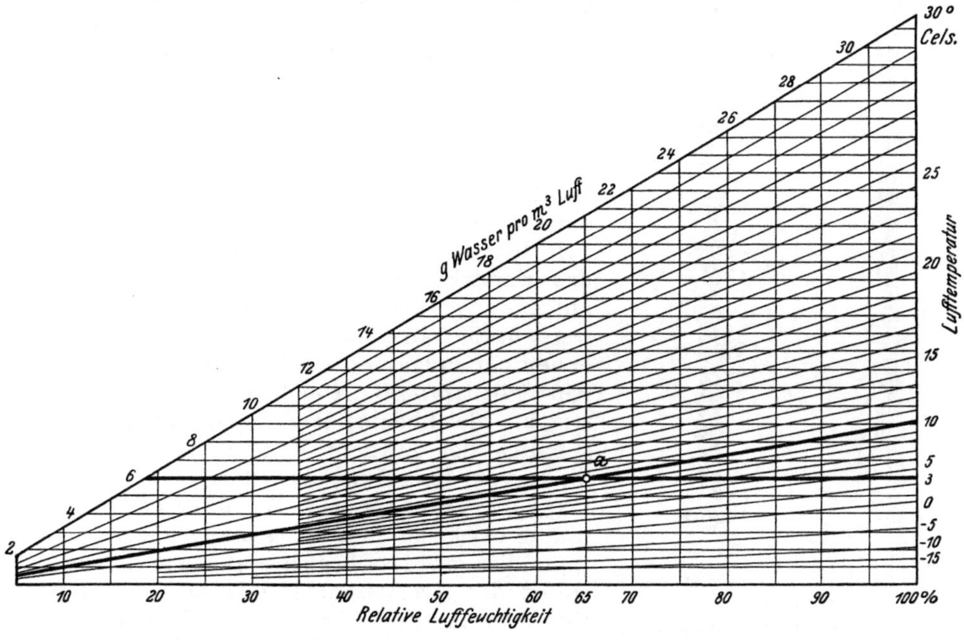

Abb. 315. Diagramm zur Bestimmung der Luftfeuchtigkeit und des Taupunktes.

Kubikmeter Luft enthalten ist, ist die absolute Feuchtigkeit. Enthält die Luft die volle Feuchtigkeitsmenge, die sie bei der betreffenden Temperatur aufnehmen kann, so ist sie gesättigt. In den meisten Fällen enthält die Luft nur einen Teil dieser Feuchtigkeit. Das Verhältnis der in der Luft enthaltenen Feuchtigkeit zu der für die Sättigung nötigen Feuchtigkeitsmenge wird in Prozenten ausgedrückt und heißt die relative Feuchtigkeit. Kühlt sich die Luft ab, so wird schließlich der Punkt erreicht, in dem der Feuchtigkeitsgehalt zur Sättigung ausreicht (Taupunkt). Bei weiterer Abkühlung wird der Taupunkt überschritten, es bilden sich Niederschläge. Die Beziehungen zwischen absoluter und relativer Luftfeuchtigkeit und Taupunkt sowie Lufttemperatur

---

[1] Vgl. hierzu auch O. Willkomm: Beiträge zur Frage der Luftbefeuchtung in Spinnereien und Webereien, Habilitationsschrift, Hannover 1909.

können dem Diagramm, Abb. 315[1], entnommen werden. Die relativen Feuchtigkeitsprozente sind auf der Abszisse, die Lufttemperaturen auf der Ordinate eingetragen. Vom Nullpunkt gehen Strahlen nach den Temperaturpunkten. Die Benutzung des Diagrammes erfolgt gemäß nachstehenden Beispieles:

Der Feuchtigkeitsmesser zeigt 65% relative Luftfeuchtigkeit bei einer Lufttemperatur von 10° C an. Man verfolgt den zu 10° C gehörigen Strahl, bis er die zu 65% gehörige Senkrechte schneidet (*a*). Von dem Schnittpunkt wagerecht nach links liest man den Wassergehalt für 1 cbm Luft ab (6 g); wagerecht nach rechts liest man die Taupunkttemperatur ab (3° C). Bis zu dieser Temperatur kann die Luft abgekühlt werden, ohne daß sich Niederschläge bilden.

Die in der Textilindustrie zu verarbeitenden Rohstoffe sind fast alle mehr oder weniger hygroskopisch, d. h. sie folgen hinsichtlich ihres Feuchtigkeitsgehaltes demjenigen der sie umgebenden Luft, nehmen also aus dieser Feuchtigkeit auf oder geben an sie Feuchtigkeit ab, wenn die Luft eine größere oder geringere Feuchtigkeit hat als sie selbst. Dieser letztere Umstand ist auf den Faserstoff von nachteiligstem Einfluß. Die Fasern werden hart, brechen infolgedessen leicht ab und setzen, da ihnen die erforderliche Geschmeidigkeit fehlt, dem Verarbeitungsprozeß einen größeren Widerstand entgegen. Sie legen sich nicht glatt zu einem Faserband, einer Lunte oder einem Faden aneinander; stehen vielmehr im Erzeugnis borstenartig von diesem ab, machen den Faden rauh. Auch das Entstehen elektrischer Erscheinungen darf auf eine zu geringe Luftfeuchtigkeit zurückgeführt werden. Sie haben ein Sträuben der freien Faserenden zur Folge und erschweren somit ebenfalls den Arbeitsprozeß, Abb. 316. Wegen des günstigen, gleichbleibenden hohen Feuchtigkeitsgehaltes der Luft in England kann man auf dieser vom Meere umgebenen Insel außerordentlich feine Garne spinnen. Bei unserem verhältnismäßig trockenen und unbeständigen Klima kann man dies nicht. Die Schwankungen teilen sich sofort den Arbeitsräumen mit und beeinflussen die Verarbeitung. Der aus dem Hartwerden der Fasern sich ergebende Faserbruch bedeutet einen Materialverlust, der nicht unbeachtlich ist. Außerdem verschlechtert der aus dem Faserbruch entstehende Faserflug die Luft, er macht sie staubhaltig. Besitzt die Luft eine ausreichende Feuchtigkeit, so nimmt der Faserbruch ab und es sinken die Bruchfasern, soweit solche noch entstehen, zu Boden. Es wirkt also die Luftbefeuchtung auch hygienisch, ganz abgesehen davon, daß eine mit ausreichendem Feuchtigkeitsgehalt versehene Luft für den Aufenthalt in den Arbeitsräumen zuträglicher ist, als eine zu trockene Luft, insbesondere dann, wenn auch gleichzeitig mit der Luftbefeuchtung eine hinreichende Erneuerung der Raumluft verbunden ist. Dies trifft ganz besonders dann zu, wenn im Sommer die Feuchtluft gekühlt, im Winter angewärmt wird. — Was von den Spinnereien gilt, gilt, wenn auch in geringerem Maße, sinngemäß auch von den Webereien.

Abb. 316.
Mit Genehmigung der Firma Gebr. Körting A.G., Hannover-Linden.

[1] Aus einer Druckschrift der Firma Danneberg & Quandt, Berlin-Lichtenberg, mit deren Genehmigung entnommen.

Je nach den einzelnen Fabrikationsvorgängen muß der Feuchtigkeitsgehalt der Luft verschieden sein. Als Normen gelten nach Angaben der Firma Danneberg & Quandt, Berlin, folgende Luftfeuchtigkeitsprozente:

Baumwoll-Vorbereitung	55—60%
Baumwoll-Vorspinnerei	60—65%
Baumwoll-Feinspinnerei	70—80%
je nach der Feinheit des Garnes	
Baumwoll-Winderei und Baumwoll-Weiferei.	70—75%
Baumwoll-Weberei	70—80%
je nach Garnsorten	
Northrop-Weberei	80—90%
Spulerei	70—85%

b) Luftbefeuchtungsanlagen.

Im allgemeinen unterscheidet man zwischen zentralen und örtlichen Luftbefeuchtungsanlagen. Bei den zentralen Luftbefeuchtungsanlagen wird die Luft in einer Vorrichtung gewaschen, befeuchtet, je nach der Jahreszeit erwärmt oder gekühlt, gegebenenfalls auch ozonisiert und dann von dieser Vorrichtung aus den einzelnen Arbeitsräumen bzw. Arbeitsstellen durch Blechrohrleitungen zugeblasen. Durch automatisch arbeitende Reguliervorrichtung ist die Konstanthaltung eines jeden gewünschten Zustandes der atmosphärischen Verhältnisse in den Arbeitsräumen ermöglicht. Die örtliche Luftbefeuchtung arbeitet dagegen mit Einzelluftbefeuchtern.

Für die Erzeugung der Wassernebel, durch welche die in den Arbeitsräumen vorhandene Feuchtigkeit auf das gewünschte Maß erhöht werden soll, kommen dabei hauptsächlich die nachbenannten beiden Verfahren in Anwendung.

1. Das Wasser wird durch Pumpendruck unter Zuhilfenahme von Düsen oder durch Vorrichtungen, mittels deren das Wasser der Fliehkraftwirkung ausgesetzt wird, zerstäubt — Druckwasserbefeuchtung.

2. Das Wasser wird mit Hilfe von gespannter Luft, Preßluft, zerstäubt — Druckluftbefeuchtung.

Das Druckluftverfahren ist das übliche. Bei ihm saugen Preßluftdüsen das in einer Wasserzuführungsleitung befindliche Wasser an und vernebeln es, indem die der Preßluft innewohnende Stoßkraft das Wasser mehrere Meter tief in den Arbeitsraum schleudert. Die Zerstäuber werden als ein-, zwei-, drei- oder vierdüsig zur Anwendung gebracht. Für das Abstellen einzelner Düsen beim Mehrdüsenzerstäuber sind gewöhnlich Hähne in die Ansaugeleitungen eingebaut, die nach Bedarf geöffnet und geschlossen werden können. Die Leistung aller dieser Düsen wird von einer Stelle aus reguliert. Überall da, wo die örtlichen Verhältnisse die Unterbringung einer ausreichenden Zahl von Zerstäubern nicht zulassen und ein Lüftungs- oder Heizungsbedürfnis vorliegt, werden die Zerstäuber in die Frischluftzuführung, Luftumwälzung und Luftheizung eingebaut.

Die vorstehend gekennzeichneten Systeme der Luftbefeuchtung sind in den letzten Jahren zu hoher Entwicklung gelangt. Jedes System hat seine Vorteile und seine Nachteile. Welches System jeweils zur Anwendung gebracht werden kann, muß von Fall zu Fall entschieden werden. Die Besprechung all der gemachten zahlreichen Vorschläge an dieser Stelle ist ausgeschlossen, es sollen deshalb nur einige Beispiele vor Augen geführt werden.

Die Firma Danneberg & Quandt, Berlin-Lichtenberg, hat eine Zentralluftbefeuchtungsanlage eingeführt, deren Wesen darin besteht, daß unter jedem Ausblaserohr für die angefeuchtete Luft ein Vierdüsenzerstäuber angeordnet ist. Während es nach Angabe der genannten Firma mit Hilfe einer

Zentralluftbefeuchtungsanlage nur möglich ist, im Raume eine Luftbefeuchtung von etwa 65 bis 70% relativer Sättigung zu erreichen, bieten die gleichzeitig noch vorgesehenen Einzelzerstäuber die Möglichkeit, eine höhere Luftfeuchtigkeit zu erzielen.

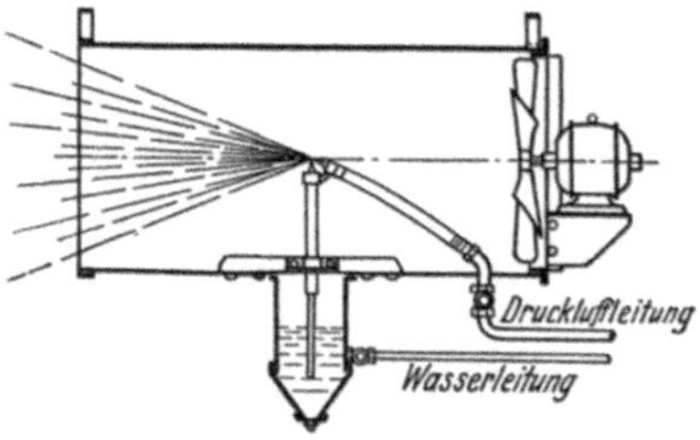

Abb. 317. Luftbefeuchter für Umluft (Benno Schilde, Hersfeld).

Die Abb. 317 bis 319 geben schematisch den Schilde-Krüger-Luftbefeuchter in verschiedenen Ausführungsformen wieder. Bei ihm ist der mit Preßluft betriebene Zerstäuber in einem beiderseits offenen, wagerecht liegenden Zylinder eingebaut und saugt das Wasser aus einem Behälter an, der an der Unterseite dieses Zylinders angeordnet ist und mit einer Wasserzuleitung in Verbindung steht, welche ihrerseits wieder an einen Speisebehälter angeschlossen ist, in welchem der Wasserspiegel durch einen Schwimmkugelregler immer auf gleicher Höhe gehalten wird. Ein in das rückwärtige Ende des Zylinders eingebauter Schraubenventilator löst den von dem Zerstäuber erzeugten Wasserstaubkegel völlig auf und treibt den so gebildeten Wassernebel in den Arbeitsraum. Saugt der Ventilator nur Raumluft an, so arbeitet der Luftanfeuchter nur mit Umluft, Abbild. 317. Führt man das den Ventilator einhüllende Rohr mit dem Hinterrande durch die Wand oder das Dach des Arbeitsraumes, so saugt er Frischluft an, Abb. 318. Es wird im Arbeitsraum Lufterneuerung erzielt. Dabei kann, wie dies die Abbildung erkennen läßt, durch Anwendung einer Stellklappe auch eine teilweise Luftumwälzung und Lufterneuerung erzielt werden. Endlich läßt sich mit der Luftbefeuchtung durch den Zerstäuber auch Luftheizung oder Luftkühlung verbinden, Abb. 319.

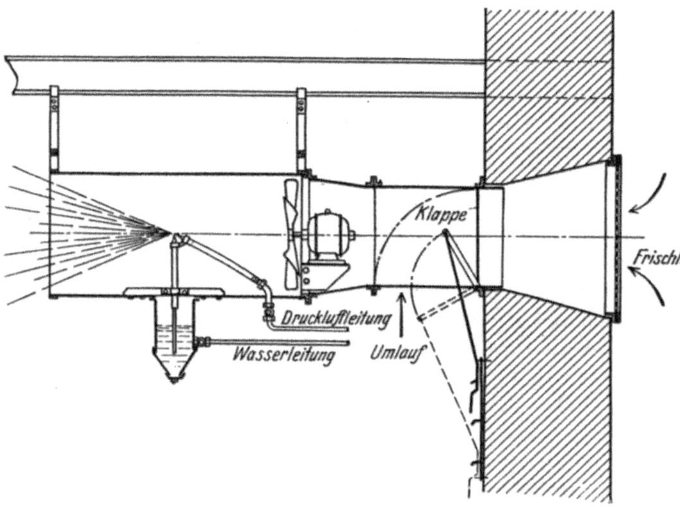

Abb. 318. Luftbefeuchter mit Lufterneuerung durch eine Wand (Benno Schilde, Hersfeld).

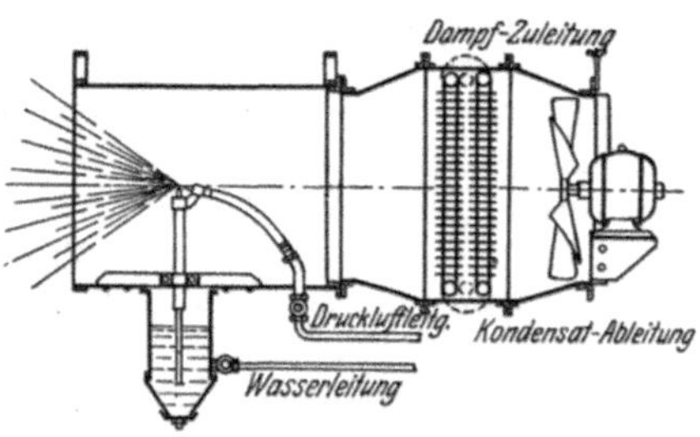

Abb. 319. Luftbefeuchter mit Heizung oder Kühlung (Benno Schilde, Hersfeld).

Um Schwankungen im Druck der Preßluft auszugleichen und so eine ruhige, gleichmäßige Zerstäubung zu bekommen, ist zwischen dem Kompressor und den Zerstäubern vielfach ein Druckausgleichkessel eingeschaltet. In ihm schlägt sich auch etwa mitgerissenes Öl nieder.

Abb. 320 zeigt einen Vierdüsenzerstäuber, bei dem die vier regulierbaren Düsen an einem gemeinsamen Kopf sitzen, dem einerseits das zu zerstäubende Wasser, andererseits die Preßluft durch je eine Rohrleitung regelbar zugeleitet wird.

Sollen Mehrdüsenzerstäuber mit Luftumwälzung oder Lufterneuerung zur Anwendung kommen, so werden die Zerstäuber in den Ausbläser eines Ventilators, Abb. 322, einer Zentrifugalturbine oder dgl. eingebaut. Die Saugrohre für das zu zerstäubende Wasser sind an ein ihnen gemeinsames Zuleitungsrohr

Abb. 320. Vierdüsen-Druckluft-Zerstäuber in einer Spinnerei (Gebr. Körting, Hannover-Linden).

angeschlossen und ebenso auch die Rohre für die Zuleitung der Preßluft zu den einzelnen Düsen. Den Düsen vorgeordnet sind Heizbatterien, mit Hilfe deren die vom Ventilator, der Turbine oder dgl. angesaugte Luft vor ihrem Eintritt in den Arbeitsraum auf eine gewünschte Temperatur gebracht werden kann.

Die Regulierung der Wasserzufuhr zu den Düsen erfolgt im allgemeinen durch Veränderung des Wasserstandes in der Anlage. Hierdurch wird die Ansaughöhe der Düsen verkürzt oder erhöht und demgemäß die Zerstäubungsleistung der Düsen vermindert oder vergrößert. Ein weiteres Mittel, die Wasserzufuhr zu den Düsen zu regeln, besteht in der Anwendung eines in der Höhe verstellbaren sogenannten Wasserregulators, siehe Abb. 331. Endlich sind auch die sogenannten Daqua-Wasserregulatoren zu erwähnen, bei denen kein in der Höhe verstellbarer, sondern ein feststehender Wasserkasten benutzt wird. Der gewünschte Wasserstand wird bei diesem Regulator durch Veränderung des Schwimmergewichts auf die erforderliche Höhe eingestellt. Es ist hierzu lediglich eine Drehung an der Anzeigespindel nötig. Eine Skala gibt die Wasserstandshöhe an.

Ein Übelstand, der sich bei der Luftbefeuchtung der Arbeitsräume mittels der gewöhnlichen Zerstäuberdüsen unangenehm bemerkbar macht, ergibt sich aus dem Verstopfen der Düsenöffnungen. Ihm wird durch Einführen eines Drahtes oder dergleichen in die Düse von der Ausblaseseite aus abgeholfen. Diese Art der Reinigung ergibt Nachteile; einerseits werden die das Verstopfen des Düsenmundstücks herbeiführenden Unreinigkeiten lediglich in die Düse selbst zurückgestoßen, also nicht beseitigt, andererseits treten Beschädigungen der feinen Düsenöffnungen ein. Um diese Mängel zu beheben, hat die Firma Danneberg & Quandt, Berlin-Lichtenberg, unter der Bezeichnung „Easy Cleaning" eine leicht zerlegbare Düse eingeführt und ordnet diese so an der Zuleitung an, daß ihre einzelnen Bestandteile nach dem Zerlegen der Düse von der Rückseite aus mit Hilfe einer Drahtbürste leicht gereinigt werden können. Die Abb. 322 u. 323 lassen sowohl die Ausbildung der Düsen als auch ihre Reinigung erkennen.

Abb. 321. Mehrdüsenzerstäuber, eingebaut in den Ausbläser des Ventilators (Danneberg & Quandt, Berlin-Lichtenberg).

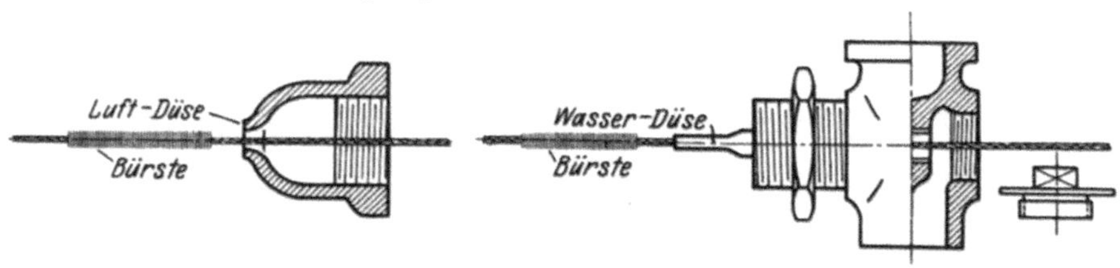

Abb. 322. Zerlegbare, von der Rückseite aus zu reinigende Düse.

Bei der Druckwasserbefeuchtung verwendet man Einzelzerstäuber oder eine Zentralanlage. Das durch ein Filter gesäuberte Wasser tritt bei den ersteren mit hohem Druck aus der Düse aus und zerstäubt auf einer Prallnadel zu einem Kegel aus unendlich feinen Wasserteilchen. Falls das den Zerstäuber einschließende Gehäuse an seinem hinteren Ende offen ist, saugt der Zerstäuber infolge der injektorähnlichen Wirkung des aus der Düse austretenden Wassers dauernd Luft aus dem Raum an. Diese Luft vermischt sich bei ihrem Durchgang durch den Wasserschleier innig mit dem zerstäubten Wasser und tritt in Form eines Nebels aus einem trompetenartig erweiterten Ende, nach allen Seiten sich verteilend, in den Raum aus. Tropfen, die sich im Innern des Gehäuses an dessen Wandung niederschlagen, und das nicht zerstäubte oder von der Luft nicht aufgenommene Wasser sammeln sich in einem Auffangteller und fließen durch ein Rohr dem Sammelbehälter wieder zu, von wo das Wasser nach Durchlaufen eines Filters wieder den Kreislauf durch das Leitungsnetz beginnt. Die Düse des Zerstäubers ist gegen Verstopfen durch Unreinlichkeiten oder Ablagerungen des Wassers durch eine automatische Reinigungsvorrichtung geschützt, die in jeder Betriebspause selbsttätig wirksam wird und bei Betriebsstillstand die Düse verschlossen hält. Zum Zerstäuben verwendet man im Sommer nach Möglichkeit kaltes Wasser. Hierdurch bewirkt man bei dieser Art Luftbefeuchtung gleichzeitig eine ganz besonders in Spinnereien notwendige erhebliche Abkühlung der Raumluft. Im Winter dagegen wird das Wasser vermittels einer Heizschlange oder eines kleinen Dampfstrahlapparates erwärmt, so daß durch die Zerstäubung des erwärmten Wassers die Heizung unterstützt wird. Verbindet man das hintere Ende des Zerstäuber-

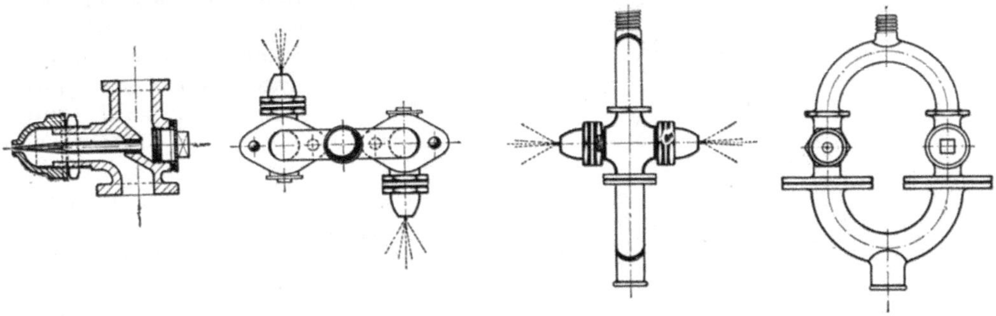

Abb. 323. Daqua-Einzel- und -Doppeldüse (Easy-Cleaning).

gehäuses durch ein Rohr mit der Außenluft, so findet eine ständige Ansaugung von Frischluft statt, und zwar in einem solchen Umfange, daß hierdurch ein 1½- bis 2facher stündlicher Raumluftwechsel erreicht wird. Ein zwischen Zerstäuber und Ansaugerohr eingebauter Schaltkasten gestattet es, statt Frischluft auch Raumluft oder Frisch- und Raumluft gemischt anzusaugen.

Bei der zentralen Druckwasserzerstäubung erfolgt die Sättigung der Luft mittels zentral angeordneter Zerstäuber. Sie enthalten eine entsprechende Anzahl Düsen, durch deren Wasserschleier die zur Erhöhung des Feuchtigkeitsgehaltes der Luft eines bestimmten Arbeitsraumes erforderliche Luftmenge mittels eines Ventilators geblasen wird, bevor sie in den Arbeitsraum, sich mit der Raumluft mischend, eintritt.

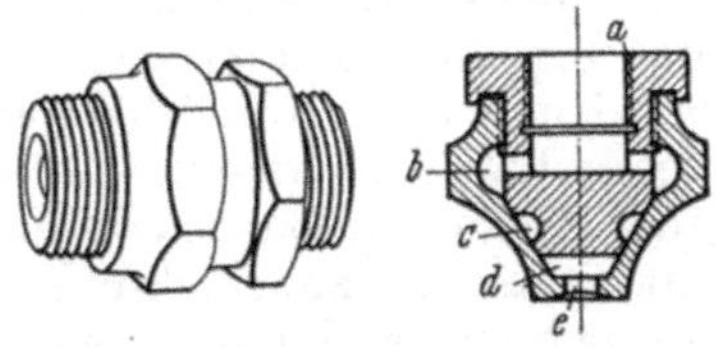

Abb. 324. Spiraldüse (Paul Lechler, Stuttgart).

Abb. 324 veranschaulicht in Schnitt und in Ansicht eine als Spiraldüse bekannte Zerstäuberdüse für Druckwasser. Dieses wird, zentral durch das Rohr *a* in die Düse eintretend, dem Düsenmund *e* in einem schraubengangartig verlaufenden Kanal *b*, *c* zugeführt und tritt infolgedessen aus dem Düsenmund *d*, *e* in wirbelnder Bewegung aus. Diese Bewegung hat eine Vernebelung des Druckwassers zur Folge.

Unter der Bezeichnung „Humidorex" ist ein düsenloser Zerstäuber eingeführt worden, durch den alle die Nachteile, welche die mit Zerstäuberdüsen arbeitenden Luftbefeuchtungsanlagen aufweisen, beseitigt werden sollen. Er besteht im wesentlichen aus einem Gehäuse mit eingebautem Ventilator, einer Wechselschaltvorrichtung für Frisch-, Raum- oder Mischluft, siehe Abb. 325, und einem als Haube oder ein zum Anschluß an eine Luftverteilungsrohrleitung geeignetes Mundstück ausgebildetes Luftverteilungsorgan. Die Zerstäubung des Wassers zur Befeuchtung der durch den Apparat geführten Luft vollzieht sich nach dem kombinierten Zentrifugal- und Prallverfahren durch ein Ventilatorflügelrad. Im Innern des Apparates findet eine intensive Mischung der Luft mit dem Wassernebel statt. Der Eintritt der so im Apparat behandelten Luft erfolgt durch das Luftverteilungsorgan, das so ausgebildet ist, daß mittels einer Regulierklappe der Luftstrom erst die Richtung über eine sehr saugfähige Platte erhält, durch die auch die letzten gröberen Wasserteile ausgeschieden werden. Eine zug- und tropfenfreie Verteilung der konditionierten Luft im Raum ist dadurch gewährleistet. Zur Speisung des Apparates mit Wasser ist kein besonderer Druck des Wassers erforderlich, das heißt das Wasser braucht nur so viel Druck zu haben, daß es von selbst dem Apparat zufließt. Um eine möglichst gleichmäßige Wasserdruckhöhe zu haben, wird für eine größere Anzahl von Apparaten vorteilhaft ein Wasserdruckregler eingebaut. Die Rückwassermenge ist nach Angabe der Erbauerin unbedeutend und beträgt je Apparat im Durchschnitt ca. 60 l in der Stunde. Ohne Schwierigkeiten kann dieses Rückwasser in einer kleinen Pumpe zusammengeführt werden, um von hier aus erneut zur Speisung Verwendung zu finden. Auch die Beheizung der Räumlichkeiten kann mit dem Apparat erfolgen. Es wird für diesen Fall ein Lamellen-Kalorifer eingebaut. Zu seiner Speisung kann Dampf jeder Spannung oder Heißwasser Verwendung finden. In der kalten Jahreszeit muß das zu zerstäubende Wasser erst angewärmt werden, vorteilhaft geschieht dies durch einen in den Wasserdruckregler eingebauten Dampfstrahlapparat.

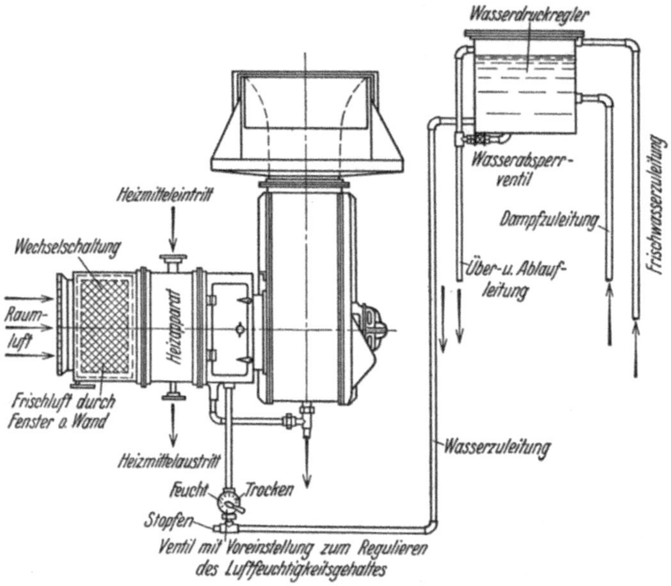

Abb. 325. Düsenloser Zerstäuber „Humidorex“ (C. Wiessner, Görlitz).

c) Feuchtigkeitsmesser.

Um die Wirkung einer Luftbefeuchtungsanlage im vollen Umfange auszunützen, ist es erforderlich, durch geeignete Meßinstrumente den Feuchtigkeitsgehalt der Luft und deren Temperatur regelmäßig zu überwachen.

Heute benutzt man zur Bestimmung des Feuchtigkeitsgehaltes der Luft hauptsächlich zwei Instrumente, und zwar das Hygrometer und das Psychrometer.

Bei ersterem wird die Ausdehnung und das Schrumpfen eines hygroskopischen Körpers auf eine Zeigerskala übertragen. Die ersten Versuche, die Luftfeuchtigkeit mit einem Hygrometer zu messen, hat nach Angaben der Firma Wilh. Lambrecht A.-G., Göttingen, der Mathematiker Lambert angestellt, indem er Darmsaiten benutzte, deren axiale Drehung ein Zeiger auf einer Skala anzeigte. Doch haben diese Instrumente den genauen Grad der Luftsättigung mit Wasserdampf noch nicht angezeigt, sondern ihn nur schätzungsweise angegeben. Erst Saussure, Gay-Lussac und später Daniell haben die große Empfindlichkeit des entfetteten Menschenhaares erkannt, das sich verlängert, wenn es feucht und verkürzt, wenn es trocken wird[1]. Wilh. Lambrecht ist es dann gelungen, ein exaktes Hygrometer zu schaffen. Bei ihm ist das einfache Menschenhaar durch ein Haarbündel ersetzt. — Das Psychrometer besteht im allgemeinen aus 2 normalen, aber gleichmäßig anzeigenden Thermometern, von denen

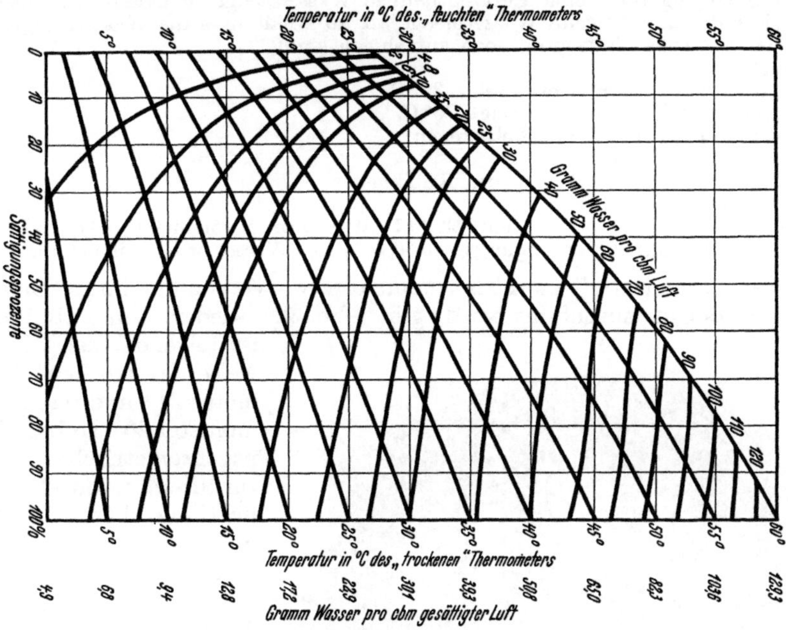

Abb. 326. Karte für Feuchtigkeitsbestimmungen.

das eine zur Bestimmung der Temperatur der trockenen Luft dient, während das andere die Sättigungstemperatur anzeigt. Zu diesem Zweck ist die Kugel dieses Thermometers mit Mull umwickelt, dessen Ende in ein mit Wasser gefülltes Gefäß eintaucht, so daß die Thermometerkugel durch die im Mull aufsteigende Feuchtigkeit feucht erhalten wird. Je nach dem Feuchtigkeitsgehalt des Raumes, in dem das Psychrometer aufgehängt ist, verdunstet nun aus dem die Kugel umgebenden Mull mehr oder weniger Feuchtigkeit und entzieht dem Thermometer mehr oder weniger Wärme. Das „nasse" Thermometer zeigt also weniger Temperaturgrade an als das trockene und durch Vergleich beider Anzeigen erhält man die psychrometrische Differenz, aus der man bequem mit Hilfe einer Tabelle oder Kurventafel den relativen Feuchtigkeitsgehalt der Luft bestimmen kann.

Die obenstehende, einer Druckschrift der Firma Benno Schilde, Maschinenbau A.-G., Hersfeld, entnommene Karte (Abb. 326) gibt Aufschluß darüber,

[1] Vgl. H. Bongards: Feuchtigkeitsmessung. Verlag R. Oldenbourg, München und Berlin 1926.

wie man aus der psychrometrischen Differenz den relativen Feuchtigkeitsgehalt der Luft usw. bestimmen kann.

Suche auf der Karte rechts die am trockenen Thermometer, links die am feuchten Thermometer abgelesenen Temperaturen auf.

Folge der vom ersterwähnten Punkt ausgehenden, nach links abfallenden Kurve bis zur Waagerechten, welche der Temperatur des Feuchtthermometers entspricht. Von diesem Schnittpunkt aus erfolgen die Ablesungen:

1. Die Senkrechte zeigt auf der Fußlinie den Sättigungsgrad in Prozenten an.
2. Die links aufsteigende Kurve zeigt auf der oberen, nach links abfallenden Grenzkurve den wirklichen Wassergehalt in Gramm für 1 cbm Luft an.
3. Der rechts abfallende Schenkel derselben Kurve zeigt auf der rechten äußeren Senkrechten den Taupunkt bei dem oben ermittelten Wassergehalt an.
4. Die neben der Temperatur des „trockenen“ Thermometers stehende Zahl gibt die bei voller Sättigung für 1 cbm Luft enthaltene Wassermenge in Gramm an. Zieht man hiervon die unter 2. ermittelte Wassermenge ab, so erhält man die Wassermenge, welche die Luft bis zur vollen Sättigung noch aufnehmen kann.

Beispiel:
Das „trockene“ Thermometer zeigt 30° C.
Das „feuchte“ Thermometer zeigt 20° C.
Aus der Karte ergeben die Ablesungen:

1. Sättigungsgrad 36%.
2. Wassergehalt der Luft 11 g pro Kubikmeter.
3. Taupunkt bei 12° C.
4. Vollgesättigte Luft von 30° C enthält 30,1 g Wasser pro Kubikmeter; es kann also die hier gemessene Luft mit nur 36% Sättigung noch 30,1—19,1 g Wasser pro Kubikmeter aufnehmen.

Ein Psychrometer mit zwei Thermometern, wie es von der Firma Danneberg & Quandt, Berlin, ausgeführt wird, gibt Abb. 327 wieder. Seine Handhabung ist folgende. Zeigt beispielsweise das trockene Thermometer 24° und das Naßthermometer 20°, so besteht eine psychrometrische Temperaturdifferenz von 4°. Nach Ermittlung dieser stellt man durch Drehung des zwischen den beiden Thermometern vorgesehenen Knopfes die am Trockenthermometer abgelesene Zahl 24 in den im Scheitel der Schwarzscheibe vorgesehenen Ausschnitt ein. Die unter der Zahl 24 sichtbare Zahlenreihe gibt dann neben der in der linksseitigen Skala aufzusuchenden Differenz Zahl 4 die Feuchtigkeit mit 67% an. Die neben dem rechten (Naß-) Thermometer angebrachte Tabelle dient zur Feststellung des in der Luft für 1 cbm enthaltenen Wassergewichtes. — Es kann aus ihr der in einem Kubikmeter der Luft enthaltene Wassergehalt in Gramm für die jeweilige Temperatur und den Feuchtigkeitsprozentsatz abgelesen werden. Von dem Psychrometer nach Abb. 327 unterscheidet sich das in Abb. 328 wiedergegebene „Home-Psychrometer“ dadurch, daß es noch ein drittes Thermo-

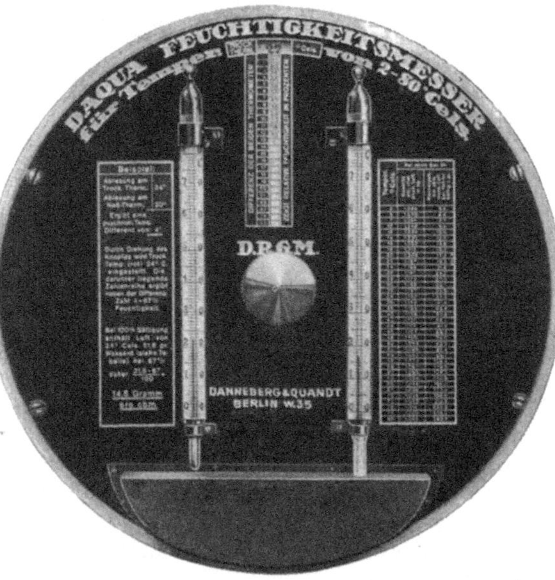

Abb. 327. Luftfeuchtigkeitsmesser (Danneberg & Quandt, Berlin-Lichtenberg).

meter enthält, mit dem die Wassertemperatur gemessen wird, um die richtige Anzeige des „nassen" Thermometers zu überwachen. Wenn die Wasserübertragung durch den Mull richtig erfolgt und Verschmutzung, Verölung oder dgl. diese nicht hindert, darf das „nasse" Thermometer nie weniger als 1 Teilstrich unter der Wassertemperatur anzeigen.

In zahlreichen Fällen bietet die Überwachung der Feuchtigkeitsverhältnisse innerhalb eines Betriebes Schwierigkeiten, weil die Meßstellen schlecht zugängig sind. Für solche Fälle kommt das Winkelpsychrometer in Anwendung, Abb. 329. Bei ihm ragen die Thermometer in den zu messenden Raum hinein, die Skalen befinden sich aber außerhalb des Raumes, so daß die Angaben, ohne diesen zu betreten, abgelesen werden können. Ferner befindet sich auch das Wassergefäß in dem zu messenden Raume, so daß es die Raumtemperatur annimmt, was zur genauen Messung unbedingt erforderlich ist. Ein trichterartig erweitertes Wasserstandsrohr dient zum Eingießen der Flüssigkeit.

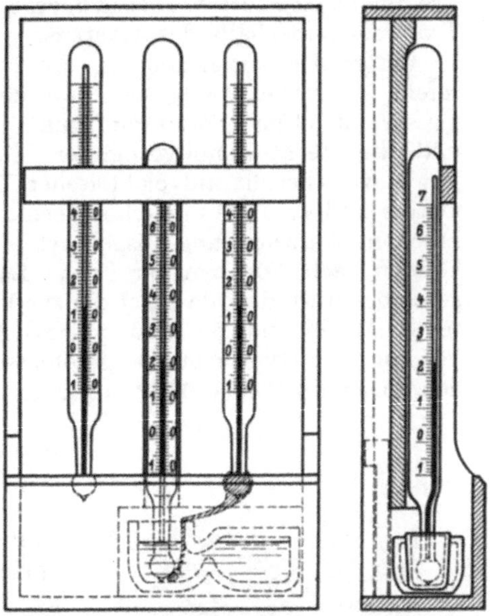

Abb. 328. Home-Psychrometer (Carl Wiessner, Görlitz).

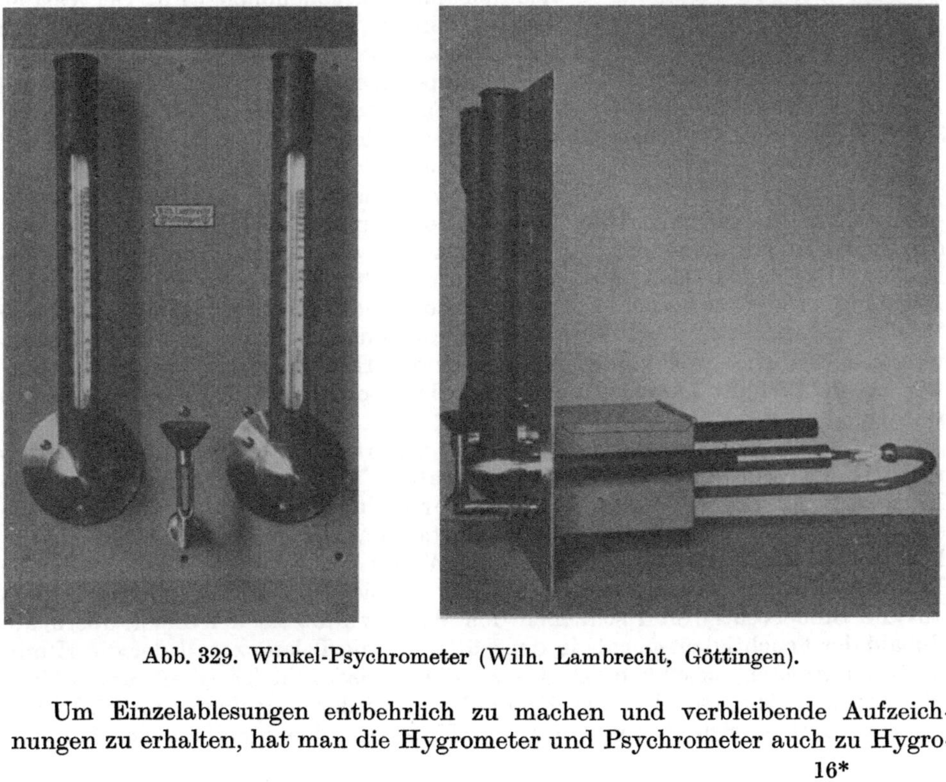

Abb. 329. Winkel-Psychrometer (Wilh. Lambrecht, Göttingen).

Um Einzelablesungen entbehrlich zu machen und verbleibende Aufzeichnungen zu erhalten, hat man die Hygrometer und Psychrometer auch zu Hygrographen und Psychrographen ausgebildet. Ein Beispiel für einen Thermohygrographen zeigt Abb. 330. Er ist für beide Aufzeichnungen mit nur einer Trommel ausgestattet. Das Meßgerät befindet sich im Inneren, die registrierende Trommel außerhalb des Kastens.

Bei großer Entfernung der Kontrollstellen kosten die Ablesungen viel Zeit, sofern sie einzeln aufgesucht werden müssen. Deshalb hat man die Fernmesser eingeführt. Zu ihnen gehören die Fernhygrometer, Fernpsychrometer und die Fernthermohygrometer. Das Fernhygrometer, System Lambrecht-Dr. Wever, beruht auf elektrischer Übertragung der Angaben des Haarhygrometers und wird als einfacher Fernanzeiger oder als Fernschreiber für ununterbrochene Aufzeichnung ausgeführt. An einen Fernschreiber (Multifernschreiber) können nach Angaben der Firma Lambrecht höchstens 6 Fernhygrometer angeschlossen werden, da sonst die zur Unterscheidung der verschiedenfarbig gehaltenen Aufzeichnungen unübersichtlich werden. An einen Fernanzeiger können beliebig viel Hygrometer angeschlossen werden. Die Tastenschalter werden für den Anschluß von je 6, 12, 18 usw. Hygrometern eingerichtet. Zur Ausführung einer Messung wird lediglich eine Drucktaste betätigt und dadurch ein Hygrometer eingeschaltet. Das Anzeigeinstrument gibt dann sofort die Feuchtigkeit des betreffenden Raumes in Prozenten relativer Feuchtigkeit an. Die Taste springt nach dem Loslassen wieder in die Ausgangsstellung zurück. Für viele Zwecke ist es wünschenswert, daß das Anzeigeinstrument den Stand der letzten Messung beibehält, bis eine neue Messung vorgenommen wird. Der Tastenschalter wird in diesem Falle so gebaut, daß jede Taste so lange in Meßstellung bleibt, bis eine andere Taste niedergedrückt und damit die erste Taste selbsttätig ausgelöst wird.

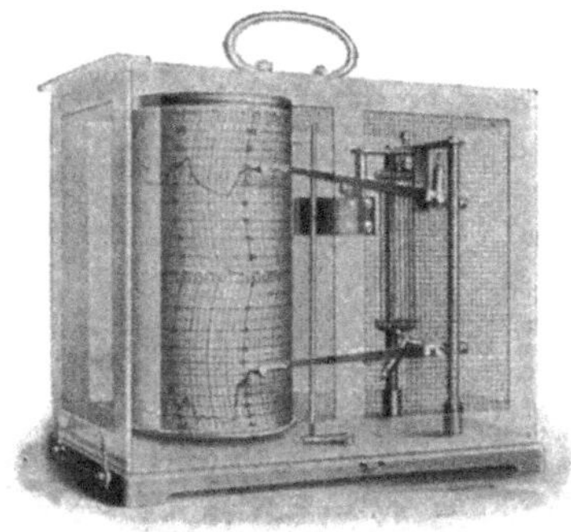

Abb. 330. Thermo-Hygrograph mit gemeinsamer Trommel (Wilh. Lambrecht, Göttingen).

In vielen Fällen wird Wert darauf gelegt, daß die Luftfeuchtigkeit und Temperatur durchaus gleich bleibt, unabhängig vom Bedienungspersonal. Auch für die Nachtzeit und an Sonn- und Feiertagen, an denen Bedienungspersonal nicht zur Verfügung steht, wird diese Forderung oft erhoben. Hier haben sich Anlagen für automatische Regelung bewährt. Die Regelung erfolgt entweder durch elektrisch betätigte Stellorgane nach dem Psychrometerprinzip, durch Hydrostaten, die mittels Relais auf durch Druckwasser betriebene Stellzylinder wirken, durch Humidostaten und Thermostaten. Auch Preßluft kann vorteilhaft für die automatische Regulierung benutzt werden.

Bei der in Abb. 331 wiedergegebenen automatischen Feuchtigkeitsreguliervorrichtung stehen Humidostaten, also feuchtigkeitsempfindliche Elemente, mit Steuerventilen in Verbindung, die in die Saugleitung der Zerstäuber eingebaut sind. Wenn die Humidostaten auf einen bestimmten Feuchtigkeitsgehalt eingestellt sind und durch die Wasserzerstäubung die entsprechende Raumfeuchtigkeit überschritten wird, öffnen sich die Humidostaten, wirken auf die Steuerventile und schließen den Wasserzufluß zu den Zerstäubern ab. Sobald der Feuchtigkeitsgehalt in den Sälen um die Toleranz, mit der die Humidostaten arbeiten, gesunken ist, treten diese wieder in Tätigkeit und öffnen die Steuerventile, so daß die Zerstäubung wieder aufgenommen wird. Das Spiel wiederholt sich ständig, und der Effekt ist eine innerhalb der Toleranz konstante relative Feuchtigkeit in den mit derartigen Einrichtungen ausgestatteten Räumen, wie dies z. B. Abb. 332 erkennen läßt.

In ähnlicher Weise arbeiten die Einrichtungen für automatische Temperaturregelung. Bei ihnen wirkt ein durch die Raumtemperatur beeinflußtes Element, ein Thermostat, auf das Dampf- oder Wasserzutrittsorgan des angeschlossenen Heizelements.

Eine weitere, aber mit Düsen arbeitende Vorrichtung, in der sich die Befeuchtung, Entfeuchtung, Erwärmung oder Kühlung der zu behandelnden Luft so vollzieht, daß jede gewünschte Raumlufttemperatur und -Feuchtigkeit vollkommen unabhängig von der Außenluft bzw. dem Wetter erreicht wird, veranschaulicht Abbild. 333. Sie ist als „Klima"-Apparat bekannt. In einem Teil desselben wird die zu behandelnde Luft nach Bedarf selbsttätig gefeuchtet, entfeuchtet, erwärmt oder gekühlt, sie ist stets voll gesättigt bei einer Temperatur, welche dem Taupunkt der Raumluft entspricht. Dieser Luftzustand wird durch die Zuführung von fein zerstäubtem Wasser ermöglicht, das erwärmt oder gekühlt wird, falls es nicht bereits die entsprechende Temperatur aufweist. Wenn der Raumluft durch das im Raum zur Verarbeitung gelangende Material, den natürlichen Luftwechsel usw. Feuchtigkeit entzogen wird, führt eine besondere Befeuchtungseinrichtung im anderen Teil des Konditionierapparats der Luft Wassernebel zu, um dadurch zusätzliche Feuchtigkeit an die Raumluft abgeben zu können. Auch hier wirken besondere Spezialdüsen. Andererseits enthält in vielen Fällen die Außenluft im Sommer mehr Feuchtigkeit, als erwünscht ist, ein Zustand, der sowohl die Qualität gewisser Erzeugnisse verschlechtert als auch die Bearbeitung erschwert. Die Entfernung der Feuchtigkeit aus der Luft geschieht durch Kondensation, indem die Temperatur der Luft unter

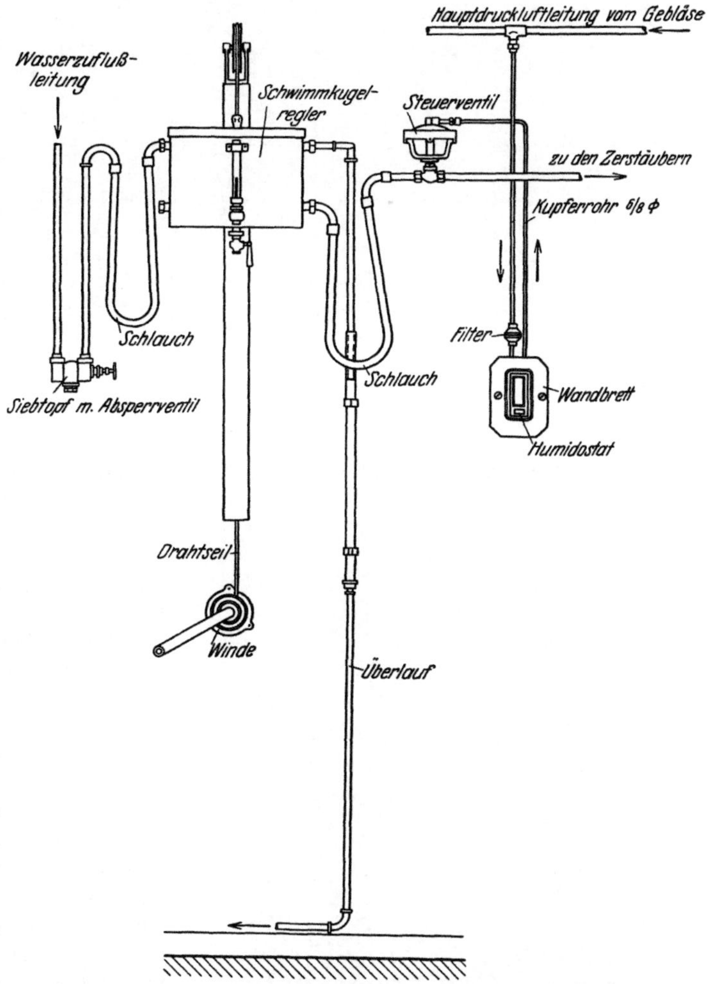

Abb. 331. Automatische Reguliervorrichtung für Feuchtigkeit und Temperatur (Gebr. Körting, Hannover-Linden).

ihren Taupunkt gebracht wird. Das überschüssige Wasser wird auf diese Weise kondensiert und sammelt sich im Apparat, von wo aus die Abführung erfolgt. Das

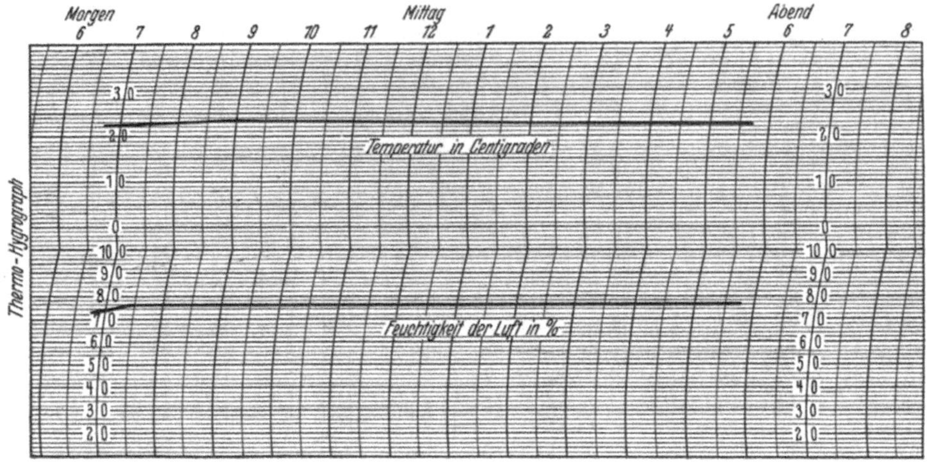

Abb. 332. Aufzeichnung der Reguliervorrichtung für Temperatur und Feuchtigkeit in einer Automatenweberei (mit Genehmigung der Fa. C. Wiessner, Görlitz).

Wasser nimmt also die Luftwärme auf, wobei der fein verteilte Nebel sehr wirksam ist. Die Funktion der Ent- und Befeuchtung übt der Apparat unter automatischer Kontrolle aus. Ihm sind zu diesem Zweck Feuchtigkeits-, Temperatur- und Taupunktregler zugeordnet. Als Steuermittel für die automatischen Ventile dient Druckluft von 1 at oder der elektrische Strom. Zur Erzielung der erforderlichen Raumtemperatur wird die Nacherwärmung der Luft durch einen Lufterhitzer vorgenommen. Die so vorbereitete Luft wird je nach den örtlichen Verhältnissen und dem gewünschten Raumklima frei in den Arbeitsraum oder durch Luftverteilungskanäle eingeführt. Sie gewährleistet gute und reine Luft, da sie eine gründliche Wäsche und Reinigung beim Durchgang durch die eingebauten Zerstäubungs- und Berieselungsschichten durchmacht, bevor sie in den Arbeitsraum eintritt.

Abb. 333. Klima-Apparat mit Taupunktregler (C. Wiessner, Görlitz).

N. Garnbefeuchtung.

Aus dem vorstehenden Abschnitt ergibt sich, welche Bedeutung die Befeuchtung der Arbeitsräume für die Durchführung des Spinnprozesses hat. Das was für die Spinnerei gilt, gilt übrigens auch für die Vorbereitung in der Weberei und diese selbst.

Nach den im Garnhandel herrschenden Gebräuchen ist es üblich, das Baumwollgarn mit 8½ % Feuchtigkeit zur Ablieferung zu bringen, während es

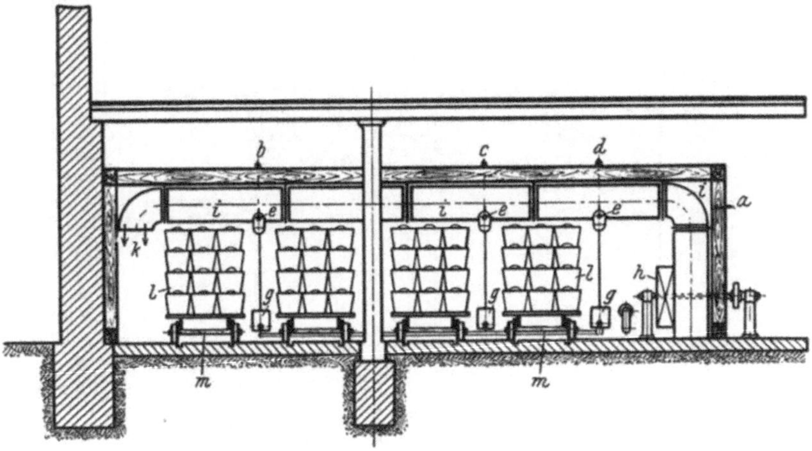

Abb. 334. Garnbefeuchtungsvorrichtung für Spinnereien (B. Cohnen, Grevenbroich).

im allgemeinen beim Verlassen der Spinnerei 2 bis 3% weniger Feuchtigkeit besitzt. Dieses Minus muß ergänzt werden, wenn eine Benachteiligung der Spinnerei, Einsprüche, Kringelbildung, Fadenbrüche bei der Weiterverarbeitung usw. vermieden werden sollen. Erreicht wird dies durch Befeuchtung.

Abb. 335. Befeuchtungsvorrichtung für Garne — Kammer offen — beladener Wagen eingefahren (B. Cohnen, Grevenbroich).

Sie kann erfolgen durch die Kellerbefeuchtung, Tücherbefeuchtung, Befeuchtung durch Dämpfe oder durch Besprengen. Alle diese Verfahren weisen jedoch Mängel auf und eignen sich nicht für den heutigen Großbetrieb. Man ist deshalb bestrebt gewesen, Vorrichtungen zu schaffen, welche eine ausreichende Befeuchtung in kürzester Zeit und ohne Nachteile für die Garne ermöglichen.

Die Abb. 334 bis 336 zeigen beispielsweise solche neuere Garnbefeuchtungsvorrichtungen. Die Befeuchtungsanlage nach Abb. 334 besteht aus einer heizbaren Kammer *a*, welche durch lotrecht hängende Matten *b*, *c*, *d* aus Spiralgeflecht in Abteilungen geteilt ist. Über und unter jeder Matte befindet sich ein Wasserkasten *e* bzw. *g*. Die oberen Kästen *e* geben Wasser an die Matten ab, die unteren Kästen *g* fangen es auf. Gespeist werden die oberen Wasser-

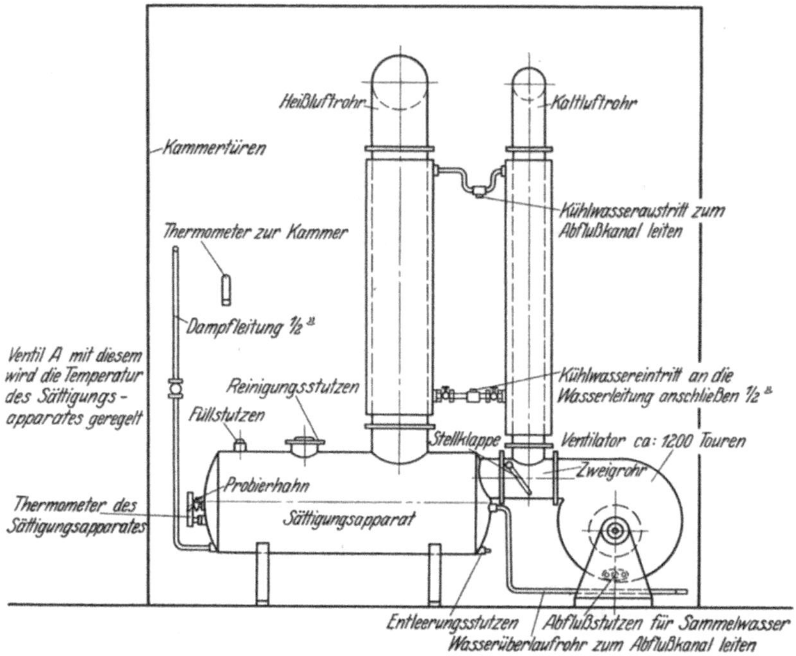

Seitenansicht der Kammer und der Apparatur.

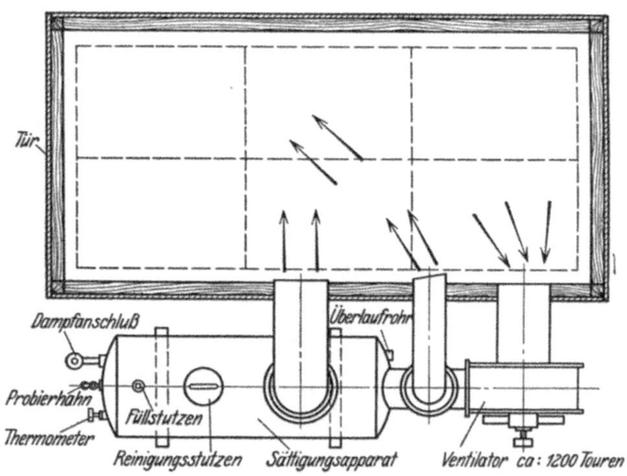

Ansicht der Kammer von oben.

Abb. 336. Garnbefeuchtungsvorrichtung (B. Cohnen, Grevenbroich).

kästen mit Wasser, welches durch Mischen mit Dampf auf einer Temperatur von 60° gehalten wird. Dem Zuleitungsrohr wird das Wasser durch eine an die unteren Wasserkästen angeschlossene Pumpe zugeleitet. Das Druckrohr dieser

Pumpe enthält zwei Dampfleitungsanschlüsse. Durch den einen wird beim Beginn des Betriebes dem Wasser viel Dampf zugeführt, während später leicht gedrosselter Dampf durch den zweiten Anschluß Eingang findet. An der einen Stirnseite der Kammer befindet sich ein Ventilator *h* mit angeschlossener, sich oberhalb der Rieselmatten in der Längsrichtung der Kammer erstreckender Luftleitung *i*, deren Ausmündung *k* an der zweiten Stirnseite der Kammer liegt. Die anzufeuchtenden Garne werden in durchlässige Körbe oder dgl. gebracht und mit diesen auf Wagen zwischen die Rieselmatten in die Kammer eingeschoben. Ist dies geschehen, so wird die Kammer *a* geschlossen, die Berieselung angestellt und der Ventilator in Gang gesetzt. Er setzt die Luft in Umlauf, indem er sie quer durch die Rieselmatten und die Garnbehälter saugt. Das

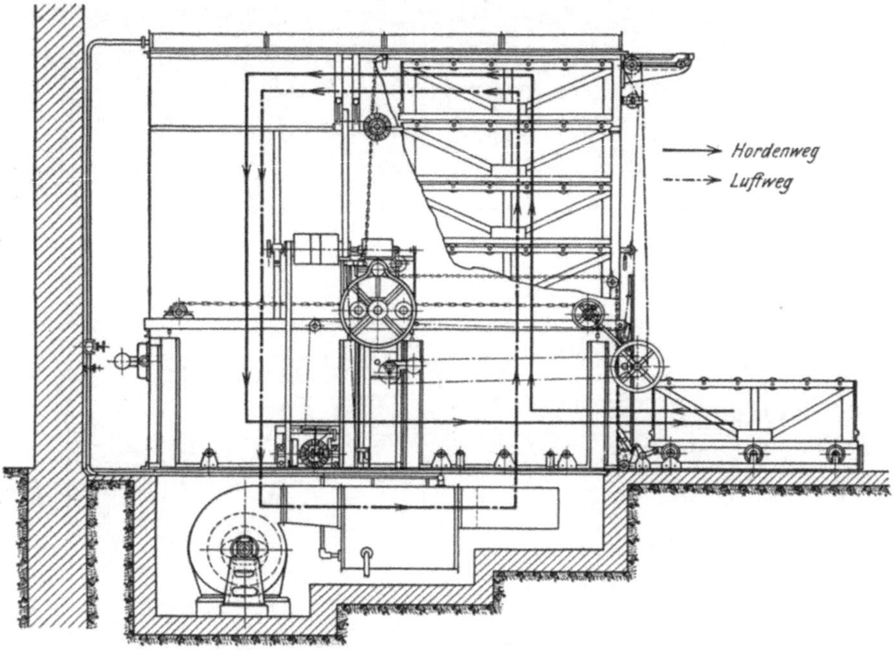

Abb. 337. Doppelschachtbefeuchter.

Material verbleibt 24 Stunden in der Kammer, von denen mindestens 8 Stunden auf den Betrieb und die restlichen 16 Stunden auf den Betriebsstillstand entfallen.

Die in den Abb. 335, 336 dargestellte Vorrichtung gestattet die Durchführung der Feuchtung in wesentlich kürzerer Zeit unter geringster Raumbeanspruchung. Die erwärmte und mit Wasserdampf gesättigte Luft tritt in das Material ein und wird dann durch Unterkühlung mit einem kälteren Luftstrom zur Wasserabgabe in Form von Nebeln gezwungen. Die Befeuchtungsdauer beträgt 2 bis 2½ Stunden bei einer Mehrbefeuchtung von etwa 3½%. Die als Walzenkessel ausgebildete Sättigungsvorrichtung, Abb. 336, wird durch den Füllstutzen mit reinem Wasser, am besten Kondenswasser gefüllt, bis dieses am Überlaufrohr austritt. Nach Öffnen des Dampfventiles tritt gespannter Dampf von 1 bis 3 Atm. durch ein Heizrohr und einen Wasserstrahlanwärmer in die Sättigungsvorrichtung und erwärmt das vorher eingefüllte Wasser. Bei etwa 80° wird der Ventilator angestellt. Er saugt aus der Befeuchtungskammer Luft ab, treibt sie zwecks Sättigung zum Teil über den Wasserspiegel im Kessel und aus diesem durch das Heißluftrohr in die Behandlungskammer, zum Teil durch das Kaltluftrohr in diese unmittelbar zurück. Die Teilung des vom Ventilator kommenden Luftstromes bewirkt eine Stellklappe. Sowohl das Heißluftrohr als auch das Kaltluftrohr sind mit je einem Wassermantel versehen. Mittels der in diesen umlaufenden Kälteflüssigkeit wird die durch das Kaltluftrohr gehende

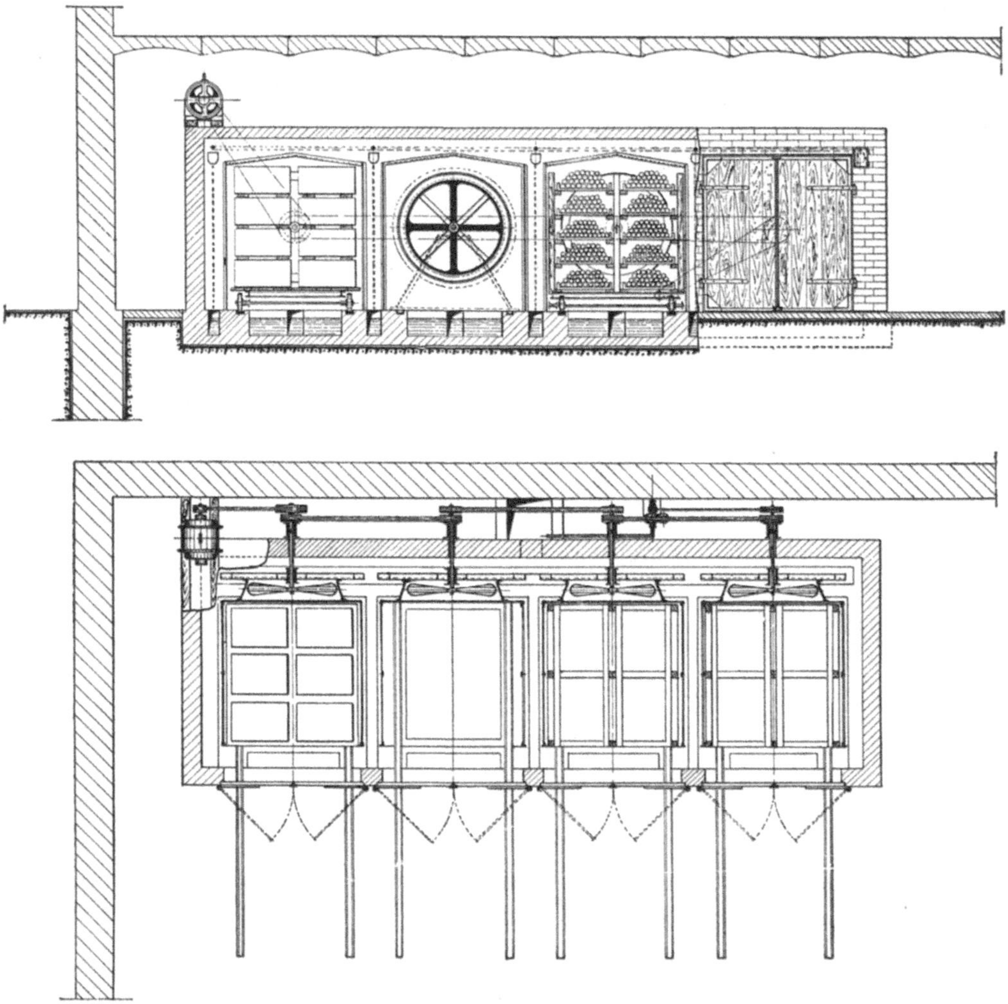

Abb. 338. Schrankbefeuchter.

Luft möglichst tief gekühlt, während im Heißluftrohr die Temperatur der gesättigten warmen Luft je nach Bedarf bis zur Sättigungsgrenze herabgesetzt wird. Durch die Wasserkühlungen können auch die Temperaturen beider Luftgemische herabgesetzt werden, um die Endtemperatur in der Kammer der Widerstandsfähigkeit besonderer Garnarten anzupassen.

Die Firma Benno Schilde, Maschinenbau A.-G., Hersfeld, bringt ihre Feuchtvorrichtungen als Doppelschacht-Feuchtvorrichtung, Einschacht-Feuchtvorrichtung, Feuchtschrank, Feuchtkanal und Feuchtkammer auf den Markt. Die

Doppelschacht-Feuchtvorrichtung nach Abb. 337 besteht im wesentlichen aus einem durch eine senkrechte Trennungswand geteilten Doppelschacht; in jeder Abteilung bewegt sich eine Hordensäule so, daß in dem einen Schacht, rechts, Abb. 337, die Horden von unten nach oben, im anderen, links, dagegen von oben nach unten wandern. Zur Erzeugung der Feuchtluft dient ein besonderer Luftbefeuchter mit Ventilator, der die Feuchtluft im Kreislauf durch die beiden Schachthälften und den Befeuchter treibt, wie dies aus der Abbildung ersichtlich ist. Ein Ansaugen von Frischluft ist mithin nicht erforderlich. Die Arbeitsweise des Schilde-Doppelschachtbefeuchters ist folgende: Nachdem die auf der Fahrbühne befindliche Horde mit den Spinnkörben mit dem zu befeuchtenden Garn beladen ist, öffnet der bedienende Arbeiter durch Drehung eines Handrades die Schachttür, worauf die Horde selbsttätig in die Maschine hineinfährt. Die Vertikalbewegung der Hordensäulen wird nun durch eine kurze Drehung eines zweiten Handrades bewerkstelligt, welche die Winde für das Heben und Senken der Horden einschaltet. Nachdem die erste Hordensäule sich um eine Hordenhöhe gehoben bzw. die zweite sich um dasselbe Maß gesenkt hat, schaltet die Winde selbsttätig aus und die oberste Horde des ersten Schachtes fährt selbsttätig in den zweiten Schacht hinüber, während nunmehr die unterste Horde des zweiten Schachtes zur Ausfahrt bereit steht. Die Ausfahrt dieser erfolgt automatisch wie die Einfahrt durch Öffnen des Schiebers mittels Handrades. Der Arbeiter entleert nun die Horde, worauf sich der beschriebene Vorgang wiederholt. Die Bedienung beschränkt sich also lediglich auf das Öffnen des Schiebers und Einrücken der Winde, sowie auf das Hineinsetzen und Herausnehmen der Spinnkörbe. Ventilator und Luftbefeuchter erfordern keinerlei besondere Bedienung, da der Ventilator nur bei Beginn des Arbeitsprozesses eingerückt und nach Beendigung desselben ausgerückt wird. — Der Einschachtbefeuchter arbeitet nach demselben Grundsatz wie der Doppelschachtbefeuchter, doch geht bei ihm der Feuchtluftstrom nur in einer Richtung durch das Textilgut. Die frisch beschickte Horde wird mittels Fahrstuhles außerhalb des Befeuchtungsschachtes gehoben, dann in den Schacht ein- und auf die in ihm sinkende Hordensäule aufgeschoben. Deren jeweils unterste Horde wird ausgefahren. — Bei den Befeuchtungsschränken, Abb. 338, werden die Garnkörbe auf entsprechenden Wagen in eine Kammer eingefahren und bleiben in ihnen bis zur Beendigung des Arbeitsprozesses stehen. Die Befeuchtung der Raumluft erfolgt durch zwischen den eingeschobenen Wagen an Matten herabrieselndes Wasser. Mit Hilfe von an der Rückwand der Kammer angebrachten Ventilatoren wird dabei die Luft derart in kreisende Bewegung versetzt, daß sie vorn in die Garnkörbe eindringt und diese auf der

Abb. 339. Befeuchtungsanlage „Hygroskop“ für Kops, Kreuzspulen, Strahngarn usw. (Maschinen- und Apparate-Bauanstalt G. m. b. H., Rheydt, Rheinl.).

Rückseite verläßt, es bewegt sich also die Feuchtluft parallel zu den Rieselwasserflächen.

Seit mehreren Jahren hat sich in steigendem Maße die sogenannte chemische Garnbefeuchtung eingeführt, die sich in zweckmäßiger Weise der modernen Fließarbeit in der Spinnerei anpaßt. Dem Wasser, welches für die Befeuchtung benutzt wird, wird „Hygrolit", ein das Stockigwerden und die Schimmelbildung auch bei längerer Lagerung des Garnes in hohem Maße ausschließendes Mittel im Verhältnis 100:1 zugesetzt. Die Mischung wird mit Hilfe einer besonders konstruierten Vorrichtung dem Garn automatisch in genau regulierbaren Grenzen zugeführt. — Abb. 339 zeigt eine unter der Bezeichnung „Hygroskop" bekannte Befeuchtungsvorrichtung, während Abb. 340 eine Vorrichtung zur mechanischen Beschickung derselben veranschaulicht. — Das in die Vorrichtung eingebrachte Garn passiert unter steter Veränderung seiner Lage auf besonders konstruierten Lattentüchern vier Befeuchtungseinrichtungen, welche mittels schnell rotierender Bürsten die Befeuchtungsflüssigkeit von kupfernen Tauchwalzen abnehmen und in Staubform auf das Spinngut bringen. Bei Strähngarn besorgt die Vorrichtung ein Wenden der einzelnen Docken und gewährleistet so eine vollkommene allseitige Befeuchtung auch dieser. Die Regulierung der Befeuchtungsstärke erfolgt durch eine Regelvorrichtung. Ihr Regulierzeiger wird auf die für das zu behandelnde Spinngut festgesetzte eingestellt und damit der für das Garn gewünschte Prozentsatz Gewichtszunahme in genauester und gleichmäßiger Weise erreicht. Nach Angaben der Erbauerin der Feuchtanlagen ist die Feuchtflüssigkeit bereits nach wenig Minuten von der hygroskopischen Faser aufgesaugt und es kann dann das Garn sofort eingelegt bzw. verpackt und versandt werden. Schon nach einigen Stunden ist das Garn nicht mehr von dem durch Kellerbefeuchtung behandelten zu unterscheiden. Die Vorrichtung ist mit Aluminium ausgefüttert, auch alle Teile, die mit der Feuchtflüssigkeit bzw. dem Garn in Berührung kommen, bestehen entweder aus diesem oder aus Messing bzw. Kupfer, so daß jede Fleckenbildung ausgeschlossen ist. — Wird die Befeuchtungsanlage nicht mechanisch z. B. durch einen Schrägaufzug, Abb. 340, beschickt, sondern mit Hand, so kommen Förderkörbe zur Anwendung, die mittels einer selbsttätigen Hubvorrichtung auf die Höhe gebracht und dann ausgekippt werden.

Abb. 340. Schrägaufzug für die Beförderung der Kops usw., gleichmäßig verteilt, in die Befeuchtungsvorrichtung (Maschinen- und Apparate-Bauanstalt G. m. b. H., Rheydt, Rheinl.).

Sachverzeichnis.

Abdrückvorrichtung 225.
Abfallspinnerei 149.
Abnehmer 137.
Abschlagen 91.
Abtreibtrommel 143.
Abziehen 159, 225.
Abziehvorrichtung 160.
Anti-Ballonvorrichtung 103.
Aufdrückvorrichtung 225.
Auflegemaschine 138.
Aufsattlung 90.
Aufsteckzeug 91.
Aufwinder 91.
Ausdrehrad 230.
Ausrückvorrichtung 162.
Ausstoßbürste 60.

Ballen 12.
— Gewichte der 14.
— Größenabmessungen der 14.
Ballenbrecher 19.
Ballenzupfer 19.
Ballon 100.
Ballonbildung 102.
Bandantrieb 212.
Bandspulen 66.
Bandwickelstrecke 67.
Baumwolle, Aussaat der 1.
— Ernte der 1.
— Pflücken der 1.
Baumwollgewinnung 1.
Baumwoll-Horizontal-Öffner 133.
Baumwoll-Horizontal-Reiniger 133.
Baumwollpflücker 2.
Baumwollsaat 11.
Baumwollschlitten 2.
Baumwollstrecken, die 80.
Befeuchtungsanlagen 235.
Befeuchtungsvorrichtung 247.
Bobinen 66.
Bündeln 232.
Buntspinnerei 149.

Casablancas-Streckwerk 124.
Cop 92.
Copaufbau 92.
Cotton Picker 2.
Crighton-Öffner 34.

Deckelkrempel 50, 51.
— Muldenzuführung für die 51.
Deckellaufbahn 52.
Deckellaufbahn, Einstellvorrichtung für die 52.
Deckel-Putzbürste 64.
Diagonalstich 56.
Differentialgetriebe 127.
Docken 232.
Doppelpresse 12.
Doppelrollen-Streckwerk 113.
Doppelschachtbefeuchter 249.
Doppelweife 230.
Dosen-Spinnmaschine 147.
Drallprüfer 223.
Drehtopf 55.
Drehzahlprüfer 198.
Dreikrempelsatz 154.
Dreiwalzen-Streckwerk 117, 146.
Drossel 97.
Druckwalzenbelastung 123.
Duplex-Presse 12.
Duplieren 77.
Durchzugsstreckwerk 109.
Durchzugstrichter 129.
Düsenzerstäuber 237.

Egrenieren 3.
Einfachweife 229.
Einwalzen-Entkörnungsmaschine 9.
Einzelantrieb 177.
— elektrischer 83.
Elektromagnetwalze 27.
Entkörnen 3.
Entwollmaschinen 11.
Expreßkarde 135.

Fachen 161.
Fachmaschinen 161.
Fadenklauber 150.
Fadenkugelbremse 166.
Faserbänder 220.
Feinkratze 66.
Feinkrempel 138.
Feinspindelbank 85.
Feinspinnen 90.
Ferrand-Walzen-Hochverzugs-Verbundstreckwerk 128.
Feuchtigkeitsmesser 240.
Flachkämmer 66.
Flaumabstreicher 104.
Florteiler 138.
Flügelbank 84.
Flügelspindel 202.
Flügelspinner 97.
— Spindeln für 200.
Flügelvorspinnmaschine 84.
Flügelzwirnmaschine 175.
Flyer 84.
Flyerspindel 201.

Garnbefeuchtung 246.
Garnbündelpresse 232.
Gegenwinder 91.
Gilljam-Krempel 140.
Gin-Compresses 13.
Gleitschlupf-Walzenstreckwerk 118.
Gravityspindel 172.
Grobspinnerei 133.
Gruppenantrieb 177.

Hakenspindelschnur 210.
Halslager der Perfektspindel 204.
Handhängebahn 16.
Handtachometer 218.
Haspelmaschinen 228.
Headstock 92.
Hebezeug 16.
Heilmannsche Kämmaschine 69.
Hochverzug 107.
Höhenstapler 17.
Home-Psychrometer 243.
Horizontalöffner 39.
Hülsen-Aufdrückvorrichtung 225.
Hülsen für Ringspinner 105.

Imitatspinnerei 149.

Jannink-Streckwerk 113.

Kämmen 66.
Kämmling 66.
Kämmtrommel 141.
Kammzug 66.
Kapsel-Spinnmaschine 147.
Karden-Entstaubungsanlage 61.
Kastenballenbrecher 19.
Kastenspeiser 29.
Kehrstrecke 68.
Kettendrossel 97.
Kirschner-Schläger 42.
Klaviermuldenzuführung 31.
Kleinhebezeug 15.
Klima-Apparat 245.
Klopfwolf 152.
Kolonnenstich 56.
Kondensator 47.

Köperstich 56.
Kracher 109.
Kratzenbeschlag 56.
— Abziehen des 159.
— Ausputzen des 159.
— Schleifen des 65, 159.
Kratzendeckelbefestigung 59.
Kratzenzähne 56.
Krempel 62.
Krempelbeschlag-Aufziehvorrichtung 58.
Krempeln 49, 136, 153.
Krempelsaal 49.
Krempel-Spinnautomat 155, 156.
Kreuzhaspelung 228.
Kreuzspulmaschine 162.
Kugellagerung 206.

Lagerung für Mulespindeln 198.
Lattentuchzuführung 40.
Läufer 99.
Leitschiene 95.
Linienstich 56.
Linter-Gins 11.
Linters 11.
Luftbefeuchtung 233.
Luftbefeuchtungsanlagen 235.
Luftfeuchtigkeitsmesser 242.

Macarthy-Maschine 8.
Mehrkopf-Duplier- Strecken 81.
Mischanlage 29.
Mischkammern 21.
Mischpendel 26.
Mittelkrempel 138.
Mulespindeln 198.

Nachdraht 91.
Nadelstellung 57.
Nasmith-Kämmaschine 69.
Nitschelzeug 138.

Oberwalzenbelastung 89.
Oberzylinderabstellung 169.
Öffnen 29.

Peigneur 137.
Perfektspindel 204.
Plattstich 56.
Porcupine 30.
Prüfung von Faserbändern 220.
Prüfung von Schlägerwickeln 220.
Prüfung von Vorgarnen 220.
Psychrometer 242.
Putzerei 29.
Putzkratzenhalter 60.

Quadrant 92.
Quadrantenkette 92.
Quadrantentrommel 92.
Querfaserspeisung 138.

Rabbethspindel 171.
Reglerlineal 194.
Reinigen 29.
Reinigungsanlage 135.
Reinigungsmaschine 151.
Riemenkegelantrieb 87.
Rieslerkarde 135.
Rillendruckwalze 112.
Ringspinner 97, 105.
— Antrieb des 189.
— einseitiger 146.
— zweiseitiger 146.
Ringspinnkrempel, kombinierte 155.
Ringzwirnmaschine 168.
— Aufsteckgatter für 173.
Rippenstich 56.
Rollbahn 18.
Rollenlagerung 207.
Rost, verstellbarer 36.
Rotoskop 218.
Rundballen 13.

Saatbaumwolle 10.
Saatbaumwollöffner 10.
Säge-Egreniermaschine 5.
Saugöffner 40.
Säulenstich 56.
Saw-Gin 5.
Schlägerwickeln 220.
Schlagmaschine 41.
Schlagtrommel 32.
Schlagtrommelwelle 37.
Schleifmaschine 159.
Schnitte 109.
Schnurantrieb 212.
Schnurenschlupf 212.
Schrankbefeuchter 250.
Schußdrossel 97.
Schutzmagnet 27.
Seilantrieb 190.
Selfaktor 90, 186.
Separator 103.
Spannrolle 212.
Spannrollenantrieb 180.
Speisezange 75.
Spindel, flexible 203.
— mit Kugellagerung 206.
— mit Rollenlagerung 207.
— Schraubenradantrieb der 204.
Spindelantrieb 198, 210.
Spindelbank 84.
Spindeldrehzahlprüfer 218.
Spindelhalslager 199.
Spindeln 198.
— für Flügelspinner 200.
— Ölen der 208.
— für Zwirnmaschinen 208.
Spindelschnur 210.
Spinnen 143, 155.
Spinnmaschinen, Antrieb der 177.
Spinnregler 192.
Spinnröhrchen 129, 145.

Spinnspannungsmesser 220.
Spiraldüse 239.
Spulenbank 84.
Spuler 84.
Stapelelevator 17.
Stich 56.
Strecken, das 77.
— Antrieb der 82.
Streckkopf 79.
Streckwerke 107.
Streckwerk-Oberwalze 112.
Streichgarnselfaktor 144.
Streichkrempel 142.
Stroborama 219.

Thermo-Hygrograph 244.
Trichterspinnmaschine 147.
Trommelöffner 39.
Trossel 97.

Vanni-Streckwerk 125.
Verbundstreckwerk 128.
Verpacken der Baumwolle 12.
Vertikal-Öffner 34.
Vibro-Pneumatischer Staubkasten 33.
Vierdüsenzerstäuber 237.
Vierkantballen 12.
Vierspindelbandantrieb 213.
Vierwalzen-Hochverzugsstreckwerk 121.
Vierzylinder-Streckwerk 120.
Vlies 66.
Vollstich 56.
Vorgarn 220.
Vorkarde 135.
Vorkratze 66.
Voröffner 30.
Vorschläger 30.
Vorspinnen 84.

Wagenspinner 90.
— Antrieb für den 186.
Wagenverzug 91.
Walzenballenbrecher 19.
Walzen-Egreniermaschine 8.
Walzen-Entkörnungsmaschine 8.
Walzenkrempel 137.
Walzenstreckwerk 112, 126.
Watte 66.
Weifen 228.
Weifkrone 230.
Werkstofförderung 49.
Wickeln 66.
Wickelwaage 222.
Windeschiene 92.
Winkel-Psychrometer 243.
Würgelzeug 138.

Zählwerk für Weifen 229.
Zweikrempelsatz 139, 153.
Zweiwalzen-Streckwerk 146.
Zwirnen 161, 167.
Zwirnselfaktor 175.

Verlag von Julius Springer / Berlin

Technologie der Textilfasern

Herausgegeben von

Dr. R. O. Herzog

Professor, Direktor des Kaiser-Wilhelm-Instituts für Faserstoffchemie, Berlin-Dahlem

I. Band: **Chemie und Physik der Zellulose.** Von H. Mark. — **Physik und Chemie der proteinartigen Faserstoffe.** Von E. Elöd. — **Untersuchung der Faserstoffe.** Von E. Schmid, H. Sommer, J. Weese und W. Weltzien. In Vorbereitung.

II. Band, 1. Teil: **Die Spinnerei.** Von A. Lüdicke. Mit 440 Textabbildungen. VI, 268 Seiten. 1927. Gebunden RM 28.—

2. Teil: **Die Weberei.** Von A. Lüdicke. — **Die Maschinen zur Band- und Posamentenweberei.** Von K. Fiedler. — **Die Bindungslehre.** Von J. Gorke. Mit 854 Abbildungen im Text und auf 30 Tafeln. VII, 319 Seiten. 1927. Gebunden RM 36.—

3. Teil: **Wirkerei und Strickerei, Netzen und Filetstrickerei.** Von C. Aberle. — **Maschinenflechten und Maschinenklöppeln.** Von W. Krumme. — **Flecht- und Klöppelmaschinen. — Samt, Plüsch, künstliche Pelze.** Von H. Glafey. — **Die Herstellung der Teppiche.** Von H. Sautter. — **Stickmaschinen.** Von R. Glafey. Mit 824 Textabbildungen. VIII, 615 Seiten. 1927. Gebunden RM 57.—

III. Band: **Künstliche organische Farbstoffe.** Von H. E. Fierz-David. Mit 18 Textabbildungen, 12 einfarbigen und 8 mehrfarbigen Tafeln. XVI, 719 Seiten. 1926. Gebunden RM 63.—

IV. Band, 1. Teil: **Botanik und Kultur der Baumwolle.** Von L. Wittmack. Mit einem Abschnitt: **Chemie der Baumwollpflanze.** Von S. Fraenkel. Mit 92 Textabbildungen. VIII, 352 Seiten. 1928. Gebunden RM 36.—

2. Teil: A) **Baumwollspinnerei.**

a) Maschinen für die Gewinnung und das Verspinnen der Baumwolle. Von H. Glafey. Mit 340 Textabbildungen. VII, 254 Seiten. 1931. Gebunden RM 39.—

b) Praxis des Baumwollspinners. Von E. Brücher. Mit 343 Textabbildungen. VIII, 413 Seiten. 1931. Gebunden RM 58.—

B) **Baumwollweberei.** Von W. Spitschka. In Vorbereitung.

3. Teil: **Chemische Technologie der Baumwolle.** Von R. Haller. — **Mechanische Hilfsmittel zur Veredlung der Baumwolltextilien.** Von H. Glafey. Mit 266 Textabbildungen. XIV, 711 Seiten. 1928. Gebunden RM 67.50

4. Teil: **Die Baumwollwirtschaft.** In Vorbereitung.

Verlag von Julius Springer / Berlin

Technologie der Textilfasern

Herausgegeben von

Dr. R. O. Herzog

Professor, Direktor des Kaiser-Wilhelm-Instituts
für Faserstoffchemie, Berlin-Dahlem

V. Band, 1. Teil: **Der Flachs.** 1. Abteilung: **Botanik, Kultur, Aufbereitung, Bleicherei und Wirtschaft des Flachses.** Mit einer Einführung in den Feinbau der Zellulosefasern. Bearbeitet von W. Kind, P. Koenig, W. Müller, E. Schilling, C. Steinbrinck. Mit 167 Textabbildungen. IX, 427 Seiten. 1930. Gebunden RM 54.—

2. Abteilung: **Flachsspinnerei.** Von W. Sprenger. Mit 175 Textabbildungen. VIII, 256 Seiten. 1931. Gebunden RM 38.—

3. Abteilung: **Leinenweberei.** Von F. Bühring und H. Schreiber. In Vorbereitung.

2. Teil: **Hanf und Hartfasern.** Bearbeitet von O. Heuser, P. Koenig, O. Wagner, G. v. Frank, H. Oertel, Fr. Oertel. Mit 105 Textabbildungen. VII, 266 Seiten. 1927. Gebunden RM 24.—

3. Teil. **Die Jute.** Von E. Nonnenmacher. 1. Abteilung: **Pflanze und Fasergewinnung. Handel und Wirtschaft. Spinnerei.** Mit 542 Textabbildungen. VIII, 571 Seiten. 1930. Gebunden RM 86.—

2. Abteilung: **Die Weberei der Jute.** In Vorbereitung.

VI. Band, 1. Teil: **Die Seidenspinner.** Von F. Bock und L. Pigorini. In Vorbereitung.

2. Teil: **Technologie und Wirtschaft der Seide.** Bearbeitet von H. Ley und E. Raemisch. Mit 375 Textabbildungen. VIII, 551 Seiten. 1929. Gebunden RM 66.—

VII. Band: **Kunstseide.** Bearbeitet von E. A. Anke, H. Eichengrün, R. Gaebel, R. O. Herzog, H. Hoffmann, Fr. Loewy, A. Oppé, W. Traube, A. v. Vajdaffy. Mit 203 Textabbildungen. VIII, 354 Seiten. 1927. Gebunden RM 36.—

VIII. Band, 1. Teil: **Wollkunde.** Bildung und Eigenschaften der Wolle. Bearbeitet von G. Frölich, W. Spöttel, E. Tänzer. Mit 172 Textabbildungen und 2 farbigen Tafeln. IX, 419 Seiten. 1929. Gebunden RM 54.—

2. Teil: **Mechanische Technologie der Wolle.** Von O. Bernhardt, J. Marcher, E. Fritzsch und E. Krahn. In Vorbereitung.

3. Teil: **Chemische Technologie der Wolle und die zugehörigen Maschinen.** Von G. Ulrich und H. Glafey. In Vorbereitung.

4. Teil: **Weltwirtschaft der Wolle.** Von Behnsen und Genzmer. In Vorbereitung.